高等院校教材

数字逻辑电路

魏　达　高　强　金玉善　曹英晖　编著

科学出版社
北　京

内 容 简 介

本书重点介绍了数字逻辑电路和数字系统的基础理论和方法，系统地阐述了以下内容：数制与编码、逻辑代数基础、逻辑门电路、组合逻辑电路的分析与设计、时序逻辑电路的分析与设计、半导体存储器和可编程逻辑器件、数字系统的分析与设计以及硬件描述语言。

本书可作为计算机、电子、通信及自动化等专业的本科生教材，也可供相关领域的工程技术人员参考。

图书在版编目(CIP)数据

数字逻辑电路/魏达等编著. —北京：科学出版社，2005
(高等院校教材)
ISBN 978-7-03-014622-9

Ⅰ. 数… Ⅱ. 魏… Ⅲ. 数字电路：逻辑电路-高等学校-教材
Ⅳ. TN79

中国版本图书馆 CIP 数据核字(2004)第 134202 号

责任编辑：马长芳 张 濮 / 责任校对：张 琪
责任印制：赵 博 / 封面设计：陈 敬

科 学 出 版 社 出版
北京东黄城根北街 16 号
邮政编码：100717
http://www.sciencep.com
北京科印技术咨询服务有限公司数码印刷分部印刷
科学出版社发行 各地新华书店经销
*
2005 年 1 月第 一 版 开本：720×1000 1/16
2025 年 7 月第十四次印刷 印张：21 3/4
字数：425 000

定价 69.00 元

前　言

数字逻辑电路是计算机科学与技术(类)大学本科专业重要的专业基础核心课程之一,主要研究数字电路与逻辑设计的理论与方法。

数字技术是当前发展最快的学科之一,现代数字系统设计技术是计算机专业学生学习的重要内容。本教材重点介绍了数字逻辑电路的基本概念与基本方法。数字系统作为一个整体的系统,涉及了数字系统技术许多方面的知识,因此,从系统的角度和观点来进行本教材的编写,使学生获得数字电路与逻辑设计方面的基本理论、基本知识和基本技能,培养学生分析问题和解决问题的能力,使学生真正从数字系统技术体系的高度把握各种数字系统的设计技术是本教材的编写目的所在。

数字逻辑电路是“计算机组成原理”、“计算机体系结构”、“微型计算机系统”、“计算机接口技术”等课程的基础,对理解计算机的工作原理有十分重要的作用。它的主要内容包括数制与编码、逻辑代数基础、逻辑门电路、组合逻辑电路、时序逻辑电路、编程逻辑、ISP 技术、数字系统等。本书共 10 章:第一章和第二章主要介绍了数制、数制的转换、BCD 编码、可靠性编码、带符号数的表示、逻辑代数基础、最小项最大项性质、卡诺图化简法及列表化简法;第三章主要介绍了 TTL 门电路及 CMOS 门电路的工作原理和外部特性;第四章主要介绍了组合逻辑电路分析与设计的基本方法及各种常用组合逻辑电路的原理与应用;第五章至第七章主要介绍了触发器的基本工作原理及功能、同步时序逻辑电路分析与设计方法、常用时序逻辑电路的工作原理及应用、脉冲型异步时序逻辑电路的分析与设计方法、电平型异步时序逻辑电路的分析与设计的方法及电平型异步时序逻辑电路的竞争与冒险;第八章主要介绍了半导体存储器和可编程逻辑器件的基本概念与基本原理、PLA 和 GAL 的逻辑结构和工作原理及在线编程技术 ISP;第九章主要介绍了数字系统的分析与设计;第十章主要介绍硬件描述语言的基本概念及编程设计方法。

本书由魏达、高强、金玉善、曹英晖编著。其中,魏达编写了第一、二、四、六、七章,高强编写了第五章,金玉善编写了第三章,曹英晖编写了第八、九、十章。全书由魏达统稿。

由于作者水平有限,书中疏漏与不妥之处在所难免,恳请读者批评指正。

作　者

2004 年 7 月

目　录

第一章　数制与编码

本章主要介绍数字系统中数的各种基本表示方法，包括各种不同的进位计数体制及其相互间的转换；带符号数的代码表示方法；数的定点表示与浮点表示；计算机中常用的数码与字符的代码表示，如十进制数的常用编码(8421 码、2421 码、余三码)以及可靠性编码(格林码、奇偶校验码、海明码)等。

1.1　计数体制

进位计数体制即按进位方式实现计数的一种规则，是用统一的符号和规则表示数的一种方法。在日常生活中我们就是按进位计数体制来计数的，如十进制、十二进制、六十进制等等。对于任何一个数，我们可以用不同的进位体制来表示，但不同进位计数体制的运算方法和难易程度各不相同，这对数字系统的性能有很大影响。

1.1.1　十进制数

人们通常采用十进制数来计数。十进制有 10 个数字符号，即 0,1,2,3,4,5,6,7,8,9。十进制的特点是：由低位向高位的进位原则是“逢十进一”。十进制的基数为 10，基数表示某种进位体制具有的数字符号的个数。十进制的权为 10^i，它表示十进制数中不同位置上数字的固定常数。如十进制数 123.45：从左至右，第一为百位，该位置上的 1 代表 100，权为 10^2；第二位为十位，该位置上的 2 代表 20，权为 10^1；第三位为个位，该位置上的 3 代表 3，权为 10^0；小数点右边第一位为十分位，该位置上的 4 代表 4/10，权为 10^{-1}；小数点右边第二位为百分位，该位置上的 5 代表 5/100，权为 10^{-2}。

基数和权是进位体制的两个基本要素，根据基数和权的概念，我们可以将任何一个十进制数表示成多项式的形式，即一个十进制的数可以表示为

$$(N)_{10} = (N_{n-1}N_{n-2}\cdots N_1N_0N_{-1}N_{-2}\cdots N_{-m})_{10}$$

也可按权展开表示如下：

$$\begin{aligned}(N)_{10} = (&N_{n-1}\times 10^{n-1} + N_{n-2}\times 10^{n-2} + \cdots + N_1\times 10^1 + N_0\times 10^0 \\ &+ N_{-1}\times 10^{-1} + N_{-2}\times 10^{-2} + \cdots + N_{-m}\times 10^{-m})_{10}\end{aligned}$$

$$= N_{10} = \sum_{i=-m}^{n-1} N_i \times 10^i, \quad 0 \leqslant N_i \leqslant 10 - 1$$

式中，n 表示整数部分的位数；m 表示小数部分的位数；10 表示基数，10^i 为第 i 位的权；N_i 表示各个数字符号。

1.1.2 二进制数

对于任意一个数，虽然原则上可以用任何一种进位体制来记数，并进行算术运算，但不同进位体制的运算方法及难易程度各不相同，因此，选择什么样的进位体制来表示数，对数字系统的性能影响很大。在数字系统中，常用二进制来表示数和进行算术运算，这是因为二进制具有如下特点：

1）二进制只有0和1两个数字符号，容易用物理状态来表示，任何具有两个不同稳定状态的元件都可以用来表示1位二进制数，例如：晶体管的导通和截止，脉冲的“有”和“无”等。

2）二进制运算规则简单，便于进行算术运算。其运算规则如下：

加法规则：

$0+0=0 \qquad 0+1=1$

$1+0=1 \qquad 1+1=0$（同时向相邻的高位进1）

减法规则：

$0-0=0 \qquad 0-1=1$（同时向相邻的高位借1）

$1-0=1 \qquad 1-1=0$

乘法规则：

$0\times0=0 \qquad 0\times1=0$

$1\times0=0 \qquad 1\times1=1$

除法规则：

$0\div1=0 \qquad 1\div1=1$

下面举例说明二进制数的四则运算。

【例 1.1】 两个二进制数相加，采用“逢二进一”的法则。

解：

$$\begin{array}{r} 1\ 1\ 0\ 1 \\ +)\ 0\ 1\ 1\ 0 \\ \hline 1\ 0\ 0\ 1\ 1 \end{array}$$

【例 1.2】 两个二进制数相减，采用“借一当二”的法则。

解：

$$\begin{array}{r} 1\ 1\ 0\ 1 \\ -)\ 0\ 1\ 1\ 0 \\ \hline 0\ 1\ 1\ 1 \end{array}$$

【例 1.3】 两个二进制数相乘，其方法与十进制乘法运算相似，但采用二进制运算规则，对部分积进行累加时要按“逢二进一”的原则。

解：

```
            1  1  0  1
      ×)    0  1  1  0
      ----------------
            0  0  0  0
         1  1  0  1
      1  1  0  1
+)  0  0  0  0
----------------------
    1  0  0  1  1  1  0
```

【例 1.4】 两个二进制数相除，其方法与十进制除法运算相似，但采用二进制运算规则。

解：

```
                          1  0  1  0
                 ________________________
1  1  0  1 ) 1  0  0  0  1  0  0  1
                 1  1  0  1
                 ------------------------
                 0  1  0  0  0  0
                       1  1  0  1
                 ------------------------
                       0  0  1  1  1
```

3）二进制还可实现逻辑运算，从而可以用布尔代数对数字系统进行分析、综合，便于逻辑电路的设计优化。

4）二进制只有两个状态，数字的传输和处理不容易出错，可靠性高。

5）采用二进制来表示数可以节省设备。

设 n 是数的位数，R 是基数，R^n 表示 n 位 R 进制数的最大信息量，则用 $n \cdot R$ 表示 R^n 个信息量所用的设备量。

例如：$n=3$，$R=10$，$R^n=10^3=1000$，则

$$n \cdot R = 3 \times 10 = 30$$

假设要表示相同或更多的信息量，即 $R^n \geqslant 1000$，取 $R=2$，则 $2^n \geqslant 1000$，由此可得 $n=10$。所要表示的信息量 $R^n=2^{10}=1024$，则设备量

$$n \cdot R = 2 \times 10 = 20$$

由此可见，对于相同的信息量，用二进制来表示数比用十进制来表示数所用的设备量要少。

由于数的表示可以使用任意进制，那么哪一种进制最节省设备呢？下面给出唯一性证明：

设 $N=R^n$，N 为需要表示的信息量，n 为 R 进制数的位数。两边取对数得

$$\ln N = n \ln R$$

令 $C=\ln N$，则

$$C = n \ln R$$

两边同乘以 R 得

$$RC = nR \ln R$$

则

$$nR = \frac{RC}{\ln R}$$

对 R 求导数得

$$0=\left(\frac{RC}{\ln R}\right)'$$

则

$$C\cdot\frac{\ln R-1}{(\ln R)^2}=0$$

所以可得

$$\ln R-1=0$$

由此得到最小的 $R=\mathrm{e}=2.718$,则取 $R=2$。

广义地,一个 R 进制的数 N 可表示成

$$\begin{aligned}(N)_R&=(r_{n-1}r_{n-2}\cdots r_1r_0r_{-1}r_{-2}\cdots r_{-m})_R\\&=r_{n-1}R^{n-1}+r_{n-2}R^{n-2}+\cdots+r_1R^1+r_0R^0\\&\quad+r_{-1}R^{-1}+r_{-2}R^{-2}+\cdots+r_{-m}R^{-m}\\&=\sum_{i=-m}^{n-1}r_iR^i\end{aligned}$$

式中,n 表示整数的位数,m 表示小数的位数;R 为基数,在十进制中 R 应写成"10";r_i 是 R 进制中各个数字符号,即有 $r_i\in\{0,1,2,\cdots,R-1\}$。

1.1.3 八进制数和十六进制数

由于二进制数运算规则简单,用电路实现也很方便,所以数字系统中广泛采用二进制。但当二进制数的位数很多时,书写和阅读很不方便,容易出错,记忆困难。为此,人们通常采用二进制的缩写形式八进制和十六进制。

八进制的基数 R 等于 8,每位可取 8 个不同的数字符号,即 0,1,2,3,4,5,6,7,其进位规则是"逢八进一"。由于一位八进制数的 8 个数字符号正好对应于三位二进制数的八种不同组合,所以八进制与二进制之间有简单的对应关系:

八进制	0	1	2	3	4	5	6	7
二进制	000	001	010	011	100	101	110	111

这样,八进制与二进制之间数的转换就极为方便。

【例 1.5】 将二进制数 11010.1101 转换为八进制数。

解:

$$\underbrace{011}_{3}\ \underbrace{010}_{2}.\ \underbrace{110}_{6}\ \underbrace{100}_{4}$$

所以 $(11010.1101)_2=(32.64)_8$。

由二进制转换成八进制的方法是:以小数点为界,将二进制数的整数部分从低位开始,小数部分从高位开始,每三位分成一组,头尾不足三位的补 0,然后将每组的三位二进制数转换为一位八进制数。

【例 1.6】 将八进制数 357.6 转换为二进制数。

解：

$$\begin{array}{cccc} 3 & 5 & 7. & 6 \\ \downarrow & \downarrow & \downarrow & \downarrow \\ 011 & 101 & 111. & 110 \end{array}$$

所以$(357.6)_8=(11101111.11)_2$。

十六进制的基数R等于16，每位可取16个不同的数字符号，即0，1，2，3，4，5，6，7，8，9，A，B，C，D，E，F，其进位规则是"逢十六进一"。同理，由于一位十六进制数的16个数字符号正好对应于4位二进制数的16种不同的组合，所以，十六进制与二进制之间有简单的对应关系：

十六进制	0	1	2	3	4	5	6	7	8
二进制	0000	0001	0010	0011	0100	0101	0110	0111	1000
十六进制	9	A	B	C	D	E	F		
二进制	1001	1010	1011	1100	1101	1110	1111		

这样，十六进制与二进制之间数的转换也很方便。

【例1.7】 将二进制数1010110110.110111转换为十六进制数。

解：

$$\underbrace{0010}_{2}\ \underbrace{1011}_{B}\ \underbrace{0110}_{6}.\ \underbrace{1101}_{D}\ \underbrace{1100}_{C}$$

所以$(1010110110.110111)_2=(2B6.DC)_{16}$。

【例1.8】 将十六进制数5D.6E转换为二进制数。

解：

$$\begin{array}{ccccc} 5 & D & . & 6 & E \\ \downarrow & \downarrow & & \downarrow & \downarrow \\ 0101 & 1101 & . & 0110 & 1110 \end{array}$$

所以$(5D.6E)_{16}=(1011101.0110111)_2$。

由此可见，采用八进制和十六进制要比用二进制书写简短，易读易记，而且转换也方便，因此，计算机工作者普遍采用八进制或十六进制来书写和表达。

1.1.4 数制间的转换

由于人们习惯于使用十进制数，所以在用计算机进行信息处理时，首先必须把十进制数转换成二进制数才能被计算机所接受，然后进行运算，运算结果又必须从二进制转换成人们习惯的十进制数。任意两个α、β进制数之间的转换有多种方法。

1. 多项式替代法

任意两个α、β进制数之间的转换，其方法是：先在α进制中按权展开，然后替代成相应β进制中的数，最后在β进制中计算即可得β进制的数。

【例1.9】 $(123.4)_8=(?)_{10}$。

解： $(123.4)_8=[1\times(10)^2+2\times(10)^1+3\times(10)^0+4\times(10)^{-1}]_8$（展开）

$=(1\times8^2+2\times8^1+3\times8^0+4\times8^{-1})_{10}$（替代）

$=(64+16+3+0.5)_{10}$（在十进制中计算）

$=(83.5)_{10}$

【例 1.10】 $(201.2)_3=(?)_2$。

解：$(201.2)_3=[2\times(10)^2+0\times(10)^1+1\times(10)^0+2\times(10)^{-1}]_3$（展开）

$=(10\times11^{10}+0\times11^1+1\times11^0+10\times11^{-1})_2$（替代）

$=(10010+1+0.101010\cdots)_2$（在二进制中计算）

$=(10011.101010\cdots)_2$

由于多项式替代法要在 β 进制中进行计算，当为十进制时，计算较方便，而当它为其他进制时，计算就很不方便。因此，这种方法用于任意进制到十进制的转换较方便。

2. 基数乘/除法

基数乘/除法分为基数乘法和基数除法两种。对于整数的转换，采用基数除法；对于小数的转换，采用基数乘法。

(1) 基数除法

【例 1.11】 将十进制整数 25 转换为二进制数，即 $(25)_{10}=(?)_2$。

解：设转换结果为

$$(25)_{10}=(k_{n-1}k_{n-2}\cdots k_1k_0)_2$$
$$=(k_{n-1}2^{n-1}+k_{n-2}2^{n-2}+\cdots+k_12^1+k_02^0)_{10}$$

在十进制中计算，将上式两边除以 2，则得

$$12+\frac{1}{2}=(k_{n-1}2^{n-2}+k_{n-2}2^{n-3}+\cdots+k_12^0)+\frac{k_0}{2}$$

两数相等，则它们整数部分和小数部分必定分别相等，故有

$$12=k_{n-1}2^{n-2}+k_{n-2}2^{n-3}+\cdots+k_12^0,\quad k_0=1$$

再将上式两边同除以 2，可得

$$6=(k_{n-1}2^{n-3}+k_{n-2}2^{n-4}+\cdots+k_22^0)+\frac{k_1}{2},\quad k_1=0$$

而

$$6=(k_{n-1}2^{n-3}+k_{n-2}2^{n-4}+\cdots+k_22^0$$

可见，所要求的二进制数 $(k_{n-1}k_{n-2}\cdots k_1k_0)_2$ 的最低位 k_0 是十进制数 25 除以 2 所得余数；次低位 k_1 是所得商 12 再除以 2 所得的余数；依次类推，继续用 2 除，直到商为 0 为止，所得的余数即为要求的二进制数 $k_0\sim k_{n-1}$ 之值。此方法又称除 2 取余法。

可以将上述过程写成简单算式如下：

		余数	
2	25	……1 = k_0	低位
2	12	……0 = k_1	↑
2	6	……0 = k_2	↑
2	3	……1 = k_3	↑
2	1	……1 = k_4	高位
	0		

转换结果为$(25)_{10}=(11001)_2$。

任何两个 α、β 进制数之间的转换方法为：先将 α 进制的整数在 α 进制中连续除以 β，求得各次余数，然后将各余数替代成 β 进制中相应的数字符号，即得 β 进制的整数。

【例 1.12】 $(687)_{10}=(?)_{16}$。

解：

		余数	
16	687		
16	42	……15	低位
16	2	……10	↑
	0	…… 2	高位

所以$(687)_{10}=(2AF)_{16}$。

(2) 基数乘法

【例 1.13】 将十进制小数 0.6875 转换为二进制数，即$(0.6875)_{10}=(?)_2$。

解：设转换结果为

$$\begin{aligned}(0.6875)_{10} &= (0.k_{-1}k_{-2}\cdots k_{-m})_2 \\ &= (k_{-1}2^{-1}+k_{-2}2^{-2}+\cdots+k_{-m}2^{-m})_{10}\end{aligned}$$

在十进制中计算，将上式两边乘以 2，则得

$$1.3750 = k_{-1}+(k_{-2}2^{-1}+k_{-3}2^{-2}+\cdots+k_{-m}2^{-m+1})$$

两数相等，则它们整数部分和小数部分必定分别相等，故有

$$k_{-1}=1,\quad 0.3750 = k_{-2}2^{-1}+k_{-3}2^{-2}+\cdots+k_{-m}2^{-m+1}$$

再将上式两边分别乘以 2，可得

$$k_{-2}=0,\quad 0.75 = k_{-2}+(k_{-3}2^{-1}+\cdots+k_{-m}2^{-m+2})$$

故有

$$0.75 = k_{-3}2^{-1}+\cdots+k_{-m}2^{-m+2}$$

可见，所要求的二进制数$(0.k_{-1}k_{-2}\cdots k_{-m})_2$的最高位 k_{-1}是十进制数 0.6875 乘以 2 所得的整数部分；其小数部分再乘以 2 所得的整数部分即为 k_{-2}之值；依次类推，继续用 2 乘，每次所得的乘积整数部分即为要求的二进制数 $k_{-3}\sim k_{-m}$之值。

该方法又称乘 2 取整法。

可以将上述过程写成简单算式如下：

```
   0.6875
×       2        整数
   1.3750      ……1          k₋₁(高位)
   0.3750                      │
×       2                      │
   0.7500      ……0             │
   0.7500                      │
×       2                      │
   1.5000      ……1             │
   0.5000                      │
×       2                      ↓
   1.0000      ……1          k₋₄(低位)
```

转换结果为$(0.6875)_{10}=(0.1011)_2$。

任何两个 α、β 进制小数之间的转换方法为：先将 α 进制的小数在 α 进制中连续乘以 β，求得各次乘积的整数部分，然后将各整数替代成 β 进制中相应的数字符号，即得 β 进制的小数。转换时小数的位数由乘积等于 0 或由所需精度确定。

【例 1.14】 $(78.12)_{10}=(?)_5$。

解：

整数部分

```
5 | 78       余数
5 | 15     ……3      低位
5 | 3      ……0       ↑
    0      ……3      高位
```

小数部分

```
   0.12
×     5      整数
   0.60    ……0      高位
   0.60               │
×     5               ↓
   3.00    ……3      低位
```

所以$(78.12)_{10}=(303.03)_5$。

利用基数乘/除法可以将一个十进制混合小数很方便地转换为任何 β 进制的数。只要将整数部分和纯小数部分按上述规则分别进行转换，然后将所得的数组合起来即可。

3. 混合法

对于任意两种进制的数的转换，比较方便的方法是利用十进制作桥梁，先把 α 进制数转换为十进制数，然后再将十进制数转换为 β 进制数。这种方法是多项式替代法和基数乘/除法的混合应用。

【例 1.15】 $(121.02)_4=(?)_3$。

解： 先用多项式替代法将四进制数转换为十进制数，有

$$(121.02)_4 = (1\times 4^2 + 2\times 4^1 + 1\times 4^0 + 2\times 4^{-2})_{10}$$
$$= (16 + 8 + 1 + 0.125)_{10} = (25.125)_{10}$$

再用基数乘除法将它转换为三进制：

整数部分

除数	被除数/商	余数	
3	25		
3	8	……1	低位
3	2	……2	↑
	0	……2	高位

小数部分

运算	整数	
0.125 × 3 = 0.375	……0	高位
0.375 × 3 = 1.125	……1	↓
0.125 × 3 = 0.375	……0	低位

所以$(121.02)_4=(221.010\cdots)_3$。

4. 数制转换时小数位数的确定

对于 α 进制的小数来说，转换成 β 进制后保证相同的精度需要多少位呢？

设 α 进制小数有 i 位，转换成 β 进制后保证相同的精度需要 j 位，这时应有

$$(0.1)_\alpha^i = (0.1)_\beta^j$$

等式两边在十进制中按权展开，则有

$$(1\times\alpha^{-1})_{10}^i = (1\times\beta^{-1})_{10}^j$$

等式两边取以 α 为底的对数，则得

$$i\times\log_\alpha(1/\alpha) = j\times\log_\alpha(1/\beta)$$

即

$$i\times\log_\alpha(\alpha) = j\times\log_\alpha(\beta)$$

因为

$$\log_\alpha(\alpha) = 1$$

所以

$$i = j\times\log_\alpha(\beta) = j\times(\lg(\beta)/\lg(\alpha)) \quad 或 \quad j = i\times(\lg(\alpha)/\lg(\beta))$$

取 j 为满足下列不等式的最小整数：

$$j \geqslant i\times\lg(\alpha)/\lg(\beta)$$

【例 1.16】 将$(0.4071)_{10}$转换成八进制数，要求保持$\pm(0.1)_{10}^4$的精度。

解：设八进制小数需 j 位，则 j 应满足

$$j \geqslant i\times\lg(\alpha)/\lg(\beta)$$

将 $i=4,\alpha=10,\beta=8$ 代入，则得

$$j \geqslant 4\times\lg(10)/\lg(8) = 4.428$$

取满足此不等式的最小整数 $j=5$。

0.4071	0.2508	0.0064	0.0512	0.4096
× 8	× 8	× 8	× 8	× 8
3.2508	2.0064	0.0512	0.4096	3.2768
↓	↓	↓	↓	↓
k_{-1}	k_{-2}	k_{-3}	k_{-4}	k_{-5}

即 $(0.4071)_{10}=(0.32003)_8$。

1.2 带符号数的代码表示

1.2.1 机器数与真值

算术运算中的数是带符号的数。数的符号通常用"+"和"−"分别表示正和负。可以用一位二进制数来表示。习惯上，在计算机中用 0 表示"+"，用 1 表示"−"。例如，

$$N_1=+1101,\quad N_2=-1011$$

在计算机中可以表示为

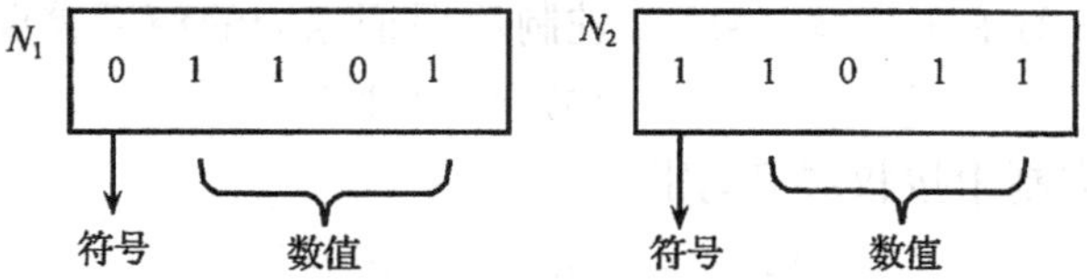

这种数的符号也数值化了的数据表示形式称为机器数；把用"+"、"−"号表示数的符号的数据表示形式称为真值。

在数字系统中，表示机器数的常用方法有三种，即原码、反码和补码。这三种机器数的表示形式中，符号部分的规定是相同的，所不同的仅是数值部分的表示形式。不同的表示形式，其运算方法也不同。

1.2.2 原码

原码表示法其符号用代码 0 表示"+"，用代码 1 表示"−"，数值部分以真值形式表示。例如，已知两数为 $x1=+1101$，$x2=-1101$，则 $x1$ 和 $x2$ 的原码表示形式为

$$[x1]_{原}=01101,\quad [x2]_{原}=11101$$

原码的定义为：设真值 x 为整数，由 $n-1$ 位数字组成的二进制数，即

$$x=\pm\, x_1x_2\cdots x_{n-1}\qquad(-2^{n-1}<x<2^{n-1})$$

则

$$[x]_{原} = \begin{cases} x & 0 \leqslant x < 2^{n-1} \\ 2^{n-1} - x & -2^{n-1} < x \leqslant 0 \end{cases}$$

根据原码定义，可以得出下列简单性质：

1）若 $x=+x_1x_2\cdots x_{n-1}$，则$[x]_{原}=0x_1x_2\cdots x_{n-1}$；若 $x=-x_1x_2\cdots x_{n-1}$，则$[x]_{原}=1x_1x_2\cdots x_{n-1}$。

这表明，当真值 x 为 $n-1$ 位整数（$-2^{n-1}<x<2^{n-1}$）时，其机器数$[x]_{原}$为 n 位数字，而最高位为符号位。

2）当真值 $x=\pm 00\cdots0$ 时，$[x]_{原}$有两种表示形式，即

$$[x]_{原} = 000\cdots0$$

$$[x]_{原} = 100\cdots0$$

这表明，在原码表示法中，零有两种表示形式。对于真值 x 为小数的情况，其原码表示法与整数相类似。例如，已知两数 $x1$ 和 $x2$ 分别为

$$x1 = +0.1101, \quad x2 = -0.1101$$

则 $x1$ 和 $x2$ 的原码表示形式为

$$[x]_{原} = 0.1101, \quad [x]_{原} = 1.1101$$

其中最高位为符号位，紧接后面是小数点及数值位。

小数原码的定义为：设真值 x 为小数，即

$$x = \pm 0.x_1x_2\cdots x_{n-1} \qquad (-1 < x < 1)$$

则

$$[x]_{原} = \begin{cases} x & 0 \leqslant x < 1 \\ 1 - x & -1 < x \leqslant 0 \end{cases}$$

由整数原码表示法得出的几点性质完全适用于小数原码，只是小数的位置不同。整数时，小数点定在数值位的最后面；小数时，小数点定在数值位的最前面。

原码表示法的优点是简单直观，容易变换。缺点是进行加、减运算较为复杂。

1.2.3 反码

反码表示法的符号部分同原码，数值部分对于正数，反码的数值与原码相同；对于负数，反码数值是将原码数值按位取反。例如：

$$x1 = +1101, \quad x2 = -1101$$

$$[x1]_{反} = 01101, \quad [x2]_{反} = 10010$$

由上述反码的形成规则，我们可以得到反码的一般定义：设真值

$$x = \pm x_1x_2\cdots x_{n-1} \qquad (-2^{n-1} < x < 2^{n-1})$$

则

$$[x]_{反} = \begin{cases} x & 0 \leqslant x < 2^{n-1} \\ (2^n - 1) + x & -2^{n-1} < x \leqslant 0 \end{cases}$$

当真值为

$$x = \pm 0.x_1x_2\cdots x_{n-1} \qquad (-1 < x < 1)$$

则

$$[x]_{反} = \begin{cases} x & 0 \leqslant x < 1 \\ (2 - 2^{-(n-1)}) + x & -1 < x \leqslant 0 \end{cases}$$

根据反码的定义,可以得到下列简单性质:

1) 若 $x = +x_1x_2\cdots x_{n-1}$, 则 $[x]_{反} = 0x_1x_2\cdots x_{n-1}$;

若 $x = -x_1x_2\cdots x_{n-1}$, 则 $[x]_{反} = 1\bar{x}_1\bar{x}_2\cdots\bar{x}_{n-1}$。

这表明,当真值 x 为 $n-1$ 位数值时,其机器数 $[x]_{反}$ 为 n 位数,其最高位称为符号位。

2) 当真值 $x = \pm 00\cdots0$ 时, $[x]_{反}$ 也有两种表示形式,即

$$[+0]_{反} = 000\cdots0$$
$$[-0]_{反} = 111\cdots1$$

这表明,在反码表示法中,零的表示法不是唯一的。

由整数反码表示法得出的几点性质,也完全适用于小数反码,所所不同的仅在于小数点的位置有所差别。

1.2.4 补码

补码表示法的符号部分同原码,数值部分对于正数,补码的数值位与原码相同;对于负数,补码的数值位是将原码按位取反,再在最低位加1。例如:

$$x1 = +1101, \quad x2 = -1101$$
$$[x1]_{补} = 01101, \quad [x2]_{补} = 10011$$

补码的定义如下:设真值

$$x = \pm x_1x_2\cdots x_{n-1} \qquad (-2^{n-1} < x < 2^{n-1})$$

则

$$[x]_{补} = \begin{cases} x & 0 \leqslant x < 2^{n-1} \\ 2^n + x & -2^{n-1} \leqslant x < 0 \end{cases}$$

当真值为

$$x = \pm 0.x_1x_2\cdots x_{n-1} \qquad (-1 \leqslant x < 1)$$

则

$$[x]_{补} = \begin{cases} x & 0 \leqslant x < 1 \\ 2 + x & -1 \leqslant x < 0 \end{cases}$$

根据补码定义,可以得出下列性质:

1) 若 $x = +x_1x_2\cdots x_{n-1}$,则 $[x]_{补} = 0x_1x_2\cdots x_{n-1}$;

若 $x = -x_1x_2\cdots x_{n-1}$,则 $[x]_{补} = 1\bar{x}_1\bar{x}_2\cdots\bar{x}_{n-1} + 1$。

这表明,当真值 x 为 $n-1$ 位时,机器数 $[x]_{补}$ 为 n 位,其最高位为符号位。

2) 当真值 $x = \pm 00\cdots0$ 时, $[x]_{补}$ 只有一种表示形式,即

$$[x]_{补} = 000\cdots0$$

这表明，在补码表示法中，零的表示是唯一的。

3）补码表示法中，真值 x 为负时的定义域包括 $x=-2^{n-1}$，这时有

$$[x]_{补} = 2^n - 2^{n-1} = 2^{n-1}$$

为了对补码定义有进一步的理解，下面我们引入模和同余的概念。

模是指一个计量器的容量，记作 M。例如，一个十进制计数器，当位数 $n=1$ 时，它最多能计 $10^1=10$ 个数（0～9），则该计数器的模 $M=10^1$；当计数器位数为 n 位时，则 $M=10^n$。同理，对于计算机中的二进制计数器，当位数为 2 位时，它最多能计 $2^2=4$ 个数（00～11），则该计数器的模 $M=2^2$；当二进制计数器位数为 n 位时，则其模 $M=2^n$。

设有两个整数 a、b，若用某一正整数 M 同时除这两数，所得的余数相同，则称 a、b 对模 M 是同余的，且称 a、b 在以 M 为模时是相等的，记为 $a=b(\mathrm{mod}\ M)$。由同余的概念，有 $a=kM+A(\mathrm{mod}\ M)$，$k=0,1,2,\cdots,n$。

例如，钟表以 12 为模，3 点和 15 点是同余的，即可写成 $3=15(\mathrm{mod}\ 12)$。

又如，设计算机字长为 4 位，它所能表示的二进制数为 0000～1111，即其模为 16。如果要在该计算机中计算 1001＋1011，其结果将为 0100，而不是 10100，最高位的 1 被丢弃。

引入了模和同余的概念后，补码的定义式可以写成

$$[x]_{补} = x(\mathrm{mod}\ 2^n),\quad -2^{n-1} \leqslant x < 2^{n-1}$$

$$[x]_{补} = x(\mathrm{mod}\ 2),\quad -1 \leqslant x < 1$$

反码也可看作是以 (2^n-1) 为模的补码，因此反码的定义式可以写成

$$[x]_{反} = x[\mathrm{mod}\ (2^n - 1)],\quad -2^{n-1} < x < 2^{n-1}$$

$$[x]_{反} = x[\mathrm{mod}\ (2 - 2^{-m})],\quad -1 < x < 1$$

1.2.5 机器数的加减运算

在计算机中，补码的运算规则，特别是加减运算规则较反码和原码简单，所以在计算机中的带符号数的运算主要是按补码的运算规则来进行。用补码进行运算时，两数补码的和等于两数和的补码，即 $[x_1]_{补}+[x_2]_{补}=[x_1+x_2]_{补}(\mathrm{mod}\ 2^n)$。

设机器字长为 n 位，即模为 2^n，则所能表示数的真值范围为

$$-2^{n-1} \leqslant x_1 < 2^{n-1},\quad -2^{n-1} \leqslant x_2 < 2^{n-1},\quad -2^{n-1} \leqslant x_1 + x_2 < 2^{n-1}$$

根据补码定义，有

$$[x_1]_{补} = x_1(\mathrm{mod}\ 2^n)$$

$$[x_2]_{补} = x_2(\mathrm{mod}\ 2^n)$$

$$[x_1 + x_2]_{补} = (x_1 + x_2)(\mathrm{mod}\ 2^n)$$

所以

$$[x_1]_{\text{补}} + [x_2]_{\text{补}} = [x_1 + x_2]_{\text{补}} (\text{mod } 2^n)$$

这一性质表明，在进行加法运算时，不论相加两个数的真值是正数还是负数，只要先把它们表示成相应的补码形式，然后按二进制规则相加（符号位也参加运算），其结果即为两数和的补码。

【例 1.17】 已知 $x=+1101$，$y=+0110$，用原码、反码及补码计算 $x-y$ 之值。

解：(1) 原码运算

采用原码运算时，需将真值表示为原码：$[x]_{\text{原}}=01101$，$[y]_{\text{原}}=00110$。

原码运算先要判别相减的两数是同号还是异号。若为同号，则进行减法；若为异号，则进行加法。本例给定的两个数 x、y 同号，故进行减法。接着要判别 x、y 两数谁大谁小，以确定谁减谁。本例中 $|x|>|y|$，故由 x 减去 y。机器内便进行 $[x]_{\text{原}}-[y]_{\text{原}}$，结果符号与 $[x]_{\text{原}}$ 相同。算式如下：

$$\begin{array}{r} 0\ 1\ 1\ 0\ 1 \\ -\ 0\ 0\ 1\ 1\ 0 \\ \hline 0\ 0\ 1\ 1\ 1 \end{array}$$

求得 $x-y=+0111$。

(2) 反码运算

用反码进行运算时，两数反码的和等于两数和的反码。符号位也参加运算，当符号位产生进位时，需要循环进位（即把符号位的进位加到和的最低位上去）。要求 $x-y$ 时，可先变换为 $x-y=x+(-y)$，为此，需求出 $(-y)$ 的反码。$[x]_{\text{反}}=01101$，$[-y]_{\text{反}}=11001$，现在可以进行 $[x]_{\text{反}}$ 与 $[-y]_{\text{反}}$ 的加法运算：

$$\begin{array}{r} 0\ 1\ 1\ 0\ 1 \\ +\ \ 1\ 1\ 0\ 0\ 1 \\ \hline \boxed{1}\ 0\ 0\ 1\ 1\ 0 \\ +\ \searrow\longrightarrow 1 \\ \hline 0\ 0\ 1\ 1\ 1 \end{array}$$

求得 $x-y=+0111$。

反码表示法在进行加法运算时虽然不需要判断两数的符号，但当符号位有进位时，存在循环进位问题，需多执行一次加法，增加了执行加法运算的时间。

(3) 补码运算

采用补码运算时，需将真值表示为补码。由于补码的运算规则为 $[x]_{\text{补}}+[y]_{\text{补}}=[x+y]_{\text{补}}$，故有 $[x-y]_{\text{补}}=[x+(-y)]_{\text{补}}=[x]_{\text{补}}+[-y]_{\text{补}}$，本例中 $[x]_{\text{补}}=01101$，$[-y]_{\text{补}}=11010$，则加法运算如下：

$$\begin{array}{r} 0\ 1\ 1\ 0\ 1 \\ +\ \ 1\ 1\ 0\ 1\ 0 \\ \hline \text{丢掉}\longleftarrow\boxed{1}\ 0\ 0\ 1\ 1\ 1 \end{array}$$

求得 $x-y=+0111$。

采用补码表示法可以将减法变成加法，给加减法运算带来许多方便，在计算机中只要一套实现加法运算的线路就可以了。因此，在近代计算机中，加减法几乎都采用补码运算。

通过以上的例子可以看出，补码的加减运算最简单，反码次之，原码最复杂。

1.2.6 十进制的补数

设 A 为 $n-1$ 位十进制整数，则其模 10^n 补码的定义如下：

$$[A]_{10补} = \begin{cases} A & 0 \leqslant A < 10^{n-1} \\ 10^n + A & -10^{n-1} \leqslant A < 0 \end{cases}$$

或

$$[A]_{10补} = A \pmod{10^n}$$

例如，$A=+531(n=4)$， $[A]_{10补}=0531$

$A=-031(n=4)$， $[A]_{10补}=10^4-031=10000-031=9969$

若 A 为正数，则 $[A]_{10补}$ 的符号位为 0，数值位与 A 相同；若 A 为负数，则 $[A]_{10补}$ 的符号位为 9，数值位为 A 的各位对 9 取反并在最低位加 1。与二进制补码加减运算一样，可以证明十进制补码的加减运算规则如下：

$$[A]_{10补} + [B]_{10补} = [A + B]_{10补}$$

【例 1.18】 已知十进制数 $A=+1200$，$B=+0982$，求 $A-B$。

解：因

$$[A - B]_{10补} = [A + (-B)]_{10补} = [A]_{10补} + [-B]_{10补}$$

而

$$[A]_{10补} = 01200, \quad [-B]_{10补} = 99018$$

故

$$\begin{array}{r} 0\ 1\ 2\ 0\ 0 \\ +\ 9\ 9\ 0\ 1\ 8 \\ \hline \text{丢掉} \leftarrow \boxed{1}\ 0\ 0\ 2\ 1\ 8 \end{array}$$

求得 $[A-B]_{10补}=00218$，$A-B=+0218$。

【例 1.19】 已知十进制数 $A=-1200$，$B=+0982$，求 $A+B$。

解：因

$$[A + B]_{10补} = [A]_{10补} + [B]_{10补}$$

而

$$[A]_{10补} = 98800, \quad [B]_{10补} = 00982$$

故

$$\begin{array}{r} 9\ 8\ 8\ 0\ 0 \\ +0\ 0\ 9\ 8\ 2 \\ \hline 9\ 9\ 7\ 8\ 2 \end{array}$$

求得$[A+B]_{10补}=99782$，$A+B=-0218$。

1.3　数的定点表示与浮点表示

上一节，我们讨论了单纯的整数或小数在机器中的表示方法。实际上，参与运算的数往往既有整数又有小数。计算机中表示小数点位置的方法通常有两种，一种是定点表示法，另一种是浮点表示法。这一节我们分别介绍这两种方法。

1.3.1　数的定点表示法

定点表示法是指数的小数点位置是固定的。通常将小数点固定在数值部分的最高位之前或最低位之后。前者将数表示成纯小数，后者将数表示成整数。数的符号位在最高位，0 表示正数，1 表示负数；小数点"."在机器中实际是不表示出来的，而是一个约定的位置。

定点数的表示范围较小。如当机器字长 $n=8$，采用定点整数表示时，数的范围为 $-127\sim+127$；采用定点小数表示时，数的范围为 $-1\sim+1$。由于实际参加运算的数可能既有整数又有小数，所以用定点数计算时，先要选取"比例因子"对数进行"放大"或"缩小"处理，以使计算过程中的所有数变为整数或小数，并且不超出机器所能表示的数的范围。计算完后再"缩小"或"放大"若干倍。而这一工作是由程序员完成的，例如，将二进制数+11.01 和+110.1 表示为适合定点整数计算的数，可选取比例因子 100，用该比例因子乘这两数，则得

$$+11.01\times100=+1101$$

$$+110.1\times100=+11010$$

在字长为 8 位的机器中可表示为

$$+11.01\rightarrow 0\ 0\ 0\ 0\ 1\ 1\ 0\ 1$$

$$+110.1\rightarrow 0\ 0\ 0\ 1\ 1\ 0\ 1\ 0$$

在计算比较复杂的情况下，选取比例因子是件很细致的工作，既不能发生溢出，又要保证足够的精度。所以，一般定点表示法适合于计算不太复杂、数的变化范围不太大的情况。

1.3.2　数的浮点表示法

所谓浮点表示法，是指数的小数点位置不是固定的，而是浮动的。

一般来说，任何一个二进制数 N 总可以表示成如下浮点形式：

$$N=2^E\times M$$

式中，E 表示数 N 的阶码，M 表示数 N 的尾数。尾数 M 一般用小数，它表示数 N 的有效数字；阶码 E 为整数，它指出小数点的实际位置；基数 2 是预先约定的，在机器中不用表示出来。因此，一个浮点数可以用一对二进制定点数来表示，在机器

中表示形式如下：

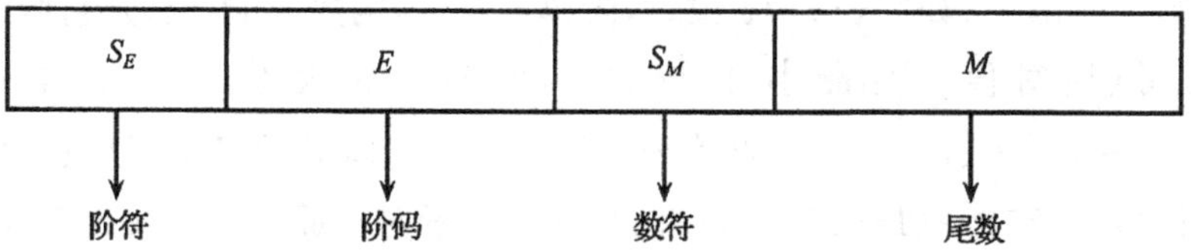

其中，S_E 为阶码符号，E 为阶码；S_M 为尾数符号，M 为尾数。阶码和尾数可以采用任一种机器数(原码、反码和补码)来表示。

在许多通用机中阶码还采用另外一种表示方法——移码表示法。移码的定义如下：设阶码有 $n+1$ 位(包括符号位)，阶码真值 $x=\pm x_1x_2\cdots x_n$，则

$$[x]_{移} = 2^n + x \quad (-2^n \leqslant x < 2^n)$$

即不论真值 x 是正还是负，一律增加 2^n。

例如，已知 $x1=+1011$，$x2=-1011$，则有

$$[x1]_{移} = 2^4 + x1 = 11011$$

$$[x2]_{移} = 2^4 + x2 = 10000 - 1011 = 00101$$

可以看出，一个数的移码与补码的差别只是符号位相反，而数值位是相同的。一般有

$$[x]_{移} = 1x_1x_2\cdots x_n \qquad (当\ x = +x_1x_2\cdots x_n)$$

$$[x]_{移} = 0\overline{x_1}\,\overline{x_2}\cdots\overline{x_n} + 1 \qquad (当\ x = -x_1x_2\cdots x_n)$$

下面举例说明一个数在机器中的浮点表示形式。

【例 1.20】 某微型机字长为 16 位，设阶码部分用 5 位，尾数部分用 11 位，将 $(-9.75)_{10}$ 表示成二进制浮点形式。

解：先把 $(-9.75)_{10}$ 表示成二进制形式，则有

$$(-9.75)_{10} = (-1001.11)_2$$

再把它表示成浮点形式为 $-0.100111\times 2^{+100}$，最后按要求格式在机器中表示如下：

0	0 1 0 0	1	1 0 0 1 1 1 0 0 0 0	(原—原)
0	0 1 0 0	1	0 1 1 0 0 0 1 1 1 1	(反—反)
0	0 1 0 0	1	0 1 1 0 0 1 0 0 0 0	(补—补)
1	0 1 0 0	1	0 1 1 0 0 1 0 0 0 0	(移—补)

浮点表示法与定点表示法比较，其主要优点是，在相同字长下浮点表示法所能表示的数值范围大。如字长为16位时，阶码取5位，尾数取11位，则它所能表示的数的范围(绝对值)为：最小 $2^{-1111}\times 0.00\cdots01$，最大 $2^{-1111}\times 0.11\cdots11$。即 $2^{-15}\times2^{-10}\sim2^{+15}\times(1-2^{-10})$或 $2^{-25}\sim(2^{+15}-2^{+5})$。而对于定点表示法，其数的范围(绝对值)为：$2^{-15}\sim(1-2^{-15})$。因此，用浮点表示时一般可以不取比例因子，使用起来比较方便。

在数的浮点表示法中，为了不丢失尾数的有效数字位数，一般将浮点数表示成规格化形式。所谓规格化，就是使尾数的数值部分的最高位为1，也就是使尾数 M 的绝对值满足 $\frac{1}{2}\leqslant|M|<1$。

例如，数-1001.11表示成规格化形式为

$$2^{+100}\times(-0.100111)$$

在机器中用补码表示为

0	0 1 0 0	1	0 1 1 0 0 1 0 0 0 0

浮点数的运算比较复杂，需要考虑阶码和尾数两部分的运算。当两个浮点数相加时，首先要使两数的阶码相等(称为对阶)，然后尾数才能相加；当两个浮点数相乘时，阶码相加，尾数相乘。因此，浮点运算所需的控制线路复杂，设备量大。

1.4 数码与字符的代码表示

1.4.1 十进制数的二进制编码(BCD码)

在数字计算机中，还可以直接用十进制数进行输入和运算，这就需要将十进制的10个数字符号分别用若干位二进制代码来表示。这种用若干位二进制代码来表示一位十进制数字符号的方法通常称为二-十进制编码。这种编码既具有二进制数的形式又具有十进制数的特点。下面介绍常用的几种二-十进制编码。

1. 8421(BCD)码

8421(BCD)码是最常用的一种二-十进制编码。十进制的每个数字符号用4位二进制数表示，各位的权从左到右分别为8,4,2,1。即用二进制数的0000～1001来分别表示十进制的0～9，见表1.1所示。必须注意，8421(BCD)码中没有1010～1111这六种代码，这与通常的4位二进制数是不同的。

8421(BCD)码的特点如下：

1）它是一种有权码，可根据代码的组成知道它所代表的值。设 8421(BCD)码的各位为 $a_3a_2a_1a_0$，则它所代表的值为 $N=8a_3+4a_2+2a_1+1a_0$。

2）编码简单直观，它与十进制数之间的转换只要直接按位进行就可。例如：$(12)_{10}=(00010010)_{BCD}$，$(011100100011)_{BCD}=(723)_{10}$。

3）8421(BCD)码具有奇偶性，即当十进制数为奇数时，其所对应的 8421(BCD)码的最低位为 1；当十进制数为偶数时，其所对应的 8421(BCD)码的最低位为 0，因此，用 8421(BCD)码可以判别数的奇偶。

4）设备较费。这是相对于通常的二进制表示法而言的，在同样设备量下，4 位二进制通常可表示 $(0)_{10}\sim(15)_{10}$，而四位 8421(BCD)码只能表示 $(0)_{10}\sim(9)_{10}$。因此，计算机中一旦出现 $(10)_{10}\sim(15)_{10}$，8421(BCD)码必须用 000010000～00010101 表示。

表 1.1 给出的常用二-十进制编码表中，除了 8421(BCD)码外，还有 2421 码和余 3 码。

2. 2421 码

2421 码也是一种有权码，所不同的是 2421 码的权从左到右分别为 2，4，2，1。设 2421 码中的各位为 $a_3a_2a_1a_0$，则它所代表的值为 $N=2a_3+4a_2+2a_1+1a_0$。

需要指出的是，2421 码的编码方案不止一种，表 1.1 中给出的只是其中的一种方案，这种方案的 2421 码是一种对 9 的自补码，这就是说，十进制数的 0 和 9，1 和 8，2 和 7，3 和 6，4 和 5 的 2421 码互为反码。只要将某数的 2421 码按位求反，就可以方便地得到该数的“对 9 的补数”的 2421 码。例如：十进制数 3 的 2421 码为 0011，3“对 9 的补数”是 $[3]_{9补}=9-3=6$。所以十进制数 6 的 2421 码，应是十进制数 3 的 2421 码按位求反而得，即为 1100。

3. 余 3 码

余 3 码也是一种被广泛采用的二-十进制编码，它是一种无权码。对应于同样的十进制数字，余 3 码比相应的 8421(BCD)码多出 0011，所以叫余 3 码，见表 1.1 所示。一个十进制数用余 3 码表示时，只要按位表示成余 3 码即可。例如：

$$(80.14)_{10} = (10110011.01000111)_{余3}$$

余 3 码的特点如下：

1）余 3 码是一种对 9 的自补码。从表 1.1 可以看出，每一个余 3 码只要自身按位取反，便可得到其对 9 的补码。例如，十进制数字 5 的余 3 码为 1000，5 对 9 的补是 9－5＝4，而 4 的余 3 码是 0111，它正好是 5 的余 3 码 1000 按位取反而得。余 3 码的这种自补性，给十进制运算带来方便，这是余 3 码被广泛采用的原因之一。

表 1.1　常用的二-十进制编码表

十进制数	BCD 码	余 3 码	2421 码
0	0000	0011	0000
1	0001	0100	0001
2	0010	0101	0010
3	0011	0110	0011
4	0100	0111	0100
5	0101	1000	1011
6	0110	1001	1100
7	0111	1010	1101
8	1000	1011	1110
9	1001	1100	1111

2）两个余 3 码相加，所产生的进位相应于十进制数的进位，但所产生的和要进行修正后才是正确的余 3 码。修正的方法是：如果没有进位，则和需要减 3；如果发生了进位，则和需要加 3。例如：

$$
\begin{array}{r}
2 \\
+)\ \underline{3} \\
5
\end{array}
\qquad
\begin{array}{r}
0101 \\
+)\ \underline{0110} \\
1011 \\
-)\ \underline{\quad 11} \\
1000
\end{array}
\qquad
\begin{array}{r}
7 \\
+)\ \underline{5} \\
12
\end{array}
\qquad
\begin{array}{r}
1010 \\
+)\ \underline{1000} \\
\boxed{1}\ \ 0010 \\
+)\ \underline{\quad 11} \\
0101
\end{array}
$$

除上述三种常用的二-十进制编码外，还有 5421 码、4421 码、4221 码等 4 位编码以及 5 中取 2 码、移位计数器码等五位编码，就不一一介绍了。

1.4.2　可靠性编码

为了减少代码在形成或传输过程中的错误，人们采用了可靠性编码的方法。可靠性编码使得代码在形成或传输过程中不易出错，或者出错时容易被发现，甚至能查出出错的位置并予以纠正。目前，常用的可靠性代码有格雷(Gray)码、奇偶校验码和海明码等。下面分别介绍这些代码的组成及特点。

1. 格雷码

格雷码有多种形式，但它们都有一个共同特点，即从一个代码变为相邻的另一代码时，只有一位发生变化。表 1.2 给出一种典型的格雷码。

表 1.2　典型的格雷码

十进制数	二进制码	典型的格雷码
0	0000	0000
1	0001	0001
2	0010	0011
3	0011	0010
4	0100	0110
5	0101	0111
6	0110	0101
7	0111	0100
8	1000	1100
9	1001	1101
10	1010	1111
11	1011	1110
12	1100	1010
13	1101	1011
14	1110	1001
15	1111	1000

从表 1.2 可以看到，任何相邻的十进制数，它们的格雷码都仅有一位之差。例如，从 7→8，二进制码是 0111→1000，4 位均发生变化，而格雷码是 0100→1100，只有一位发生变化。这一特点有什么意义呢？在用普通二进制码作加 1 计数时，例如从 7→8，4 位都要发生变化。如果 4 位变化不是同时发生的（实际上是不会完全同时发生的），那么在计数过程中就可能出现短暂的粗大误差。如第一位先置 1，然后再将其他位置 0，就会出现 0111→1111 的粗大误差，格雷码从编码的形式上杜绝了出现这种错误的可能。

格雷码是一种无权码，因而很难从某个代码识别它所代表的数值。但是，典型的格雷码与二进制码之间有简单的转换关系。设二进制码为：$B=B_n\,B_{n-1}\cdots B_1\,B_0$，其对应的格雷码为：$G=G_n\,G_{n-1}\cdots G_1\,G_0$。则有

$$\begin{cases} G_n = B_n \\ G_i = B_{i+1} \oplus B_i \end{cases} \qquad (i = 0,1,\cdots,n-1)$$

式中，$i=0,1,\cdots,n-1$；符号$\oplus$表示异或运算或模 2 加运算，其规则是：$0\oplus0=0$，$0\oplus1=1$，$1\oplus0=1$，$1\oplus1=0$。例如，把二进制码 0111 和 1100 转换成格雷码：

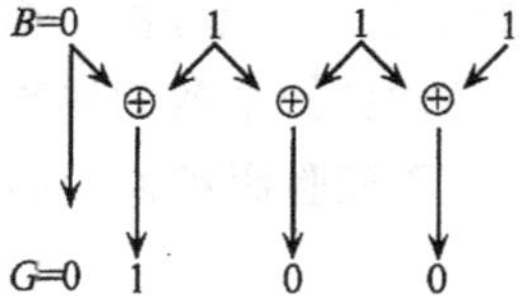

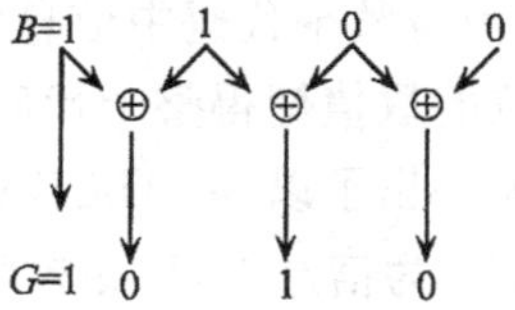

反过来，如果已知格雷码，也可以用类似方法求出对应的二进制码，其方法如下：

$$\begin{cases} B_n = G_n \\ B_i = B_{i+1} \oplus G_i \end{cases} \quad (i < n)$$

例如，把格雷码 0100 和 1010 转换成二进制码：

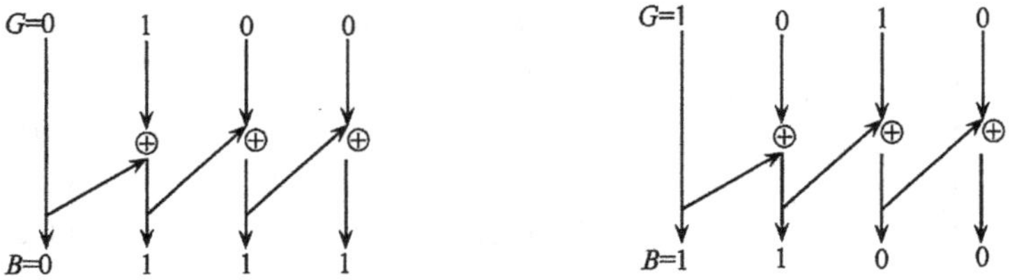

格雷码可被用作二-十进制编码。表 1.3 给出十进制数的两种格雷码。其中修改的格雷码又叫余 3 格雷码，它具有循环性，即十进制数的头尾两个数(0 与 9)的格雷码也只有一位不同，构成一个“循环”。所以格雷码有时也称循环码。

表 1.3　十进制数的两种格雷码

十进制数	典型格雷码	修改格雷码
0	0000	0010
1	0001	0110
2	0011	0111
3	0010	0101
4	0110	0100
5	0111	1100
6	0101	1101
7	0100	1111
8	1100	1110
9	1101	1010

2. 奇偶校验码

奇偶校验码由信息位和校验位两部分组成。信息位就是要传送的信息本身，可以是位数不限的二进制代码，校验位是附加的冗余位，这里仅用一位。奇偶校验码是计算机中常用的一种可靠性代码，它具有发现奇数位差错的能力。

(1) 奇偶校验码的编码方法

在信息的发送端，对校验位进行编码。编码的方法有两种：一种是校验位的取值(0 或 1)使得整个代码中信息位和校验位的“1”的个数为奇数，称为奇校验；另一种是校验位的取值使得整个代码中信息位和校验位的“1”的个数为偶数，称为偶校验。表 1.4 给出了以 8421BCD 码为信息位所构成的奇校验码和偶校验码。其中，B_8, B_4, B_2, B_1 为信息位，P 为校验位。

表 1.4　8421BCD 码的奇偶校验码

BCD 码	奇校验码	偶检验码
$B_8\ B_4\ B_2\ B_1$	$B_8\ B_4\ B_2\ B_1\ \ P$	$B_8\ B_4\ B_2\ B_1\ \ P$
0 0 0 0	0 0 0 0 1	0 0 0 0 0
0 0 0 1	0 0 0 1 0	0 0 0 1 1
0 0 1 0	0 0 1 0 0	0 0 1 0 1
0 0 1 1	0 0 1 1 1	0 0 1 1 0
0 1 0 0	0 1 0 0 0	0 1 0 0 1
0 1 0 1	0 1 0 1 1	0 1 0 1 0
0 1 1 0	0 1 1 0 1	0 1 1 0 0
0 1 1 1	0 1 1 1 0	0 1 1 1 1
1 0 0 0	1 0 0 0 0	1 0 0 0 1
1 0 0 1	1 0 0 1 1	1 0 0 1 0

一般来说，对于任何 n 位二进制信息位，只要增加一位校验位，便可构成($n+1$)位的奇或偶校验码。设奇偶校验码为 $C_1C_2C_3\cdots C_nP$，则校验位可以表示成

$$P = C_1 \oplus C_2 \oplus C_3 \oplus \cdots \oplus C_n \text{（对偶校验码）}$$

或

$$P = C_1 \oplus C_2 \oplus C_3 \oplus \cdots \oplus C_n \oplus 1 \text{（对奇校验码）}$$

(2) 奇偶校验码的校验方法

在发送端对校验位进行编码后，将信息位和校验位构成的奇(或偶)校验码一起发送出去。在接收端对接收到的奇(或偶)校验码进行校验。其校验方程为

$$S = C_1 \oplus C_2 \oplus C_3 \oplus \cdots \oplus C_n \oplus P$$

当采用奇校验码时，

$$S = \begin{cases} 1 & \text{正确} \\ 0 & \text{错误} \end{cases}$$

当采用偶校验码时，

$$S = \begin{cases} 0 & \text{正确} \\ 1 & \text{错误} \end{cases}$$

可以看出，奇偶校验码能发现代码一位(或奇数位)出错，但它不能发现两位(或偶数位)出错。由于两位出错的概率远低于一位出错的概率，所以奇偶校验码用来检测代码在传送过程中的错误是很有效的。

实现奇偶校验只需要在发送端增加一个奇偶形成电路，并在接收端增加一个奇偶校验电路。图 1.1 所示为实现 BCD 码奇偶校验的原理框图。

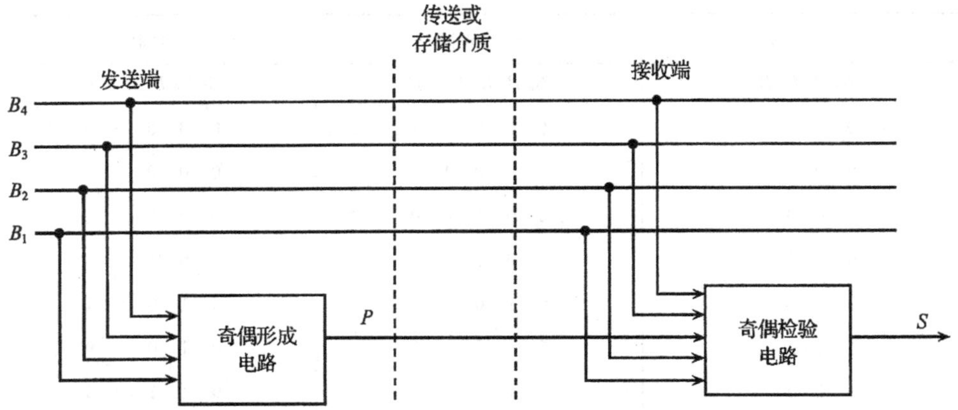

图 1.1　BCD 码奇偶校验原理框图

3. 海明码

上面介绍的奇偶校验码只能检验一位出错，但不能定位错误，因而也就不能纠正错误。那么，能否构成一种既能发现错误又能定位错误的可靠性编码呢？这里要介绍的海明校验码就是具有这种能力的一种最简单的可靠性编码。海明校验的基础是奇偶校验，可以把海明校验码看成是多重的奇偶校验码。下面我们来讨论海明校验码的编码方法以及它为什么不仅能够检错，而且还能纠错。

(1) 海明码的编码方法

海明码也是由信息位和校验位两部分构成。不过，这里校验位不是一位，而是由若干位构成。信息位代表要传送的代码，比如 8421BCD 码。校验位加入后，使编码有发现和修正错误的能力。下面我们通过具体例子来说明它的编码方法。

设需要传递的信息码为 11 位二进制码，即

$$M = a_1 a_2 a_3 \cdots a_{10} a_{11}$$

为了实现海明校验，需要增加 4 位校验位 b_1, b_2, b_3 和 b_4，称它们为海明奇偶校验位。我们将 4 位校验位分别置在 2^i 码位上($i=0,1,2,3$)，即 b_1 置于 $2^0=1$ 码位上，b_2 置于 $2^1=2$ 码位上，b_3 置于 $2^2=4$ 码位上，b_4 置于 $2^3=8$ 码位上。这样，由信息码和校验码构成的海明码排列如表 1.5 所示。

表 1.5　海明码中校验码与信息码的排列次序

码位 码类	1	2	3	4	5	6	7	8	9	10	11	12	13	14	15
信息码			a_1		a_2	a_3	a_4		a_5	a_6	a_7	a_8	a_9	a_{10}	a_{11}
检验码	b_1	b_2		b_3				b_4							
海明码	b_1	b_2	a_1	b_3	a_2	a_3	a_4	b_4	a_5	a_6	a_7	a_8	a_9	a_{10}	a_{11}

为了对校验位进行编码，需要将这 15 位海明码进行分组。在这里我们取了 4 位校验位，就要分成 4 组进行奇偶校验。分组方法如表 1.6 所示。

表 1.6　海明码的分组表

码位 / 码类	1	2	3	4	5	6	7	8	9	10	11	12	13	14	15
S_1	b_1		a_1		a_2		a_4		a_5		a_7		a_9		a_{11}
S_2		b_2	a_1			a_3	a_4			a_6	a_7			a_{10}	a_{11}
S_3				b_3	a_2	a_3	a_4					a_8	a_9	a_{10}	a_{11}
S_4								b_4	a_5	a_6	a_7	a_8	a_9	a_{10}	a_{11}

分组表的填法是这样的：先将码位号用二进制码表示，在列的方向由下往上填，如码位号 13，由下往上填成 1101。然后将每位相应的码元在列的方向填在该码位“1”的位置，如码位 13 相应的码元为 a_9，在它列下填入 3 个 a_9。

根据表 1.6 可以看出，校验位 b_1,b_2,b_3,b_4 正好分别列在 4 个组中。因此，可分成 4 组进行奇偶校验。校验位的取值由下列表达式求得(对偶校验)：

$$b_1 = a_1 \oplus a_2 \oplus a_4 \oplus a_5 \oplus a_7 \oplus a_9 \oplus a_{11}$$

$$b_2 = a_1 \oplus a_3 \oplus a_4 \oplus a_6 \oplus a_7 \oplus a_{10} \oplus a_{11}$$

$$b_3 = a_2 \oplus a_3 \oplus a_4 \oplus a_8 \oplus a_9 \oplus a_{10} \oplus a_{11}$$

$$b_4 = a_5 \oplus a_6 \oplus a_7 \oplus a_8 \oplus a_9 \oplus a_{10} \oplus a_{11}$$

由这 4 个表达式分别求出 b_1,b_2,b_3,b_4，就完成了海明码的编码。

(2) 海明码的校验方法

在发送端将编好码的海明码发送出去后，在接收端根据接收到的信息码和校验码进行检错和纠错。这可以通过下列奇偶校验方程组来实现(对于偶校验)：

$$S_1 = b_1 \oplus a_1 \oplus a_2 \oplus a_4 \oplus a_5 \oplus a_7 \oplus a_9 \oplus a_{11}$$

$$S_2 = b_2 \oplus a_1 \oplus a_3 \oplus a_4 \oplus a_6 \oplus a_7 \oplus a_{10} \oplus a_{11}$$

$$S_3 = b_3 \oplus a_2 \oplus a_3 \oplus a_4 \oplus a_8 \oplus a_9 \oplus a_{10} \oplus a_{11}$$

$$S_4 = b_4 \oplus a_5 \oplus a_6 \oplus a_7 \oplus a_8 \oplus a_9 \oplus a_{10} \oplus a_{11}$$

根据求得的 S_1,S_2,S_3,S_4 的值就能够检测错误和定位错误：① 如果接收到的代码是正确的，则 $S_4S_3S_2S_1=0000$；② 如果接收到的代码有错误(我们仍然只考虑一位错的情况，因为两个和两个以上码元同时出错的概率是很低的)，则由 $S_4S_3S_2S_1$ 所构成的二进制数就可指出错误的码位号。

例如，如果校验结果 $S_4S_3S_2S_1=0011$，说明错误发生在 S_2 和 S_1 两组中，二进制数 0011 指出的码位号为 3，由表 1.5 可知是 a_1 发生了错误。

又如，当 $S_4S_3S_2S_1=0110$，码位号为 6，表示 a_3 出错，只要将该位的值取反，便可得正确的结果(取反可以用逻辑电路实现)。

以上我们讨论了偶校验的方法，读者不难得到奇校验的方法。

4个校验方程形成的校验结果 $S_4S_3S_2S_1$ 共有16种不同取值,其中除了"0000"表示没错误外,其余15种取值分别指示15个码元的出错。因此,4位校验码最多可指出(2^4-1)个码元的错误。由于其中还包括了校验位本身的4位,故4位校验码最多可指出的信息码元数为(2^4-1)$-4=11$。一般而言,若有 k 位信息码,r 位校验码,由上例可以推论得

$$(2^r-1)-r=k$$

因此,校验码位数 r 为可以满足下列不等式的最小整数:

$$2^r \geqslant k+r+1$$

由上式可得到校验码位数 r 和可能校验的信息码的最大位数 k_{max} 之间的关系,如表1.7所示。

表1.7　r 和 k_{max} 之间的关系

检验位数 r	最大信息位数 k_{max}	总位数 n
1	0	1
2	1	3
3	4	7
4	11	15
5	26	31
6	57	63
7	120	127
8	247	255

根据上述讨论,我们可以归纳出海明码的编码方法及其校验方法的步骤:

1) 根据信息码位数 k,确定所需校验码位数 r。例如,已知 $k=48$,校验码位数 $r=6$。

2) 设置校验位 b_j($j=1,2,\cdots,r$)。将各校验位分别安排在 2^i 码位上($i=0,1,2,3,\cdots$),得到 $k+r$ 位海明码,根据分组规则,将海明码分成 r 组,写出校验位的表达式,并计算各校验位的值。

3) 对海明码的各码组进行奇偶校验。即写出校验方程组 $S_1,S_2,\cdots,S_r$。由 r 组校验结果的二进制代码来确定产生错误的码位。

下面举例说明海明码的编码和校验方法。

【例1.21】 试将一位8421BCD码编成奇校验的海明码。

解:设一位8421BCD码的信息码为 a_1,a_2,a_3,a_4,则编码方法如下:

1) 根据 $k=4$,确定 r 取3。

2) 设置校验位 b_1,b_2,b_3,将它们分别置于1,2,4码位上,并根据分组规则将它们分成3组,如表1.8所示。

表 1.8　例 1.21 海明码分组表

码位号 / 分组	1	2	3	4	5	6	7
S_1	b_1		a_1		a_2		a_4
S_2		b_2	a_1			a_3	a_4
S_3				b_3	a_2	a_3	a_4

3）列出校验位的表达式(奇校验)：

$$b_1 = a_1 \oplus a_2 \oplus a_4 \oplus 1$$
$$b_2 = a_1 \oplus a_3 \oplus a_4 \oplus 1$$
$$b_3 = a_2 \oplus a_3 \oplus a_4 \oplus 1$$

计算每组 8421BCD 码相应的校验位值。完整的 8421BCD 码海明码表如表 1.9 所示。例如，第 5 行，$a_1 a_2 a_3 a_4$=0101，则由上式可得：b_1=1，b_2=0，b_3=1。于是，第 5 行的海明码为 1001101。

表 1.9　8421BCD 码的海明码表

信息码序号	b_1	b_2	a_1	b_3	a_2	a_3	a_4
0	1	1	0	1	0	0	0
1	0	0	0	0	0	0	1
2	1	0	0	0	0	1	0
3	0	1	0	1	0	1	1
4	0	1	0	0	1	0	0
5	1	0	0	1	1	0	1
6	0	0	0	1	1	1	0
7	1	1	0	0	1	1	1
8	0	0	1	1	0	0	0
9	1	1	1	0	0	0	1

下面来看一下如何进行校验。假设发送代码 5 的海明码为 1001101，接收到的海明码为 1011101，则根据校验方程组，有

$$S_3 = b_3 \oplus a_2 \oplus a_3 \oplus a_4 \oplus 1 = 1 \oplus 1 \oplus 0 \oplus 1 \oplus 1 = 0$$
$$S_2 = b_2 \oplus a_1 \oplus a_3 \oplus a_4 \oplus 1 = 0 \oplus 1 \oplus 0 \oplus 1 \oplus 1 = 1$$
$$S_1 = b_1 \oplus a_1 \oplus a_2 \oplus a_4 \oplus 1 = 1 \oplus 1 \oplus 1 \oplus 1 \oplus 1 = 1$$

由 $S_3S_2S_1$ 构成的二进制数 011，便可判定第 3 码位的 a_1 错了。只要将接收到的 a_1 由 1 改成 0，就纠正了错误。

1.4.3 字符代码(ASCII 码)

在计算机应用中,为了实现人-机通讯,需要直接处理十进制数字、英文字母和专用符号。此时,必须对十进制数字、英文字母和专用符号进行编码,才能被计算机识别和处理。这些数字、字母和专用符号统称为字符,它们的编码称为字符代码。

国际上通用的一种国际标准码 ASCII 码是一种 7 位代码,它原为美国用于信息交换的标准代码(American standard code for information interchange),后来被国际组织所采用。ASCII 码有 128 个字符,其中包括 26 个大写的英文字母和 26 个小写的英文字母,10 个数字符号,34 个专用符号,总共 96 个,称之为图形字符,此外还有 32 个控制字符,它的编码方法见表 1.10。

表 1.10 7 位 ASCII 码编码表

低 4 位代码	高 3 位代码($a_7a_6a_5$)							
($a_4a_3a_2a_1$)	000	001	010	011	100	101	110	111
0000	NUL	DLE	SP	0	@	P	`	p
0001	SOH	DC1	!	1	A	Q	a	q
0010	STX	DC2	“	2	B	R	b	r
0011	ETX	DC3	#	3	C	S	c	s
0100	EOT	DC4	$	4	D	T	d	t
0101	ENQ	NAK	%	5	E	U	e	u
0110	ACK	SYN	&	6	F	V	f	v
0111	BEL	ETB	‘	7	G	W	g	w
1000	BS	CAN	(	8	H	X	h	x
1001	HT	EM	)	9	I	Y	i	y
1010	LF	SUB	*	:	J	Z	j	z
1011	VT	ESC	+	;	K	[	k	{
1100	FF	FS	,	<	L	\	l	|
1101	CR	GS	—	=	M	]	m	}
1110	SO	RS	.	>	N	^	n	~
1111	SI	US	/	?	O	—	o	DEL

注:NUL-空白;SOH-标题开始;STX-正文开始;ETX-本文结束;EOT-传输结束;ENQ-询问;ACK-承认,应答;BEL-报警;BS-退格;HT-横向列表;LF-换行;VT-垂直纵表;FF-走纸控制;CR-回车;SO-移位输出;SI-移位移入;DLE-数据链换码;DC1-设备控制 1;DC2-设备控制 2;DC3-设备控制 3;DC4-设备控制 4;NAK 否定;SYN-空移同步;ETB-信息组传送结束;CAN-作废;EM-纸尽;SUB-减;ESC-换码;FS-文字分隔符;GS-组分隔符;RS-记录分隔符;US-单元分隔符;SP-空格;DEL-删除。

计算机中实际用 8 位二进制代码表示一个字符,称为一个字节。通常在 7 位标准码的左边最高位填入奇偶校验位,它可以是奇校验,也可以是偶校验。这种编码的好处是低 7 位仍然保持 7 位标准码的编码,高位奇偶校验位不影响计算机的内部处理和输入输出规则。此外,还有直接采用 8 位二进制代码进行编码的 EBCDIC 码,称为扩充的 BCD 码。

习　题　一

1.1　将下列各数转换成十进制数(小数取3位)：

(1) $(101.1)_2=(\quad)_{10}$　　(2) $(101.1)_3=(\quad)_{10}$

(3) $(101.1)_5=(\quad)_{10}$　　(4) $(101.1)_8=(\quad)_{10}$

(5) $(101.1)_{16}=(\quad)_{10}$

1.2　数制转换：

(1) $(78.8)_{16}=(\quad)_{10}$　　(2) $(0.375)_{10}=(\quad)_2$

(3) $(65634.21)_8=(\quad)_{16}$　　(4) $(121.02)_{16}=(\quad)_4$

1.3　将下列各十进制数先转换成二进制数，然后进行计算。

$64+32, 127-63, 93.5-42.75, 24\times 12, 47.5\times 51.75,$

$32\div 8,\ 42\div 12,\ 58.75\div 23.5$

1.4　如何判断一个7位二进制正整数 $A=a_1a_2a_3a_4a_5a_6a_7$ 是否是4的倍数。

1.5　若 m 位的十进制整数用 n 位二进制整数表示，问 m 与 n 应满足什么关系？

1.6　写出下列各数的原码、反码和补码。

$+0.00101,\ -0.10000,\ -0.11011,\ +10101,\ -10000,\ -11111$

1.7　将下列各数表示为原码、反码和补码。

$13/128,\ -13/128, 15/64$

1.8　代码转换：已知 $[x]_原=10101011$，求 $[x]_反$；已知 $[x]_反=10101011$，求 $[x]_补$；已知 $[x]_补=10101011$，求 $[x]_原$。

1.9　已知下列机器数，写出它们的真值。

$[x_1]_原=11010, [x_2]_反=11001, [x_3]_补=11001, [x_4]_补=10000$

1.10　设 $[x]_补=01101001$，$[y]_补=10011101$，求：$\left[\frac{1}{2}x\right]_补$，$\left[\frac{1}{4}x\right]_补$，$\left[\frac{1}{2}y\right]_补$，$\left[\frac{1}{4}y\right]_补$，$[-x]_补$，$[-y]_补$。

1.11　根据原码和补码定义回答下列问题：

(1) 已知 $[x]_补>[y]_补$，是否有 $x>y$？

(2) 设 $-2^n<x<0$，x 为何值时，等式 $[x]_补=[x]_原$ 成立。

1.12　设 x 为二进制整数，$[x]_补=11x_1x_2x_3x_4x_5$，若要 $x<-16$，则 $x_1\sim x_5$ 应满足什么条件？

1.13　设某机器字长为16位，当采用定点整数补码表示时，它所能表示的数的范围是什么？写出十进制数 $+256, 0, -1$ 和 -32767 在机器中的表示形式。

1.14　已知两个正的浮点数为 $N_1=2^{E_1}\times M_1, N_2=2^{E_2}\times M_2$。

(1) 若 $E_1>E_2$，是否有 $N_1>N_2$？

(2) 若 M_1 和 M_2 是规格化的数，上述结论是否正确？

1.15 设二进制浮点数的阶码 4 位，尾数 7 位(含符号位)，当采用原码表示时，写出它的最大正数，最小正数，最大负数，最小负数(0 除外)，并写出相应的十进制数的数值。

1.16 完成下列代码之间的转换：

(1) $(0101\ 1001\ 1001\ 0111.0111)_{8421BCD}=(\qquad\qquad)_{10}$。

(2) $(359.25)_{10}=(\qquad\qquad\qquad\qquad)_{余3}$。

(3) $(1010001110010101)_{余3}=(\qquad\qquad)_{8421BCD}$。

1.17 试写出下列二进制数的典型格雷码：101010，10111011。

1.18 试给出一位余 3 码的奇校验海明码。

1.19 设有一信息码字 $a_1 a_2 a_3 a_4=1010$，需用偶校验的海明码进行传送，试给出该信息的海明码。若接收端 a_3 变为 0，如何发现？如何纠正？

第二章 逻辑代数基础

逻辑代数是布尔代数的一种特例，是分析和设计开关电路的重要数学工具。逻辑代数是研究数字系统逻辑设计的基础理论。本章将从应用的角度，主要介绍逻辑代数的基本概念、基本公式和规则、逻辑函数的表示形式、转换与化简。

2.1 逻辑代数的基本概念

作为描述与刻画客观世界的一种数学工具，逻辑代数面对的是离散的数字信号。自然界的物理量多种多样，在时间和数值上均连续变化的物理量，习惯上称为模拟量，表示模拟量的信号称为模拟信号。模拟信号可以用连续函数来表示。还有一种物理量，它在时间和数值上都是不连续的，发生在一系列离散的瞬间，我们把该类物理量称为数字量，表示数字量的信号称为数字信号。数字信号无法用传统的连续函数来表示，而逻辑代数正是表示这种物理量的最有力的工具。

“逻辑”一词来自于逻辑学，是研究逻辑思维与逻辑推理规律的，它表示事物发生的条件和结果之间的规律，即一种因果关系。在数字逻辑系统中，用 0 和 1 这两个数字描述两种相互对立的状态，这种表示方式中不存在中间状态。在这种情况下，我们把条件看作逻辑变量，把结果看作逻辑函数，而逻辑变量和逻辑函数的取值限定在 0 和 1 中，从而把一种逻辑问题转化为一个代数问题，这种用代数的方法去研究逻辑问题的科学称为逻辑代数。

数字电路中使用高、低电平表示两种不同的电路状态，它们表示的是一定的电压范围，而不是一种固定不变的值。例如，在 TTL 电路中，常规定高电平的额定值是 3V，低电平的额定值是 0.2V。实际上，从 2V 到 5V 都为高电平，从 0V 到 0.8V 都为低电平。在数字电路中，如果用高电平表示逻辑状态 1，用低电平表示逻辑状态 0，称为正逻辑；反之，称为负逻辑。两种逻辑之间是可以相互转变的，如无特殊说明，本书采用正逻辑。

2.1.1 逻辑变量与逻辑函数

逻辑代数和普通代数一样，用字母代表变量，逻辑代数的变量称为布尔变量。和普通代数不同的是，逻辑变量只有两种取值，即 0 或 1。并且，常量 0 和 1 没有普通代数中的 0 和 1 的意义，它只表示两种对立的可能，即命题的“假”和“真”，信号的“无”和“有”等等。这种两值的变量称为逻辑变量，通常用字母 $A,B,C,\cdots$ 来表示。

在普通代数中，函数这个概念是大家所熟悉的，即随着自变量变化而变化的因变量。与普通代数一样，在逻辑代数中，对于 n 个逻辑变量 $A,B,C,\cdots$ 如果有

$$F = f(A,B,C,\cdots)$$

则称 F 为逻辑函数。逻辑函数与逻辑变量之间的关系称作逻辑函数表达式，简称为逻辑表达式。如果输入逻辑变量 $A,B,C,\cdots$ 的取值确定了，逻辑函数的值也就被唯一地确定了。必须注意的是，在逻辑代数中，逻辑函数与逻辑变量一样只有两个取值：0 和 1。同样，这里的 0 和 1 并不表示具体“数”，而只表示两种不同的逻辑状态。任一逻辑函数和其变量的关系，都是由这些变量的与、或、非三种基本运算所决定的。这就是说，不管逻辑函数多么复杂，它都是由相应输入变量的与、或、非三种基本逻辑运算构成的。

2.1.2 基本逻辑运算及基本逻辑门

在逻辑代数中，变量间有三种基本运算：与运算、或运算和非运算，任何复杂的逻辑运算都可以用这三种基本运算来实现。

1. 逻辑与运算

与运算也可称为逻辑乘或逻辑与。这种运算表明：当决定一事件的所有条件都具备之后，这个事件才会发生并且一定会发生。

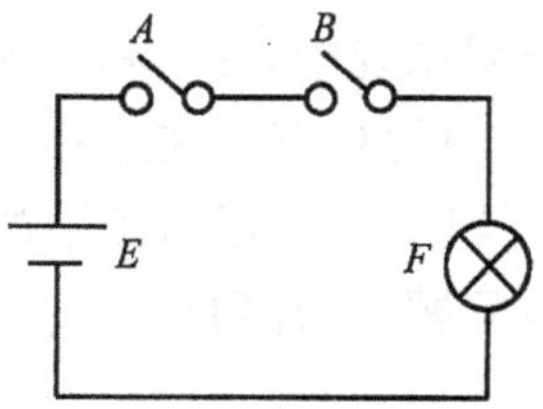

图 2.1　串联开关电路图

我们可以用串联开关电路来说明与运算的逻辑关系。如图 2.1 所示。这里发生的事件是灯亮与否，而该事件发生的条件则是开关接通与否。根据图 2.1，如果灯 F 亮，则开关 A,B 必须是全部接通的。如果其中有一个没有接通，灯 F 不会亮。这里的开关接通与否跟灯亮之间的逻辑关系，就是逻辑与关系。用逻辑代数可以表示成

$$F = A \cdot B = AB$$

式中，符号“·”为与运算符（也可用“∧”或“∩”来表示），读做“与”，也可以读做“乘”，这里的乘指逻辑乘。也可以省略与运算符，直接用 AB 表示逻辑乘。A、B 为自变量，F 为因变量。

根据串联开关电路图，很容易由 A、B 的取值推出 F 的取值。如果将 A、B 的闭合状态表示为“1”，断开状态表示为“0”；灯 F 亮用“1”表示，不亮用“0”表示。可以得出如下结果：

$$0 \cdot 0 = 0$$
$$0 \cdot 1 = 0$$
$$1 \cdot 0 = 0$$

$$1 \cdot 1 = 1$$

将上述关系列成表格，就叫与运算的“真值表”，如表 2.1 所示。当然，两个以上的变量进行与运算的时候也可以用类似的方法得到真值表。如果变量的个数为 n，则与运算真值表有 2^n 种情况。

在数字电路中，实现“与”逻辑关系的电路叫作“与门”。

表 2.1　与运算的真值表

A	B	F
0	0	0
0	1	0
1	0	0
1	1	1

2. 逻辑或运算

或运算又称为逻辑加。这种运算表明：决定一事件的多个条件中只要有一个条件具备，这个事件就可以发生。

我们可以用并联开关电路来说明或运算的逻辑关系，如图 2.2 所示。同上例，这里发生的事件是灯亮与否，而该事件发生的条件则是开关接通与否。根据图 2.2，如果灯 F 亮，则开关 A，B 只须有一个接通即可。只有开关 A 和 B 全都断开，灯 F 才会不亮。本例中的开关接通与否跟灯亮之间的逻辑关系，就是逻辑或关系。用逻辑代数可以表示成

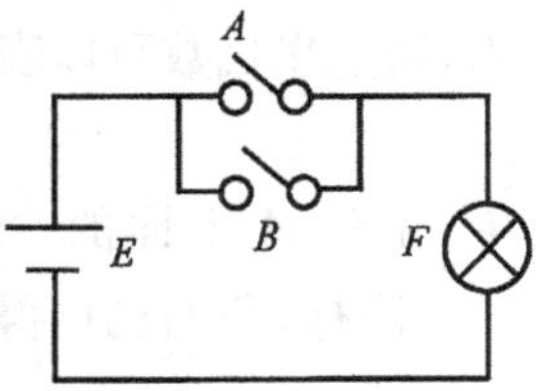

图 2.2　并联开关电路图

$$F = A + B$$

式中，符号“+”为与运算符(也可用“∨”或“∪”来表示)，读做“或”，这里的加指逻辑加。A、B 为自变量，F 为因变量。

根据上例所定义的变量值，我们仍然可以很容易地由并联开关电路推出逻辑加的真值：

$$0 + 0 = 0$$
$$0 + 1 = 1$$
$$1 + 0 = 1$$
$$1 + 1 = 1$$

由此可以得出或运算真值表，见表 2.2。在多变量的情况下，n 个变量也将导致 2^n 种情况。

同理，在数字电路中，实现“或”逻辑关系的电路叫作“或门”。

表 2.2 或运算的真值表

A	B	F
0	0	0
0	1	1
1	0	1
1	1	1

3. 逻辑非运算

非运算又称为逻辑非。实际上，逻辑非也就是反运算。它表示当条件不满足的时候，事件才发生的逻辑关系。

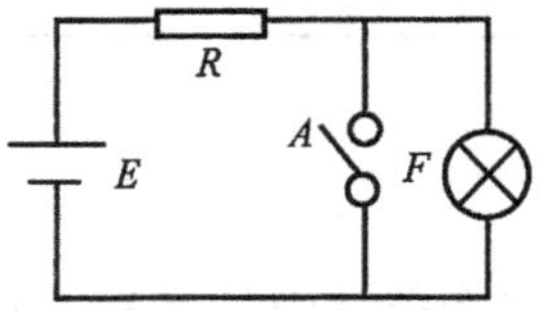

图 2.3 单开关电路图

我们可以设计单开关电路图来说明这种非运算的逻辑关系。如图 2.3。该图可以很好地说明非运算的逻辑关系。同样，这里的事件是灯亮与否，条件是开关接通与否。由图 2.3 可以看出，当开关 A 接通时灯不亮，但当开关 A 断开时灯反而是亮的。这就是说明，条件不满足的时候事件才发生。这样的逻辑关系称为逻辑非运算，用逻辑代数可以表示成

$$F = \overline{A}$$

式中，字母 A 上面的一横表示“非”，也就是“反”的意思，可以直接读做“非”或“反”。同样，我们也可得出在 A 取不同的值的情况下 F 的取值：

$$\overline{0} = 1$$

$$\overline{1} = 0$$

并据此得出非运算的真值表，见表 2.3。

同样，在数字电路中，实现非运算的电路叫“非门”。

表 2.3 非运算的真值表

A	F
0	1
1	0

2.2 逻辑代数的公理、定理及规则

根据逻辑代数中的与、或、非三种基本运算，可以推导出逻辑代数运算的一些基本定律，也可以称为逻辑代数的公理。本节将主要介绍逻辑代数中的公理、定理以及在逻辑运算中十分有用的相关规则。利用这些公理、定理和规则我们可以有效

地化简逻辑函数，更好地分析设计逻辑电路。

2.2.1 逻辑代数的公理和基本定理

1. 逻辑代数中的公理

0-1律 $A+0=A$

$A+1=1$

$A\cdot 0=0$

$A\cdot 1=A$

交换律 $A+B=B+A$

$A\cdot B=B\cdot A$

结合律 $A+(B+C)=(A+B)+C$

$A\cdot(B\cdot C)=(A\cdot B)\cdot C$

分配律 $A\cdot(B+C)=A\cdot B+A\cdot C$

$A+B\cdot C=(A+B)\cdot(A+C)$

互补律 $A+\overline{A}=1$

$A\cdot\overline{A}=0$

重叠律 $A+A=A$

$A\cdot A=A$

非非律 $\overline{\overline{A}}=A$

以上公理的正确性很容易从开关电路图得到，也可以用真值表证明。

2. 逻辑代数中的定理

吸收律 $A+A\cdot B=A$

$A+\overline{A}\cdot B=A+B$

$A\cdot(A+B)=A$

$A\cdot(\overline{A}+B)=A\cdot B$

摩根律 $\overline{A\cdot B}=\overline{A}+\overline{B}$

$\overline{A+B}=\overline{A}\cdot\overline{B}$

包含律 $A\cdot B+\overline{A}\cdot C=A\cdot B+\overline{A}\cdot C+B\cdot C$

$(A+B)\cdot(\overline{A}+C)=(A+B)\cdot(\overline{A}+C)\cdot(B+C)$

逻辑代数中的定理可以由以上公理直接推导得出，也可以用真值表证明。下面我们给出分配律公式（加对乘法的分配律）的推导法证明以及摩根律公式的真值表证法。

公式推导法：

【例2.1】 证明加对乘法分配律：$A+B\cdot C=(A+B)\cdot(A+C)$。

证明：此处直接引用其他定理推导。

$$\begin{aligned} A + B \cdot C &= A(1 + B + C) + BC & \text{0-1 律} \\ &= A + AB + AC + BC & \text{分配律} \\ &= AA + AB + AC + BC & \text{重叠律} \\ &= (AA + AC) + (AB + BC) & \text{交换、结合律} \\ &= A(A + C) + B(A + C) & \text{分配律} \\ &= (A + B) \cdot (A + C) \end{aligned}$$

真值表法：

【例 2.2】 证明摩根律：$\overline{A \cdot B} = \overline{A} + \overline{B}$

证明：将等式左右两侧的真值表画在一起，根据 A、B 取值的不同分别计算出真值。可以看出，$\overline{A \cdot B}$和 $\overline{A} + \overline{B}$ 的值完全相同。即：等式两端相等。如表 2.4。

表 2.4 摩根律证明真值表

A B	$\overline{A \cdot B}$	$\overline{A} + \overline{B}$
0 0	1	1
0 1	1	1
1 0	1	1
1 1	0	0

2.2.2 逻辑代数的基本规则

逻辑代数有三条重要基本规则，即代入规则、反演规则和对偶规则。这些规则在逻辑运算中十分有用。

1. 代入规则

任何一个含有某变量 A 的逻辑等式中，如果将所有出现 A 的地方，都代之以一个逻辑函数 F，等式仍然成立，这个规则叫代入规则。

这是由于任何逻辑函数只有 0 和 1 两取值，而逻辑变量也是只有这两种取值，故代入之后不会影响公式的恒等性，由此易知代入规则的正确性。有了代入规则，将已知等式中的某一变量代之以任一函数后，可以得到新的等式。这就扩大了等式的应用范围，有助于我们更好的利用逻辑函数这种数学工具。例如，我们可以任意给定一逻辑等式$(A+B) \cdot C = AC + BC$，再给定一个函数 $F = A + D$，我们将出现 A 的地方都用函数 F 来代替，则该等式仍然成立，即

$$(A + D + B) \cdot C = (A + D) \cdot C + BC = AC + DC + BC$$

代入规则在公式的推导中有着重要的意义，利用它可以将基本定律中的变量用函数代替，从而扩大了公式的应用范围。例如，推导含有三变量的摩根定理：

已知$\overline{AB}=\overline{A}+\overline{B}$，可以用 $F=CD$ 代替 B，得到

$$\overline{ACD}=\overline{A}+\overline{CD}=\overline{A}+\overline{C}+\overline{D}$$

故三个变量的摩根定理也是成立的。进一步，我们可以证明，摩根定理对于任意个变量都是成立的。同理，我们可证明对于任意个变量的交换、结合律也是成立的。

2. 反演规则

对于任意逻辑函数 F，如果将 F 中的所有“·”变成“+”，“+”变成“·”；“0”变成“1”，“1”变成“0”；原变量变成反变量，反变量变成原变量，就得到了 $\overline{F}$。这就是反演规则，$\overline{F}$ 也被称作 F 函数的反函数。

【例 2.3】 利用反演规则求 $F=A\overline{B}+\overline{C}D+0$ 的反函数。

解：$\overline{F}=(\overline{A}+B)(C+\overline{D})\cdot 1$

【例 2.4】 利用反演规则求 $F=A\cdot\overline{\overline{B}+\overline{\overline{\overline{C}D}}}$。

解：$\overline{F}=\overline{A}+\overline{B\cdot\overline{\overline{C+\overline{D}}}}$

在应用反演规则时，要注意原式的运算顺序不能搞乱。逻辑代数中的运算顺序是：先括号，再逻辑乘，最后是逻辑加。在运算的时候，不在一个变量上的反号也起着括号的作用。在反演规则的应用中，还必须注意两点：

1）求反符号下有两个以上变量时，求反符号应该保持不变。例如：$F=\overline{\overline{B}+\overline{\overline{\overline{C}D}}}$ 的反函数是 $\overline{F}=\overline{B\cdot\overline{\overline{C+\overline{D}}}}$。

2）由反演规则求得的反函数和用摩根律求得的反函数一致。例如：$F=A\overline{B}+C$，我们利用摩根律求解可以得到 $\overline{F}=\overline{A\overline{B}+C}=\overline{A\overline{B}}\,\overline{C}=(\overline{A}+B)\overline{C}$。同样，我们也可以对函数 F 利用反演规则，直接得出反函数 $\overline{F}=(\overline{A}+B)\overline{C}$。同时也证明了反演规则的正确性。

3. 对偶规则

对于任意一个逻辑函数 F，如果将其中所有的“·”变成“+”，“+”变成“·”；“0”变成“1”，“1”变成“0”，而变量保持不变，所得到的函数式叫作 F 的“对偶式”，记作“F'”。F 与 F' 互为对偶式。例如，$F=A+AB+0$，则其对偶式 $F'=A(A+B)\cdot 1$；$F=AB+\overline{A}C$，则其对偶式 $F'=(A+B)(\overline{A}+C)$。

所谓的对偶规则是指，如果两个逻辑函数式相等，那么，它们的对偶式也一定相等。例如：$F_1=A(B+C)$，$F_2=AB+AC$，显然两者是相等的。而 $F_1'=A+BC$，$F_2'=(A+B)(A+C)=A+AB+AC+BC=A+BC$，故 $F_1'=F_2'$，并且 $(F')'=F$。

我们在介绍逻辑代数的基本公式时，介绍了 11 对公式。很容易证明，每对公式中的左边是对偶式，右边也是对偶式。例如摩根律公式的左端$\overline{A+B}$和$\overline{AB}$是对偶式；右端 $\overline{A}+\overline{B}$ 和 $\overline{A}\cdot\overline{B}$ 也是对偶式。其他公式的对偶式读者可以自己验证。所以，根据对偶规则，在每对公式中，如果证明了一个成立，则另一个自然成立，无需证明。求函数的对偶式同求反函数一样，也要注意运算顺序的问题。

2.3 逻辑函数的表示方法

我们已经给出了逻辑函数的定义，现在讨论一下逻辑函数的三种表示形式，并给出逻辑函数的标准形式及表达式之间的转换。

2.3.1 逻辑函数的基本形式

表示逻辑函数的常用方法有三种：逻辑表达式、真值表和卡诺图。下面分别说明这三种方法。

1. 逻辑表达式

逻辑表达式是由逻辑变量及“或”、“与”、“非”三种运算符构成的式子，也就是用公式来表示逻辑函数的方法。

例如，要表示这样一个函数关系：当两个变量 A 和 B 取值相同时，函数取值为 0；否则，函数取值为 1。此函数称为异或函数，可以用下列逻辑表达式来表示：

$$F = f(A,B) = A\overline{B} + \overline{A}B$$

显然，将 A 和 B 的四种可能取值代入这个表达式，均可验证是正确的。

逻辑函数表达式有“与或”(积之和)表达式和“或与”(和之积)表达式两种基本形式。

2. 真值表

真值表是由逻辑变量所有可能的取值组合及其对逻辑函数的值所构成的表格，这是一种用表格表示逻辑函数的方法。对于上面用逻辑表达式描述的逻辑函数式也可以用表 2.5 来表示。表中列出了两逻辑变量(A 和 B)的所有可能的取值组合(00，01，10，11)，并列出了与它们相对应的逻辑函数(F)的值。很容易看出，当 $A=B$ 的时候，$F=0$；当 $A\neq B$ 的时候，$F=1$。此真值表中的变量为两个，真值表项共有 2^2 种组合。我们可以推得当逻辑函数的变量个数为 n 个的时候，真值表就由 2^n 个表项组成。显然，随着变量数目的增多，真值表的规模就会变得很庞大。

表 2.5 异或函数的真值表

A B	F
0 0	0
0 1	1
1 0	1
1 1	0

3. 卡诺图

卡诺图是美国工程师 Karnaugh 于 20 世纪 50 年代提出的，利用卡诺图可以表示并化简逻辑函数。卡诺图是由表示逻辑变量的所有可能组合的小方格构成的图形，我们将在 2.4 节详细介绍。

以上三种表示逻辑函数的方法，虽然各有特点，适用于不同场合，但所描述的对象却是相同的。它们之间存在内在的联系，可以方便地相互变换。

2.3.2 逻辑函数的标准形式

任何一个逻辑函数，其表达式的形式并不是唯一的。这一小节我们将介绍逻辑函数的两种基本形式。并在此基础上，进一步介绍逻辑函数由基本形式向标准形式的转化。

1. 逻辑函数表达式的基本形式

(1) “与或”表达式

所谓“与或”表达式是指在一个函数表达式中，包含着若干个“与项”，其中每个“与项”都可有一个或多个以原变量或反变量形式出现的字母，所有这些“与项”的“逻辑或”就构成了“与或”表达式。

例如，$\overline{B}$，$\overline{A}B$，$AB\overline{C}$ 都是与项，这三个与项的逻辑或就构成了三变量逻辑函数的与或表达式，即 $F=\overline{B}+\overline{A}B+AB\overline{C}$。

(2) “或与”表达式

所谓“或与”表达式是指在一个函数表达式中，包含着若干个“或项”，其中每个“或项”都可有一个或多个以原变量或反变量形式出现的字母，所有这些“或项”的“逻辑与”就构成了“或与”表达式。

例如，$(A+B)$，$(\overline{C}+B)$，$(\overline{A}+B+C)$均为“或项”，这三个或项的逻辑与就构成了一个三变量的逻辑函数的或与表达式，即 $F=(A+B)(\overline{C}+B)(\overline{A}+B+C)$。

逻辑函数还可以表示成混合形式，这种表示形式既不是“与或”表达式，也不是“或与”表达式。但不论逻辑函数最初给出的是什么形式，它都可以转换为标准的“与或”表达式或“或与”表达式。

2. 最小项及最小项表达式

标准与或表达式，又称作最小项表达式。即构成逻辑函数的各个与项都是最小项。下面我们先介绍一下最小项的概念。

(1) 最小项

什么叫最小项？可以从一个最简单的例子来看：现有一个双变量的逻辑函数

$$F = f(A,B) = A + \overline{B}$$

利用已经介绍过的基本公式，可以得到 F 的下列形式：

$$\begin{aligned} F &= A(\overline{B}+B)+\overline{B} \\ &= AB+A\overline{B}+\overline{B}(A+\overline{A}) \\ &= AB+A\overline{B}+A\overline{B}+\overline{A}\,\overline{B} \\ &= AB+A\overline{B}+\overline{A}\,\overline{B} \end{aligned}$$

从这一系列的推导中可以看出，同一逻辑函数可以用多种形式来表示，有的比较简单，有的比较复杂，但它们所表示的逻辑意义都是相同的。在这些表达式中有一个最标准的形式，就是推导出来的最后一个表达式：

$$F=\overline{A}\,\overline{B}+A\overline{B}+AB$$

该表达式由若干个乘积项之和组成，函数的全部逻辑变量（两个）或以原变量（A，B）或以反变量（$\overline{A}$，$\overline{B}$）形式出现在该函数的乘积项中，且变量在一个乘积项中只出现一次。具有这样特点的乘积项称为最小项。我们将最小项的定义做如下规定：设有 n 个逻辑变量，它们组成的乘积项（"与"项）中，每个变量或以原变量或以反变量形式出现一次，且仅出现一次，这个乘积项称为 n 变量的最小项。显然，对于 n 个变量，则可以构成 2^n 个最小项。

为了叙述和书写方便，通常用 m_i 来表示最小项。如果各乘积项中的原变量记为 1，反变量记为 0，且当变量顺序确定后，1，0 按顺序排列成一个二进制数，则和这个二进制数相对应的十进制数就是最小项的下标 i。例如，按照上述规定求 $A\overline{B}\overline{C}$ 的下标，由于 $A=1$，$\overline{B}=0$，$\overline{C}=0$，从而得到表示下标的二进制数 100，也就是十进制的 4。故 $A\overline{B}\overline{C}=m_4$。表 2.6 给出了三变量的全部最小项的真值表。

表 2.6　三变量全部最小项的真值表

ABC 取值	m_0 $\overline{A}\overline{B}\overline{C}$	m_1 $\overline{A}\overline{B}C$	m_2 $\overline{A}B\overline{C}$	m_3 $\overline{A}BC$	m_4 $A\overline{B}\overline{C}$	m_5 $A\overline{B}C$	m_6 $AB\overline{C}$	m_7 ABC	$\sum_{i=0}^{7} m_i$
000	1	0	0	0	0	0	0	0	1
001	0	1	0	0	0	0	0	0	1
010	0	0	1	0	0	0	0	0	1
011	0	0	0	1	0	0	0	0	1
100	0	0	0	0	1	0	0	0	1
101	0	0	0	0	0	1	0	0	1
110	0	0	0	0	0	0	1	0	1
111	0	0	0	0	0	0	0	1	1

(2) 最小项的性质

从上述的讨论以及表 2.6 中我们不难得知最小项的下列三个主要性质：

1) 对于任何一个最小项 m_i，只有一组变量的取值才能使其值为 1。例如，最小项 $A\overline{B}C$ 只有在 A，B，C 的取值分别为 1，0，1 的时候，其值才为 1，取其他值的时候均为 0。也就是说，最小项的值为 1 的概率最小，最小项也因此而得名。

2）任意两个最小项 m_i 和 $m_j(i\neq j)$ 之积必为 0。例如，$m_3=\overline{A}BC$，$m_6=AB\overline{C}$，则两者的乘积为 $m_3\cdot m_6=\overline{A}BC\cdot AB\overline{C}$。容易看出，无论 A,B,C 三个变量的取值是什么，该乘积的结果都是 0。

3）n 个变量的所有最小项的逻辑和为 1，即 $\sum_{i=0}^{2^n-1} m_i=1$。这是由于对于 n 变量的任何一组取值，总有一个最小项的值为 1。

(3) 最小项表达式

任何一个逻辑函数都可以用最小项之和的形式来表示，称之为逻辑函数的最小项表达式，也可以称作标准与或表达式或者主析取范式。

我们借用普通代数中的“$\sum$”符号表示多个最小项的累计“或”运算，圆括号内的十进制数字表示参与“或”运算的各个最小项的项号，它们是 m_i 的下标值。如 $F=\overline{A}\overline{B}+A\overline{B}+AB$，它由三个最小项组成，我们可以表示成如下形式：

$$
\begin{aligned}
F&=\overline{A}\overline{B}+A\overline{B}+AB\\
&=m_0+m_2+m_3\\
&=\sum m^2(0,2,3)
\end{aligned}
$$

可以证明，任何 n 变量的逻辑函数都有一个且仅有一个最小项表达式。若已知某一逻辑函数不是最小项表达式的形式，则可通过反复使用 $x=x(y+\overline{y})$ 而获得最小项表达式。

【例 2.5】 将三变量函数 $F=ABC+\overline{A}C+B\overline{C}$ 展开为最小项表达式。

解：

$$
\begin{aligned}
F&=ABC+\overline{A}C+B\overline{C}\\
&=ABC+\overline{A}C(B+\overline{B})+B\overline{C}(A+\overline{A})\\
&=ABC+\overline{A}BC+\overline{A}\overline{B}C+AB\overline{C}+\overline{A}B\overline{C}\\
&=m_7+m_3+m_1+m_6+m_2\\
&=\sum m^3(1,2,3,6,7)
\end{aligned}
$$

下面，我们给出逻辑函数最小项表达式的三个主要性质：

1）若 m_i 是 n 变量逻辑函数 $F=(A_1,A_2,\cdots,A_n)$ 的一个最小项，则使 $m_i=1$ 的一组变量取值也必定使 F 的值为 1。

2）若 F_1 和 F_2 都是 $A_1,A_2,\cdots,A_n$ 的函数，则 $F=F_1+F_2$ 将包括 F_1 和 F_2 中的所有最小项，$G=F_1\times F_2$ 将包括 F_1 和 F_2 中的公有最小项。

3）若逻辑函数 $\overline{F}$ 是逻辑函数 F 的反函数，则 $\overline{F}$ 必定由 F 所包含的最小项之外的全部最小项组成。我们可以用三变量的逻辑函数来说明这个问题，然后加以推广。

由于 $F(A,B,C)+\overline{F}(A,B,C)=1$，我们也知道 $\sum_{i=0}^{7} m_i=1$，故可知

$$F(A,B,C)+\overline{F}(A,B,C)=\sum_{i=0}^{7}m_i$$

推而广之,则

$$F(A_1,A_2,\cdots,A_n)+\overline{F}(A_1,A_2,\cdots,A_n)=\sum_{i=0}^{2^n-1}m_i$$

上式表明,一个最小项不在F中,就必在其反函数$\overline{F}$中。

3. 最大项及最大项表达式

标准或与表达式,又称作最大项表达式。即构成逻辑函数的各个或项都是最大项。下面我们先介绍最大项的概念。

(1) 最大项

对于一个具有n个变量的函数的或项,它包含全部n个变量。其中每个变量都以原变量或反变量的形式出现,且仅出现一次,这样的或项称作最大项。最大项的定义同最小项类似。例如,$n=2$时,$A+B,A+\overline{B},\overline{A}+B,\overline{A}+\overline{B}$均为最大项;$n=3$时,$A+B+C,A+B+\overline{C}$为最大项,而$A+B,\overline{C}+B$则不是最大项。同样,与最小项类似,两个变量最多可以组成4个最大项,3个变量最多可以组成2^3个最大项,n个变量,最多可以组成2^n个最大项。

为了叙述和书写的方便,我们通常用M_i来表示最大项。必须注意的是,这里的最大项编号(下标)和最小项编号恰恰相反。即将或项中的原变量看作0,反变量看作1。这里0和1按变量排列顺序组成一个二进制数,同这个二进制数相对应的十进制数就是最大项的下标i。表2.7给出了三变量全部最大项的真值表。

表2.7 三变量全部最大项的真值表

ABC 取值	M_0 $A+B+C$	M_1 $A+B+\overline{C}$	M_2 $A+\overline{B}+C$	M_3 $A+\overline{B}+\overline{C}$	M_4 $\overline{A}+B+C$	M_5 $\overline{A}+B+\overline{C}$	M_6 $\overline{A}+\overline{B}+C$	M_7 $\overline{A}+\overline{B}+\overline{C}$	$\prod_{i=0}^{7}M_i$
000	0	1	1	1	1	1	1	1	0
001	1	0	1	1	1	1	1	1	0
010	1	1	0	1	1	1	1	1	0
011	1	1	1	0	1	1	1	1	0
100	1	1	1	1	0	1	1	1	0
101	1	1	1	1	1	0	1	1	0
110	1	1	1	1	1	1	0	1	0
111	1	1	1	1	1	1	1	0	0

(2) 最大项的性质

从上述的讨论以及表2.7中我们不难得知最大项也有下列三个主要性质:

1) 对于任何一个最大项M_i,只有一组变量的取值能使其值为0,其他组输入变量的取值均使该最大项的值为1。例如,$M_2=A+\overline{B}+C$,只有当A,B,C的取值分别为0,1,0的时候,M_2的值方为0,取其他值的时候,M_2的值都为1。这就是说,最大项为1的概率最大,最大项也因此而得名。

2)任意两个最大项的逻辑和为1。例如,$n=3$时,$M_4=\overline{A}+B+C$,$M_1=A+B+\overline{C}$,则$M_4+M_1=\overline{A}+B+C+A+B+\overline{C}=1+B+1=1$。

3)全部最大项的逻辑积等于0。这是因为,对于n变量的任一组取值,都有一个最大项的值为0,故$\prod_{i=0}^{2^n-1} M_i = 0$。

(3)最小项与最大项的关系

分析表2.6与表2.7,可以看出

$$\overline{m_0} = \overline{\overline{A}\overline{B}\overline{C}} = A + B + C = M_0$$

$$\overline{m_1} = \overline{\overline{A}\overline{B}C} = A + B + \overline{C} = M_1$$

……

即$\overline{m_i}=M_i$或者$m_i=\overline{M_i}$,也就是说最小项与最大项是互补的。

(4)最大项表达式

如上所述,任何一个n变量逻辑函数都可以表示成最小项之和的形式;同样,我们也可以用最大项之积来表示任何n变量逻辑函数。所谓最大项表达式,就是由给定函数的最大项之积所组成的逻辑表达式。

将已知逻辑函数展成最大项表达式,需要利用分配律$A+B\cdot C=(A+B)\cdot(A+C)$,将积之和表达式转换为和之积表达式(即"或与"表达式)。然后,在该式的各个非最大项的和项中加上它所缺变量的"原"、"反"之积,并再次使用分配律,直到把全部和项都变成最大项,便得已知函数的最大项表达式。

【例2.6】 已知逻辑函数$F=A+\overline{A}BC$,求F的最大项表达式。

解:
$$\begin{aligned}
F &= A + \overline{A}BC \\
&= (A + \overline{A})(A + BC) \\
&= 1 \cdot (A + B)(A + C) \\
&= (A + B + C\overline{C})(A + C + B\overline{B}) \\
&= (A + B + C)(A + B + \overline{C})(A + C + B)(A + C + \overline{B}) \\
&= (A + B + C)(A + B + \overline{C})(A + \overline{B} + C) \\
&= M_0 \cdot M_1 \cdot M_2 \\
&= \prod M^3(0,1,2)
\end{aligned}$$

利用逻辑函数的最小项表达式,我们也可以求得逻辑函数的最大项表达式。首先,将函数表达成最小项表达式;其次,找出其反函数中的最小项;最后,用和反函数中与最小项编号相同的最大项构成表达式。现利用该方法求上例给出的逻辑函数。

【例2.7】 已知逻辑函数$F=A+\overline{A}BC$,求F的最大项表达式。

解：先求出该逻辑函数的最小项表达式

$$
\begin{aligned}
F &= A + \overline{A}BC \\
&= A(B+\overline{B})(C+\overline{C}) + \overline{A}BC \\
&= (AB+A\overline{B})(C+\overline{C}) + \overline{A}BC \\
&= ABC + AB\overline{C} + A\overline{B}C + A\overline{B}\overline{C} + \overline{A}BC \\
&= m_7 + m_6 + m_5 + m_4 + m_3 \\
&= \sum m^3(3,4,5,6,7)
\end{aligned}
$$

故 $\overline{F} = \sum m^3(0,1,2)$，根据利用最小项表达式求最大项表达式的规则，我们可以直接得到逻辑函数的最大项表达式 $F = \prod M^3(0,1,2)$，与用上法求得的结果完全一样。

根据最大项表达式的定义，我们也可推得类似于最小项表达式的三个性质，这里不再详述。

2.3.3 逻辑函数表达式的转换

在用数字电路实现逻辑函数时，可供选择的数字电路元件主要是各种门电路。常用的门电路有：与门、或门、与非门、或非门、与或非门等等。为了便于用选定的门电路实现逻辑函数，必须把逻辑函数的最简式化成与所用门电路一致的形式，这就需要研究不同形式的逻辑函数间的转换问题。本节将介绍相关逻辑函数表达式之间的相互转换。

(1) 与或表达式转换为与非-与非表达式

将与或表达式转换为与非-与非表达式，只需要对给定与或表达式两次求反即可。

【例 2.8】 将逻辑函数 $F=ABC+BC+AB$ 转为与非-与非表达式。

解：
$$F=\overline{\overline{F}}=\overline{\overline{ABC+BC+AB}}=\overline{\overline{ABC}\cdot\overline{BC}\cdot\overline{AB}}$$

(2) 与或表达式转换为或非-或非表达式

当 F 是最简与或表达式的时候，先求 F 的对偶式 F'，再将 F' 变换成与非-与非形式，最后求 F' 的对偶式，即 $F=(F')'$。

【例 2.9】 将最简式 $F=AB+A\overline{C}+\overline{A}C$ 化为或非-或非表达式。

解：先求 F 的对偶式，得

$$F' = (A+B)(A+\overline{C})(\overline{A}+C) = AC + \overline{A}B\overline{C} + ABC = AC + \overline{A}B\overline{C}$$

再对 F' 两次求反，得

$$F' = \overline{\overline{AC + \overline{A}B\overline{C}}} = \overline{\overline{AC}\cdot\overline{\overline{A}B\overline{C}}}$$

求上式 F' 的对偶式，得

$$F = \overline{\overline{A+C} + \overline{\overline{A}+B+\overline{C}}}$$

(3) 与或表达式变换为与或非表达式

将与或表达式变换为与或非表达式的时候，需要求出逻辑函数反函数 $\overline{F}$ 的与或表达式，再对 $\overline{F}$ 求反，可以得到函数 F 的与或非表达式。

【例 2.10】 求 $F=AB+A\overline{B}\overline{C}+\overline{A}B\overline{C}+\overline{A}\overline{B}\overline{C}$ 的与或非表达式。

解：首先求出函数 F 的反函数表达式

$$\overline{F}=\overline{A}C+\overline{B}C$$

再对 $\overline{F}$ 求反，可得

$$F=\overline{\overline{A}C+\overline{B}C}$$

(4) 与或表达式变换为或与表达式

将与或表达式变换为或与表达式需要经过如下步骤：首先求出其反函数 $\overline{F}$ 的与或表达式，再对反函数 $\overline{F}$ 求反，最后用摩根定理进行相应变换。

【例 2.11】 求函数 $F=AC+AD+BC+BD$ 的或与表达式。

解：先求出函数 F 的反函数 $\overline{F}$，可得

$$\overline{F}=\overline{A}\overline{B}+\overline{C}\overline{D}$$

对 $\overline{F}$ 求反，可得

$$F=\overline{\overline{A}\overline{B}+\overline{C}\overline{D}}$$

用摩根定理进行变换，可得

$$F=\overline{\overline{A}\overline{B}}\cdot\overline{\overline{C}\overline{D}}=(A+B)(C+D)$$

(5) 或与表达式变换为或非-或非表达式

将或与表达式变换为或非-或非表达式可以通过以下步骤：首先，求出逻辑函数的对偶式 F'，然后化简对偶式 F'，求出对偶式的对偶式，即 $F=(F')'$，对上述 F 两次求反。

【例 2.12】 将函数 $F=(\overline{A}+\overline{B})(\overline{A}+\overline{B}+D)(A+C)(B+\overline{C})$转变为或非-或非表达式。

解：求 F 的对偶式 F'并化简，可得

$$F'=\overline{A}\overline{B}+AC+B\overline{C}$$

进一步求 F'的对偶式，可得

$$F=(\overline{A}+\overline{B})(A+C)(B+\overline{C})$$

对 F 两次求反，可得

$$F=\overline{\overline{(\overline{A}+\overline{B})(A+C)(B+\overline{C})}}=\overline{\overline{\overline{A}+\overline{B}}+\overline{A+C}+\overline{B+\overline{C}}}$$

2.4 逻辑函数的化简

综上所述，逻辑函数的表达式有各种不同的表示形式，即使是同一形式的表达

式也有繁简之别。对于一个确定的逻辑函数来说，尽管函数表达式不同，但它们所描述的逻辑功能却是相同的。在数字系统中，实现这些逻辑功能的是逻辑电路。为了降低成本、减少复杂度，需要对逻辑函数化简。把逻辑函数化成最简形式也称作逻辑函数的最小化。

逻辑函数最简式的定义如下：一个与给定函数等效的“与或”式中，若同时满足：① 该式中的乘积项最少；② 该式再不能用变量更少的乘积项代替，则此与或式是给定函数的最简式(或与式的最简式定义与之类似，不再详述)。

逻辑函数的化简有三种常用的方法，即公式法、卡诺图法和列表法。下面我们逐一介绍三种方法。

2.4.1 公式化简法

在公式法的化简中，常应用并项法、吸收法、消去法和配项法。用公式法化简逻辑函数时，要求熟记并灵活应用逻辑代数中的基本公式、定理及常用公式。

(1) 并项法

利用互补律 $A+\overline{A}=1$，将两项合并为一项，并消去一个变量。例如：

$$\begin{aligned}F &= \overline{A}B\overline{C} + \overline{A}BC + AB \\ &= \overline{A}B(C + \overline{C}) + AB \\ &= \overline{A}B + AB = (\overline{A} + A)B = B\end{aligned}$$

(2) 吸收法

利用常用公式 $A+AB=A$，消去多余的项。例如：

$$\begin{aligned}F &= AB + AB\overline{C}(D + E) \\ &= AB(1 + \overline{C}(D + E)) \\ &= AB\end{aligned}$$

(3) 消去法

利用常用公式 $A+\overline{A}B=A+B$，消去多余因子。例如：

$$\begin{aligned}F &= AB + \overline{AB}C + B\overline{C} \\ &= AB + C + B\overline{C} \\ &= (A + 1)B + C \\ &= B + C\end{aligned}$$

(4) 配项法

将 $A \cdot 1=A$ 和 $A+\overline{A}=1$ 配在乘积项上，然后再利用上述并项、吸收、消去法化简。例如：

$$\begin{aligned}F &= AB + \overline{A}\overline{B}C + BC \\ &= AB + \overline{A}\overline{B}C + (A + \overline{A})BC \\ &= AB + \overline{A}\overline{B}C + ABC + \overline{A}BC \\ &= (AB + ABC) + (\overline{A}\overline{B}C + \overline{A}BC) \\ &= AB + \overline{A}C\end{aligned}$$

该化简过程的第四步，我们分别利用了吸收法和并项法。

或与式的化简方法有两种：其一，用公式化简；其二，利用对偶式，将其对偶式（“与或”式）化简，再求对偶式，从而得到最简的“或与”式。

【例 2.13】 化简或与表达式 $F=\overline{A}(\overline{B}+C+D)(A+B+C)(A+\overline{C}+D)$。

解：方法一：公式法。

$$
\begin{aligned}
F &= \overline{A}(\overline{B}+C+D)(B+C)(\overline{C}+D) \\
&= \overline{A}(D+(\overline{B}+C)\overline{C})(B+C) \\
&= \overline{A}(D+\overline{B}\overline{C})(B+C) \\
&= \overline{A}(D+\overline{B+C})(B+C) \\
&= \overline{A}D(B+C)
\end{aligned}
$$

方法二：利用对偶式。

$$
\begin{aligned}
F' &= \overline{A}+\overline{B}CD+A\overline{C}D+ABC \\
&= \overline{A}+\overline{B}CD+\overline{C}D+BC \\
&= \overline{A}+(\overline{B}C+\overline{C})D+BC \\
&= \overline{A}+(\overline{B}+\overline{C})D+BC \\
&= \overline{A}+\overline{BC}D+BC \\
&= \overline{A}+D+BC
\end{aligned}
$$

故

$$F=\overline{A}D(B+C)$$

从上述例子我们可以看出，虽然公式化简法不受变量个数的限制，但化简过程没有固定的规律可循，直观性差，带有一定的试探性，并且难以判断结果是否最简。为了寻找更简单的方法，人们研究出了卡诺图化简法。

2.4.2 卡诺图化简法

我们在函数的表达方式里已经接触到了卡诺图，利用卡诺图可以表示和简化逻辑函数，克服公式法直观性差的缺点。本节先介绍卡诺图的构成，然后介绍如何用卡诺图表示函数以及卡诺图、真值表、表达式之间的转换；最后介绍用卡诺图化简逻辑函数。

1. 卡诺图的构成

卡诺图是一种由 2^n 个小方格构成的正方形或长方形的图形，其中 n 表示变量的个数。每个小方格都对应一个最小项，并且在逻辑上有相邻的最小项，在几何位置上也相邻地排列。相邻性是指几何相邻的两个最小项只有一个变量互为反变量，其余变量都相同的特性。卡诺图的构成取决于变量的个数，下面分别介绍二变量、三变量、四变量和五变量的卡诺图。

(1) 二变量卡诺图

2 个变量 A,B 共有 4 个最小项：AB,$\overline{A}B$,$A\overline{B}$,$\overline{A}\overline{B}$。所以二变量卡诺图应该包含 4 个小格，如图 2.4 所示。

$A \backslash B$	0	1
0	m_0	m_1
1	m_2	m_3

图 2.4　二变量卡诺图

二变量卡诺图的构成方法是，先将变量分成两组，一组为 A，放在左边；另一组为 B，放在上边。其次，用卡诺图左边的数字 0 表示 $\overline{A}$,1 表示 A，且从上而下地排列；上边的数字 0 表示 $\overline{B}$,1 表示 B，且自左向右地排列。最后，按最小项等于相应行上和列上的变量相与的原则，将最小项填于相应的小方格内，如：$m_1=\overline{A}B$,$m_2=A\overline{B}$ 等。从图中易知，最小项的几何相邻性与逻辑相邻性是一致的。

(2) 三变量卡诺图

3 个变量 A,B,C 共有 8 个最小项，所以其卡诺图应包含 8 个小方格。依据变量 A,B,C 的不同分组，将有两种形式的卡诺图。如图 2.5 所示。

$A \backslash BC$	00	01	11	10
0	m_0	m_1	m_3	m_2
1	m_4	m_5	m_7	m_6

(a)

$AB \backslash C$	0	1
00	m_0	m_1
01	m_2	m_3
11	m_6	m_7
10	m_4	m_5

(b)

图 2.5　三变量卡诺图

如果将变量 A,B,C 分成 A 一组，B 和 C 一组，其卡诺图如图 2.5(a)所示；若分成 A 和 B 一组，C 一组，其卡诺图如图 2.5(b)所示。我们以图 2.5(a)为例说明其构成方法：首先，把 A 放在左边，BC 放在上边。其次，用左边的数字 0 表示 $\overline{A}$,1 表示 A；用上边的数字 00 表示 $\overline{B}\overline{C}$,01 表示 $\overline{B}C$,11 表示 BC,10 表示 $B\overline{C}$。最后，按最小项等于相应行上和列上的变量相与的原则，将最小项填于相应的小方格内，如 $m_2=\overline{A}B\overline{C}$,$m_5=A\overline{B}C$ 等。

由图中也可以看出，$m_0=\overline{A}\overline{B}\overline{C}$ 和 $m_2=\overline{A}B\overline{C}$,$m_4=A\overline{B}\overline{C}$ 和 $m_6=AB\overline{C}$，虽然在几何上不相邻，但在逻辑上是相邻的，称这种相邻为首尾相邻。

(3) 四变量卡诺图

4 个变量 A,B,C,D 共有 16 个最小项，所以其卡诺图应该包含 16 个小方格，如图 2.6 所示。

AB \ CD	00	01	11	10
00	m_0	m_1	m_3	m_2
01	m_4	m_5	m_7	m_6
11	m_{12}	m_{13}	m_{15}	m_{14}
10	m_8	m_9	m_{11}	m_{10}

图 2.6　四变量卡诺图

四变量卡诺图是这样构成的：首先，画出包含 16 个小方格的正方形图形，并将变量 A 和 B 分为一组放在左边，变量 C 和 D 分成一组放在上边。其次，在图形左边自上而下依主次排列数字 00,01,11,10，它们分别表示 $\overline{A}\overline{B}$，$\overline{A}B$，AB，$A\overline{B}$；在图形上边自左向右依次排列数字 00,01,11,10，它们分别表示 $\overline{C}\overline{D}$，$\overline{C}D$，CD，$C\overline{D}$。最后，按照最小项等于相应行上和列上的变量相与的原则，将最小项填于相应的小方格内。

由图 2.6 可知，与三变量相似的是，四变量也具有首尾相邻性。如 m_0 与 m_2，m_0 与 m_8，m_8 与 m_{10}，m_2 与 m_{10}。

(4) 五变量卡诺图

5 个变量 A,B,C,D,E 共有 32 个最小项，所以其卡诺图应包含 32 个小方格。把五变量 A 和 B 分为一组，C、D 及 E 分为一组的卡诺图如图 2.7 所示。

AB \ CDE	000	001	011	010	110	111	101	100
00	m_0	m_1	m_3	m_2	m_6	m_7	m_5	m_4
01	m_8	m_9	m_{11}	m_{10}	m_{14}	m_{15}	m_{13}	m_{12}
11	m_{24}	m_{25}	m_{27}	m_{26}	m_{30}	m_{31}	m_{29}	m_{28}
10	m_{16}	m_{17}	m_{19}	m_{18}	m_{22}	m_{23}	m_{21}	m_{20}

图 2.7　五变量卡诺图

五变量卡诺图的构成方法与四变量是类似的，这里不再说明。下面强调两点：一是五变量卡诺图是以四变量卡诺图的右边线为对称轴线，作一个对称图形而构成的。二是除了几何相邻、首尾相邻两种情况外，还存在一种所谓重叠相邻的情况，即按对称轴线对折卡诺图，相互重叠的最小项具有逻辑上的相邻性。如 $m_9=\overline{A}B\overline{C}\overline{D}E$ 和 $m_{13}=\overline{A}BC\overline{D}E$，$m_{27}=AB\overline{C}DE$ 和 $m_{31}=ABCDE$ 等等。

由三变量卡诺图可知，变量分组方法不同，其卡诺图的形状、最小项的位置也不相同。另一方面，即使分组方法相同，但分组后的变量位置及排序如若不同，则卡诺图也不同。我们是按字母的自然顺序先图形左边再图形上边排列变量的，如四变量时，先把 AB 排在左边，再把 CD 排在图形上边，这是一种最惯用的排法。也可用其他顺序来安排变量，但无论怎样安排变量，用卡诺图表示、简化逻辑函数的本质都不会改变。

2. 用卡诺图表示逻辑函数

因为任何一个逻辑函数都可以表示成最小项表达式的形式，所以可用卡诺图来表示逻辑函数。

(1) 用卡诺图表示最小项表达式

如果逻辑函数以最小项的形式给出，则在构成函数的每个最小项相应的卡诺图小方格中填 1，其余的小方格中填 0。1 指函数中有对应的最小项，而 0 指函数中不存在该最小项。也可以将小方格中的 1 和 0 看作对应变量不同取值时的函数值。

【例 2.14】 试用卡诺图表示函数 $F=\sum m^4(0,3,5,7,11,14)$。

解：在函数每个最小项相应的卡诺图小方格中填 1，其余的填 0，可得如图 2.8 所示的卡诺图。

AB \ CD	00	01	11	10
00	1	0	1	0
01	0	1	1	0
11	0	0	0	1
10	0	0	1	0

图 2.8 例 2.14 卡诺图

(2) 用卡诺图表示非最小项表达式

如果逻辑函数不是最小项表达式，可以利用互补律 $A+\overline{A}=1$，先将其变换成最小项表达式，然后再用卡诺图表示。

【例 2.15】 用卡诺图表示逻辑函数 $F=AB+A\overline{C}$。

解：先将函数 F 变换成最小项表达式，即 $F=ABC+AB\overline{C}+A\overline{B}\overline{C}=\sum m^3(4,6,7)$，然后再用卡诺图表示该逻辑函数，如图 2.9 所示。

A \ BC	00	01	11	10
0	0	0	0	0
1	1	0	1	1

图 2.9 例 2.15 卡诺图

(3) 直接用卡诺图表示非最小项的与或表达式

如果逻辑函数不是最小项表达式，而是一般的与或表达式，则也可以不必变换成最小项表达式，直接用卡诺图表示。

【例 2.16】 用卡诺图表示逻辑函数 $F=B+A\overline{C}$。

解：根据卡诺图的构成原理，变量 B 对应着卡诺图上 $B=1$ 的那些小方格，共有 4 个小方格；变量 $A\overline{C}$ 对应着卡诺图上 $A=1$ 且 $C=0$ 的那些小方格，共有 2 个小方格，其中一个小方格包含在 $B=1$ 的范围内。因此，我们可得出相应的卡诺图，如图 2.10 所示。

A \ BC	00	01	11	10
0	0	0	1	1
1	1	0	1	1

图 2.10　例 2.16 卡诺图

事实上，卡诺图、真值表、逻辑表达式之间是可以相互转换的。我们已经介绍了逻辑表达式到真值表的转换，从真值表向逻辑函数的转换也十分简单，只需将真值表中函数 $F=1$ 所对应的最小项求逻辑和即可。同样，我们也可以直接从真值表得到卡诺图，其方法是将真值表的函数值 1 或 0，按顺序直接填入卡诺图相对应的小方格内。

3. 用卡诺图化简逻辑函数

用卡诺图化简逻辑函数简单、直观，特别适合于四变量以下的逻辑函数的化简。下面我们先介绍用卡诺图进行函数化简的原理，再介绍合并最小项的规则，最后给出化简逻辑函数的步骤和化简实例。

(1) 用卡诺图化简逻辑函数的原理

一个函数的最小项表达式与其卡诺图是一一对应的。卡诺图形象地表达了最小项之间的相邻性。即卡诺图中每两个相邻的小方格形成的最小项只有一个变量互为反变量，其他变量均相同。因此，用卡诺图表示函数时，如相邻的两小方格均填 1，则可用相邻性消去一个变量，使函数得以简化。填 1 的相邻小方格越多，可以消去的变量越多，函数越简化。所以，用卡诺图化简逻辑函数的依据是相邻性。

(2) 合并最小项的规则

利用相邻性合并最小项，从而简化函数。下面分几种情况介绍最小项的合并。

1) 2 个相邻最小项的合并。图 2.11 给出了 2 个相邻最小项合并的各种情况。用一个称作卡诺圈的方圈，把填 1 的相邻小方格圈在一起。从图中可以看出，每个方圈内都包含一个互为反变量的变量：图(a)是 A 和 $\overline{A}$，图(b)是 B 和 $\overline{B}$，图(c)是 C 和 $\overline{C}$，图(d)是 D 和 $\overline{D}$。它们均可以消去；这样方圈内合并后的与项分别是图(a)是 $\overline{BCD}$，图(b)是 ACD，图(c)是 $\overline{A}B\overline{D}$，图(d)是 ABC。

2) 4 个相邻最小项的合并。图 2.12 给出了 4 个相邻最小项合并的各种情况。

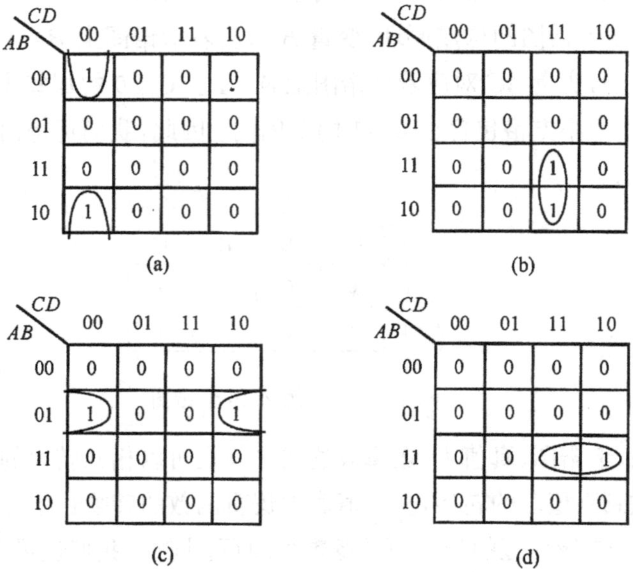

图 2.11　2 个最小项的合并

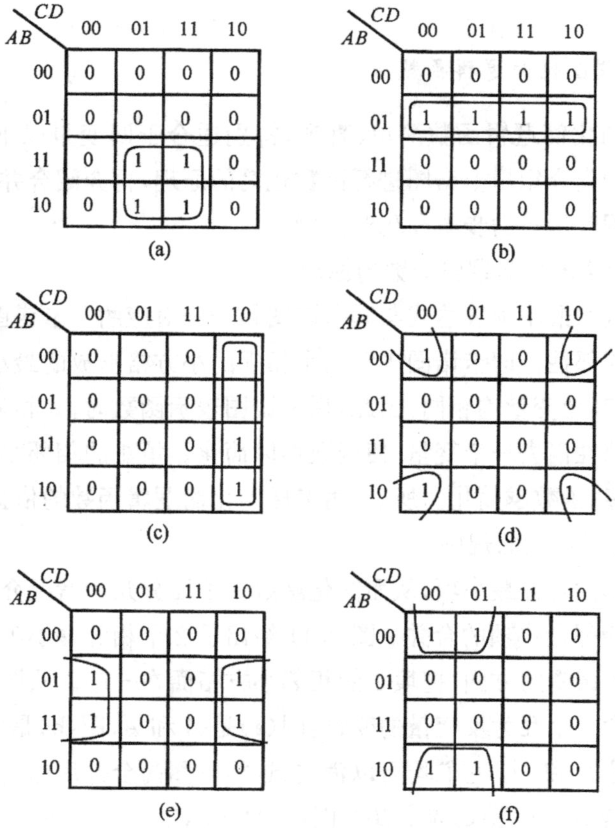

图 2.12　4 个最小项的合并

其中，图(a)的方圈对应着左边变量 A 和 B，A 取值不变，B 取值变化；而图(e)的方圈对应着上边变量 C 和 D，C 取值变化，D 取值不变。所以，4 个最小项的合并，将消去取值变化的 2 个变量 B 和 C，留下取值不变的 A、D 作为合并后的与项。

消去取值变化的变量，实际上就是消去卡诺圈内互为反变量的那些变量。由此不难归纳出最小项的合并规则：消去卡诺圈取值改变的变量，保留取值不变的变量的逻辑与就是合并的结果。

由此可以得到图(a)，(b)，(c)，(d)，(e)，(f)的合并结果分别为：AD，$\overline{A}B$，$C\overline{D}$，$\overline{B}\,\overline{D}$，$B\overline{D}$，$\overline{B}\overline{C}$。

3）8 个相邻最小项的合并。图 2.13 示出了 8 个相邻最小项合并的各种情况。根据上述最小项的合并规则，圈有 8 个最小项的卡诺圈，将消去 3 个互为反变量的变量。图(a)，图(b)，图(c)，图(d)的合并结果分别为 B，D，$\overline{B}$，$\overline{D}$。

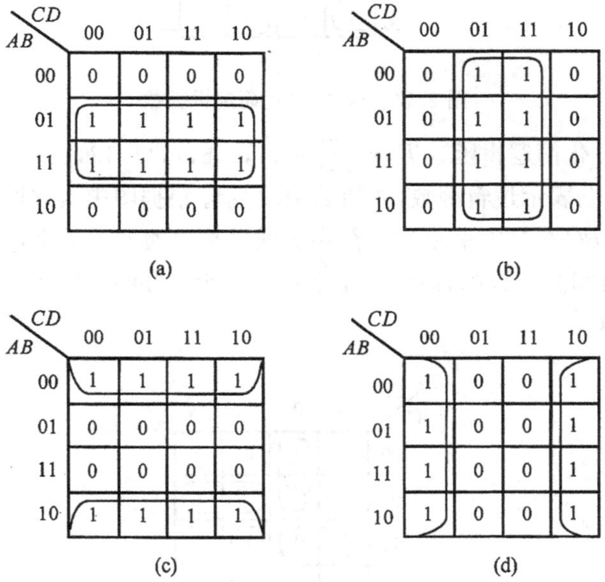

图 2.13　8 个最小项的合并

综上所述，可以归纳出 n 变量卡诺图最小项的合并规律：

1）卡诺圈中小方格的个数必须是 2^i 个，即 2 个，4 个，……。i 为小于等于 n 的整数。

2）卡诺圈中的 2^i 个最小项合并，将消去 i 个变量，其合并结果等于 $(n-i)$ 个变量的与。例如，$n=4$ 时，$8=2^3$ 个最小项合并，消去 3 个变量，留下 1 个变量。

(3) 用卡诺图化简逻辑函数的步骤

1）用卡诺图表示所要化简的逻辑函数。

2）把卡诺图中所有填 1 的小方格用卡诺圈圈起来。画圈时必须遵守如下原则：① 每个圈内 1 的个数必须是 2^i 个；② 每个圈中某些小方格可以多次被圈，但必须保证每个圈内至少有一个小方格只被圈一次；③ 卡诺圈的个数最少；④ 每个圈应尽量大；⑤ 所有填 1 的小方格必须圈完。

3）将合并的与项进行逻辑加。

4）如果卡诺图中填 0 的小方格比填 1 的少，也可以圈 0 先求得简化的反函数，然后再求反得到最简与或式。

【例 2.17】 化简逻辑函数 $F=\sum m^3(0,1,2,4,6,7)$。

解：用卡诺图表示逻辑函数，如图 2.14 所示。经画圈合并，最后可以得到 $F=AB+\overline{A}\,\overline{B}+\overline{C}$。

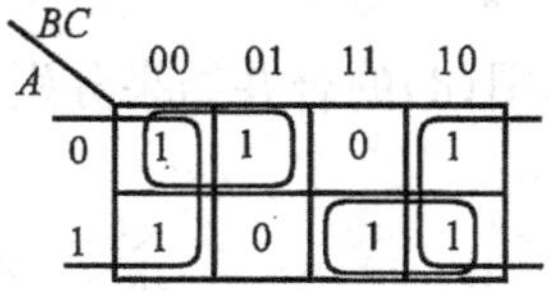

图 2.14　例 2.17 化简逻辑函数

【例 2.18】 化简逻辑函数 $F=\sum m^4(1,5,6,7,11,12,13,15)$。

解：用卡诺图表示逻辑函数，如图 2.15 所示。根据图中实线所画的圈，最后得到 $F=AB\overline{C}+\overline{A}BC+\overline{A}\,\overline{C}D+ACD$。图中虚线虽然也圈入了 4 个最小项，但这 4 个最小项已全部被圈过。因此，该圈中 4 个最小项所合并的与项 BD 为冗余项，不应出现在表达式中。

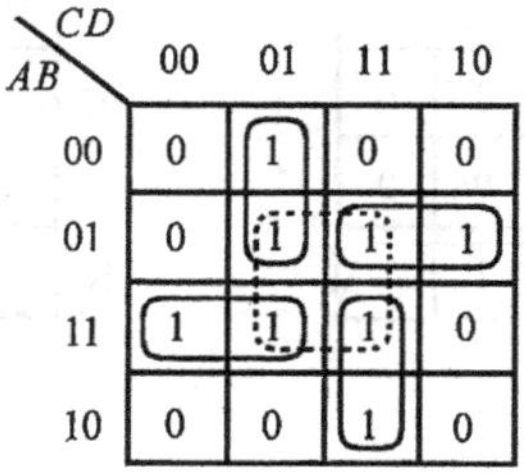

图 2.15　例 2.18 化简逻辑函数

【例 2.19】 化简逻辑函数 $F=\overline{A}C+A\overline{B}+BC+A\overline{C}$。

解：函数 F 的卡诺图如图 2.16 所示。根据图中虚线所画的圈，得到 $F=A+C$。

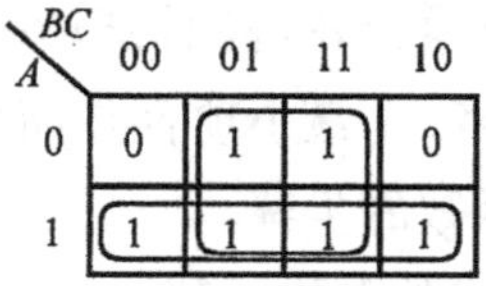

图 2.16　例 2.19 化简逻辑函数

本题填 0 的小方格比填 1 的少，所以也可以用圈 0 法先求出其反函数，即 $\overline{F}=\overline{A}\,\overline{C}$ 然后再求反得到 F 的最简与或式，即 $F=\overline{\overline{A}\,\overline{C}}=A+C$。

从例 2.19 可以看出，根据反演规则很容易求得逻辑函数最简“与或”式，此处不再详述。

在实际应用中，还存在带有无关项的逻辑函数的化简。所谓无关项，就是指某些输入变量的最小项根本不出现或不允许出现，这些最小项称为约束项；还有一些逻辑函数中，输入变量的某些最小项取值可以是 1 也可以是 0，相应地，这时逻辑函数的输出值也可以是 1 或是 0，这些最小项称作任意项。约束项和任意项统称为无关项。在对带有无关项的逻辑函数化简的时候，对于无关项，逻辑函数可以任意取值为 0 或 1。也就是说，无关项可以随意加到函数表达式中或不加到函数表达式中，而不影响函数的实际逻辑功能。所以，可以根据具体情况，对无关项进行适当取舍，再用通常的简化方法进行化简。

【例 2.20】 化简逻辑函数 $F=\sum m^4(0,1,5,7,8,11,14)+\sum d^4(3,9,12,15)$。

解：如图 2.17 所示，画出 F 的卡诺图。经画圈合并得 $F=\overline{B}\,\overline{C}+\overline{A}D+CD+ABC$。如果用虚线卡诺圈代替二变量的实线卡诺圈，则得 $F=\overline{B}\,\overline{C}+\overline{A}D+CD+AB\overline{D}$。这两种结果都是正确的。

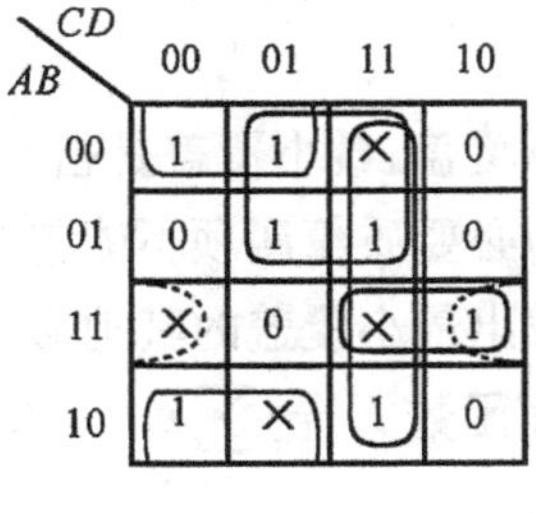

图 2.17　例 2.20 化简逻辑函数

2.4.3　列表化简法

虽然用卡诺图化简逻辑函数有方便、直观等优点。但这种方法从本质上讲依然带有试凑性。而且当变量个数大于 6 的时候，画图以及对图的识别都比较复杂。列表化简法可以克服卡诺图法的不足。列表化简法是 Quine Mccluskey 提出的一种系统化简法，故也称作 Q-M 法或表格法。这种方法具有严格的算法，虽然其工作量大、方法繁琐，但便于计算机化简多变量逻辑函数。

1. 部分相关概念

在函数的任何积之和形式中，每个乘积项称为该函数的蕴涵项。例如，最小项是蕴涵项，由 2^i 个最小项合并而成的与项也是蕴涵项。

如果函数的某个蕴涵项不包含在其他蕴涵项中，或者说不是其他蕴涵项的子集，则该蕴涵项称质蕴涵项。例如，在用卡诺图化简逻辑函数时，每个卡诺圈所对应的与项均为质蕴涵项。这是因为该项不被任何其他与项所包含。

如果函数中的一个质蕴涵项所包含的某个最小项不被函数的其他任何质蕴涵项包含，则此质蕴涵项称为必要质蕴涵项。

2. Q-M 法化简逻辑函数的步骤

Q-M 法化简逻辑函数的步骤叙述如下：

第一步，将函数表示成最小项表达式。

第二步，找出函数的全部质蕴涵项。找出全部质蕴涵项的方法是，先将 n 变量函数中的相邻最小项合并，消去相异的一个变量，得到 $(n-1)$ 个变量的与项，这时如果存在不能合并的最小项，它便是所寻找的质蕴涵项。再将相邻的 $(n-1)$ 个变量的与项合并，消去相异的一个变量，得到 $(n-2)$ 个变量的与项，这里如果存在不能合并的 $(n-1)$ 个变量的与项，则它们也是所寻找的质蕴涵项。如此进行下去，直到不能合并为止，便得到全部的质蕴涵项。

第三步，找出函数的必要质蕴涵项。找出必要质蕴涵项的方法是，先画出质蕴涵表，然后在表上找出仅属于一个质蕴涵项的最小项，则包含该最小项的质蕴涵项就是必要质蕴涵项。

第四步，找出函数的最小覆盖。最小覆盖是指包含函数全部最小项的最小质蕴涵项的集合。当第三步找出的必要质蕴涵项不能包含函数的全部最小项时，可以通过下面叙述的行列消去法，找出最小覆盖的其他必要质蕴涵项。

下面通过用 Q-M 法化简函数 $F=\sum m^4(0,2,4,5,6,7,9,10,15)$，具体说明各步骤的实施过程。

(1) 找出全部质蕴涵项

a. 作最小项分组表并找出不能合并者

首先，将最小项 m_i 按变量取值表示成二进制数；其次，对这些二进制数中所包含的 1 的个数按从少到多的次序进行分组排队；最后，把含有 1 的个数相同的最小项划分成一组，组内按下标 i 的取值从小到大排列，如此制成最小项分组，如表 2.8 所示。

在表 2.8 中，从含有 1 的个数最少的那组开始，在相邻组内比较最小项，将只有一个变量值不同的两个最小项合并，消去一个变量，并在已合并的最小项的右边 P_i 栏内做记号"√"，表示该项已被合并。在不能合并的最小项 m_9 的右边 P_i 栏内填入 P_1，则 $P_1=A\overline{B}\overline{C}D$ 就是所寻找的质蕴涵项。注意，合并最小项只能处于相邻的两组内，而不能处于同组或隔组内。

表 2.8 最小项分组表

组号（1 的个数）	最小项编号	变量 A	B	C	D	P_i
0	0	0	0	0	0	√
1	2	0	0	1	0	√
	4	0	1	0	0	√
2	5	0	1	0	1	√
	6	0	1	1	0	√
	9	1	0	0	1	P_1
	10	1	0	1	0	√
3	7	0	1	1	1	√
4	15	1	1	1	1	√

b. 作$(n-1)$个变量与项分组表并找出不能合并者

在最小项合并过程中，用符号“—”表示被消去的变量，这样便得到若干个带有“—”的与项，或称作合并项。按照最小项的分组方法，对带有“—”的与项进行分组得到表 2.9。在表 2.9 中，对相邻组中“—”处于相同位置的那些与项进行合并，已合并的与项做记号“√”，并记入 P_i 栏；在不能合并的与项的 P_i 栏内记入 P_2 和 P_3，则 $P_2=\sum m^4(2,10)=\overline{B}C\overline{D}$ 和 $P_3=\sum m^4(7,15)=BCD$ 也是质蕴涵项。

表 2.9 $(n-1)$个变量与项分组表

组号（1 的个数）	最小项编号		变量 A	B	C	D	P_i
0	0	2	0	0	—	0	
	0	4	0	—	0	0	
1	2	6	0	—	1	0	√
	2	10	—	0	1	0	P_2
	4	5	0	1	0	—	√
	4	6	0	1	—	0	√
2	5	7	0	1	—	1	√
	6	7	0	1	1	—	√
3	7	15	—	1	1	1	P_3

c. 作$(n-2)$个变量与项分组表并找出不能合并者

在$(n-1)$个变量与项合并过程中，也用符号“—”表示被消去的变量，这样便得到若干个带有两个“—”的与项。按照上述的分组方法，得到$(n-2)$个变量与项分组表,如表 2.10 所示。由表 2.10 看出,仅有两个$(n-2)$个变量与项不能再合并,在 P_i 栏内分别记入 P_4 和 P_5,P_4 和 P_5 就是最后所寻找的质蕴涵项。

表 2.10 $(n-2)$个变量与项分组表

组号(1 的个数)	最小项编号				变量 A	B	C	D	P_i
0	0	2	4	6	0	—	—	0	P_4
1	4	5	6	7	0	1	—	—	P_5

d. 列出全部质蕴涵项

由上述分析可得全部质蕴涵项:

$$P_1=\sum m^4(9)=A\overline{B}\overline{C}D, P_2=\sum m^4(2,10)=\overline{B}C\overline{D}$$

$$P_3=\sum m^4(7,15)=BCD, P_4=\sum m^4(0,2,4,6)=\overline{A}\,\overline{D}$$

$$P_5=\sum m^4(4,5,6,7)=\overline{A}B$$

(2) 找出必要质蕴涵项

首先,将函数的最小项和上述质蕴涵项做成序列表,并在质蕴涵项包含的最小项下面填入符号"×",即作所谓质蕴涵表。

其次,在表 2.11 中,找出那些仅属于一个质蕴涵项的最小项,如 m_0 仅属于 P_4;m_5 仅属于 P_5;m_9 仅属于 P_1;m_{10}仅属于 P_2;m_{15}仅属于 P_3;并在相应的"×"处加圆圈。

表 2.11 质蕴涵表

P_i \ m_i	√ m_0	√ m_2	√ m_4	√ m_5	√ m_6	√ m_7	√ m_9	√ m_{10}	√ m_{15}
* P_1							⊗		
* P_2		×						⊗	
* P_3						×			⊗
* P_4	⊗	×	×		×				
* P_5			×	⊗	×	×			

最后,从表 2.11 中不难看出,质蕴涵项 $P_1 \sim P_5$ 均包含一个不属于其他质蕴涵项的最小项,即它们均包含一个"⊗",所以它们均为必要质蕴涵项,并在其左边加"*"号。

(3) 找出函数的最小覆盖

在上述的必要质蕴涵项 $P_1 \sim P_5$ 中,找出它们所包含的全部最小项,并在相应的最小项上面做记号"√",如表 2.11 所示。从表中可以看出,必要质蕴涵项 $P_1 \sim P_5$ 包含函数的所有最小项,也就是说,$P_1 \sim P_5$ 构成了函数的最小覆盖,因此,函数的最简与或式为

$$F=P_1+P_2+P_3+P_4+P_5=A\overline{B}\overline{C}D+\overline{B}C\overline{D}+BCD+\overline{A}\,\overline{D}+\overline{A}B$$

【例 2.21】 用 Q-M 法化简函数 $F=\sum m^4(2,4,6,8,9,10,12,13,15)$。

解：1）寻找全部质蕴涵项的过程见表 2.12。

注意本题不存在不能合并的最小项。表 2.12 共三个表，分别为最小项分组表，三变量与项分组表，二变量与项分组表。

表 2.12 例 2.21 求质蕴涵项过程表

组号（1 的个数）	最小项编号	A	B	C	D	P_i
1	2	0	0	1	0	√
	4	0	1	0	0	√
	8	1	0	0	0	√
2	6	0	1	1	0	√
	9	1	0	0	1	√
	10	1	0	1	0	√
	12	1	1	0	0	√
3	13	1	1	0	1	√
4	15	1	1	1	1	√

组号（1 的个数）	最小项编号		A	B	C	D	P_i
1	2	6	0	—	1	0	P_1
	2	10	—	0	1	0	P_2
	4	6	0	1	—	0	P_3
	4	12	—	1	0	0	P_4
	8	9	1	0	0	—	√
	8	10	1	0	—	0	P_5
	8	12	1	—	0	0	√
2	9	13	1	—	0	1	√
	12	13	1	1	0	—	√
3	13	15	1	1	—	1	P_6

组号（1 的个数）	最小项编号				A	B	C	D	P_i
1	8	9	12	13	1	—	0	—	P_7

2）由表 2.12 中得出的质蕴涵项为

$$P_1=\sum m^4(2,6)$$

$$P_2 = \sum m^4(2,10)$$

$$P_3 = \sum m^4(4,6)$$

$$P_4 = \sum m^4(4,12)$$

$$P_5 = \sum m^4(8,10)$$

$$P_6 = \sum m^4(13,15)$$

$$P_7 = \sum m^4(8,9,12,13)$$

3）作表 2.13 所示的质蕴涵表，初步确定必要质蕴涵项。

由表 2.13 可以看出，m_9 仅属于 P_7，m_{15}仅属于 P_6，在相应的“×”上加圆圈，表明 P_6 和 P_7 为必要质蕴涵项，并在其左边加“*”号。但 P_6 和 P_7 只包含了最小项 m_8，m_9，m_{12}，m_{13}和 m_{15}，并没覆盖函数的所有最小项，还要在其余的质蕴涵项中寻找最小覆盖。

表 2.13 例 2.21 质蕴涵表

m_i / P_i	m_2	m_4	m_6	√ m_8	√ m_9	m_{10}	√ m_{12}	√ m_{13}	√ m_{15}
P_1	×		×						
P_2	×					×			
P_3		×	×						
P_4		×					×		
P_5				×		×			
* P_6								×	⊗
* P_7				×	⊗		×	×	

4）用行列消去法求出包含剩余最小项的必要质蕴涵项。最小项 m_8，m_9，m_{12}，m_{13}和 m_{15}被已确定的必要质蕴涵项 P_6 及 P_7 所包含。因此，去掉这些做记号“√”的最小项，可得到简化质蕴涵表，如表 2.14 所示。

表 2.14 例 2.21 简化质蕴涵表

m_i / P_i	m_2	m_4	m_6	m_{10}
P_1	×		×	
* P_2	×			×
* P_3		×	×	
P_4		×		
P_5				×

该例中我们将应用行列消去法求最小覆盖。为了介绍这种方法，我们先给出下列定义：

优势行和劣势行——在所需的质蕴涵项产生表中，若有质蕴涵项 i 和 j 两行，其中 j 行中的"×"完全包含在 i 行之中，则称 i 行为优势行，j 行为劣势行，记作 $i \supset j$。我们把满足优劣势关系的两行称为优势劣势行。

优势列和劣势列——在所需质蕴涵项产生表中，若有最小项 m_k 和 m_l 两列，其中 m_l 列中的"×"完全包含中 m_k 列之中，则称 m_k 列为优势列，m_l 列为劣势列，记作 $m_k \supset m_l$。同样，我们把满足优劣势关系的两列，称为优势劣势列。

行列消去法的规则如下：

1）行消去法规则是：保留优势行，消去劣势行。

2）列消去法规则是：保留劣势列，消去优势列。

例如，对质蕴涵表 2.14 实施行列消去法如图 2.18 所示。

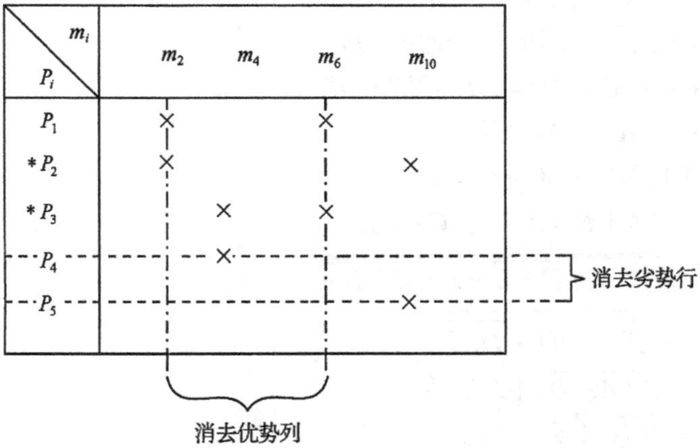

图 2.18　例 2.21 行列消去法示意图

行消去：由于 P_4 的"×"完全包含在 P_3 里，P_5 的"×"完全包含在 P_2 里。即 P_2、P_3 为优势行，而 P_4、P_5 为劣势行。根据行消去规则，消去劣势行 P_4、P_5。

列消去：由于消去 P_4、P_5 行后，m_4 的"×"完全包含在 m_6 中，m_{10}的"×"完全包含在 m_2 中。即 m_4、m_{10}为劣势列，而 m_6、m_2 为优势列。根据列消去规则，消去优势列 m_6、m_2，也就相当于消去了 P_1，故剩下的 P_2、P_3 为必要质蕴涵项。

最后指出，行列消去法可以在一开始建的求质蕴涵项过程表中多次重复使用，其原则是尽快找出必要质蕴涵项。

利用行列消去法，在 P_1、P_2、P_3、P_4、P_5 中可以消去 P_1、P_4、P_5。剩下的质蕴涵项 P_2 及 P_3 是必要质蕴涵项，在其左侧做记号"*"。显然，P_2 及 P_3 包含所有余下的最小项：m_2、m_4、m_6 和 m_{10}。因此最小覆盖由 P_2、P_3、P_6 及 P_7 组成，函数的最简与或式为

$$
\begin{aligned}
F &= P_2 + P_3 + P_6 + P_7 \\
&= \sum m^4(2,10) + \sum m^4(4,6) + \sum m^4(13,15) + \sum m^4(8,9,12,13) \\
&= \overline{B}C\overline{D} + \overline{A}B\overline{D} + ABC + A\overline{C}
\end{aligned}
$$

习 题 二

2.1 举例说明逻辑函数有哪些基本规则。

2.2 什么是最大项？什么是最小项？最大项、最小项有哪些性质？

2.3 什么是蕴涵项、质蕴涵项和必要质蕴涵项？利用Q-M 法进行逻辑函数化简有哪些步骤？

2.4 用逻辑代数公理和定理证明：

(1) $A\overline{B}\oplus\overline{A}B=A\overline{B}+\overline{A}B$

(2) $(A\oplus B)\odot AB=\overline{AB}$

(3) $A\cdot\overline{ABC}=A\overline{B}\overline{C}+A\overline{B}C+AB\overline{C}$

(4) $A\overline{B}+B\overline{C}+\overline{A}C=\overline{A}B+\overline{B}C+A\overline{C}$

(5) $AB+A\overline{B}+\overline{A}B+\overline{A}\overline{B}=1$

2.5 写出下列表达式的对偶式：

(1) $F=(A+B)(\overline{A}+C)(C+DE)+G$

(2) $F=\overline{\overline{\overline{A}+B+\overline{C+B}}+\overline{A+C+\overline{B+C}}}$

(3) $F=\overline{\overline{A\overline{B}}\cdot\overline{C\overline{D}}\cdot\overline{D\overline{AB}}}$

(4) $F=B\,\overline{(A\oplus B)}+B(A\oplus C)$

(5) $F=\overline{\overline{(C\oplus A)}\oplus(B\oplus\overline{D})}$

2.6 写出下列表达式的反函数：

(1) $F=((\overline{x}_1x_2+\overline{x}_3)x_4+\overline{x}_5)x_6$

(2) $F=S(\overline{W}+I(T+\overline{C}))+H$

(3) $F=A\overline{B}+(C\overline{D}+\overline{E}F)G$

(4) $F=\overline{A}B+B\overline{C}+A(C+\overline{D})$

2.7 回答下列问题：

(1) 已知$X+Y=X+Z$,那么$Y=Z$正确吗？为什么？

(2) 已知$XY=XZ$,那么$Y=Z$正确吗？为什么？

(3) 已知$X+Y=X+Z$,且$XY=XZ$,那么$Y=Z$正确吗？为什么？

(4) 已知$X+Y=X\cdot Y$,那么$X=Y$正确吗？为什么？

2.8 用代数化简法化简下列函数：

(1) $F=A\overline{B}+B+BCD$

(2) $F=A+\overline{A}B+AB+\overline{A}\,\overline{B}$

(3) $F=AB+AD+\overline{B}\,\overline{D}+A\overline{C}\,\overline{D}$

2.9 将下列函数表示成为“最小项之和”形式及“最大项之积”形式：

(1) $F=(A+B+C)(\overline{A}+B)(A+B+\overline{C})(C+D)$

(2) $F=AB\overline{C}+\overline{A}BC+A\overline{B}\overline{C}+\overline{A}\overline{C}$

(3) $F=BC+D+\overline{D}(\overline{B}+\overline{C})(AC+B)$

(4) $F=\overline{C}B+\overline{A}\overline{B}D+A\overline{B}C\overline{D}+ABCD$

2.10 用卡诺图化简下列函数，并写出最简与或表达式和最简或与表达式：

(1) $F=(\overline{A}+\overline{B})(AB+C)$

(2) $F=\overline{A}\,\overline{B}+\overline{A}\overline{C}D+AC+B\overline{C}$

(3) $F=BC+D+\overline{D}(\overline{B}+\overline{C})(AD+B)$

(4) $F(A,B,C,D)=\sum m(2,3,4,5,10,11,12,13)$

(5) $F(A,B,C,D)=\prod M(2,4,6,10,11,12,13,14,15)$

2.11 用卡诺图判断函数 $F(A,B,C,D)$ 和 $G(A,B,C,D)$ 的关系。

$$F=\overline{B}\,\overline{D}+\overline{A}\,\overline{D}+\overline{C}\,\overline{D}+AC\overline{D}$$

$$G=\overline{B}D+CD+\overline{A}\overline{C}D+ABD$$

2.12 用卡诺图化简包含无关最小项的函数和多输出函数：

(1) $F(A,B,C,D)=\sum m(0,2,7,13,15)+\sum d(1,3,4,5,6,8,10)$

(2) $$\begin{cases} F1=\sum m^4(0,2,4,7,8,10,13,15) \\ F2=\sum m^4(0,1,2,5,6,7,8,10) \\ F3=\sum m^4(2,3,4,7) \end{cases}$$

2.13 利用 Q-M 法化简下列函数：

(1) $F(A,B,C,D)=\overline{A}\overline{B}+\overline{A}\overline{C}D+AC+B\overline{C}$

(2) $F(A,B,C,D)=BC+D+\overline{D}(\overline{B}+\overline{C})(AD+B)$

第三章　逻辑门电路

在数字系统中，电路设计完成后，合理正确地选用各种门电路就表现得尤为重要。本章系统地介绍了数字电路中各种基本门电路的工作原理及使用中应注意的事项。

在数字电路中的二极管、三极管应工作在开关(导通、截止)状态，所以首先介绍它们的开关特性，然后通过具体的门电路介绍常用的TTL、CMOS电路的工作原理及电器特性，重点是输入特性及输出特性，为正确使用这些电路做好准备。

3.1　概　　述

在数字电路中，能够实现基本逻辑运算及复合逻辑运算功能的电路称之为逻辑门电路。与逻辑运算相对应的逻辑门电路大致上有与门、或门、非门、与非门、或非门、与或非门、异或门等几种。

数字电路是二值逻辑电路，一般用高低电平来表示二值逻辑中的“1”和“0”两种逻辑状态，这种功能的实现可用图3.1来描述，在输入信号 V_I 的作用下，当 K 断开时，输出 $V_O=V_{CC}$ 为高电平；当 K 闭合时，$V_O=$“地”为低电平。

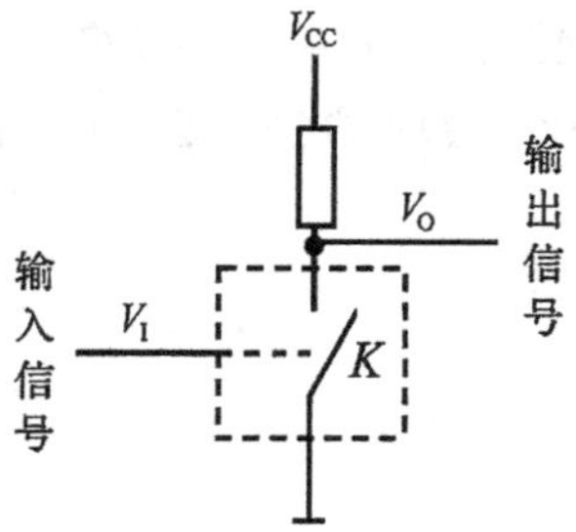

图3.1　二值逻辑电路

在通常情况下，数字逻辑有正逻辑、负逻辑之分。正逻辑：高电平为逻辑“1”，低电平为逻辑“0”；负逻辑：低电平为逻辑“1”，高电平为逻辑“0”。开关 K 是由二极管或三极管电路构成的，此时电路在 V_I 的作用下，工作在导通或截止状态即可。在本书中如无特殊介绍都为正逻辑关系。

3.2　半导体管的开关特性

3.2.1　晶体二极管的开关特性

1. 静态特性

二极管具有单向导电性，即外加正向电压时导通，外加反向电压时截止。在导通、截止这两个稳定状态下的特性称为二极管的静态特性。在外加电压极性的控制下，二极管可视为一个开关，如图 3.2，假定 D 是一个理想的开关元件，即正向导通时电阻为 0，反向截止时电阻无穷大。当输入电压为高电平（$V_I=V_{IH}$）时，D 截止，输出为高电平（$V_O=V_{OH}=V_{CC}$）；当输入电压为低电平（$V_I=V_{IL}=0V$）时，D 导通，输出为低电平（$V_O=V_{OL}=0.7V$）。

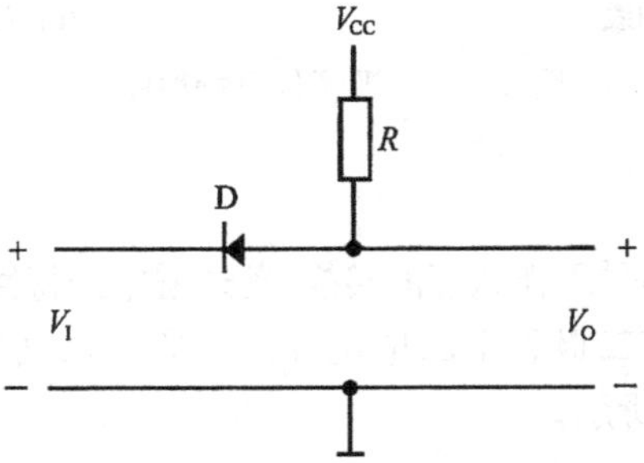

图 3.2　二极管开关电路

由此可知，可以用 V_I 的高低电平来控制二极管 D 的导通、截止，从而在输出端获得对应的高低电平。图 3.3 是二极管电路的等效电路。图 3.4(a) 为二极管在理想状态下的伏安特性曲线。但二极管并不是理想的，它由 PN 结构成，在导通截止时 PN 结内的电荷要有一个积累、扩散过程。当加到二极管上的正向电压 V_D 小

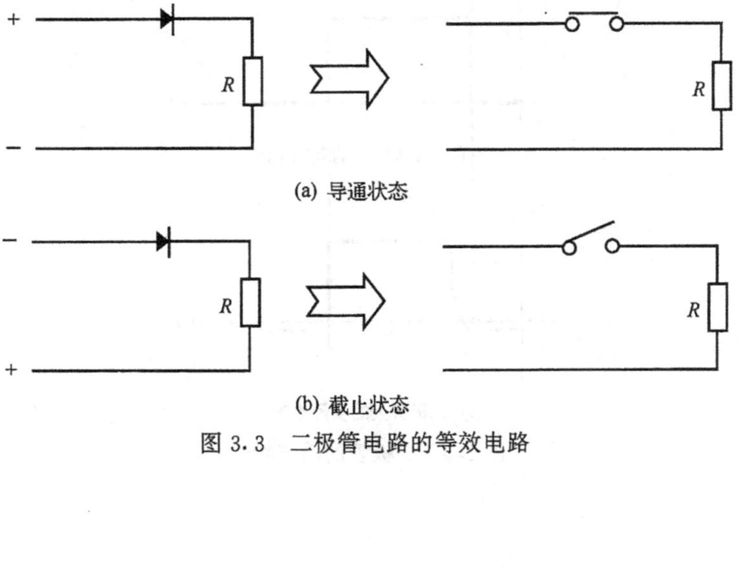

图 3.3　二极管电路的等效电路

于 0.5V 时，二极管实际上是截止的，只有很小的电流通过；当电压上升至 0.7V 左右时，二极管充分导通，并且电流 I_D 迅速增加，在一定范围内，二极管上的管压降不随电流的加大而加大(硅二极管压降为 0.7V，锗二极管为 0.2V)。在反向电压的作用下，二极管存在反向漏电流，但该电流很小(几 μA)，可忽略不记。图 3.4(b)是二极管实际的伏安特性曲线。

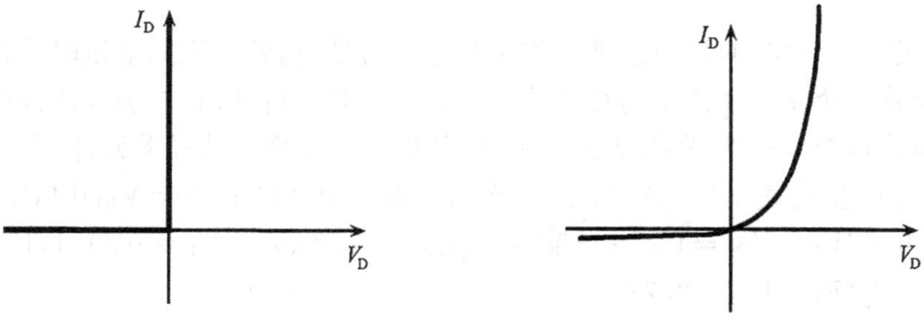

(a) 理想特性曲线　　(b) 实际特性曲线

图 3.4　二极管伏安特性曲线

2. 动态特性

二极管在导通截止两种工作状态间转换，此过程中的特性叫二极管的动态特性。

在动态情况下，加在二极管上的电压突然反向时，二极管上电流的理想态及实际的变化过程如图 3.5 所示。

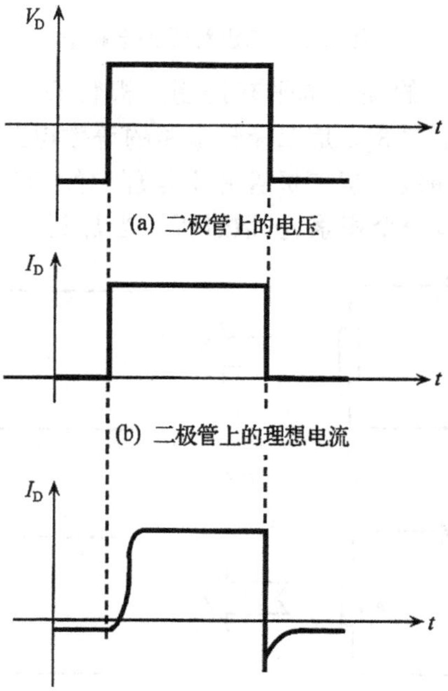

(a) 二极管上的电压

(b) 二极管上的理想电流

(c) 二极管上的实际电流

图 3.5　二极管的动态特性

当外加电压由反向突然变为正向时，PN 结上的电子空穴要向对方扩散，产生一定的势垒后才有电流通过，所以正向导通电流的产生要滞后电压一段时间。当外加电压突然由正向变为反向时，PN 结两侧各有少数载流子存在，在外加反向电压作用下，瞬间产生很大的反向电流，随着载流子的逐渐消散，反向电流迅速衰减，并趋近于稳态时的反向截止电流。

3.2.2 晶体三极管的开关特性

晶体三极管有两个 PN 结，即集电结和发射结，根据两个结的偏置情况，三极管工作在三个区域：放大区、截止区、饱和区，它在三个区域的特性是不同的。在输入信号的作用下，稳定在饱和区时相当于开关闭合，稳定在截止区时相当于开关断开。在数字电路中三极管作为开关元件使用，显然它不可以工作在放大区。

1. 输入输出特性

在三极管开关电路中，广泛采用共发射极接法，如图 3.6。其输入输出特性曲线如图 3.7(a)、(b)。特性曲线是电压与电流之间的关系曲线。在对输入特性简化分析时，常采用图 3.7(a)中的折线进行，图中的 V_{ON} 称为开启电压，硅三极管为 0.5～0.7V，锗三极管为 0.2～0.3V。

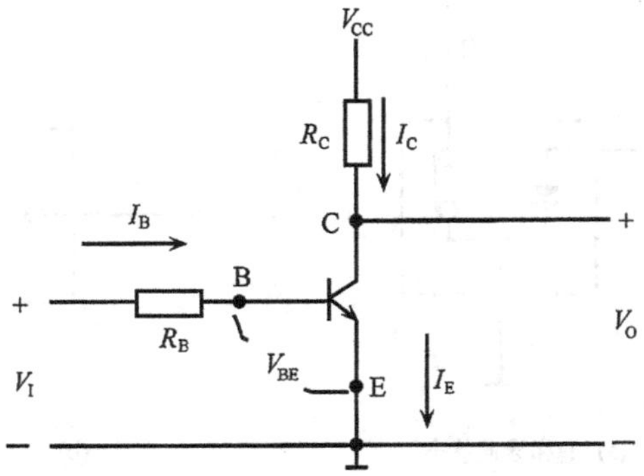

图 3.6 晶体三极管共发射极接法

在图 3.7(b)中，特性曲线水平部分为放大区，处于放大区时，三极管的集电极电流 I_C 与基极电流 I_B 的变化成正比关系，$\Delta I_C/\Delta I_B=\beta$，$\beta$ 为电流的放大系数，对于一般的三极管，该值在几十到几百范围内。

虚线部分称为饱和区，在饱和区中 I_C 不再随 I_B 以 β 倍变化，初入饱和区（临界饱和）时，集电极、发射极间的管压降 $V_{CE}=0.7V$，深度饱和时，$V_{CE}=0.3V$。

$I_B=0$ 这条特性曲线以下的部分是截止区，此时 I_C 几乎为零，只存在极小的反向穿透电流，一般该值在 1μA 以下。

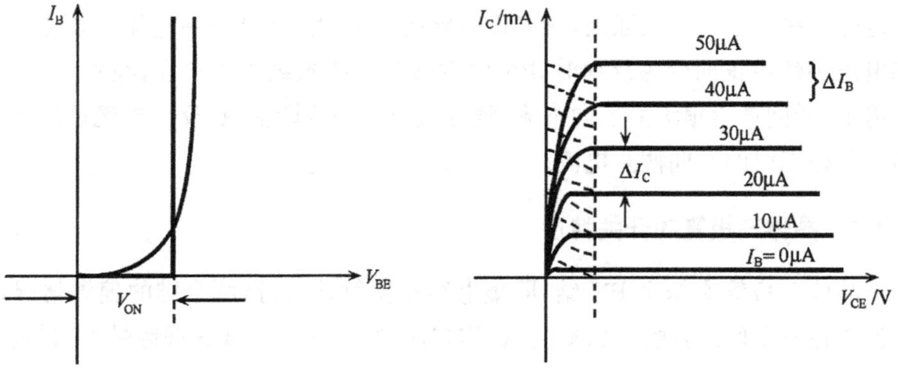

(a) 输入特性　　　　(b) 输出特性

图 3.7　晶体三极管的特性曲线

2. 截止、饱和条件

饱和条件：假如刚进入饱和时的基极电流为 I_{BS}，此时集电极电流 $I_{CS}=(V_{CC}-0.7V)/R_C \approx V_{CC}/R_C$，则 $I_{BS}=I_{CS}/\beta=V_{CC}/\beta R_C$，三极管若工作在饱和区，基极电流 I_B 必须大于等于 I_{BS}，所以三极管的饱和条件为 $I_B \geqslant V_{CC}/\beta R_C$。饱和时的等效电路见图 3.8(a)。

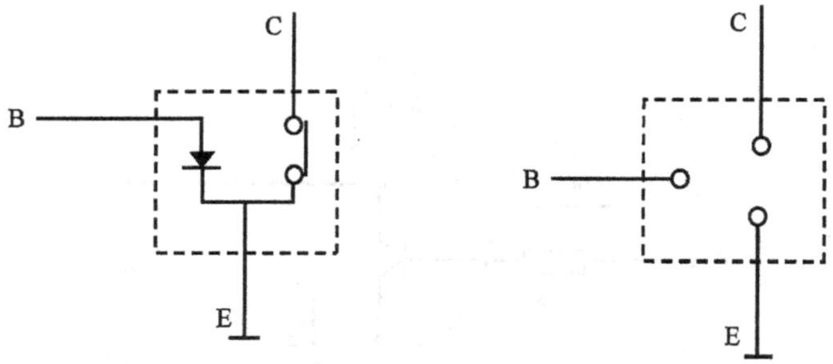

(a) 饱和导通状态　　　　(b) 截止状态

图 3.8　晶体三极管的开关等效电路

截止条件：当 $V_{BE} \leqslant 0V$ 时，三极管的两个 PN 结反向偏置，I_B、I_C、I_E 近似为 0，所以截止条件为 $V_{BE} \leqslant 0V$，该值也称开启电压(实际开启电压为 0.5V)。截止时的等效电路见图 3.8(b)。

3. 动态特性

三极管在截止导通两种状态间迅速转换时所具有的特性称为动态特性。

由于三极管有两个 PN 结，在输入电压影响下状态发生变化，PN 结上存在电荷的积累和扩散现象，这必然导致输出滞后于输入，如图 3.9。在图 3.9 中，$t_{ON}=$

t_r+t_d称为开启时间;$t_{OFF}=t_s+t_f$ 称为关闭时间。一般 $t_{OFF} \geqslant t_{ON}$,三极管的开关时间一般为 ns 数量级。在数字电路中,开关时间是三极管的一项重要技术参数,要尽可能地选用开关时间小的三极管。

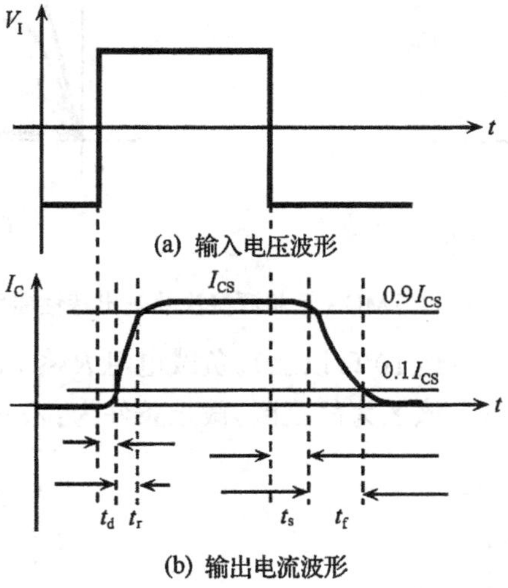

图 3.9 晶体管的开关时间

3.2.3 MOS 管的开关特性

MOS 管有四种基本类型:N 沟道增强型、P 沟道增强型、N 沟道耗尽型、P 沟道耗尽型,它们的符号列于图 3.10。以 N 沟道增强型 MOS 管为例介绍它们的特性。

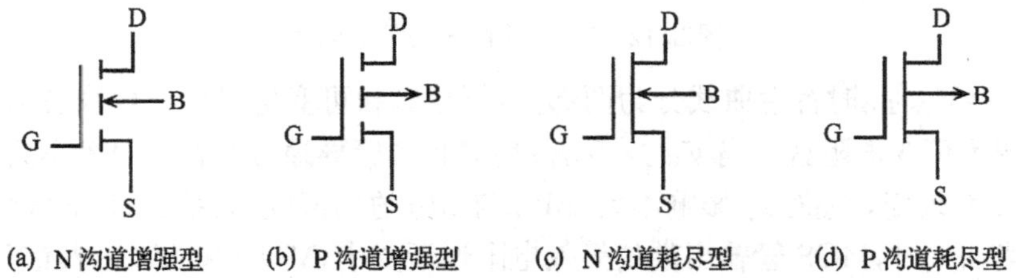

图 3.10 MOS 管

以栅极 G、源极 S 间的回路作为输入回路,漏极 D、源极 S 间的回路作为输出回路的 MOS 管电路叫共源接法,也是一种常用接法。如图 3.11(a)。在栅极 G、源极 S 间加上电压 V_{GS},由 MOS 管的结构可知,由于二氧化硅氧化层的阻隔栅极不会有电流通过,即 $I_G=0$,故输入特性曲线省略。

MOS 管的输出特性曲线也分为三部分:

V_{GS}小于开启电压 $V_{GS(TH)}$时,源、漏极间没有导电沟道形成,此时 I_D 等于 0,D、

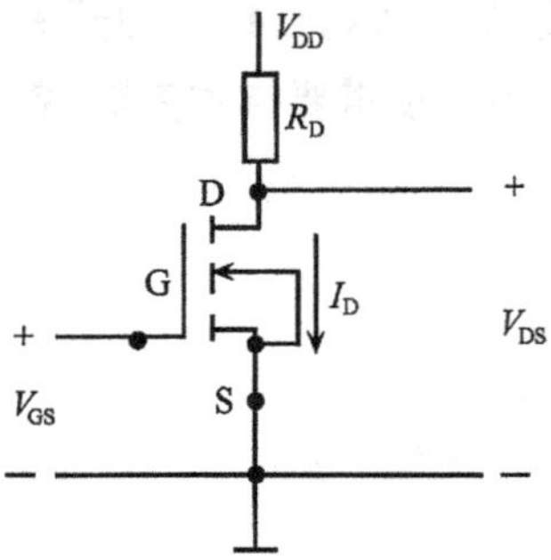

(a) 共源接法

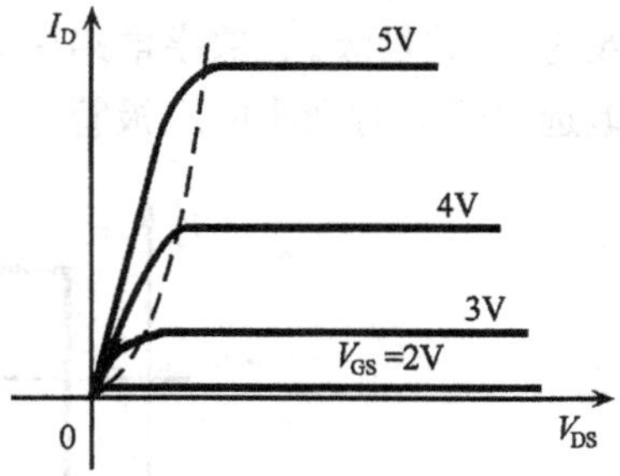

(b) 输出特性曲线

图 3.11 MOS 管共源接法及输出特性曲线

S 间截止电阻 R_{OFF}很大(可达 $10^9\Omega$ 以上)。负载电阻 $R_D \ll R_{OFF}$,此时输出为高电平,MOS 管相当于开关断开。该区为截止区,截止条件为:$V_{GS}<V_{GS(TH)}$,$R_D \ll R_{OFF}$。等效电路见图 3.12(a)。

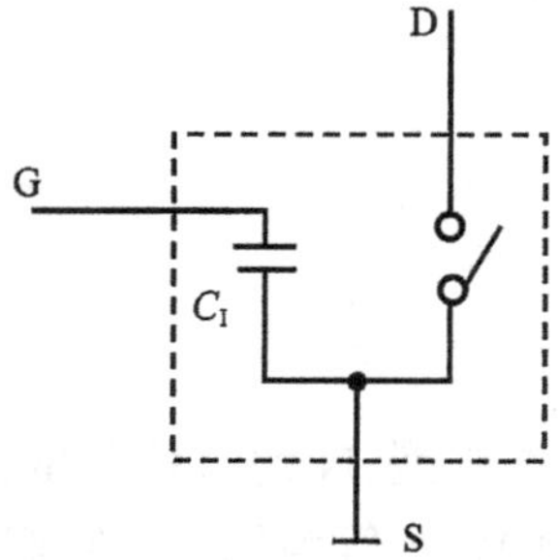

(a) 截止状态

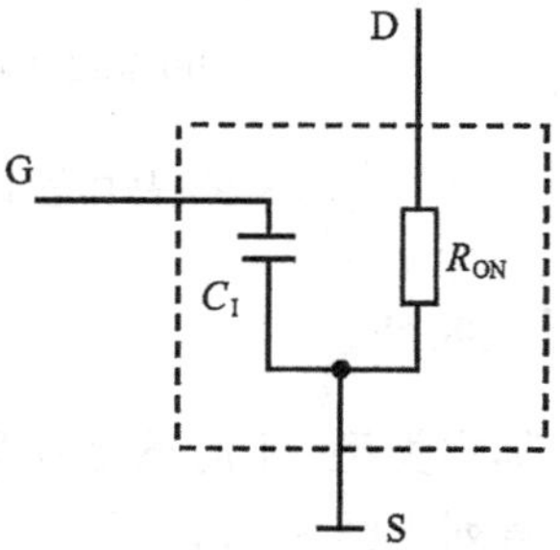

(b) 导通状态

图 3.12 MOS 管的开关等效电路

$V_{GS}>V_{GS(TH)}$时特性曲线分为两部分:恒流区和可变电阻区。虚线右侧为恒流区,左侧为可变电阻区。当 $V_{GS}>V_{GS(TH)}$时,MOS 管导通,此时 I_D 的大小只随输入电压 V_{GS}而改变,V_{DS}对 I_D 影响不大。ΔV_{GS}与 ΔI_D 的比值(放大系数)是非线性的。当 V_{GS}继续加大时,MOS 管输出端的等效电阻逐渐变小,MOS 管随之进入饱和态,相当于开关闭合,当 V_{DS}近似于 0V 时,D、S 间饱和导通电阻很小,记作 R_{ON}。饱和条件为:$V_{GS}>V_{GS(TH)}$,$R_{ON} \ll R_D$。等效电路见图 3.12(b)。在等效电路中,C_I 是栅极的输入电容,一般为几 pF;一般情况下不可以简单地把 R_{ON}忽略掉。正因为 C_I 的存在,动态时漏极电流 I_D 和输出电压 V_{DS}都将滞后于输入电压的变化。

3.3 分离元件逻辑门电路

在数字系统中各种电路的功能比较复杂,但其内部结构通常不过是由几种或几十种电路组成，这些电路有些是基本逻辑门电路，有些是由基本逻辑门电路所组成的功能比较复杂的复合逻辑门电路。为了更好地了解这些电路，先学习一些基本逻辑门的知识。

在数字电路中，有三种基本逻辑关系：与、或、非，与之对应的就有三种基本逻辑门电路：与门、或门、非门。

3.3.1 与门电路

简单的与门电路可由二极管来实现，其电路和逻辑符号见图 3.13。

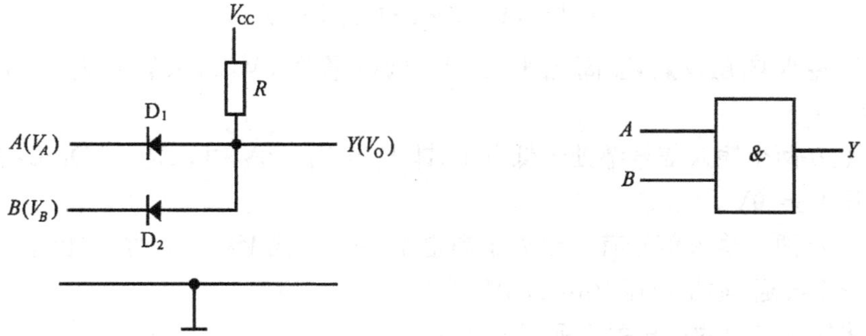

图 3.13　二极管与门及符号

设输入电压 V_A、V_B 高电平为 3V，低电平为 0V，二极管正向导通压降为 0.7V。

A、B 两个输入信号都处于高电平，即 $V_A=V_B=3V$ 时，二极管 D_1、D_2 截止，输出电压 $V_O=5V$。

A、B 两个输入信号有一个处于低电平，即 V_A 或 $V_B=0V$ 时，二极管 D_1 或 D_2 必有一个导通，输出电压 $V_O=0.7V$。

将输入输出的电压关系列于表 3.1。

如果规定 3V 以上为高电平，用逻辑 1 状态来表示；0.7V 以下为低电平，用逻辑 0 状态来表示，就可以把表 3.1 转换成表 3.2 的形式。观察表 3.2，发现只有在 A、B 都为 1 时，Y 才为 1，显然输入 A、B 与输出 Y 是一种与逻辑关系。

表 3.1　与门电路的逻辑电平

V_A/V	V_B/V	V_O/V
0	0	0.7
0	3	0.7
3	0	0.7
3	3	5

表 3.2　与门电路的真值表

A	B	Y
0	0	0
0	1	0
1	0	0
1	1	1

3.3.2 或门电路

二极管或门电路及符号示于图 3.14。

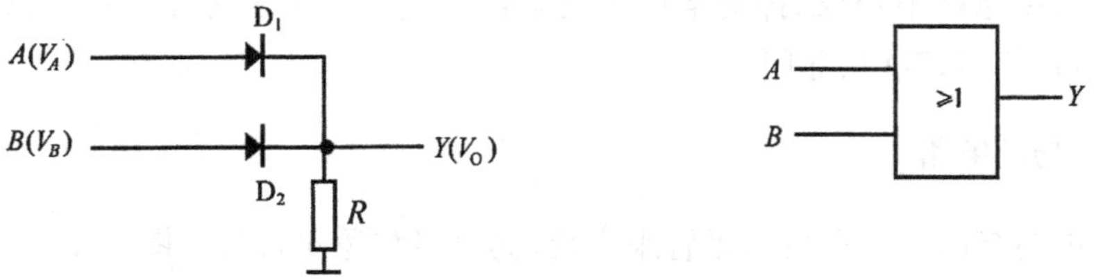

图 3.14 二极管或门及符号

设输入电压 V_A、V_B 高电平为 3V，低电平为 0V，二极管正向导通压降为 0.7V。

A、B 两个输入信号都处于低电平，即 $V_A=V_B=0$V 时，二极管 D_1、D_2 截止，输出电压 $V_O=0$V。

A、B 两个输入信号有一个处于高电平，即 V_A 或 $V_B=3$V 时，二极管 D_1 或 D_2 必有一个导通，输出电压 $V_O=2.3$V。

将输入输出的电压关系列于表 3.3。

表 3.3 或门电路的逻辑电平

V_A/V	V_B/V	V_O/V
0	0	0
0	3	2.3
3	0	2.3
3	3	2.3

表 3.4 或门电路的真值表

A	B	Y
0	0	0
0	1	1
1	0	1
1	1	1

如果规定 2.3V 以上为高电平，用逻辑 1 状态来表示；0V 以下为低电平，用逻辑 0 状态来表示，就可以把表 3.3 转换成表 3.4 的形式。观察表 3.4，发现只要 A、B 有一个为 1 时，Y 就为 1，显然输入 A、B 与输出 Y 是一种或逻辑关系。

3.3.3 非门电路

1. 概念

由晶体三极管构成的非门电路及符号示于图 3.15。非门也称为反相器。

在 R_1、R_2 选值合理的情况下，当输入端 A 为低电平 0V 时，晶体管 T 的基极电位为负值，晶体管 T 可靠截止，输出端 V_O 的电压为 5V；当输入端 A 为高电平 5V 时，晶体管 T 导通，并且基极电流足够大，使 T 进入饱和态，输出端 V_O 的电压约为 0V。

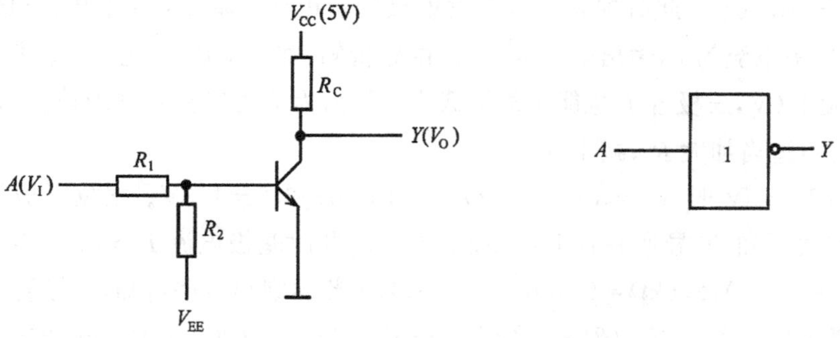

图 3.15　三极管非门及符号

将输入输出的电压关系列于表 3.5。

如果规定 5V 为高电平,用逻辑 1 状态来表示;0V 为低电平,用逻辑 0 状态来表示,就可以把表 3.5 转换成真值表 3.6 的形式。观察表 3.6,很容易发现 A、Y 是一种非逻辑关系。

表 3.5　非门电路的逻辑电平

V_I/V	V_O/V
5	0
0	5

表 3.6　非门电路的真值表

A	Y
1	0
0	1

2. 饱和截止条件的分析

非门的逻辑功能是靠控制晶体管的导通与截止来实现的,因此非逻辑关系能否成立,关键在于控制基极电位足够低,可使晶体管截止;控制基极电流足够大,可使晶体管饱和。

分析图 3.16 的饱和截止情况。图中电源电压 V_{CC}为 5V,电阻 R_1、R_2、R_C 分别用标称电阻 3.3kΩ、10kΩ、1kΩ,三极管饱和时 $V_{CE}=0.1V$,放大系数 $\beta=20$;外接电源 $V_{EE}=-8V$,作用是为了使 T 可靠地截止,从下面的分析中可以了解到这一点。

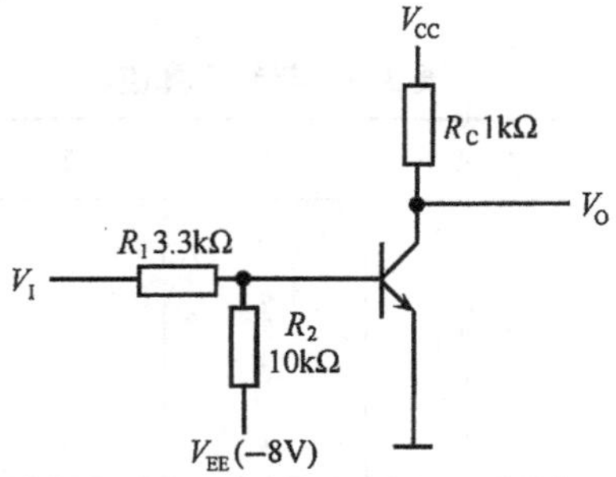

图 3.16　饱和截止条件分析

首先确定三极管 T 的基极电压 V_B 及等效输入电阻 R_B。

$V_B=V_I-[(V_I-V_{EE})/(R_1+R_2)]R_1$

$R_B=(R_1\times R_2)/(R_1+R_2)=(3.3\times 10)/(3.3+10)=2.5k\Omega$

当 $V_I=0V$ 时,$V_B=0-[(0+8)/(3.3+10)]$

$\times 3.3=-2.0V$。此时加到基极与发射极间的电压 V_{BE} 为反向电压，三极管 T 截止，集电极电流为 0，输出电压为 5V。由分析知，加入电压 $-V_{EE}$ 后，即使输入电压 V_I 稍大于 0V，三极管 T 也能可靠地截止。另外，为了使 T 更可靠地截止，在一定的范围内可适当加大 R_1，减小 R_2。

当 $V_I=5V$ 时，$V_B=5-[(5+8)/(3.3+10)]3.3=1.8V$。根据三极管的输入特性曲线可知，T 导通并且 V_{BE} 保持在 0.7V，此时基极电流 $I_B=(V_B-V_{BE})/R_B=(1.8V-0.7V)/2.5k\Omega=0.44mA$。由 3.2.2 节的饱和条件可知，三极管饱和时基极电流至少为 $I_{BS}=V_{CC}/\beta R_C$。在图 3.16 中 $I_{BS}=5V/(20\times 1k\Omega)=0.25mA$。可见 $I_B>I_{BS}$，三极管处于饱和态，$V_{CE}\approx 0V$，输出电压为 0V。

由以上分析可知，器件的选取很重要，图 3.16 的设计比较合理。

掌握了基本门电路的工作原理后，下面简单介绍一些分离元件的复合门电路。

3.3.4 与非门电路

图 3.17 是与非门电路及逻辑符号，表 3.7 是它的真值表。由图中可看出与非门电路是由二极管与门和三极管非门构成的，只要 A、B 有一个为低电平，输出 Y 就为高电平；只有 A、B 全为高电平时，输出 Y 才低电平。

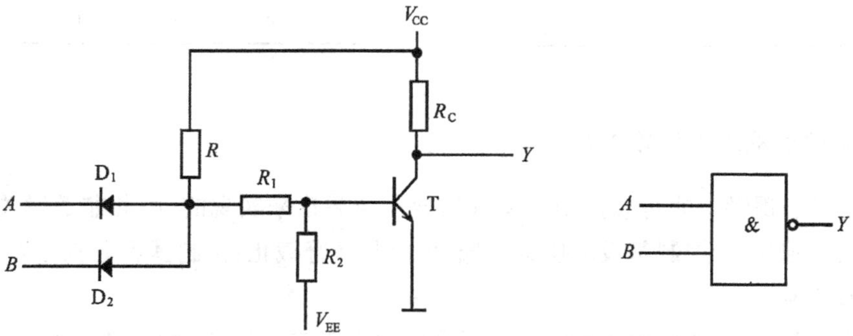

图 3.17　与非门及符号

表 3.7　与非门真值表

A	B	Y
0	0	1
0	1	1
1	0	1
1	1	0

表 3.8　或非门真值表

A	B	Y
0	0	1
0	1	0
1	0	0
1	1	0

3.3.5 或非门电路

图 3.18 是或非门电路及逻辑符号，表 3.8 是它的真值表。由图中可看出或非门电路是由二极管或门和三极管非门构成的，只要 A、B 有一个为高电平，输出 Y 就为低电平；只有 A、B 全为低电平时，输出 Y 才为高电平。

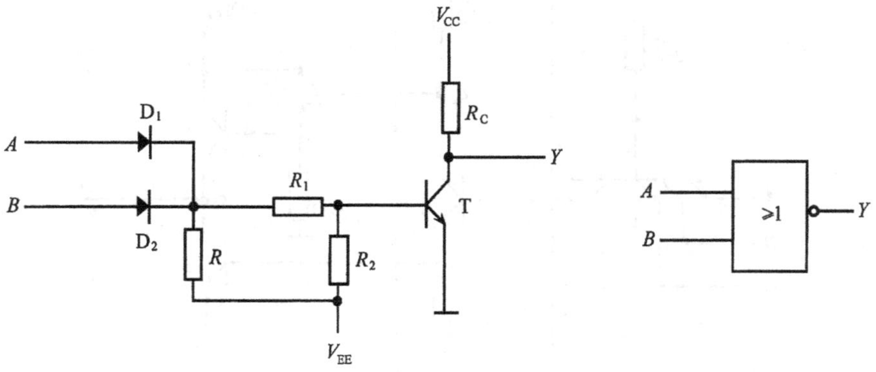

图 3.18 或非门及符号

3.4 TTL 门电路

分离元件构成的门电路虽然基本上能完成所要求的逻辑功能，但在长期的实践中也发现了一系列问题：定型实验的时间长，焊点多容易出错，功耗较大，体积较大。这就促使人们采用集成逻辑门电路。

集成逻辑门电路把所有的分离元件及连接导线制作在一块半导体芯片上。由于这种集成逻辑门电路输入输出端的结构形式都采用三极管，所以叫三极管-三极管集成逻辑(transistor-transistor logic)门电路，简称 TTL 门电路。

集成逻辑门电路的特点：体积小，重量轻，功耗低，价格低，可靠性好。

按照集成度，可分为三个规模：小规模集成电路(SSI)，一片芯片上有 1～12 个门，元件为 10～100 个；中规模集成电路(MSI)，一片芯片上有 13～99 个门，元件为 10^2～10^3 个；大规模集成电路(LSI)，一片芯片上有 100 个门以上，元件为 10^3 以上。随着现代科技的发展，已经可以在一片几十毫米的芯片上集成数以千万计的半导体三极管。

本节介绍的 TTL 门电路属于小规模集成电路，基本电路形式为 TTL 与非门。

3.4.1 TTL 与非门的电路结构及工作原理

1. 电路结构

图 3.19 是 TTL 与非门的典型电路结构，它由三部分组成：T_1、R_1 组成的输入

极；R_2、R_3 和 T_2 组成的中间极；R_4、R_5 和 T_3、T_4、T_5 组成的输出极。

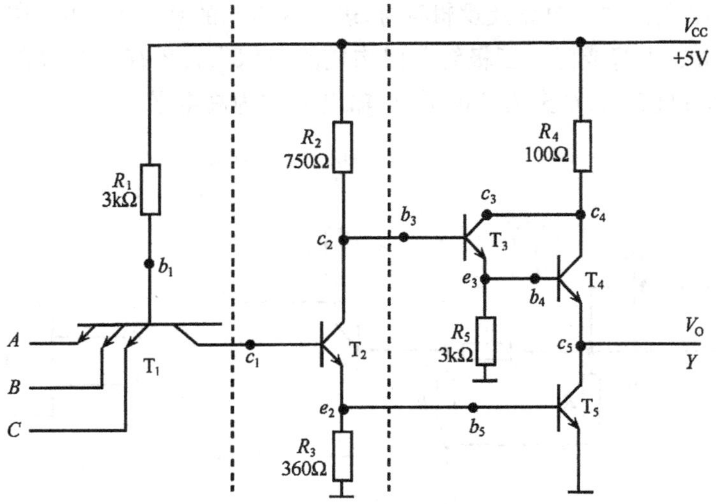

图 3.19　TTL 与非门

输入极：多发射极三极管 T_1 的等效电路示于图 3.20，它使 A、B、C 三个输入信号形成与逻辑关系。从图 3.19 可看出 T_2 管的集电结是 T_1 管负载电阻的一部分，当输入 A、B、C 由全高电平变成输入有低电平时，T_2 管中的存储电荷被 T_1 管迅速拉出，促使 T_2 管迅速截止，加速状态转换，提高了开关速度。

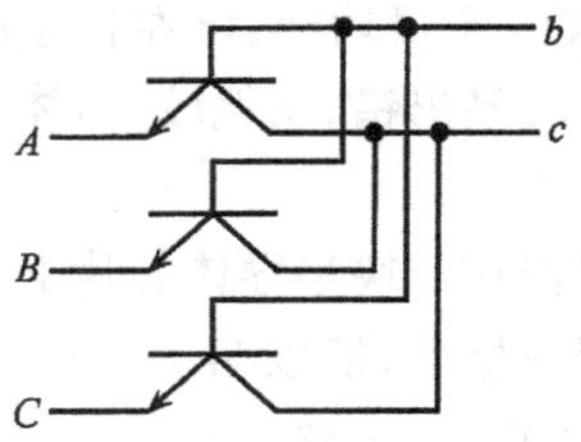

图 3.20　多发射极三极管 T_1 的等效电路

中间极：它使 T_2 管的集电极 C_2、发射极 E_2 输出相位相反的两个信号，分别驱动 T_4、T_5 管，从而保证 T_4、T_5 管一个导通时另一个就截止。

输出极：T_5 起倒相的作用，T_3、T_4 组成的射随器既是 T_5 的有源负载，又与 T_5 构成推拉式电路，无论输出为高电平还是低电平，输出电阻都很小，提高了驱动负载的能力。

2. 工作原理

当输入信号 A、B、C 中至少有一个为低电平时（$V_{IL}=0.3V$），对应的发射结导通，使 T_1 管的基极电位被钳制在 1V（$V_{IL}+V_{BE1}=0.3V+0.7V=1V$），由于 b_1 点到地之间至少有两个 PN 结串联，却只有 1V 的电压，所以 T_1 管的集电结和 T_2 管的发射结不可能导通，T_2 管截止。因 T_2 管截止，T_2 管的集电结有非常大的电阻，使 T_1 管深度饱和，$V_{CES1}\approx 0.1V$，$V_{C1}=0.4V$（$V_{IL}+V_{CES1}=0.3V+0.1V=0.4V$），$V_{B2}=V_{C1}=0.4V$，加深了 T_2 管的截止。因 T_2 管截止，$V_{B5}=V_{E2}=0V$，T_5 管截止。因 T_2

管截止，使 I_{C2}很小，又由于 R_2 比较小，所以 R_2 上的压降很小，$V_{B3}\approx 5V$，使 T_3、T_4 管导通，输出 $V_O=V_{B3}-V_{BE3}-V_{BE4}=5V-0.7V-0.7V=3.6V$ 为高电平。可见输入端只要有一个为低电平，输出端即为高电平。

当输入信号 A、B、C 全为高电平时($V_{IH}=3.6V$)，T_1 管的基极电位被抬高至 4.3V($V_{IH}+0.7V=3.6V+0.7V=4.3V$)，使 T_1 管的集电结、T_2 和 T_5 管的发射结正向偏置而导通，反过来 T_1 管的基极电位 V_{B1}又被钳制在 2.1V($V_{BC1}+V_{BE2}+V_{BE5}=0.7V+0.7V+0.7V=2.1V$)。由于 T_1 管的 $V_{B1}=2.1V$，$V_{C1}=1.4V$，而 $V_{E1}=3.6V$，T_1 管处于倒置工作状态(集电极与发射极互换使用)，因此，电源 V_{CC}通过 R_1 向 T_2、T_5 提供大量的偏置电流，使 T_2、T_5 处于饱和导通状态，饱和导通压降为 0.3V，则输出电压为 $V_O=0.3V$。T_2 管的集电极电位 $V_{C2}=V_{CES2}+V_{BE5}=0.3V+0.7V=1.0V$，使 T_3 管微导通，T_4 管截止。故输入端全为高电平时，输出端为低电平。

TTL 与非门的逻辑电平及真值表分别列于表 3.9、表 3.10 中，由真值表可知，该电路满足与非的逻辑关系。

表 3.9　TTL 与非门的逻辑电平

V_A/V	V_B/V	V_C/V	V_O/V
0.3	0.3	0.3	3.6
0.3	0.3	3.6	3.6
0.3	3.6	0.3	3.6
0.3	3.6	3.6	3.6
3.6	0.3	0.3	3.6
3.6	0.3	3.6	3.6
3.6	3.6	0.3	3.6
3.6	3.6	3.6	0.3

表 3.10　TTL 与非门的真值表

A	B	C	Y
0	0	0	1
0	0	1	1
0	1	0	1
0	1	1	1
1	0	0	1
1	0	1	1
1	1	0	1
1	1	1	0

3.4.2　TTL 与非门的电压传输特性及抗干扰能力

1. 电压传输特性

描述输入电压 V_I 与输出电压 V_O 对应关系的曲线称为电压传输特性。TTL 与非门的电压传输特性示于图 3.21。由图可看出电压传输特性分为四个区段：

AB 段(截止区)

在这段，输入电压 $V_I<0.6V$，输出电压 V_O 不随输入电压 V_I 变化，而保持恒定值。此时 $V_{C1}<0.7V$，T_2、T_5 管截止，T_3、T_4 管导通，输出为高电平 3.6V，即 $V_O=3.6V$。由于 T_2、T_5 管截止，故这段称为截止区。

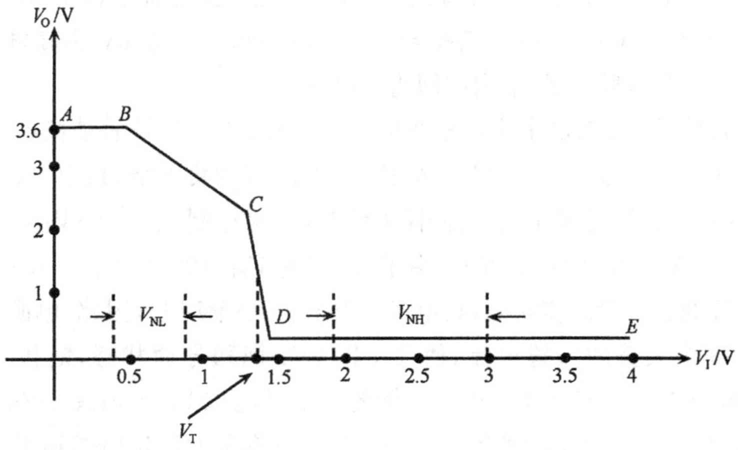

图 3.21　TTL 与非门的电压传输特性

BC 段(线性区)

在这段，0.6V<V_I<1.3V，此时 T_2 管开始导通，并处于放大状态，T_2 管的集电极电压 V_{C2}、输出电压 V_O 随着输入电压 V_I 的加大而线性地降低。因此，这一段叫作线性区。因为 V_{B5} 还低于 0.7V，T_5 管仍截止，T_3、T_4 管仍导通。

CD 段(转折区)

在这段，当 V_I 上升至 1.4V 时，V_{B1} 约为 2.1V，T_2、T_5 管将同时导通，T_4 管截止，输出电压 V_O 急剧降为低电平。*CD* 段中点对应的输入电压称为阈值电压(也称为门槛电压)用 V_T 表示。

DE 段(饱和区)

在这段，V_I>1.4V，T_2、T_5 管饱和导通，输出基本不变，维持低电平。

2. 抗干扰能力

TTL 与非门在实际应用过程中，有时干扰电压 V_N 会叠加到输入信号上，使与非门的逻辑关系发生错误。把与非门逻辑关系不会发生错误时允许的最大干扰电压称为噪声容限。可见，噪声容限越大，抗干扰能力越强。

在讨论抗干扰能力前，先了解几个基本参数：

V_{ON}：开门电平，输出为逻辑低电平时，所允许的输入高电平的最小值。

V_{OFF}：关门电平，输出为逻辑高电平时，所允许的输入低电平的最大值。

V_{NL}：低电平噪声容限(输入低电平的抗干扰能力)。

V_{NH}：高电平噪声容限(输入高电平的抗干扰能力)。

$$V_{NL}=V_{OFF}-V_{ILmax}$$

V_{NL} 越大，TTL 与非门在输入低电平时抗正向干扰能力越强。

$$V_{NH}=V_{IHmin}-V_{ON}$$

V_{NH}越大，TTL 与非门在输入高电平时抗负向干扰能力越强。

V_{NL}、V_{NH}的抗干扰能力示于图 3.21 中。

3.4.3 TTL 与非门的输入特性、输出特性

1. TTL 与非门的输入特性

输入特性是描述输入电压与输入电流关系的曲线。TTL 与非门的输入特性曲线及测试图分别示于图 3.22 及图 3.23 中。

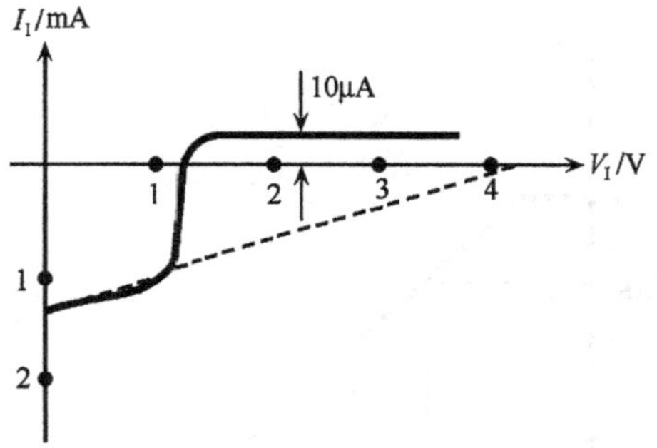

图 3.22 TTL 与非门的输入特性

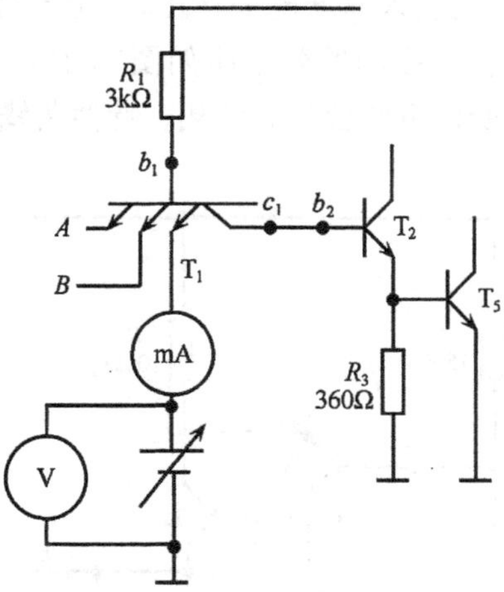

图 3.23 TTL 与非门输入特性测试图

测试方法：在一个输入端接上可变电源及电压表、电流表，其他输入端均悬空。使可变电源电压从 0V 渐变到 +5V（反之亦可），规定输入电流（I_I）流入输入端的为正，从输入端流出的为负，逐点记下 V_I、I_I 的值，就可得到图 3.22。

当 $V_I<0.6V$ 时，T_1 管导通，T_2 管截止，T_1 的基极电流均经 T_1 的发射极流出（T_1 的集电极负载电阻很大，使 I_{C1}很小，可忽略不计），此时将输入电流 I_I 近似地计算为 $I_I=(V_{CC}-V_{BE1}-V_I)/R_1$。当 $V_I=0V$ 时，$I_I=(5-0.7-0)V/3k\Omega=1.4mA$。随着 V_I 的增加 I_I 的绝对值将减小，如果按此式计算，当 I_I 等于 0 时，$V_I=V_{CC}-V_{BE1}=5V-0.7V=4.3V$，其变化曲线如图 3.22 中虚线所示。实际上这条曲线是错误的，因为当 $V_I=0.6V$ 时，T_2 管开始导通，这时 I_{B1}的一部分就要流入 T_2 的基极，在同样的输入电压 V_I 下，I_I 的绝对值就要比图 3.22 中虚线所示的值要小；随着 V_I 的增加，I_{B2}要继续增大，而 I_I 在减小，当 V_I 增大到 1.3V 以后，T_5 开始导通，V_{B1}被钳制在 2.1V 左右；V_I 在 1.3～1.4V 之间，对输入电流 I_I 来讲，有非常大的影响：V_I 在 1.3V 以后略有增加，I_I 的绝对值急剧减小，并使 T_1 进入倒置工作状态，I_I 方向由负变正（I_I 由从 E_1 端流出变成从 E_1 端流入）；三极管在倒置工作状态时放大系数 β_I 很小（约为 0.01），$I_I=\beta_I I_{B1}=\beta_I(V_{CC}-V_{B1})/R_1=0.01\times(5V-

2.1V)/3kΩ≈10μA；以后随着 V_I 的增大，I_I 会有极微小的增加，但 V_I 增加到 8V 左右时，T_1 会被击穿，可见使用 TTL 时输入电压不能过高。

2. TTL 与非门的输出特性

TTL 与非门在实际使用过程中，都要接一定的负载，输出电压与负载电流之间的关系曲线叫 TTL 与非门的输出特性。

因为输出有高低电平之分，所以输出特性也分为两部分。

(1) 输出为高电平时的输出特性

当输入有低电平存在时，输出为高电平。这时 T_1 饱和，T_2、T_5 截止，T_3、T_4 导通，输出级的等效电路如图 3.24，由该图可看出，负载电流是由输出端流向负载的，所以也叫拉电流负载。特性曲线见图 3.25。

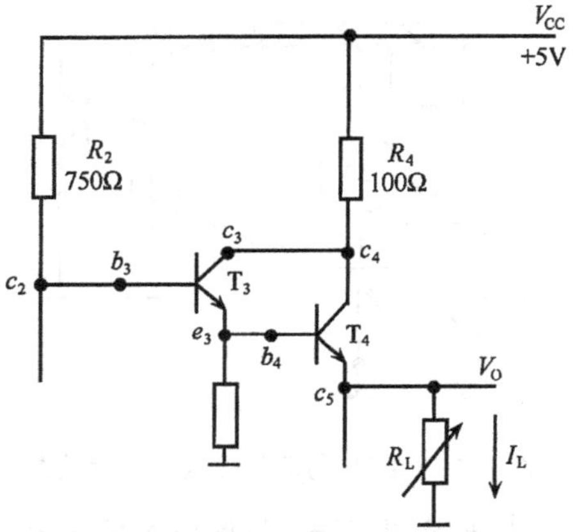

图 3.24 输出为高电平时的输出级等效电路

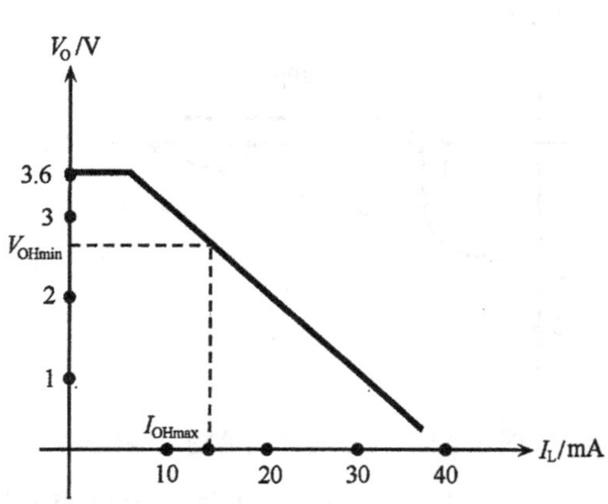

图 3.25 输出为高电平时的输出特性

当 $I_L=0$ 时，$V_{OH}=3.6V$。当 I_L 比较小时，T_3 处于饱和边缘(通过计算，此时 $V_{CE3}=0.6V$)，T_3、T_4 组成的复合管还有一定的放大作用，故这时输出的等效阻抗较低，V_{OH}随负载电流 I_L 的变化比较小。当 I_L 增加到 3mA 时，T_3 已进入到饱和状态，这时输出电压与负载电流的关系为 $V_{OH}=V_{CC}-V_{CE3}-V_{BE4}-I_{R_4}\times R_4=5V-0.3-0.7-I_{R_4}\times R_4\approx 4-I_L\times R_4$，可见 V_{OH}随着 I_L 的增加而线性地降低，并且当 V_{OH}等于 0V 时，I_L 约为 40mA。实际上，为了保证 V_O 为标准的高电平 V_{OHmin}，对拉电流的最大值 I_{OHmax}要有一定的限制。

(2) 输出为低电平时的输出特性

当输入全为高电平时，输出为低电平。此时 T_1 处于倒置工作状态，T_2、T_5 饱和，T_3 微导通，T_4 截止，输出级的等效电路见图 3.26。等效电路就是一个晶体管，它的基流很大，负载电流方向是流入三极管，所以也叫灌电流负载，特性曲线示于图 3.27。它就是一个三极管在基极电流为某一值时的共发射极接法的输出特性曲线。由于 T_5 工作在饱和状态，导通内阻很小，所以输出为低电平。当 I_L 增大到某一值后，T_5 退出饱和态进入放大态，输出电压 V_O 迅速上升。为了保证低电平的逻辑关系，同样对灌电流有一定的限制：即灌电流 I_L 必须小于输出低电平时的最大灌电流值 I_{OLmax}。

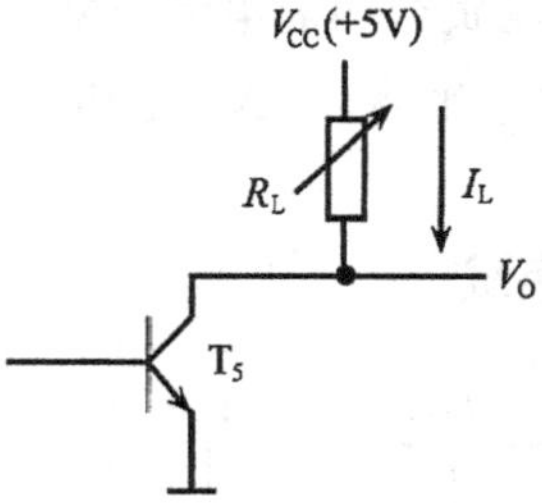

图 3.26　输出为低电平时的输出级等效电路

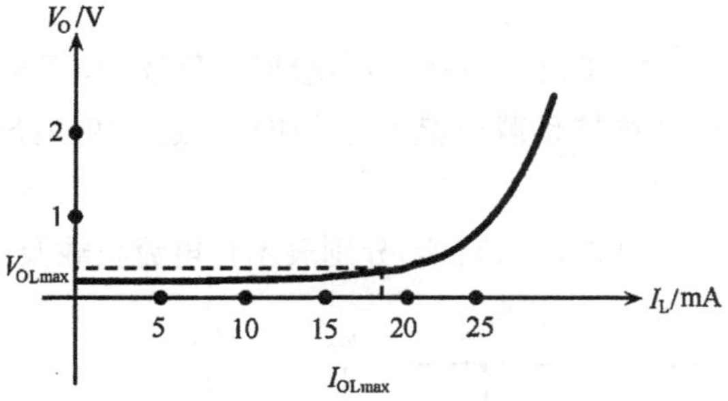

图 3.27　输出为低电平时的输出特性

3. TTL 与非门输入端负载特性

在实际应用过程中，TTL 与非门的输入端要通过外接电阻 R_I 接地，见图 3.28(a)。因此就有电流 I_I 流过 R_I，并产生压降 V_I，V_I 随 R_I 的变化而变化，V_I 随 R_I 变化的关系曲线叫输入端负载特性，示于图 3.28(b)。

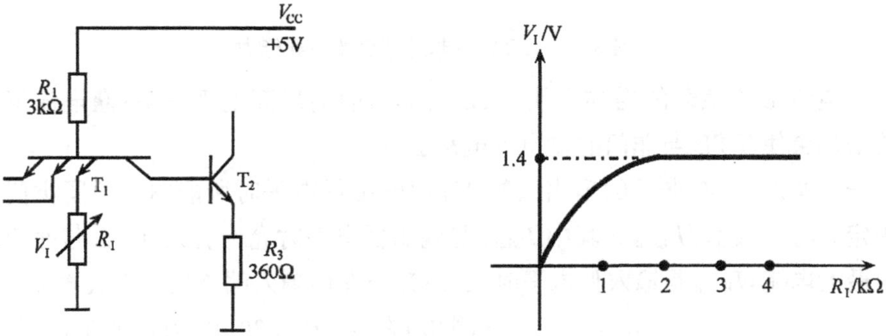

(a) 测试图　　(b) 特性曲线

图 3.28　TTL 与非门输入端负载特性

开始时，R_I 增大 V_I 随之升高，但 V_I 升高到 1.4V 时，T_5 管开始导通，V_{B1}被钳制在 2.1V，此后 R_I 不论怎样加大，V_I 都保持在 1.4V 不再升高。

对输入端负载电阻的限制：

关门电阻 R_{OFF}：保证 TTL 与非门输出为标准高电平时所允许的 R_I 的最大值。

开门电阻 R_{ON}：保证 TTL 与非门输出为标准低电平时所允许的 R_I 的最小值。

$R_I < R_{OFF}$时，TTL 与非门输出高电平。$R_I > R_{ON}$时，TTL 与非门输出低电平。

对与非门多余输入端的处理：

在实际使用中，多余的输入端或者接电源，或者并联使用。

4. TTL 与非门输出端带负载能力

在 TTL 与非门输出端接上负载时，可分为拉电流负载和灌电流负载。负载能力是指带负载电流大小的能力，通常用扇出系数 N_O 来表示，N_O 是带同类门的个数。

图 3.29(a)、(b)分别表示拉电流负载及灌电流负载。

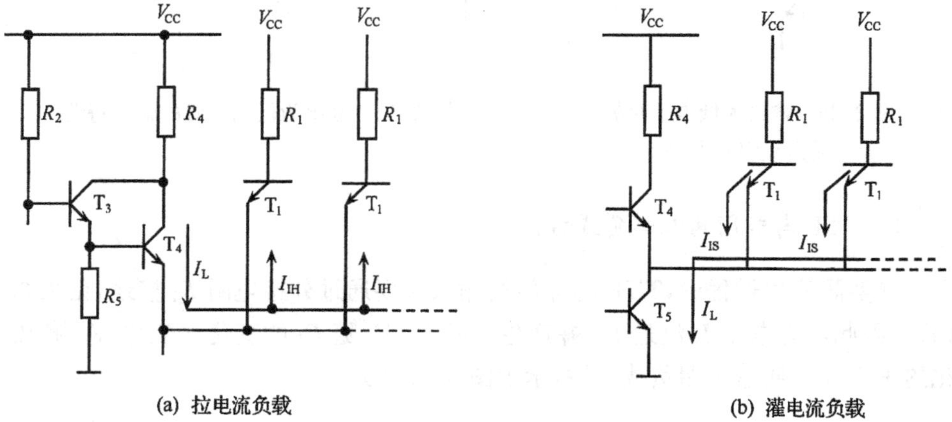

图 3.29 TTL 与非门输出端负载能力

拉电流形式负载的增加会使 TTL 与非门的输出高电平下降；灌电流形式负载的增加会使 TTL 与非门的输出低电平上升。

一般情况下，与非门的扇出系数 N_O 由输出低电平时所能驱动的同类门个数来决定，$N_O = I_{OLmax}/I_{ILmax}$。其中 I_{OLmax}是输出低电平时允许流入 TTL 与非门输出端的最大电流，I_{ILmax}是输入低电平时从 TTL 与非门输入端流出的最大电流。

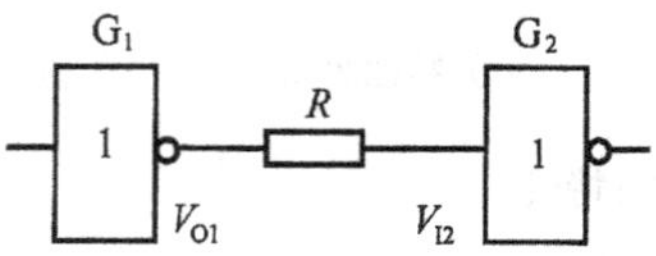

图 3.30 例 3.1 的图

【例 3.1】 在图 3.30 中，为保证 TTL 与非门 G_1 输出的高低电平能正确地传送到 TTL 与非门 G_2 的输入端，要求 $V_{O1} = V_{OH}$时 $V_{I2} \geqslant V_{IHmin}$，$V_{O1} = V_{OL}$时 $V_{I2} \leqslant V_{ILmax}$，试计算 R 的最大允许值是多少。已知：$V_{CC} = 5V$，$V_{OH} = 3.4V$，$V_{OL} = 0.2V$，$V_{IHmin} = 2.0V$，$V_{ILmax} = 0.8V$，G_1、G_2 的输入、输出特性如图 3.22、图 3.25、图 3.27 所示。

解：首先计算 G_1 门的输出为高电平、G_2 门的输入满足：大于等于输入高电平的最低限(即 $V_{O1} = V_{OH}$、$V_{I2} \geqslant V_{IHmin}$)时，$R$ 的允许值。由图 3.30 可知

$$V_{OH} - I_{IH} \times R \geqslant V_{IHmin}$$

$$R \leqslant (V_{OH} - V_{IHmin})/I_{IH}$$

据图 3.22 输入特性曲线可知：输入为高电平时，输入电流约为 10μA，把已知值代入上式得

$$R \leqslant (3.4\text{V} - 2.0\text{V})/10\mu\text{A} = 140\text{k}\Omega$$

然后计算当 G_1 门的输出为低电平、G_2 门的输入小于等于输入低电平的最高限(即 $V_{O1}=V_{OL}$、$V_{I2}\leqslant V_{ILmax}$)时 R 的允许值。由图 3.28(a)可知，R_1 的接地端改为接 V_{OL}时，下列关系式成立：

$$R/R_1 \leqslant (V_{ILmax} - V_{OL})/(V_{CC} - V_{BE1} - V_{ILmax})$$

$$R \leqslant (V_{ILmax} - V_{OL}) \times R_1/(V_{CC} - V_{BE1} - V_{ILmax})$$

把已知值代入上式得

$$R \leqslant (0.8\text{V} - 0.2\text{V}) \times 3\text{k}\Omega/(5\text{V} - 0.7\text{V} - 0.8\text{V}) = 514\Omega$$

可见 G_1、G_2 之间的电阻 R 不应大于 514Ω，否则，当 $V_{O1}=V_{OL}$时，V_{I2}就会大于V_{ILmax}的值。

【例 3.2】 计算图 3.31 中 G_M 门最多可以驱动多少个相同的门电路负载。已知这些门电路的输入输出特性分别示于图 3.22、图 3.25、图 3.27 中。要求：G_M 门输出的高低电平分别满足 $V_{OH}\geqslant 3.2\text{V}$，$V_{OL}\leqslant 0.2\text{V}$。

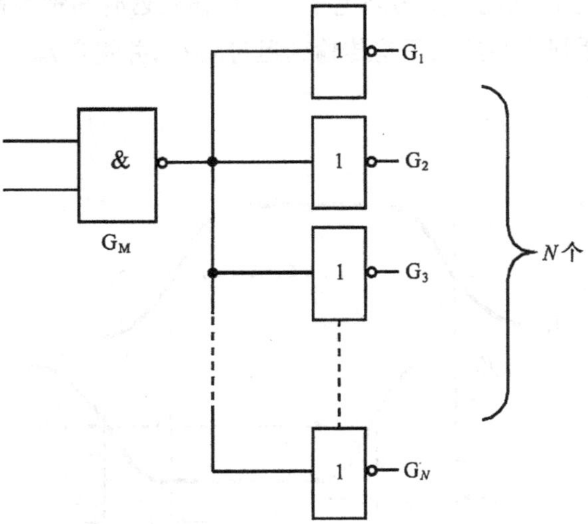

图 3.31　例 3.2 的图

解：先计算满足 $V_{OL}\leqslant 0.2\text{V}$ 时，G_M 可以驱动的门电路的个数 N_1。

由低电平输出特性图 3.27 可知(或者从技术手册上查出)，TTL 与非门在输出为低电平时，其负载电流为 $I_L=16\text{mA}$；又由图 3.22 的输入特性知，当输入电压

为 0.2V 时输入低电平电流 I_{IL}约为−1.4mA，据图 3.31，电流绝对值间的关系为

$$N_1 \times I_{IL} \leqslant I_L$$

$$N_1 \leqslant I_L/I_{IL} = 16/1.4 = 11$$

再计算，满足 $V_{OH} \geqslant 3.2V$ 时，G_M 能驱动的门电路负载个数 N_2。

由高电平输出特性图 3.25 可知，TTL 与非门在输出为高电平时，其负载电流为 $I_L \approx 7mA$，从技术手册上查出 $I_L \leqslant 0.4mA$，故应取 $I_L \leqslant 0.4mA$；从图 3.22 的输入特性上知，输入为高电平时，输入高电平电流 $I_{IH}=0.01mA$。据图 3.31，电流绝对值间的关系为

$$N_2 \times I_{IH} \leqslant I_L$$

$$N_2 \leqslant I_L/I_{IH} = 0.4/0.01 = 40$$

比较 N_1、N_2，扇出系数 $N_O=11$。

3.4.4 TTL 与非门的动态特性

1. 平均传输延迟时间 t_{pd}

从与非门的输入端输入信号到输出端得到相应的信号，需要有一定的延迟时间，这个延迟时间主要是由 PN 结的寄生电容引起的。

输出电压 V_O 由高电平变为低电平时的传输延迟时间称为导通传输延迟时间 t_{PHL}，输出电压 V_O 由低电平变为高电平时的传输延迟时间称为截止传输延迟时间 t_{PLH}。一般技术手册上只给出平均传输延迟时间 t_{pd}，并规定 $t_{pd}=(t_{PLH}+t_{PHL})/2$。见图 3.32。

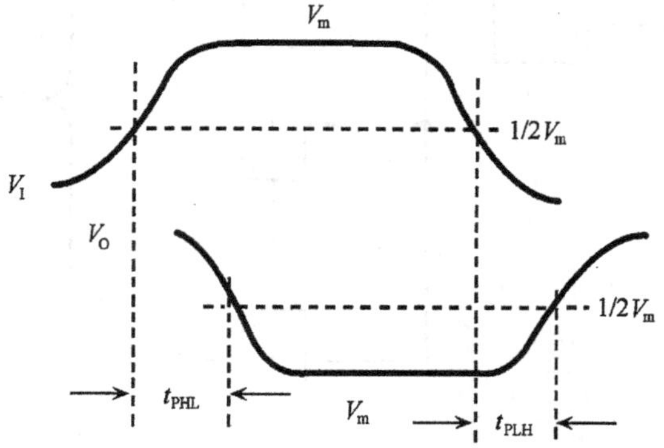

图 3.32 TTL 与非门的传输时间

2. 动态尖峰电流

TTL 与非门在导通、截止两个状态间转换时，会出现 T_4、T_5 管瞬间同时导通

的现象，此时，瞬间的电源电流比静态时的电源电流要大，因时间很短故称之为尖峰电流。如图 3.33。

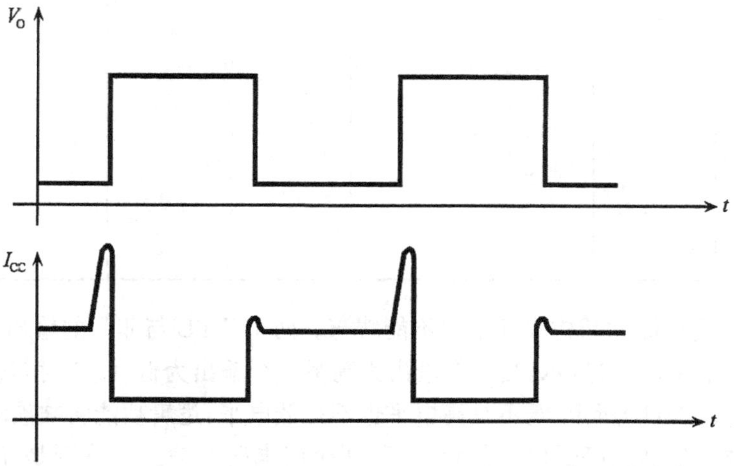

图 3.33　动态时电源电流波形

尖峰电流的存在对电路会有一定的影响：使电源的平均电流增大，这就要求加大电源的容量；尖峰电流会在电源线及地线上产生压降，形成干扰，因此要求采取接地去耦等抗干扰措施。

3.5　其他类型的 TTL 门电路

TTL 门电路除了与非门外，还有与门、或门、或非门、与或非门、异或门、同或门、集电极开路门和三态门等逻辑功能门电路。另外还有与扩展器、或扩展器和与或扩展器等等。本节主要介绍集电极开路门和三态门。

3.5.1　集电极开路门(OC 门)

为了了解 OC 门(open collector gate)，先介绍线与逻辑的概念。

1. 线与逻辑

几个门电路的输出端直接连接起来，使新的输出能起原来几个门电路输出的与作用叫作线与。

例如：假设有三个门电路的输出分别为 Y_1、Y_2、Y_3，它们线与后新的输出为 Y，Y 与 Y_1、Y_2、Y_3 应满足表 3.11 的逻辑关系。

表 3.11　线与的逻辑关系

Y_1	Y_2	Y_3	Y
0	0	0	0
0	0	1	0
0	1	0	0
0	1	1	0
1	0	0	0
1	0	1	0
1	1	0	0
1	1	1	1

TTL 门电路的结构决定了它不能线与。两个 TTL 与非门的输出直接连接起来之后如图 3.34(a)所示，当一个输出为高另一个输出为低，线与时其输出 Y 的电平将如图 3.34(b)所示，既不是高电平也不是低电平，逻辑功能将被破坏。另外，两个门的输出分别是高低电平的情况下，两个门电路的输出级分别是 T_4、T_5 导通，形成一个 V_{CC}、R_4、T_4、T_5、“地”的回路，由于 T_4、T_5 的导通电阻很小，R_4 也比较小，这样在电源与“地”之间产生了低阻回路，流过 T_4、T_5 的电流很大，时间长了会烧毁管子。因此，TTL 门电路的输出是不能进行线与的。

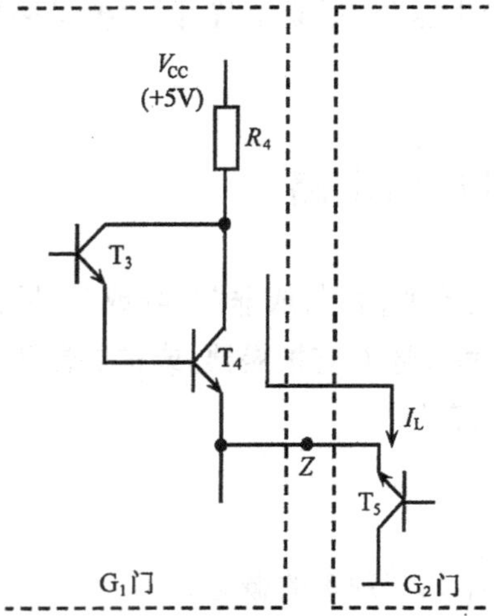

(a) 线与电路

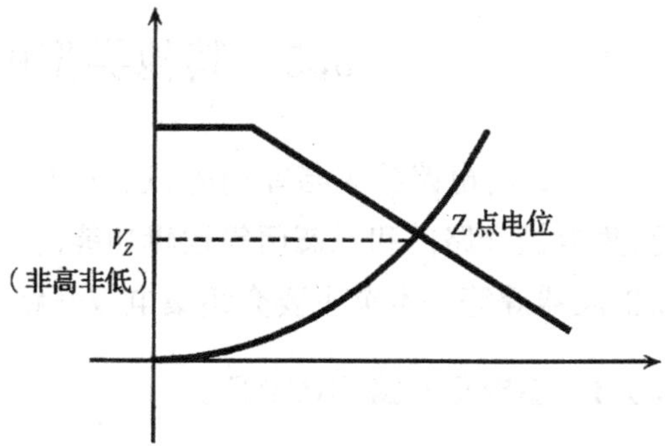

(b) 输出电平状态

图 3.34　两个 TTL 门电路线与

2. OC 门的电路结构及工作原理

结构：TTL 门电路不能线与，但实际应用中却常出现这样的要求，因此产生了一种输出端可以进行线与的 TTL 门电路，即集电极开路的 OC 门。与非门、或非门、与门等都可以做成 OC 门的形式。现用与非门介绍 OC 门。

图 3.35 是OC门形式的与非门。与普通的 TTL 与非门相比，缺少了 T_3、T_4 两个晶体管及电阻 R_4、R_5，而且在使用时必须在 T_5 管上接上拉电阻 R_L、电源 V_C。

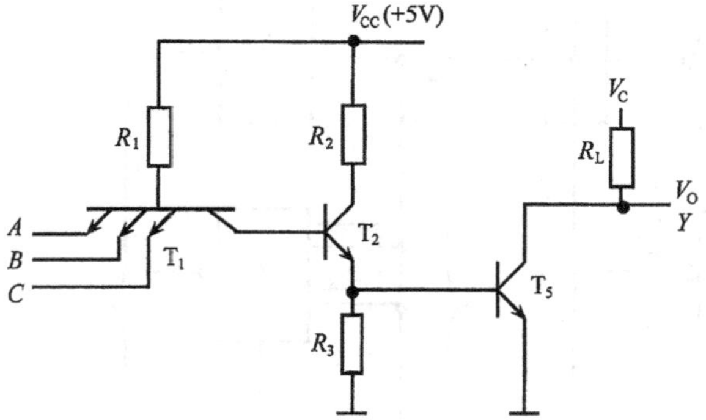

(a) OC门结构形式的与非门电路

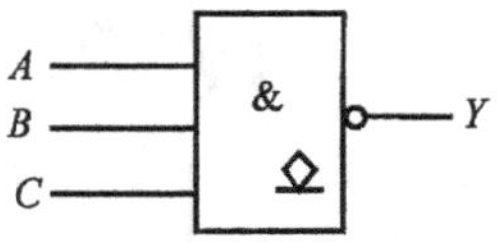

(b) 逻辑符号

图 3.35 OC门结构形式的与非门

工作原理：当输入 A、B、C 全为高电平时，T_2、T_5 管饱和导通，输出为低电平；当输入 A、B、C 中有一个为低电平时，T_2、T_5 管截止，输出为高电平。可见，该电路实现了与非的逻辑功能。

几个 OC 门的输出端直接并联后，可共用一个上拉电阻 R_L 和电源 V_C。

3. OC 门输出端负载电阻(上拉电阻)R_L 的选择

当几个OC门并联时，为了保证电路正常工作，需要外接一个负载电阻 R_L。R_L 的作用就是构成所需要的输出电平，并有限流的作用。

假设有 m 个OC门线与，并用它去驱动 n 个 TTL 与非门，n 个 TTL 与非门输入端加在一起的个数为 p。当 m 个OC门输出全为高电平时，线与的结果为高电平(如图 3.36)。为了保证输出高电平不低于标准高电平 V_{OHmin} 的值，R_L 的取值不能太大，则 $V_{CC}-I_RR_L\geqslant V_{OHmin}$ $(I_R=mI_{OH}+pI_{IH})$，I_{OH}为输出高电平时OC门的漏电流，I_{IH}为输入高电平时的 TTL 与非门输入端的漏电流。R_L 的最大值 R_{Lmax}为

$$R_{Lmax}=(V_{CC}-V_{OHmin})/(mI_{OH}+pI_{IH})$$

当 m 个OC门输出有一个为低电平时，线与的结果为低电平(如图 3.37)。为了保证输出低电平不高于标准低电平 V_{OLmax}的值，R_L 的取值不能太小。

考虑最严重的情况：只有一个OC门导通，其他的OC门都截止，因为这时电流都流入导通的OC门。此时 R_L 的作用是一方面产生必要的压降保证输出为低电平，另一方面有限流的作用，避免这一个导通的OC门被烧毁。则 $V_{CC}-I_RR_L\leqslant V_{OLmax}$ $(I_R=I_{OL}-nI_{IS})$，I_{OL}为输出低电平时OC门允许的最大灌电流，I_{IS}为输入低电平时 TTL 与非门的输入短路电流(不管一个门有几个输入端接在 V_{OL}上，I_{IS}都

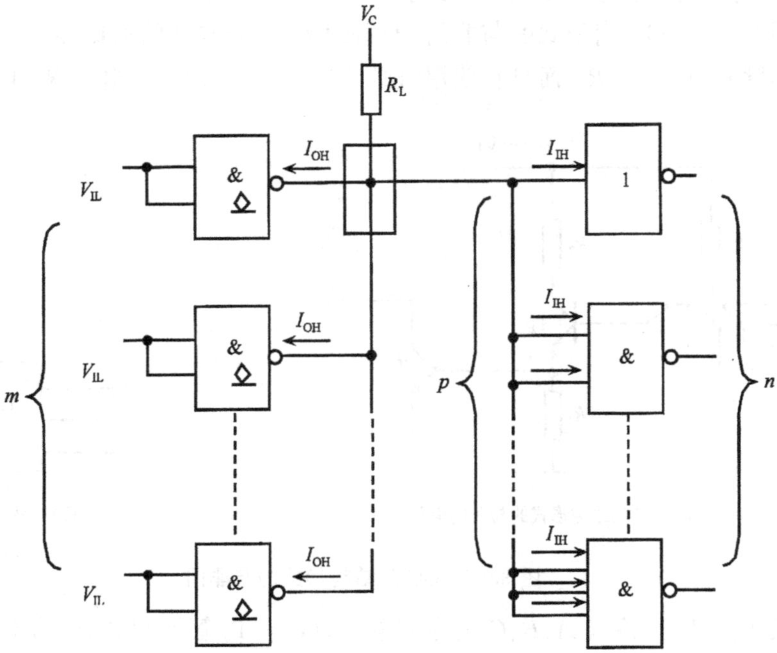

图 3.36　输出为高电平的情况（R_L 为最大值）

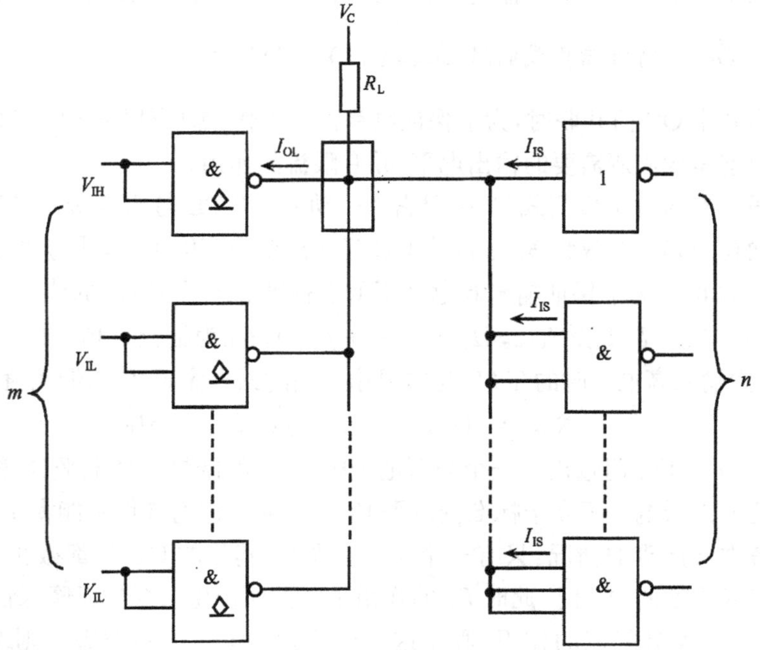

图 3.37　输出为低电平的情况（R_L 为最小值）

同样大）。R_L 的最小值 R_{Lmin} 为

$$R_{Lmin} = (V_{CC} - V_{OLmax})/(I_{OL} - nI_{IS})$$

R_L 的取值范围为

$$R_{Lmin} < R_L < R_{Lmax}$$

其他形式 OC 门的 R_L 计算方式同上。

4. OC 门的应用

实现与或非的逻辑功能：

将几个集电极开路(OC)与非门的输出端线与在一起，并且通过一个公共的上拉电阻 R_L 接到电源 V_C 上（如图 3.38）。

$$F_1 = \overline{A_1 B_1}, \quad F_2 = \overline{A_2 B_2}, \quad \cdots, \quad F_N = \overline{A_N B_N}$$
$$F = \overline{A_1 B_1 + A_2 B_2 + \cdots + A_N B_N}$$

实现电平转换：

在数字系统中经常会出现负载的输入电压是高电平的情况，这时普通的 TTL 电路不能胜任（因为 TTL 的输出电压低于 5V），而用 OC 门就可以实现（见图 3.39）。只要把上拉电阻 R_L 接到 10V 电源上即可。这样 OC 门的输入端电平与普通的 TTL 一致，而输出的却是 10V 的高电平。

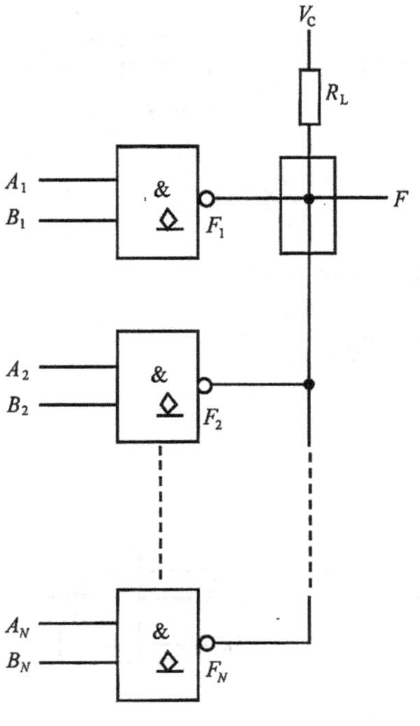

图 3.38 用 OC 门实现与或非逻辑

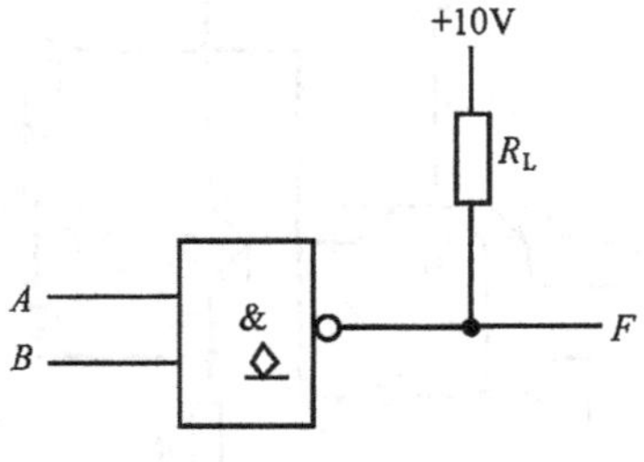

图 3.39 用 OC 门实现电平转换

OC 门可作驱动器：

由于 OC 门的输出电压是可变的，在负载功率不大的情况下，可用 OC 门直接

作驱动源，例如驱动指示灯、继电器、脉冲变压器等。作驱动器时，负载的一端接OC门输出，另一端接所需的电源即可。

注意事项：当电流过大时，会烧坏OC门输出端的管子，需要限流，这时只要接上适当的限流电阻就可以了。

3.5.2 三态门(TS门、三种状态输出门)

1. 三态门的工作原理

三态门(three-state output gate)是在普通门电路的基础上附加控制电路而形成的。三态是指电路的输出除了高电平、低电平两种状态外，还存在另外一种状态即高阻态(也叫截止态、开路态)。注意：它不是三种逻辑值电路，仍然是两种逻辑值电路。图3.40是三态门的电路结构及逻辑符号。

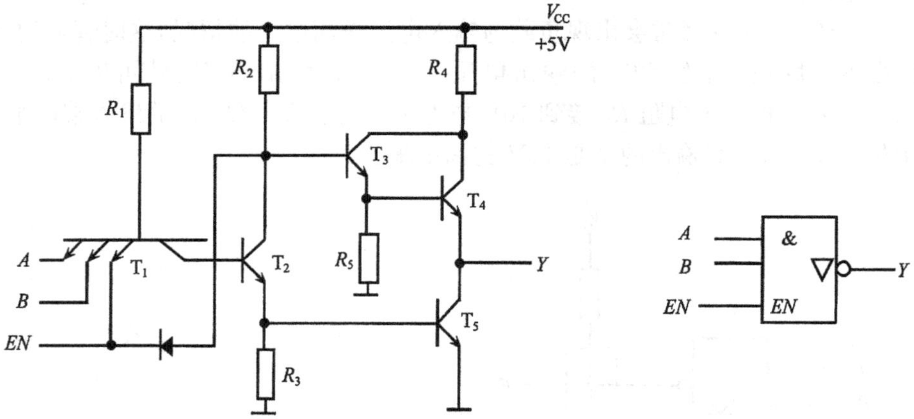

(a) 控制端 EN 高电平有效

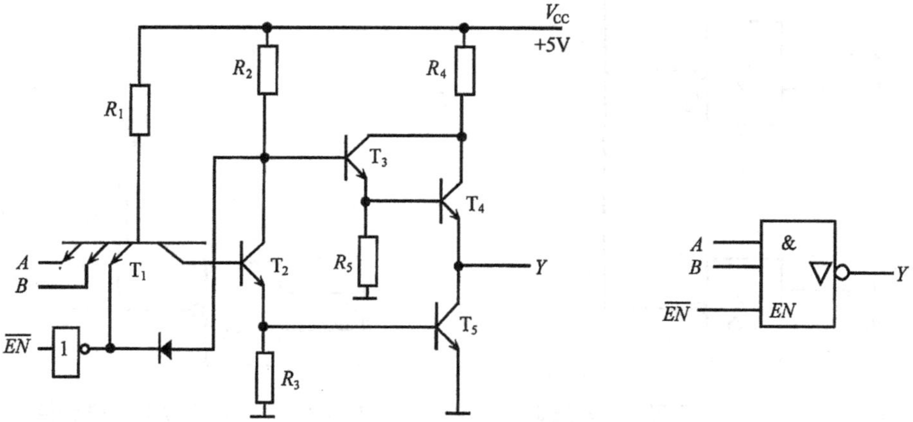

(b) 控制端 EN 低电平有效

图3.40 三态门电路结构及符号

在图 3.40(a)中，当控制 EN 为高电平时，二极管 D 截止，等效电路与普通的 TTL 与非门电路相同，输出为高电平或低电平，依 A、B 的输入情况而定；当 EN 为低电平时，T_5 管截止，由于 T_3 管被钳制在 0.7V，使 T_4 管也截止，从输出端 Y 观察，Y 对电源和地都呈现高阻抗状态(高阻态)，由此可见该电路输出了三种状态：高电平、低电平、高阻状态，因此称其为三态门。由于 EN 为高电平时，三态门为正常的 TTL 与非门，所以称高电平有效。而在图 3.40(b)中，EN 为低电平时三态门为正常的 TTL 与非门，所以称低电平有效。输入 EN 通常被叫作控制端或使能端。

2. 三态门的应用

向同一条总线上分时传送信号：

观察图 3.41，在任何时候只要有一个门处于工作状态，其他门皆处于高阻状态时，只有工作门的输出信号被送到总线上，却不受其他门输出的干扰，即同一时刻，总线上只存在一个门的信号，这靠控制各个门的 EN 端就能实现(这种连接方式称为总线结构)。

实现数据的双向传输：

在图 3.42 中，当 $EN=1$ 时，G_1 门工作，G_2 为高阻状态，数据 D_0 通过 G_1 门反相后送到总线 N；当 $EN=0$ 时，G_2 门开始工作，G_1 门为高阻状态，来自总线 N 的数据 D_1 经 G_2 门反相后送到总线 M。

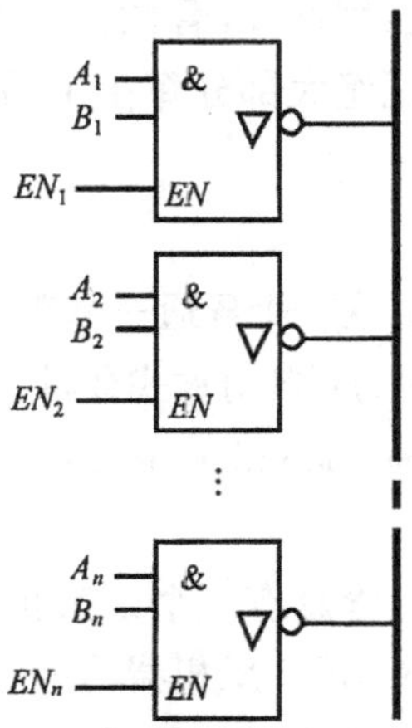

图 3.41 用三态输出门构成总线结构

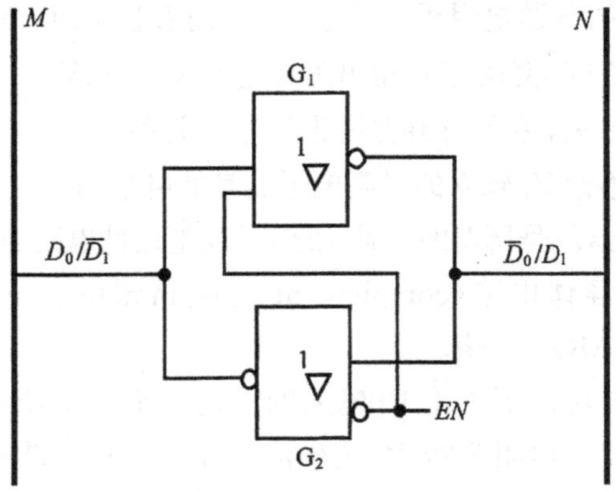

图 3.42 由三态门实现数据的双向传输

3.6 CMOS 门电路

CMOS 逻辑电路具有微功耗;抗干扰能力强、速度快等优点而得到广泛应用。为了解决 MOS 电路的速度与功耗问题,产生了 CMOS 电路,它是利用 PMOS(P 沟道MOS 管)、NMOS(N 沟道 MOS 管)管的特性能相互补充的特点而制成的。

3.6.1 CMOS 反相器

CMOS 反相器如图 3.43,其中 T_1 是 NMOS 增强型管,T_2 是 PMOS 增强型管,两个管子的衬底与各自的源极相连。T_2 管的源极接电源 V_{DD},T_1 管的源极接地,两管的栅极接在一起作为反相器的输入端,两个管子的漏极接在一起作为反相器的输出。V_{DD}是正电源。

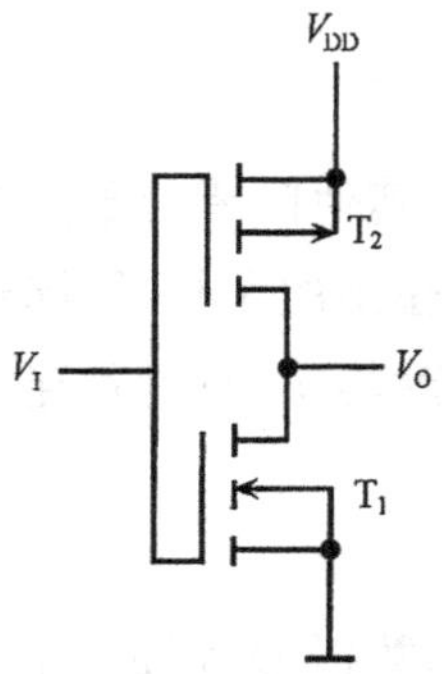

图 3.43 CMOS 反向器

如果两个管子的开启电压分别为 V_{T_1}、V_{T_2},反相器正常工作时必须满足 $V_{DD}>|V_{T_1}|+|V_{T_2}|$。

当输入电压 V_I 为低电平且绝对值小于 V_{T_1}时,T_1 管截止。但对于 T_2 管,由于栅极电压较低,使栅源极电压的绝对值大于 T_2 管的开启电压 V_{T_2},因此 T_2 管充分导通。由于 T_1 管的截止电阻远远大于 T_2 管的导通电阻,所以电源电压绝大部分降在 T_1 的漏源极之间,使反相器输出为高电平 $V_{OH}\approx V_{DD}$。

当输入电压 V_I 为高电平且大于 V_{T_1}时,T_1 管导通。但对于 T_2 管,由于栅极电压较高,使栅源极电压的绝对值小于 T_2 管的开启电压 V_{T_2},因此 T_2 管截止。由于 T_1 管的导通电阻远远小于 T_2 管的截止电阻,所以电源电压绝大部分降在 T_2 的漏源极之间,使反相器输出为低电平 $V_{OL}\approx 0V$。

可见,输入输出满足逻辑非的关系。

不论 V_I 输入的是高电平还是低电平,T_1、T_2 管总是工作在一个导通一个截止的状态,这就是所谓的互补状态,所以把这种电路的结构形式称为互补对称式金属-氧化物-半导体电路(complementary-symmetery metal-oxide-semiconductor circuit),简称CMOS 电路。

在稳态下不论 V_I 输入的是高电平还是低电平,T_1、T_2 管总有一个是截止的,而且截止电阻又极大,这样流过 T_1、T_2 的电流极小,因此 CMOS 反相器的静态功耗非常小,这是 CMOS 电路最大的优点。同时,由于 T_1、T_2 管不同时导通,输出电压不取决于两管的导通电阻之比。这样在 CMOS 反相器中可使 T_1、T_2 管的导通电阻都做得很小。因此,CMOS 反相器输出电压的上升时间和下降时间都很小,大大提高了电路的工作速度,这是 CMOS 电路的另一大优点。

3.6.2 CMOS 与非门

CMOS 与非门电路见图 3.44。图中两个串联的 NMOS 管是工作管，两个并联的 PMOS 管是截止管。

当 A、B 两个输入端都是高电平时，T_1、T_2 管导通，T_3、T_4 管截止，输出的为低电平；当 A、B 两个输入端有一个是低电平时，T_1、T_2 管必有一个截止，同时 T_3、T_4 管必有一个导通，因此，输出的是高电平。可见，电路满足与非的逻辑关系。

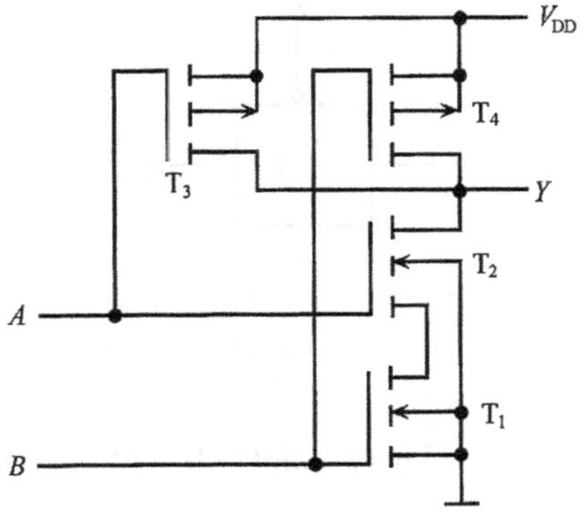

图 3.44 CMOS 与非门

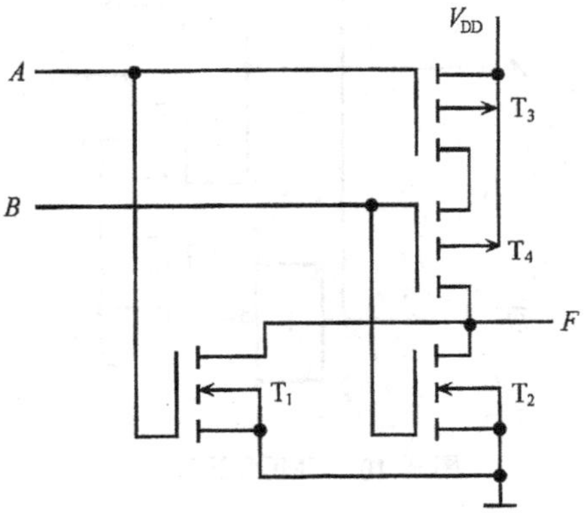

图 3.45 CMOS 或非门

3.6.3 CMOS 或非门

CMOS 或非门电路见图 3.45。图中两个 PMOS 负载管串联，两个 NMOS 工作管并联。

当输入 A、B 中至少有一个为高电平时，T_1、T_2 中至少有一个导通，T_3、T_4 中至少有一个是截止的，于是电路输出为低电平；当输入 A、B 都为低电平时，T_1、T_2 管都截止，T_3、T_4 管都导通，因此电路输出为高电平。可见，电路满足或非的逻辑关系。

3.6.4 CMOS 三态门

CMOS 三态门电路见图 3.46。A 是输入端，$\overline{EN}$是控制端，Y 是输出端。当控制端$\overline{EN}$为高电平时，NMOS 管 T_1、PMOS 管 T_4 都截止，电路输出端 Y 呈高阻状态；当控制端$\overline{EN}$为低电平时，T_2、T_4 管同时导通，T_2、T_3 管构成的反相器正常工作。

以上几种 CMOS 门电路的逻辑符号与 TTL 门电路的逻辑符号相同。

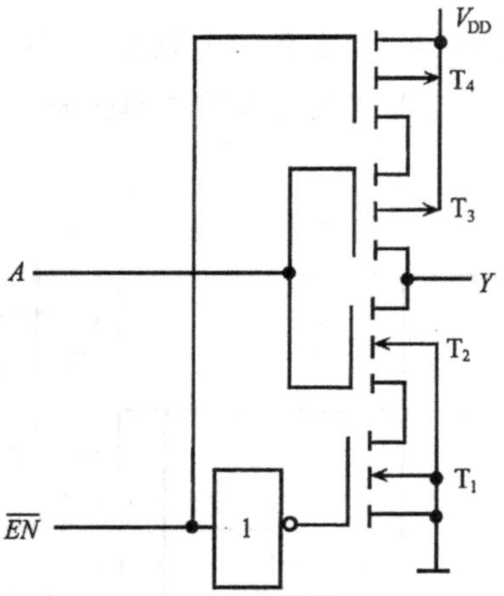

图 3.46　CMOS 三态门

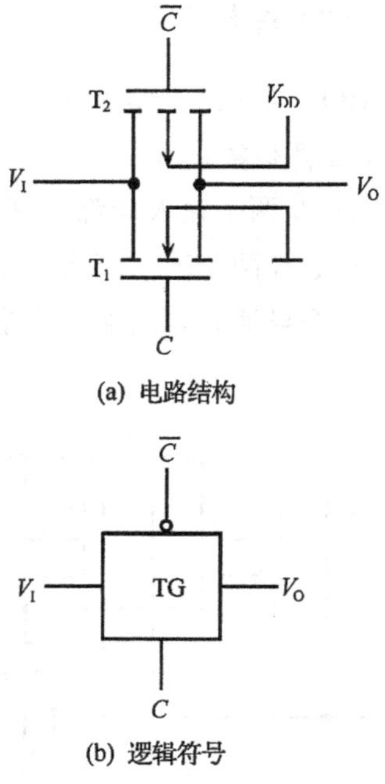

图 3.47　CMOS 传输门

3.6.5　CMOS 传输门及双向模拟开关

CMOS 传输门的电路结构及逻辑符号见图 3.47。CMOS 传输门是利用 NMOS、PMOS 管的互补对称性构成的，它同 CMOS 其他门电路(如 CMOS 与非门)一样也是构成各种逻辑电路的一种基本单元电路。

图中 NMOS 管 T_1、PMOS 管 T_2 在结构上是完全对称的(因此，栅极的引出端画在栅极的中间)，T_1、T_2 的源极和漏极分别相连作为传输门的输入输出端，因结构对称，输入输出端可以互换。C 与 $\overline{C}$ 是一对互补的控制信号。传输门的导通电阻很低，约为几百欧姆，相当于开关接通，它的截止电阻很高，一般大于 10^9 欧姆，相当于开关断开。可将传输门视为一个理想的开关元件。

设 T_1、T_2 管开启电压的绝对值均为 3V，输入信号 V_I 的电压变化范围在 0～10V 之间，控制信号 C 和 $\overline{C}$ 的高低电平分别为 10V、0V。当 C 端接 0V，$\overline{C}$ 接 10V 时，T_1、T_2 管同时截止，传输门呈现高阻态，信号 V_I 不能通过传输门到达 V_O 端，相当于开关断开。当 C 端接 10V，$\overline{C}$ 接 0V，且 V_I 在 0～7V 之间变化时，T_1 管导通；V_I 在 3～10V 之间变化时，T_2 管导通；V_I 在 3～7V 之间变化时，T_1、T_2 同时导通；此时传输门呈现低阻态，V_I 通过传输门传送到 V_O 端，相当于开关闭合。由以上的分析可知，传输门的导通与截止取决于控制端所加的电平，当 $C=1$，$\overline{C}=0$ 时传输门导通；当 $C=0$，$\overline{C}=1$ 时，传输门截止。

利用 CMOS 传输门和非门可构成模拟开关，如图 3.48。当 $C=1$ 时模拟开关导通，$V_O=V_I$；$C=0$ 时，模拟开关截止，输入与输出之间断开。

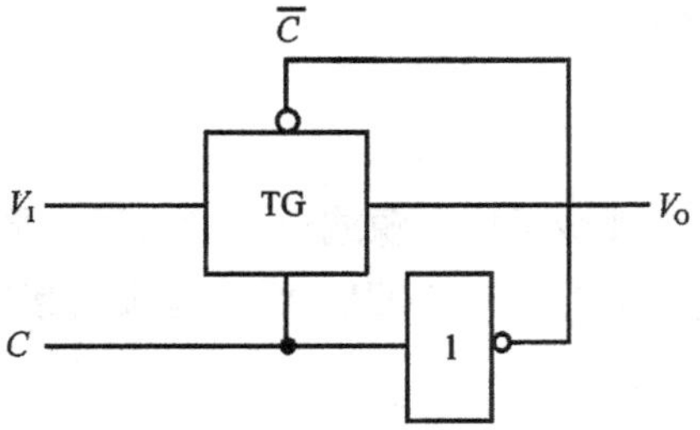

图 3.48 CMOS 模拟开关

3.7 数字集成电路的正确使用

3.7.1 TTL 电路的正确使用

1. 电源

电源电压的稳定度一般要求小于等于 10%～5%，即电源电压应限制在 5V±(0.5～0.25)V 以内。应给电流容量留出一定的富裕量。特别注意：电源的极性不能接反，否则会将集成电路的芯片烧坏。为了消除电源的纹波电压，在电路板的电源总入口处，需加一个 20～50μF 的滤波电容。逻辑电路回路的地线与控制电路回路的地线要分开，以消除控制电路地线对系统的干扰。在每个芯片的电源与地线之间接一个 0.01～0.1μF 的电容，用以消除电源的高频干扰。

2. 输入端

输入端不能与低内阻电源相连，否则，由于电流过大会烧坏芯片。对于多余的输入端，视情况可将其接电源或接地，以减少不必要的干扰。

3. 输出端

TTL 电路的输出端不允许与电源直接相连。

3.7.2 CMOS 电路的正确使用

在使用 CMOS 电路时，要注意技术手册上给出的各种参数，包括电源电压、允许功耗、输入电压幅度、工作环境温度等等，不要超出参数的极限。

1. 电源

CMOS 电路的工作电压范围比较宽，可达 3～18V，使用时不要超出此极限。电源电压极性不能接反。

2. 输入端

输入端不允许悬空，视情况接电源或地。输入高电平不得高于 $V_{DD}+0.5V$，输入低电平不得低于 $V_{SS}-0.5V$（V_{SS}为 CMOS 管源极所接电压）。输入端的电流应限制在 1mA 以内。

3. 输出端

CMOS 电路的输出端不能进行线与。CMOS 电路的驱动能力比 TTL 电路小得多，但 CMOS 驱动 COMS 的能力却很强，在高速时扇出系数取 10～20 为益。另外，对于 CMOS 电路应特别注意静电击穿的问题。

习 题 三

3.1 电路如图 3.49 所示。试求：

(1) 输出 F_1、F_2 的逻辑表达式。

(2) 若二极管的管压降为 0.7V，输入电压如图中所示，求各电路的输出电压值。

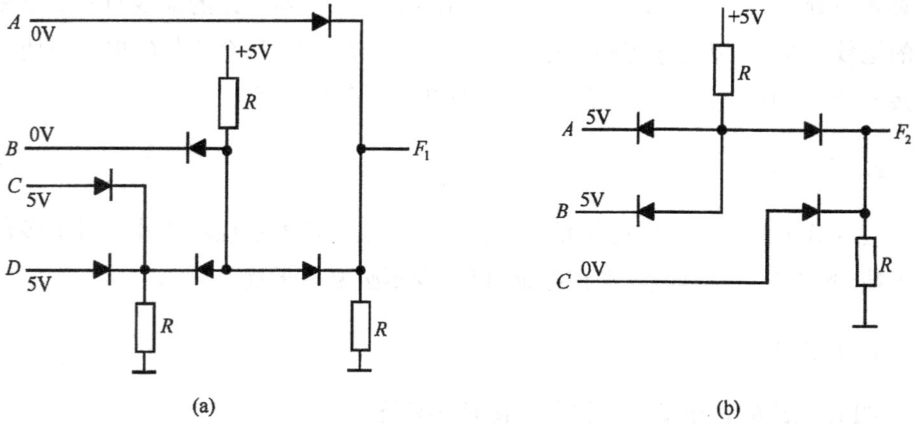

图 3.49 题 3.1 图

3.2 在图 3.49 中，如输入 A、B、C、D 的波形如图 3.50 所示，求输出 F_1、F_2 的波形。

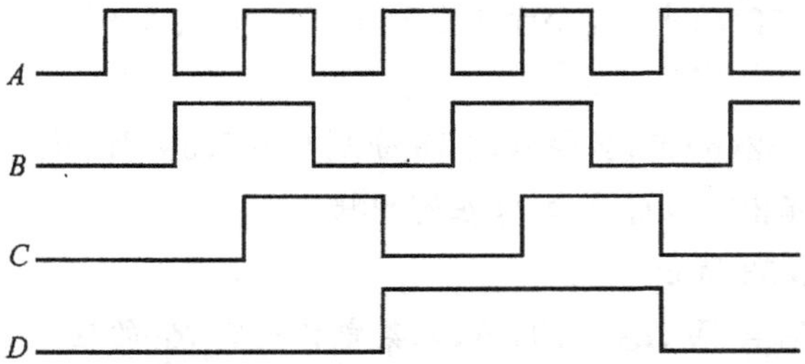

图 3.50　题 3.2 图

3.3　试用一个门来实现表 3.12 的逻辑功能。

表 3.12　题 3.3 表

输入		输出	
A	B	Y_1	Y_2
0	0	0	1
0	1	0	1
1	0	0	1
1	1	1	0

3.4　图 3.51(a)为正逻辑与门,(b)为正逻辑或门,若改用负逻辑,列出它们的真值表,并给出 Y 与 A、B 的逻辑关系。

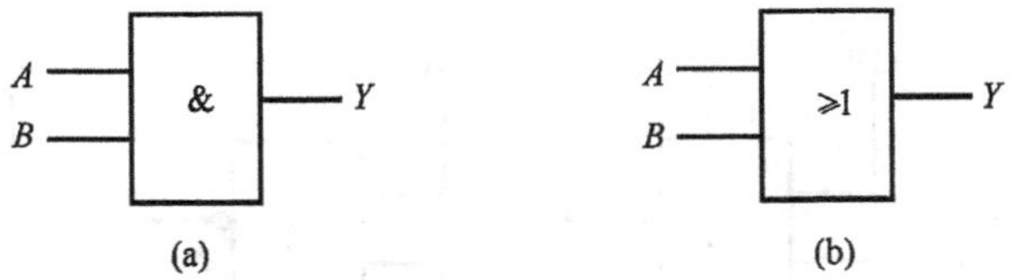

图 3.51　题 3.4 图

3.5　电路如图 3.52 所示,三极管为硅管。

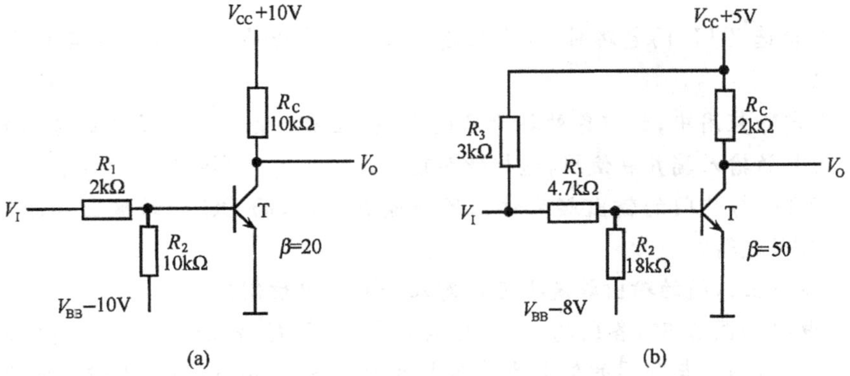

图 3.52　题 3.5 图

(1) 在图 3.52(a)中，V_I 小于何值时三极管 T 截止？V_I 大于何值时三极管 T 饱和？

(2) 在图 3.52(b)中，当输入端 V_I 分别接 0V、5V 时，试计算输出电压 V_O 的值，并指出三极管 T 工作在何种状态。

3.6 电路如图 3.53 所示。

(1) 已知 $V_{CC}=5V$，$I_{CS}=10mA$，求集电极电阻 R_C 的值。

(2) 已知三极管的 $\beta=30$，$V_{BE}=0.7V$，输入高电平 $V_{IH}=3.6V$，当电路处于临界饱和时，求 R_B 的值。

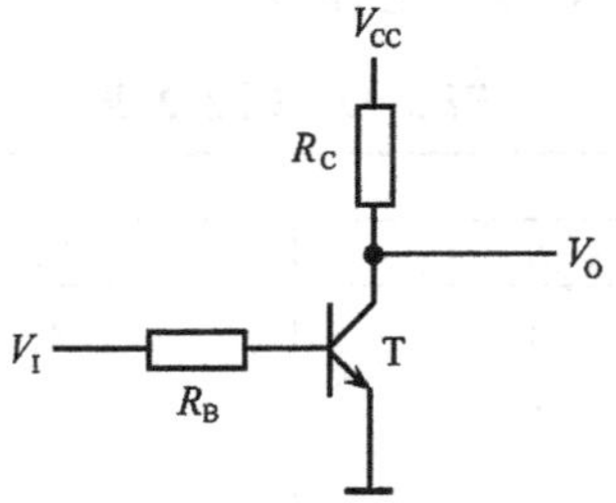

图 3.53 题 3.6 图

3.7 电路如图 3.54 所示，各门均为 TTL 电路。若各门的高电平输出为 3.6V，低电平输出为 0.3V，试求各门的输出电平值。

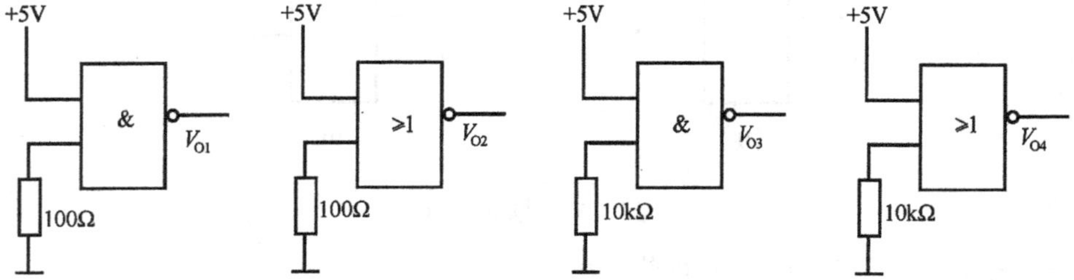

图 3.54 题 3.7 图

3.8 在挑选 TTL 门电路时，经常要选用输入低电平电流比较小的与非门，为什么？

3.9 在实际应用中，为避免外界干扰的影响，经常会把与非门多余的输入端与有信号的输入端并联使用，这样做对前级与非门有何影响？为什么？

3.10 TTL 与非门的输出端为什么不能连在一起，而 OC 门的输出却能实现线"与"逻辑？

3.11 多个三态门的输出端是否可以连在一起集中控制？

3.12 电路如图 3.55，各门均为 TTL 与非门，求门 G_S 能驱动多少个同样的与非门。已知：与非门的低电平输入电流为 $I_{IL}\leqslant 1.0mA$，高电平输入电流 $I_{IH}\leqslant 20\mu A$；低电平最大输出电流为 $I_{OL}=15mA$，高电平最大输出电流为 $I_{OH}=$

0.5mA。G_S 的输出电阻忽略不计。

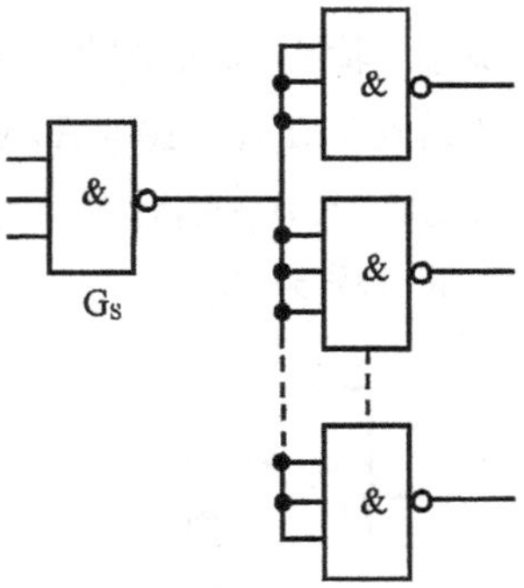

图 3.55　题 3.12 图

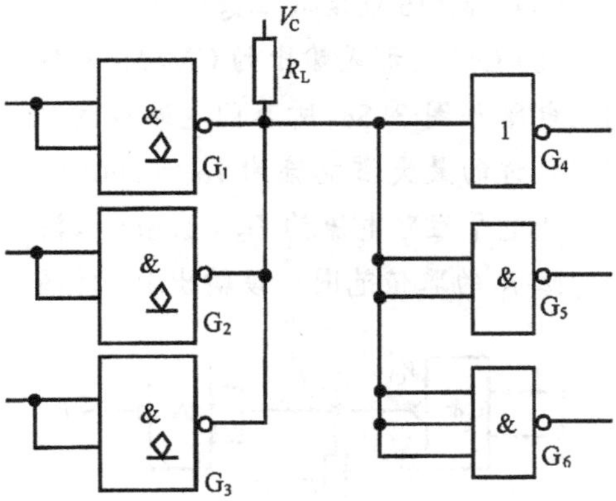

图 3.56　题 3.13 图

3.13　电路如图 3.56，G_1、G_2、G_3 是集电极开路的与非门，在输出低电平时每个门允许的最大灌电流为 $I_{OL}=15mA$，输出高电平时漏电流 $I_{OH}<240\mu A$。G_4、G_5、G_6 为 TTL 与非门，输入低电平短路电流为 $I_{IS}=1.5mA$，输入高电平漏电流 $I_{IH}<4\mu A$，计算外接电阻 R_L 的取值范围。设输出高电平为 3.2V，输出低电平为 0.5V。

3.14　电路如图 3.57，试写出输出 F_1、F_2 的逻辑表达式。

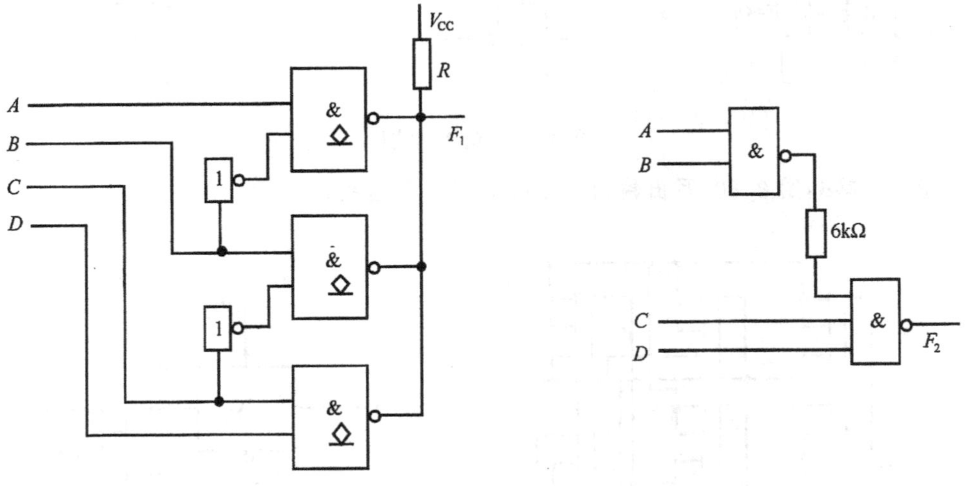

图 3.57　题 3.14 图

3.15　判断下列电路哪些可以将输出端并联使用，并解释为什么。

(1) 具有推拉式输出级的 TTL 电路。

(2) OC 门形式输出的 TTL 电路。

(3) TTL 电路的三态输出门。

(4) 普通 CMOS 门。

(5) CMOS 电路的三态输出门。

(6) OC 门形式输出的 CMOS 电路。

3.16 电路如图 3.58，所有门电路皆为 TTL 电路，已知：在输出低电平时每个门允许的最大灌电流为 $I_{OL}=16\text{mA}$，输出高电平时漏电流 $I_{OH}<400\mu\text{A}$，输入低电平短路电流为 $I_{IS}=1.6\text{mA}$，输入高电平漏电流 $I_{IH}<10\mu\text{A}$，计算外接电阻 R 的取值范围。设输出 V_{O1} 的高电平为 3.6V，低电平为 0.3V。

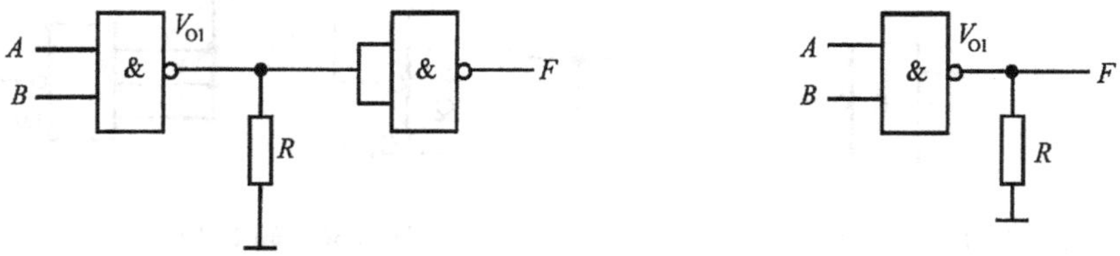

图 3.58 题 3.16 图

3.17 电路如图 3.59，指出图中每个 TTL 门组成的各逻辑电路的错误。

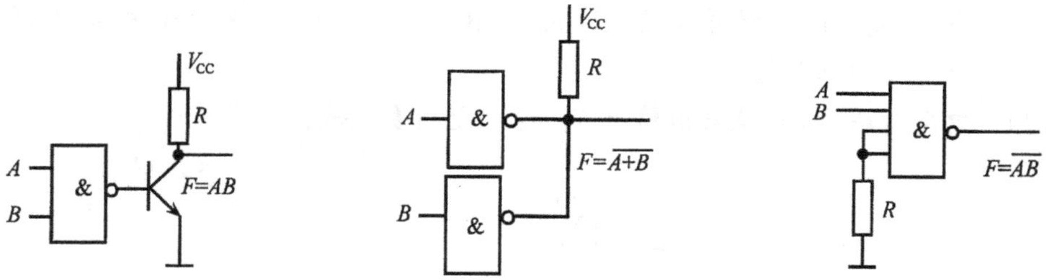

图 3.59 题 3.17 图

3.18 电路如图 3.60，写出输出 F_1、F_2 的逻辑表达式。

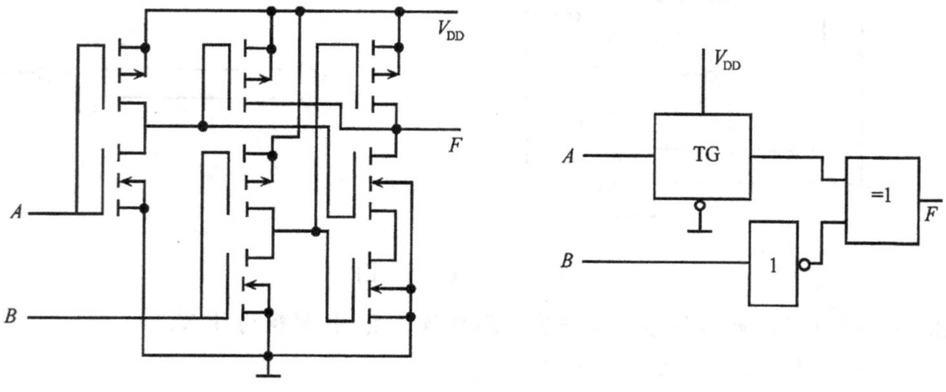

图 3.60 题 3.18 图

3.19 电路如图 3.61，要求 CMOS 或非门输入端电压为 $V_{IH} \geq 4V$，$V_{IL} \leq 0.3V$。已知：TTL 与非门输出高电平 4V 时，允许最大灌电流为 8mA，输出低电平 0.3V 时，存在 50μA 的漏电流，求外接负载电阻 R_L 的取值范围。CMOS 或非门的输入电流忽略不计。

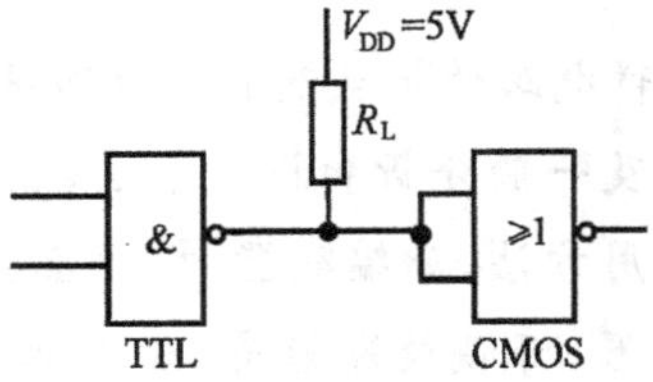

图 3.61 题 3.19 图

3.20 图 3.62 是 CMOS 电路的功能扩展电路，分析各电路的逻辑功能并写出逻辑表达式。

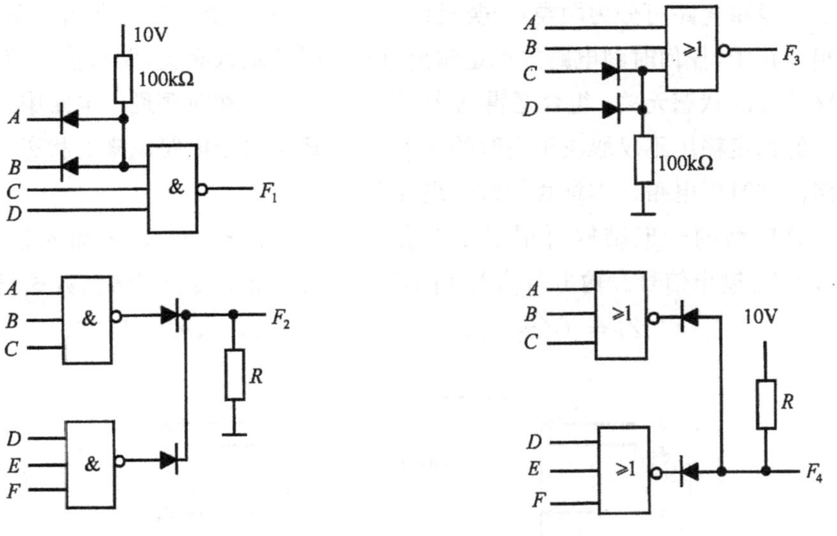

图 3.62 题 3.20 图

第四章　组合逻辑电路

本章介绍组合逻辑电路的特点及其分析和设计方法。首先讲述组合逻辑电路的基本特点及一般分析和设计方法，然后介绍常用的组合逻辑电路的工作原理及使用方法，如编码器、译码器、数据分配器和数据选择器、加法器、数值比较器、奇偶校验器等，最后介绍消除竞争冒险的常用方法。

4.1　组合逻辑电路的特点

数字逻辑电路可分为两类：一类是组合逻辑电路，一类是时序逻辑电路。在组合逻辑电路中，任何时刻电路的稳定输出只和当时的输入有关，而与输入信号作用前电路所处的状态无关。组合逻辑电路简称组合电路。在时序逻辑电路中，任何时刻电路的稳定输出不仅取决于当时的输入，而且还取决于电路原来的状态。时序逻辑电路简称时序电路。本章我们讨论组合电路。

组合电路的一般结构可用图 4.1 表示，其中 $x_1, x_2, \cdots, x_l$ 是输入信号；$Z_1, Z_2, \cdots, Z_m$ 是输出信号。输出与输入间的逻辑关系可用下面的逻辑函数式表示：

$$Z_i = f_i(x_1, x_2, \cdots, x_l), \quad i = 1, 2, \cdots, m$$

图 4.1　组合电路框图

从电路结构看，组合电路具有两个基本特点：①只由逻辑门电路组成，不包含任何记忆元件；②信号是单向传输的，不存在任何反馈回路。

组合电路可以单独完成各种复杂的逻辑功能，而且还是时序逻辑电路的组成部分，在数字系统中的应用十分广泛。研究组合逻辑电路主要有两大类问题，一类是组合电路的分析，另一类是组合电路的设计。

4.2 组合逻辑电路的分析与设计

4.2.1 分析方法

组合逻辑电路的分析主要是找出电路的输出与输入之间的逻辑关系，进而判断电路的逻辑功能和性能，其分析过程有以下几个步骤：

1）根据逻辑电路，从输入端开始到输出端逐级推导出电路与输入变量相关的输出函数表达式。这一步在分析过程中非常重要，要对电路图正确理解，确保无误。

2）化简输出函数表达式。这一步的目的是为了简单、清晰地反映输入和输出之间的逻辑关系，也是评定该电路经济性能指标的重要依据。

3）列出输出函数的真值表。主要是根据最简输出函数表达式列出输出函数的真值表，由于真值表可以全面地反映出输入和输出之间的取值关系，所以通过真值表可以直观地描述电路的逻辑功能。

4）对电路的逻辑功能进行评述。用文字对电路的逻辑功能进行描述，并对原电路的设计方法进行评定，在必要时可以提出相应的改进意见。准确判断逻辑功能，并用语言进行描述。对初学者这往往是比较困难的，只有多接触电路，并积累了一定的电路知识，才能做到这一点。

分析流程如图 4.2 所示。

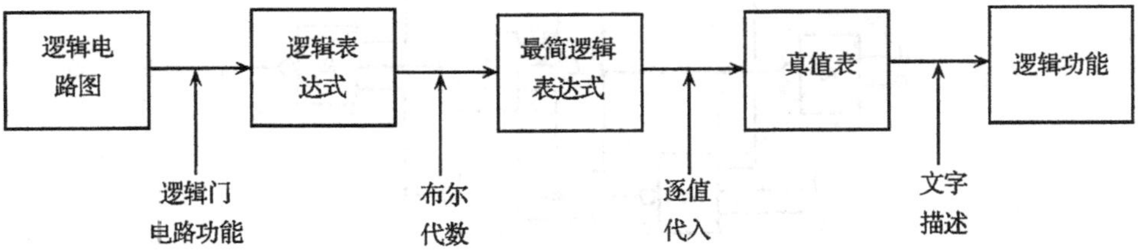

图 4.2 组合逻辑电路分析流程图

【例 4.1】 分析图 4.3 所示组合逻辑电路。

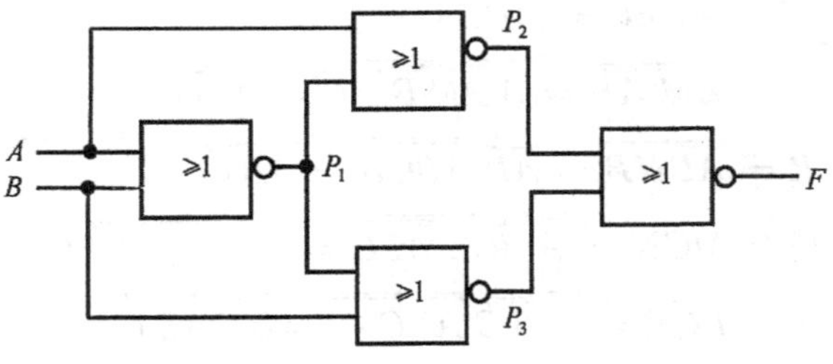

图 4.3 例 4.1 的组合逻辑电路

解:(1) 逐级写出逻辑表达式

$P_1 = \overline{A+B}$, $P_2 = \overline{A+P_1}$, $P_3 = \overline{B+P_1}$, $F = \overline{P_2+P_3}$

(2) 整理逻辑表达式

$$\begin{aligned} F &= \overline{P_2+P_3} \\ &= \overline{\overline{A+P_1}+\overline{B+P_1}} \\ &= (A+P_1)(B+P_1) \\ &= P_1+AB \\ &= \overline{A+B}+AB \\ &= \overline{A}\,\overline{B}+AB \\ &= \overline{A \oplus B} \\ &= A \odot B \end{aligned}$$

(3) 功能描述

由上面的分析可知该电路是由或非门构成的一个同或电路。

对于上述的简单电路可以不列真值表,而由逻辑函数表达式直接得到其逻辑功能。

【例 4.2】 分析图 4.4 所示组合逻辑电路的功能。

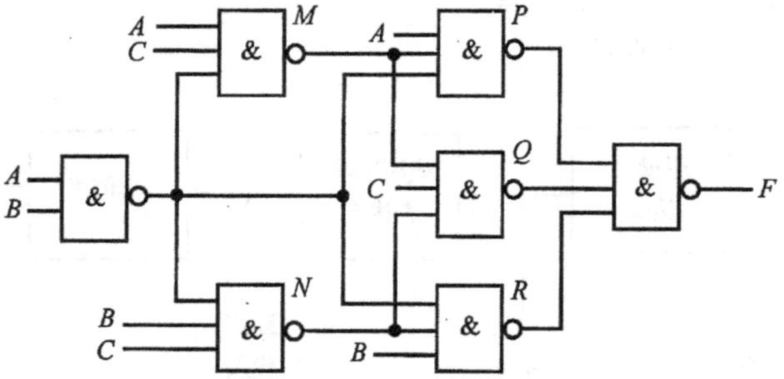

图 4.4 例 4.2 的逻辑电路

解:(1) 写出逻辑表达式

$$M = \overline{AC\,\overline{AB}} = \overline{AC\,\overline{B}}$$

$$N = \overline{\overline{AB}BC} = \overline{\overline{A}BC}$$

$$P = \overline{AM\,\overline{AB}} = \overline{A\,\overline{AC\,\overline{B}}\,\overline{AB}} = \overline{A\,\overline{B}\,\overline{C}}$$

$$R = \overline{\overline{AB}NB} = \overline{\overline{AB}\,\overline{\overline{A}BC}B} = \overline{\overline{A}B\,\overline{C}}$$

$$Q = \overline{MCN} = \overline{\overline{AC\,\overline{B}}\,C\,\overline{\overline{A}BC}} = \overline{ABC+\overline{A}\,\overline{B}C}$$

$$F = \overline{PQR} = \overline{\overline{A\,\overline{B}\,\overline{C}}\,\overline{ABC+\overline{A}\,\overline{B}C}\,\overline{\overline{A}B\,\overline{C}}}$$

(2) 变换与化简

应用摩根定理,可得

$$F = A\overline{B}\,\overline{C} + ABC + \overline{A}\,\overline{B}C + \overline{A}B\overline{C} = \sum m^3(1,2,4,7)$$

F 为最简与或式。

(3) 列真值表,如表 4.1 所示

表 4.1　例 4.2 的真值表

A	B	C	F
0	0	0	0
0	0	1	1
0	1	0	1
0	1	1	0
1	0	0	1
1	0	1	0
1	1	0	0
1	1	1	1

(4) 功能分析

从表 4.1 可知,输入变量取值的组合中,含 1 的个数为奇数,输出 F 为 1;而对于其余输入变量取值组合,输出 F 为 0。因此,该组合电路为三变量输入的奇检验电路。

【例 4.3】 分析图 4.5 所示的组合电路。

解:(1) 写出逻辑表达式

$$P_1 = \overline{ABC}$$

$$P_2 = A \cdot P_1 = A \cdot \overline{ABC}$$

$$P_3 = P_1 \cdot B = \overline{ABC} \cdot B$$

$$P_4 = P_1 \cdot C = \overline{ABC} \cdot C$$

$$F = \overline{P_2 + P_3 + P_4} = \overline{A \cdot \overline{ABC} + \overline{ABC} \cdot B + \overline{ABC} \cdot C}$$

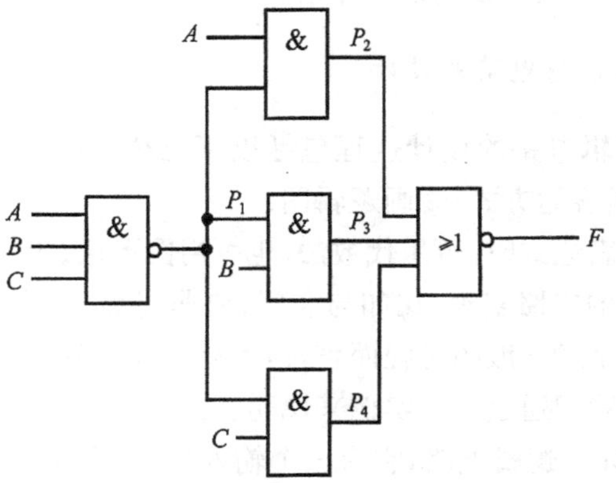

图 4.5　例 4.3 的电路

(2) 化简逻辑表达式

$$F = \overline{\overline{ABC} \cdot (A + B + C)} = \overline{\overline{ABC}} + \overline{A + B + C} = ABC + \overline{A}\,\overline{B}\,\overline{C}$$

可见,原给定的逻辑电路并不是最简的,它用了 5 个门电路。经化简,用 3 个门电路就可实现原来逻辑功能。

(3) 列出真值表,如表 4.2 所示

表 4.2　例 4.3 真值表

A	B	C	F
0	0	0	1
0	0	1	0
0	1	0	0
0	1	1	0
1	0	0	0
1	0	1	0
1	1	0	0
1	1	1	1

(4) 功能分析

由真值表可知,仅当输入 A,B,C 取值均为 0 或均为 1 时,该电路的输出 F 的值为 1,而其他情况输出 F 都为 0。这就是说,当输入一致时输出为 1,输入不一致时输出为 0。因此,该电路具有检查输入信号是否一致的逻辑功能。输出为 0,则表明输入不一致,所以通常称该电路为"不一致电路"。

4.2.2　设计方法

组合逻辑电路设计的任务是:从给定的逻辑要求出发,得出实现该要求的逻辑电路。必须指出,该逻辑电路还应满足所用器件最少的技术指标要求。

具有一个输出端的组合逻辑电路的设计方法与具有多个输出端的组合电路的设计方法不完全相同,我们分别给予介绍。

1. 单输出组合逻辑电路的设计

单输出组合逻辑电路的设计过程包括以下三个步骤:①分析要求,列出真值表;②求简化的逻辑表达方式;③画逻辑图。

在求简化逻辑表达式时,可用代数法,也可用图形法。化简一般得到与或式。如果要求用其他形式的电路实现,比如与非门、或非门等,可将表达式进行适当的变换。上述三个步骤是对一般的过程而言,但不是一成不变的,可根据问题的难易程度进行适当取舍。我们通过几个实例来说明。

【例 4.4】　设计一逻辑电路,它有三个输入端,一个输出端。当有两个以上输入端为 1 时,输出为 1,否则输出为 0。该电路称为"表决电路"。

解:(1) 分析要求,列真值表

根据题意来判定,要求的电路是单输出组合逻辑电路,它的真值表很容易列出,见表 4.3。其中 A,B,C 是输入变量,F 是输出变量。

(2) 求简化逻辑表达式

三变量问题用图形法化简比较方便。图 4.6(a)是输出变量的卡诺图,从中可以求出 F 的逻辑表达式

$$F = AB + BC + AC$$

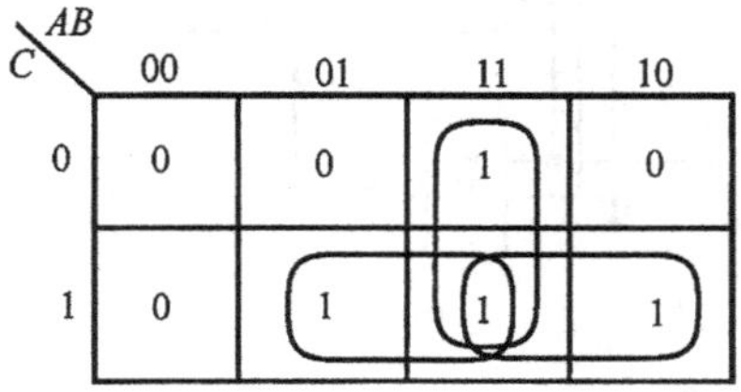

(a)

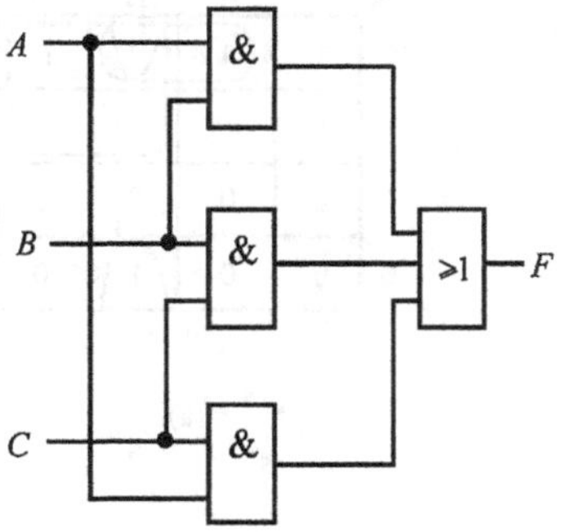

(b)

图 4.6 例 4.4 的电路图和卡诺图

(3) 画逻辑图

表 4.3 例 4.4 真值表

ABC	F
000	0
001	0
010	0
011	1
100	0
101	1
110	1
111	1

表 4.4 例 4.5 真值表

$A_1A_0B_1B_0$	F
0 0 0 0	0
0 0 0 1	0
0 0 1 0	0
0 0 1 1	0
0 1 0 0	1
0 1 0 1	0
0 1 1 0	0
0 1 1 1	0
1 0 0 0	1
1 0 0 1	1
1 0 1 0	0
1 0 1 1	0
1 1 0 0	1
1 1 0 1	1
1 1 1 0	1
1 1 1 1	0

题目没有要求用哪种电路实现,我们可采用与门和或门实现,见图 4.6(b)。

【例 4.5】 设计一个逻辑电路,输入 A_1A_0 和 B_1B_0 是两个二位二进制数,当 A_1A_0 大于 B_1B_0 时,输出为 1,否则输出为 0。要求用与非门实现。

解:1) 首先列出真值表,见表 4.4。

2）根据真值表画出 F 的卡诺图，见图 4.7(a)，由图中得出 F 的与或式

$$F = A_1\overline{B}_1 + A_0\overline{B}_1\overline{B}_0 + A_1A_0\overline{B}_0 = \overline{\overline{A_1\overline{B}_1} \cdot \overline{A_0\overline{B}_1\overline{B}_0} \cdot \overline{A_1A_0\overline{B}_0}}$$

3）画逻辑图，见图 4.7(b)。如输入信号有反变量 $\overline{B}_1$ 和 $\overline{B}_0$，可省去图中的两个反相器。

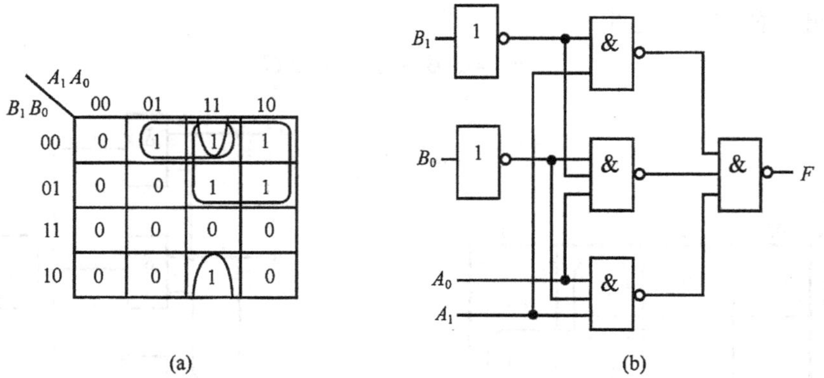

图 4.7　例 4.5 的图

【例 4.6】　试用与非门设计一个四舍五入的逻辑电路。

解：设 8421BCD 码用变量 A,B,C,D 表示，输出用 F 表示。由题意知，当 $ABCD=0000\sim0100$ 时，$F=0$；当 $ABCD=0101\sim1001$ 时，$F=1$；而当 $ABCD=1010\sim1111$ 时，$F=d$。由此列出的真值表如表 4.5 所示。

表 4.5　例 4.6 的真值表

A	B	C	D	F
0	0	0	0	0
0	0	0	1	0
0	0	1	0	0
0	0	1	1	0
0	1	0	0	0
0	1	0	1	1
0	1	1	0	1
0	1	1	1	1
1	0	0	0	1
1	0	0	1	1
1	0	1	0	d
1	0	1	1	d
1	1	0	0	d
1	1	0	1	d
1	1	1	0	d
1	1	1	1	d

对表 4.5 中最下面的 6 个最小项作无关项处理，可以写出函数的最小项表达

式

$$F = \sum m^4(5,6,7,8,9) + \sum d^4(10,11,12,13,14,15)$$

用卡诺图将上式进行化简得

$$F = A + BC + BD$$

再对上式进行两次求反，用摩根定理变换得

$$F = \overline{\overline{A + BC + BD}} = \overline{\overline{A} \cdot \overline{BC} \cdot \overline{BD}}$$

画出逻辑图如图 4.8 所示。

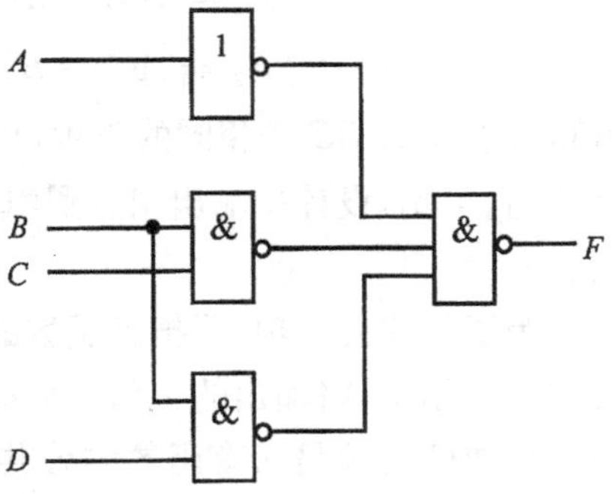

图 4.8　例 4.6 的逻辑图

2. 多输出组合逻辑电路的设计

在数字系统中，多数逻辑电路都是多输出电路。因此，有必要对这种组合电路的设计进行研究，重点在于如何使所用的器件最少。

一个多输出组合电路，如果单独将每个输出函数化简，所得的结果对于每个函数来说是简的，但对整个逻辑电路来讲，并不一定最简。因为各输出函数间可能有相同的部分可以共用，利用这些相同部分会使结果进一步简化。例如，某组电路有下面两个输出函数：

$$F_1 = A\overline{B} + C\overline{D}$$

$$F_2 = A\overline{B} + \overline{C}D$$

直接由上述表达式画出的逻辑图见图 4.9(a)。可见，其中门 1 和门 3 的输入相同，都是 A 和 $\overline{B}$，它们对应两个逻辑表达式中的与项 $A\overline{B}$。因此，如果利用这个相同部分，逻辑图就可以简化，见图 4.9(b)，这里少用了一个门。

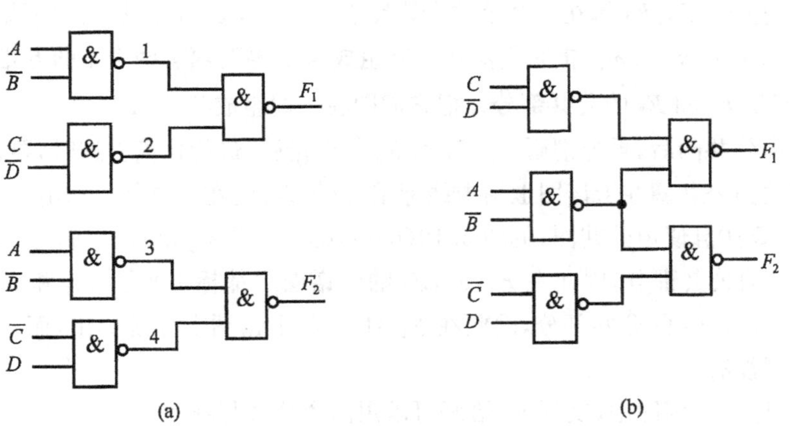

图 4.9　多输出组合电路

有时，可以共用的部分并不明显，需要将逻辑表达式进行适当变换才能看出来。例如，有下面一个二输出的组合逻辑电路：

$$F_1 = \overline{A}\,\overline{B} + \overline{A}\,\overline{C}$$

$$F_2 = AC + \overline{B}C$$

从 F_1 和 F_2 的简化逻辑表达式看不出有相同的与项。可是，如果将表达式变成下面的形式：

$$F_1 = \overline{A}\,\overline{C} + \overline{A}\,\overline{B}(C + \overline{C}) = \overline{A}\,\overline{C} + \overline{A}\,\overline{B}C$$

$$F_2 = AC + \overline{B}C(\overline{A} + A) = AC + \overline{A}\,\overline{B}C$$

就可以发现 $\overline{A}\,\overline{B}C$ 是相同的与项，可以共用。用这组逻辑表达式画逻辑图，可省一个与门。可见，设计多输出组合逻辑电路的关键在于如何找到各输出函数间的公共项。

为了寻找公共项，可把各函数的输出填在一个公共卡诺图上。为填写方便，在公共卡诺图中，将输出的 1 和 0 全都标出。这样，公共卡诺图中，函数值全为 1 的方格所构成的与项是所有函数的公共与项；填有两个 1 的方格所构成的与项是这两个 1 所在函数的公共与项。依此类推，可以找出所有的公共与项。

找到的公共与项能否在逻辑表达式中加以利用，完全以能否简化该逻辑电路为准。

【例 4.7】 某组合电路有三个输出，它们分别是

$$F_1(A,B,C) = \sum m(3,4,5,7)$$

$$F_2(A,B,C) = \sum m(2,3,4,5,7)$$

$$F_3(A,B,C) = \sum m(0,1,3,6,7)$$

试化简这个三输出组合电路的逻辑表达式，并画出逻辑图。

解：把 F_1，F_2，F_3 填在一个公共卡诺图上，见图 4.10(a)。从图中可见，函数值全为 1 的格是 m_3 和 m_7。把它们圈在一起组成与项 BC。填有两个 1 的方格是 m_4 和 m_5，它们是 F_1 和 F_2 的公共部分。把它们圈在一起组成与项 $A\overline{B}$。

圈出公共圈后，再分别画 F_1，F_2 和 F_3 的卡诺图，进行化简。这时，要把与每个函数有关的公共圈在卡诺图上用虚线标出，以便识别。在构成某一输出的最小覆盖时，首先要注意使用公共图，见图 4.10(b)～(d)。由于 m_3 和 m_7 组成的与项是 F_1，F_2 和 F_3 的公共部分，因此在 F_1，F_2，F_3 的卡诺图上都标出来了，m_4 和 m_5 组成的与项是 F_1 和 F_2 的公共部分，因此在 F_1 和 F_2 的卡诺图上分别标出，而在 F_3 的卡诺图上则没有。

在 F_1 的卡诺图中，发现 F_1 恰好可以用两个公共与项覆盖。因此

$$F_1 = BC + A\overline{B}$$

在 F_2 的卡诺图中，除了可使用两个公共与项外，m_2 和 m_3 为相邻最小项，可

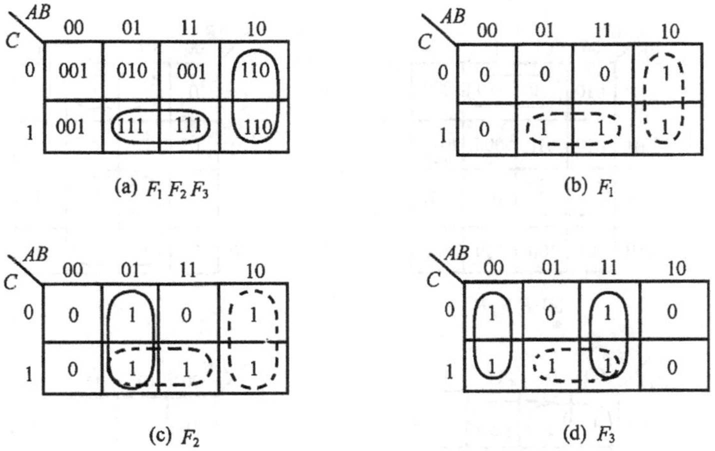

图 4.10　例 4.7 的卡诺图

以进行化简，它对应的与项是$\overline{A}B$。因此

$$F_2 = A\overline{B} + BC + \overline{A}B$$

在 F_3 的卡诺图中，有一个公共与项，它可以被采用。此外，m_0，m_1 和 m_6，m_7 都为相邻最小项，可以进行化简，它们分别对应与项 $\overline{A}\,\overline{B}$ 和 AB。因此

$$F_3 = BC + \overline{A}\,\overline{B} + AB$$

最后画出逻辑图，见图 4.11。

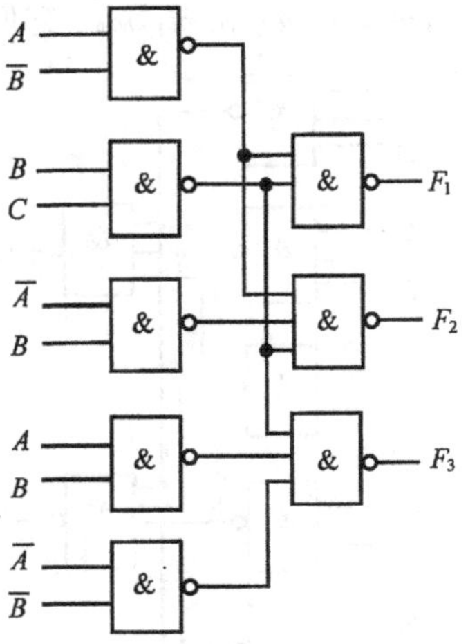

图 4.11　例 4.7 的逻辑图

【例 4.8】 某三输出组合电路的三个输出函数是

$$F_1(A,B,C,D) = \sum m(3,4,6,7,12,14,15)$$

$$F_2(A,B,C,D) = \sum m(0,1,3,4,5,7,9,12)$$

$$F_3(A,B,C,D) = \sum m(2,3,7,9,11)$$

试化简这个组合电路的逻辑表达式，并画出逻辑图。

解：首先画出三个输出函数的公共卡诺图以及每个输出函数的卡诺图，见图 4.12。

在图 4.12(a)的公共卡诺图中，m_3 和 m_7 组成的与项是 F_1，F_2，F_3 的公共部分，对应的与项为 $\overline{A}CD$；m_4 和 m_{12}组成的与项是 F_1 和 F_2 的公共部分，对应的与项是 $B\,\overline{C}\,\overline{D}$；最小项 m_9 是 F_2 和 F_3 的公共部分。

在 F_1 的卡诺图上，最小覆盖除包括两个公共圈以外，还有 m_6，m_7，m_{14}，m_{15}组成的与项，它对应的是与项 BC。在 F_2 的卡诺图上，最小覆盖包括两个与项，它们是 m_3，m_7 和 m_4，m_{12}。但没有选 F_2 和 F_3 的公共部分 m_9，这是综合考虑 F_2 和 F_3 两

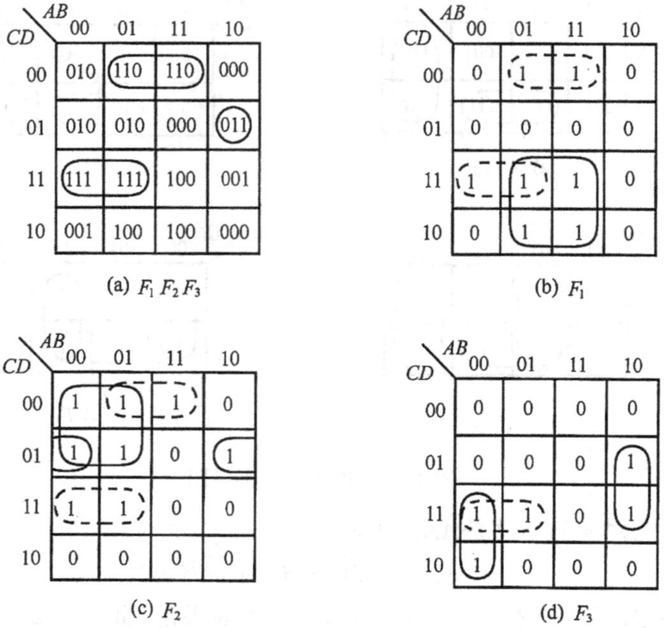

图 4.12　例 4.8 的卡诺图

个卡诺图后得出的结论，我们在 F_2 的卡诺图中解释。最小覆盖还包括两个与项 m_0,m_1,m_4,m_5 和 m_1,m_9。它们分别对应与项 $\overline{A}\,\overline{C}$ 和$\overline{B}\,\overline{C}D$。在 F_3 的卡诺图上，构成最小覆盖时，使用了 m_3 和 m_7 组成的公共与项，但没使用 F_2 和 F_3 的公共部分 m_9。另外圈出了两个与项：m_2 和 m_3 以及 m_9 和 m_{11}，它们分别对应与项 $\overline{A}\,\overline{B}C$ 和 $A\,\overline{B}D$。至于 m_9，若将它单独圈出，则 F_2 的卡诺图中可去掉与项 m_1,m_9，但在 F_3 的卡诺图中将增加一个 m_9 组成的与项。将 F_2 和 F_3 综合考虑，电路反而复杂，因此不单独圈出 m_9。最后求得输出的逻辑表达式为

$$F_1 = \overline{A}CD + B\,\overline{C}\,\overline{D} + BC$$

$$F_2 = \overline{A}CD + B\,\overline{C}\,\overline{D} + \overline{A}\,\overline{C} + \overline{B}\,\overline{C}D$$

$$F_3 = \overline{A}CD + \overline{A}\,\overline{B}C + A\,\overline{B}D$$

电路的逻辑图见图 4.13。

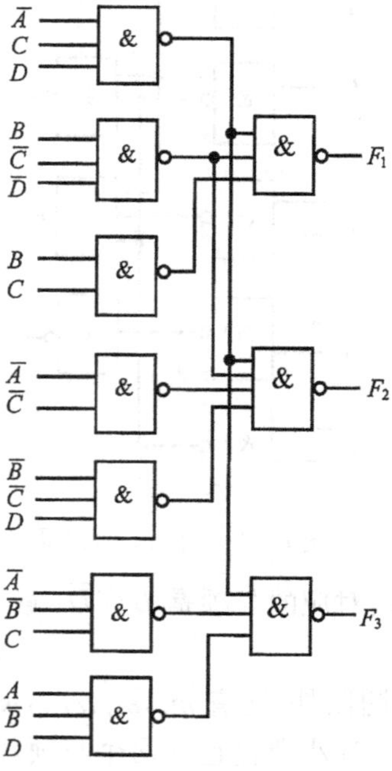

图 4.13　例 4.8 的逻辑电路图

通过上述例子可以看出，多输出组合电路的设计步骤与单输出逻辑的设计步骤基本相同，最重要的差别是在化简逻辑函数时要寻找公共项，方法是借助于公共卡诺图。而公共项是否被选作

某一函数的最小覆盖，完全取决于化简的需要。

4.3　编　码　器

在数字系统中，用代码表示特定信号的过程就是编码过程。实际上编码就是把输入的每个有效电平信号编成一个对应的代码，以表明哪一根输入线产生了有效的输入信号。实现编码操作的电路称做编码器。按照输出代码种类的不同，可分为二进制编码器和二-十进制编码器；按是否有优先权编码，可分为普通编码器和优先编码器。

4.3.1　二进制编码器

用 N 位二进制代码给 2^N 个输入信号进行编码的组合逻辑电路就是“二进制编码器”。根据 N 的不同，可以有不同类型的二进制编码器。$N=3$ 时，就形成了 8 线-3 线二进制编码器，对应的输入线为 8 条，而对应的编码输出线为 3 条，当 $N=4$ 时，就形成了 16 线-4 线二进制编码器。下面以 8 线-3 线二进制编码器为例说明二进制编码器的工作原理和功能。

8 线-3 线二进制编码器有 8 个输入，分别记作 $I_0 \sim I_7$；输出是 3 位代码，记作 $F_2F_1F_0$。并规定编码有效电平 $I_i=1$。输入与输出的对应关系如表 4.6 所列。

表 4.6　8 线-3 线二进制编码器功能表

输入								输出		
I_0	I_1	I_2	I_3	I_4	I_5	I_6	I_7	F_2	F_1	F_0
1	0	0	0	0	0	0	0	0	0	0
0	1	0	0	0	0	0	0	0	0	1
0	0	1	0	0	0	0	0	0	1	0
0	0	0	1	0	0	0	0	0	1	1
0	0	0	0	1	0	0	0	1	0	0
0	0	0	0	0	1	0	0	1	0	1
0	0	0	0	0	0	1	0	1	1	0
0	0	0	0	0	0	0	1	1	1	1

由表 4.6 可以得到对应的逻辑表达式：

$$\begin{cases} F_2=\overline{I}_0\overline{I}_1\overline{I}_2\overline{I}_3I_4\overline{I}_5\overline{I}_6\overline{I}_7+\overline{I}_0\overline{I}_1\overline{I}_2\overline{I}_3\overline{I}_4I_5\overline{I}_6\overline{I}_7+\overline{I}_0\overline{I}_1\overline{I}_2\overline{I}_3\overline{I}_4\overline{I}_5I_6\overline{I}_7 \\ \qquad +\overline{I}_0\overline{I}_1\overline{I}_2\overline{I}_3\overline{I}_4\overline{I}_5\overline{I}_6I_7 \\ F_1=\overline{I}_0\overline{I}_1I_2\overline{I}_3\overline{I}_4\overline{I}_5\overline{I}_6\overline{I}_7+\overline{I}_0\overline{I}_1\overline{I}_2I_3\overline{I}_4\overline{I}_5\overline{I}_6\overline{I}_7+\overline{I}_0\overline{I}_1\overline{I}_2\overline{I}_3\overline{I}_4\overline{I}_5I_6\overline{I}_7 \\ \qquad +\overline{I}_0\overline{I}_1\overline{I}_2\overline{I}_3\overline{I}_4\overline{I}_5\overline{I}_6I_7 \\ F_0=\overline{I}_0I_1\overline{I}_2\overline{I}_3\overline{I}_4\overline{I}_5\overline{I}_6\overline{I}_7+\overline{I}_0\overline{I}_1\overline{I}_2I_3\overline{I}_4\overline{I}_5\overline{I}_6\overline{I}_7+\overline{I}_0\overline{I}_1\overline{I}_2\overline{I}_3\overline{I}_4I_5\overline{I}_6\overline{I}_7 \\ \qquad +\overline{I}_0\overline{I}_1\overline{I}_2\overline{I}_3\overline{I}_4\overline{I}_5\overline{I}_6I_7 \end{cases}$$

从表 4.6 可以看出，在 8 个输入中，只有一个输入为有效电平 1，而其余输入均为无效电平 0。例如，对于 F_2，$I_4=1$ 和 $I_0=I_1=I_2=I_3=I_5=I_6=I_7=0$ 是等效的，因此有

$$I_4=\overline{I_0+I_1+I_2+I_3+I_5+I_6+I_7}=\overline{I}_0\,\overline{I}_1\,\overline{I}_2\,\overline{I}_3\,\overline{I}_5\,\overline{I}_6\,\overline{I}_7$$

$$I_5=\overline{I_0+I_1+I_2+I_3+I_4+I_6+I_7}=\overline{I}_0\,\overline{I}_1\,\overline{I}_2\,\overline{I}_3\,\overline{I}_4\,\overline{I}_6\,\overline{I}_7$$

$$I_6=\overline{I_0+I_1+I_2+I_3+I_4+I_5+I_7}=\overline{I}_0\,\overline{I}_1\,\overline{I}_2\,\overline{I}_3\,\overline{I}_4\,\overline{I}_5\,\overline{I}_7$$

$$I_7=\overline{I_0+I_1+I_2+I_3+I_4+I_5+I_6}=\overline{I}_0\,\overline{I}_1\,\overline{I}_2\,\overline{I}_3\,\overline{I}_4\,\overline{I}_5\,\overline{I}_6$$

将上述条件代入 F_0、F_1 和 F_2 表达式，则

$$\begin{cases} F_2=I_4+I_5+I_6+I_7 \\ F_1=I_2+I_3+I_6+I_7 \\ F_0=I_1+I_3+I_5+I_7 \end{cases}$$

其逻辑图如图 4.14 所示。

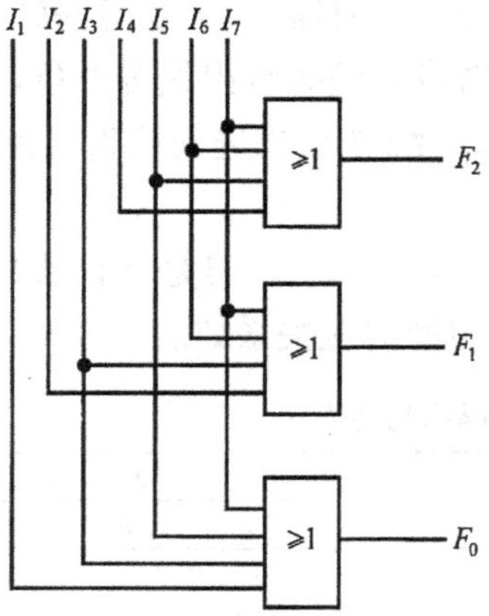

图 4.14　8 线-3 线编码器

表 4.7　二-十进制编码器功能表

输入信号	输出编码 ABCD
I_0	0000
I_1	0001
I_2	0010
I_3	0011
I_4	0100
I_5	0101
I_6	0110
I_7	0111
I_8	1000
I_9	1001

4.3.2　二-十进制编码器

二-十进制编码器有 9 个输入，分别记作 $I_1\sim I_9$；输出是 4 位代码，记作 $ABCD$。将 9 条输入线编码，分别为十进制数字 1,2,3,4,5,6,7,8,9 的电路，称为“二-十进制编码器”。输入与输出的对应关系如表 4.7 所列。使用的二-十进制编码不同，编码器的电路也不一样。

图 4.15 是 8421BCD 码的编码器。$I_1\sim I_9$ 是 9 个输入端，A,B,C,D 是 4 个编码输出端，当 $ABCD$ 全为 0 时输出 0 的编码，表明 $I_0=1$。分析图 4.15 的组合电路，可得到输出的逻辑表达式为

$$A=\overline{\overline{I_8+I_9}}=I_8+I_9$$

$$B=\overline{\overline{I_4+I_6}\;\overline{I_5+I_7}}=I_4+I_5+I_6+I_7$$

$$C=\overline{\overline{I_3+I_7}\;\overline{I_2+I_6}}=I_2+I_3+I_6+I_7$$

$$D=\overline{\overline{I_1+I_9}\,\overline{I_3+I_7}\,\overline{I_5+I_7}}=I_1+I_3+I_5+I_7+I_9$$

这种编码器对输入变量也有约束，每次输入的 $I_0 \sim I_9$ 中，只有一个为 1。

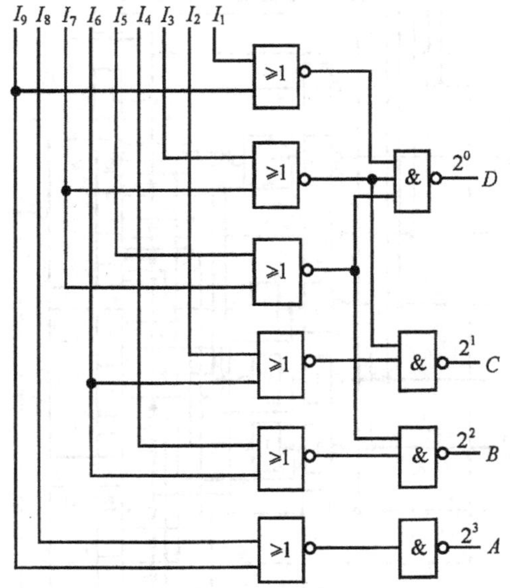

图 4.15　二-十进制编码器

4.3.3　优先编码器

在数字系统中，可能常常有几个输入信号同时出现有效信号，表明都有相应的服务请求，在计算机的中断系统中，这种情况尤为明显。这时要按照轻重缓急来安排这些相应的请求次序，也就是要赋与这些输入信号不同的优先权。按优先权进行编码的逻辑电路称为优先编码器。

按输出编码的不同，优先编码器也可分为二进制优先编码器和二-十进制优先编码器。二进制优先编码器的典型例子为 8 线-3 线优先编码器 74LS148，二-十进制优先编码器的典型例子为 74LS147。下面我们就以上述的两个芯片来介绍优先编码器的工作原理及性能。

1. 二进制优先编码器 74LS148

优先编码器 74LS148 的逻辑图如图 4.16 所示。图中虚线框内部分是编码器的主体电路，$\overline{I}_0 \sim \overline{I}_7$ 为 8 个输入端，$\overline{F}_0 \sim \overline{F}_2$ 为 3 个输出端。附加的 G_1，G_2 和 G_3 构成控制电路，其目的是为了扩展电路的功能和增加使用的灵活性。其中$\overline{E}_I=0$ 时，编码器才正常编码；而当$\overline{E}_I=1$ 时，所有输出端均被封锁在高电平，即编码被禁止；也就是说，使能端$\overline{E}_I$ 低电平有效。$\overline{E}_O$ 为使能(选通)输出端，$\overline{F}_{EX}$为扩展端，$\overline{E}_O$ 和$\overline{F}_{EX}$端用于扩展编码功能。

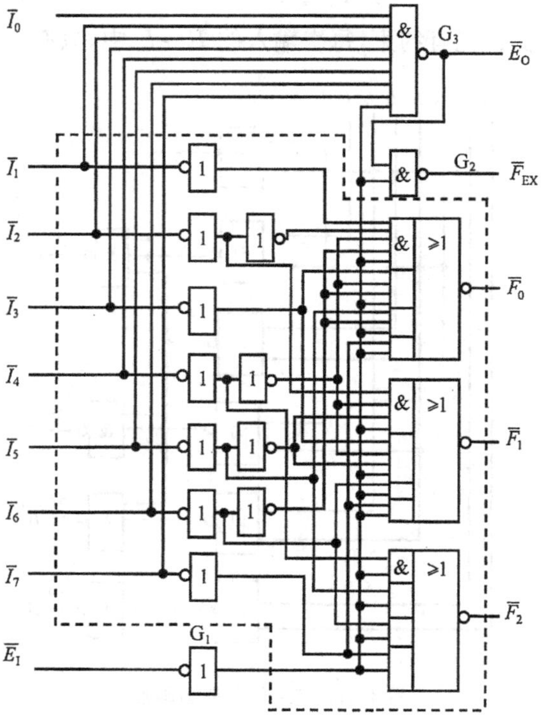

图 4.16 优先编码器 74LS148

由图 4.16 可以写出编码器的逻辑表达式：

$$\begin{cases}\overline{F}_2 = \overline{(I_4 + I_5 + I_6 + I_7)E_I} \\ \overline{F}_1 = \overline{(I_2\overline{I}_4\overline{I}_5 + I_3\overline{I}_4\overline{I}_5 + I_6 + I_7)E_I} \\ \overline{F}_0 = \overline{(I_1\overline{I}_2\overline{I}_4\overline{I}_6 + I_3\overline{I}_4\overline{I}_6 + I_5\overline{I}_6 + I_7)E_I}\end{cases}$$

使能输出端$\overline{E}_O$的逻辑表达式为

$$\overline{E}_O = \overline{\overline{I}_0\overline{I}_1\overline{I}_2\overline{I}_3\overline{I}_4\overline{I}_5\overline{I}_6\overline{I}_7E_I} = I_0 + I_1 + I_2 + I_3 + I_4 + I_5 + I_6 + I_7 + \overline{E}_I$$

式中表明，只有当所有的编码输入均为高电平，即没有编码输入，且$\overline{E}_I=0$时，使能输出端$\overline{E}_O=0$。因此，$\overline{E}_O$的低电平输出表示编码器无编码输入，但未被禁止。

扩展端$\overline{F}_{EX}$的逻辑表达式为

$$\overline{F}_{EX} = \overline{\overline{\overline{I}_0\overline{I}_1\overline{I}_2\overline{I}_3\overline{I}_4\overline{I}_5\overline{I}_6\overline{I}_7E_I} \cdot E_I} = \overline{(I_0 + I_1 + I_2 + I_3 + I_4 + I_5 + I_6 + I_7)E_I}$$

此式表明，只要有一个输入端为低电平，且$\overline{E}_I=0$，则$\overline{F}_{EX}$为低电平。因此，$\overline{F}_{EX}$的低电平输出表示编码器工作在有编码输入的状态。

根据上三式可以列出编码器 74LS148 的功能表，如表 4.8 所示。由表 4.8 可以看出，在$\overline{E}_I=0$时的正常工作状态下，允许$\overline{I}_0$～$\overline{I}_7$当中同时有几个输入端为有效电平，即同时可有几个编码输入信号，此编码器的有效电平为低电平。但由于给输入端赋与了不同级别的优先权，$\overline{I}_7$的优先权最高，$\overline{I}_0$的优先权最低，所以编码器只能按优先权的高低顺序进行编码。这就是说，当$\overline{I}_7=0$时，无论其他输入端有无编码输入信号(即为低电平)，编码器只对$\overline{I}_7$进行编码，即输出$\overline{F}_2\overline{F}_1\overline{F}_0=000$；当$\overline{I}_7=1$，$\overline{I}_6=0$时，无论其余输入端是否为低电平，只对$\overline{I}_6$进行编码，输出$\overline{F}_2\overline{F}_1\overline{F}_0=001$。其余输入状态的编码情况可做类似分析。注意表中$\overline{F}_2\overline{F}_1\overline{F}_0=111$的三种情况，它们可以用$\overline{E}_O$和$\overline{F}_{EX}$的不同状态加以区分。

表 4.8 编码器 74LS148 功能表

输入									输出				
$\overline{E}_I$	$\overline{I}_0$	$\overline{I}_1$	$\overline{I}_2$	$\overline{I}_3$	$\overline{I}_4$	$\overline{I}_5$	$\overline{I}_6$	$\overline{I}_7$	$\overline{F}_2$	$\overline{F}_1$	$\overline{F}_0$	$\overline{E}_O$	$\overline{F}_{EX}$
1	×	×	×	×	×	×	×	×	1	1	1	1	1
0	1	1	1	1	1	1	1	1	1	1	1	0	1
0	×	×	×	×	×	×	×	0	0	0	0	1	0
0	×	×	×	×	×	×	0	1	0	0	1	1	0
0	×	×	×	×	×	0	1	1	0	1	0	1	0
0	×	×	×	×	0	1	1	1	0	1	1	1	0
0	×	×	×	0	1	1	1	1	1	0	0	1	0
0	×	×	0	1	1	1	1	1	1	0	1	1	0
0	×	0	1	1	1	1	1	1	1	1	0	1	0
0	0	1	1	1	1	1	1	1	1	1	1	1	0

利用使能输出端$\overline{E}_O$和扩展端$\overline{F}_{EX}$可以实现电路功能的扩展。例如，用两片74LS148构成16线-4线优先编码器的逻辑图如图4.17所示。由图4.17可知，片(1)的使能端$\overline{E}_I$接低电平，而其使能输出端$\overline{E}_O$接片(2)的使能输入端。这就是说，

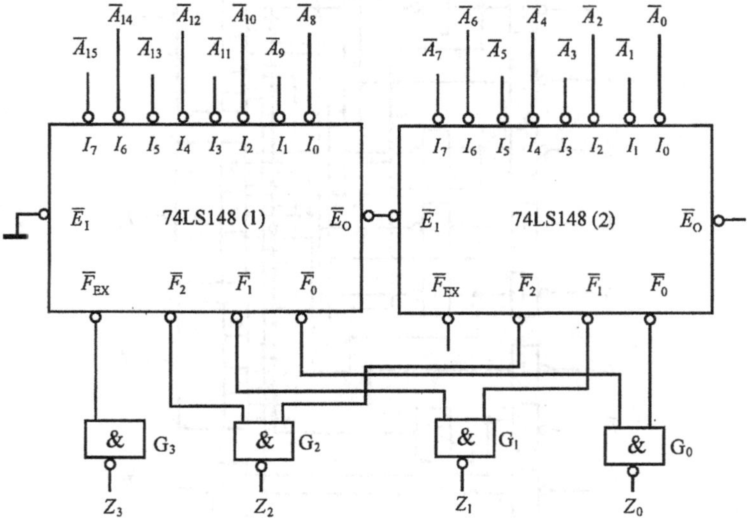

图 4.17 16 线-4 线优先编码器

片(1)编码时，由于其使能输出端为高电平，故使片(2)被禁止，亦即片(1)具有较高的编码优先权。G_0～G_3 为输出门，输出门的类型不同将有不同形式的输入码，Z_3～Z_0 为输出端。$\overline{A}_{15}$～$\overline{A}_0$ 为 16 个信号输入端。将优先权高的$\overline{A}_{15}$～$\overline{A}_8$ 的输入信号接到片(1)的$\overline{I}_7$～$\overline{I}_0$ 输入端，而将优先权低的$\overline{A}_7$～$\overline{A}_0$ 接到片(2)的$\overline{I}_7$～$\overline{I}_0$。

当$\overline{A}_{15}$～$\overline{A}_8$ 中的任一输入端为低电平时，片(1)将有编码输出。例如，$\overline{A}_{12}=0$ 时，由表 4.8 可知，片(1)的$\overline{F}_{EX}=0$，则 $Z_3=1$，$\overline{F}_2\overline{F}_1\overline{F}_0=011$。同时片(1)的$\overline{E}_O=1$，将片(2)禁止，使其输出为$\overline{F}_2\overline{F}_1\overline{F}_0=111$。于是，最后输出为 $Z_3Z_2Z_1Z_0=1100$。又如，当$\overline{A}_9=0$ 时，最后输出为 1001。不难得出，对输入$\overline{A}_{15}$～$\overline{A}_8$ 的编码输出为 $Z_3Z_2Z_1Z_0=1111$～1000。

当$\overline{A}_{15}$～$\overline{A}_8$ 全部为高电平，即无编码输入时，片(1)的输出$\overline{F}_2\overline{F}_1\overline{F}_0=111$，$\overline{F}_{EX}=1$，且它的$\overline{E}_O=0$，故片(2)的$\overline{E}_I=0$，处于编码工作状态，对$\overline{A}_7$～$\overline{A}_0$ 的低电平信号按优先权进行编码。例如，$\overline{A}_3=0$ 时，由表 4.8 可知，片(2)的输入$\overline{F}_2\overline{F}_1\overline{F}_0=100$。于是，最后的输出为 $Z_3Z_2Z_1Z_0=0011$。

2. 二-十进制优先编码器 74LS147

二-十进制优先编码器 74LS147 的逻辑图如图 4.18 所示。它应有 10 个输入端$\overline{I}_9$～$\overline{I}_0$，$\overline{I}_9$ 的优先权最高，$\overline{I}_0$ 的优先权最低；但是，图中仅有$\overline{I}_9$～$\overline{I}_1$ 9 个输入端，省去$\overline{I}_0$ 输入端的理由将在后面说明。$\overline{F}_3$～$\overline{F}_0$ 为 4 个输出端，并以反码形式的 BCD 码输出。

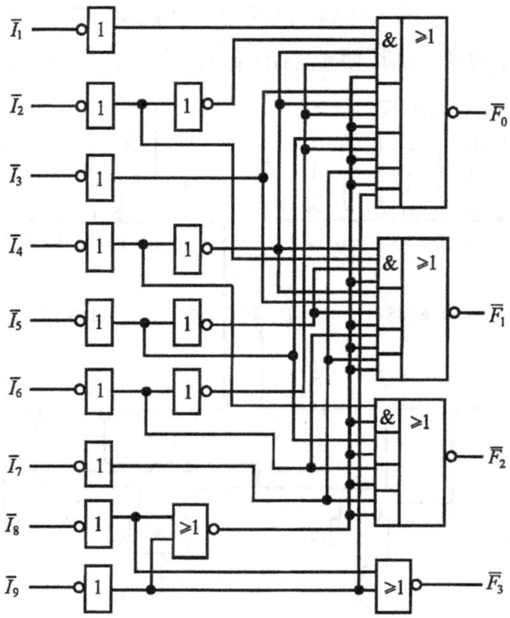

图 4.18 二-十进制优先编码器 74LS147

由图 4.18 不难得出其逻辑表达式

$$\begin{cases}\overline{F}_3 = \overline{I_8 + I_9} \\ \overline{F}_2 = \overline{I_7 \overline{I}_8 \overline{I}_9 + I_6 \overline{I}_8 \overline{I}_9 + I_5 \overline{I}_8 \overline{I}_9 + I_4 \overline{I}_8 \overline{I}_9} \\ \overline{F}_1 = \overline{I_7 \overline{I}_8 \overline{I}_9 + I_6 \overline{I}_8 \overline{I}_9 + I_3 \overline{I}_4 \overline{I}_5 \overline{I}_8 \overline{I}_9 + I_2 \overline{I}_4 \overline{I}_5 \overline{I}_8 \overline{I}_9} \\ \overline{F}_0 = \overline{I_9 + I_7 \overline{I}_8 \overline{I}_9 + I_5 \overline{I}_6 \overline{I}_8 \overline{I}_9 + I_3 \overline{I}_4 \overline{I}_6 \overline{I}_8 \overline{I}_9 + I_1 \overline{I}_2 \overline{I}_4 \overline{I}_6 \overline{I}_8 \overline{I}_9}\end{cases}$$

由上式可以得到二-十进制编码器 74LS147 的功能表，如表 4.9 所示。

表 4.9　二-十进制编码器 74LS147 的功能表

输入									输出			
$\overline{I}_1$	$\overline{I}_2$	$\overline{I}_3$	$\overline{I}_4$	$\overline{I}_5$	$\overline{I}_6$	$\overline{I}_7$	$\overline{I}_8$	$\overline{I}_9$	$\overline{F}_3$	$\overline{F}_2$	$\overline{F}_1$	$\overline{F}_0$
1	1	1	1	1	1	1	1	1	1	1	1	1
×	×	×	×	×	×	×	×	0	0	1	1	0
×	×	×	×	×	×	×	0	1	0	1	1	1
×	×	×	×	×	×	0	1	1	1	0	0	0
×	×	×	×	×	0	1	1	1	1	0	0	1
×	×	×	×	0	1	1	1	1	1	0	1	0
×	×	×	0	1	1	1	1	1	1	0	1	1
×	×	0	1	1	1	1	1	1	1	1	0	0
×	0	1	1	1	1	1	1	1	1	1	0	1
0	1	1	1	1	1	1	1	1	1	1	1	0

由表 4.9 看出，如果有输入端$\overline{I}_0$，则$\overline{I}_0=0$，$\overline{I}_9\sim\overline{I}_1$ 均为 1 时，将有$\overline{F}_3\,\overline{F}_2\,\overline{F}_1\,\overline{F}_0=1111$；而表中$\overline{I}_9\sim\overline{I}_1$ 均为 1 时，$\overline{F}_3\,\overline{F}_2\,\overline{F}_1\,\overline{F}_0=1111$；这表明$\overline{I}_0=0$ 相当于$\overline{I}_9\sim\overline{I}_1$ 均为 1 的情况，故可以略去$\overline{I}_0$ 端，用$\overline{I}_9\sim\overline{I}_1$ 均为 1 来表示该端的编码功能。

4.4　译　码　器

译码器的作用是将输入的每个二进制代码所具有的含义“翻译”过来，并且给出相应的输出信号，该译码过程是编码过程的逆过程。所谓译码器就是能完成译码功能的逻辑部件，而且它是一个多输入多输出的组合逻辑电路。常用的译码器有二进制译码器，二-十进制译码器和显示译码器。

4.4.1　二进制译码器

二进制译码器的输入是二进制码。假设有 n 条输入线，则这 n 位二进制码就可表示出 2^n 种状态。当 n 位二进制码为某一具体数值时，则使与之对应的某一输出为有效电平，这一过程就是译码过程。

一般地，我们习惯上称二进制译码器为 n 线-2^n 线译码器，如 2 线-4 线译码器，3 线-8 线译码器，4 线-16 线译码器等。下面我们以 3 线-8 线译码器 74LS138 为例来进行介绍。

译码器 74LS138 的逻辑图如图 4.19 所示，电路的主体是与非门。它有 3 个变量输入端 $A_0 \sim A_2$，8 个输出端 $\overline{F}_0 \sim \overline{F}_7$。$E_I$，$\overline{E}_{2A}$ 和 $\overline{E}_{2B}$ 这三个控制端统称做“片选”输入端或使能端，利用片选作用可以扩展译码器功能。例如，可将两片 74LS138 扩展成 4 线-16 线译码器。当附加控制门 G_S 的输出 $E=1$ 时，可以由图 4.19 写出译码器的输出 $\overline{F}_0 \sim \overline{F}_7$ 的逻辑函数表达式

$$
\begin{cases}
\overline{F}_0 = \overline{\overline{A}_2\,\overline{A}_1\,\overline{A}_0} = \overline{m}_0 \\
\overline{F}_1 = \overline{\overline{A}_2\,\overline{A}_1 A_0} = \overline{m}_1 \\
\overline{F}_2 = \overline{\overline{A}_2 A_1\,\overline{A}_0} = \overline{m}_2 \\
\overline{F}_3 = \overline{\overline{A}_2 A_1 A_0} = \overline{m}_3 \\
\overline{F}_4 = \overline{A_2\,\overline{A}_1\,\overline{A}_0} = \overline{m}_4 \\
\overline{F}_5 = \overline{A_2\,\overline{A}_1 A_0} = \overline{m}_5 \\
\overline{F}_6 = \overline{A_2 A_1\,\overline{A}_0} = \overline{m}_6 \\
\overline{F}_7 = \overline{A_2 A_1 A_0} = \overline{m}_7
\end{cases}
$$

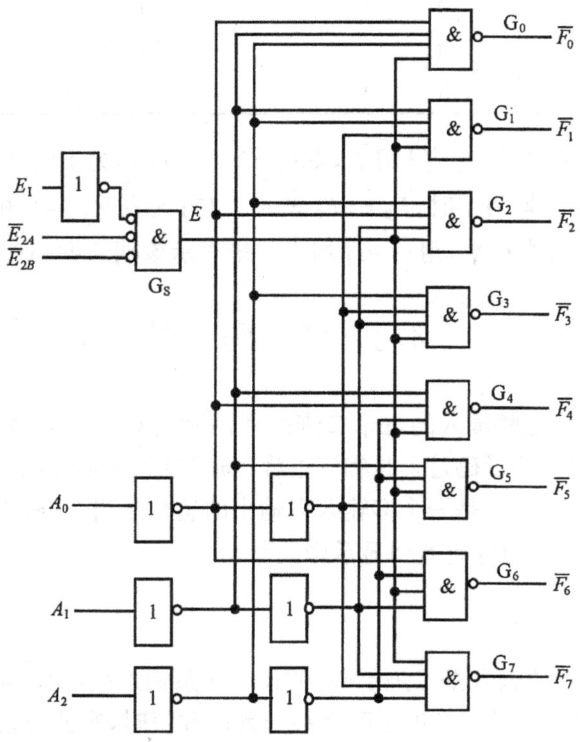

图 4.19　译码器 74LS138

由式不难看出，译码输出是 A_2，A_1，A_0 这三个输入变量的最小项的非量。因此，也将这类译码器称做最小项译码器。

译码器 74LS138 的功能表如表 4.10 所示。由表 4.10 看出，$A_2A_1A_0$ 为不同代码(状态)时，输入$\overline{F}_0 \sim \overline{F}_7$ 中有一确定输出线为低电平。例如，当 $A_2A_1A_0=010$ 时，输入$\overline{F}_2=0$。

表 4.10　译码器 74LS138 功能表

输入					输出							
E_I	$\overline{E}_{2A}+\overline{E}_{2B}$	A_2	A_1	A_0	$\overline{F}_0$	$\overline{F}_1$	$\overline{F}_2$	$\overline{F}_3$	$\overline{F}_4$	$\overline{F}_5$	$\overline{F}_6$	$\overline{F}_7$
0	×	×	×	×	1	1	1	1	1	1	1	1
×	1	×	×	×	1	1	1	1	1	1	1	1
1	0	0	0	0	0	1	1	1	1	1	1	1
1	0	0	0	1	1	0	1	1	1	1	1	1
1	0	0	1	0	1	1	0	1	1	1	1	1
1	0	0	1	1	1	1	1	0	1	1	1	1
1	0	1	0	0	1	1	1	1	0	1	1	1
1	0	1	0	1	1	1	1	1	1	0	1	1
1	0	1	1	0	1	1	1	1	1	1	0	1
1	0	1	1	1	1	1	1	1	1	1	1	0

用两片 3 线-8 线译码器 74LS138 构成 4 线-16 线译码器，接线图如图 4.20 所示。图中 $D_0 \sim D_3$ 为 4 个输入端，$\overline{Z}_0 \sim \overline{Z}_{15}$为 16 个译码输出。片(1)的 E_I 接高电平(+5V)，$\overline{E}_{2A}$和$\overline{E}_{2B}$接在 D_3 输入端上；片(2)的 E_I 也接在 D_3 上，$\overline{E}_{2A}$和$\overline{E}_{2B}$接低电平。

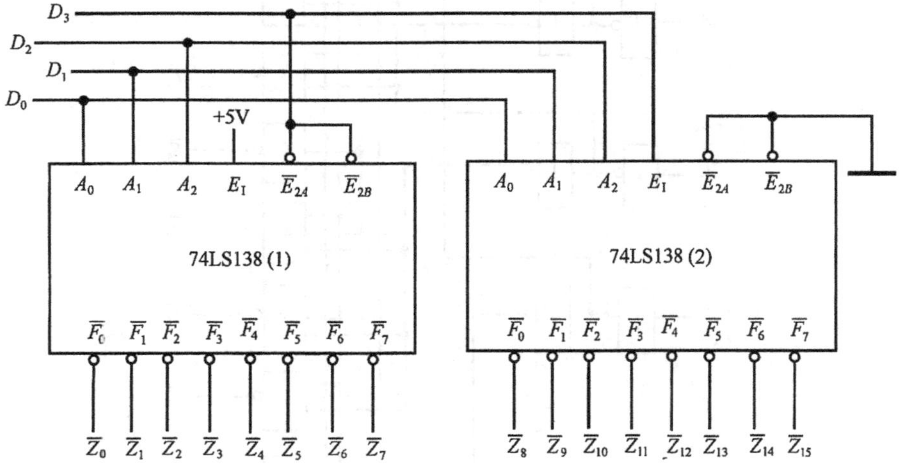

图 4.20　4 线-16 线译码器

当 $D_3=0$ 时，由表 4.10 可知，片(2)被禁止，其输出$\overline{Z}_8 \sim \overline{Z}_{15}$均为 1；而片(1)的 E_I 为高电平，处于译码工作状态，将 $D_3D_2D_1D_0=0000 \sim 0111$ 这 8 个代码分别译成$\overline{Z}_0 \sim \overline{Z}_7$ 共 8 个低电平信号输出。当 $D_3=1$ 时，由表 4.10 可知，片(1)被禁止，其输

出$\overline{Z}_0 \sim \overline{Z}_7$ 均为 1；而片(2)的 E_I 为高电平，处于译码工作状态，将 $D_3D_2D_1D_0 =$ 1000～1111 这 8 个代码分别译成$\overline{Z}_8 \sim \overline{Z}_{15}$共 8 个低电平信号输出。这样就将两个 3 线-8 线译码器扩展成一个 4 线-16 线译码器。

4.4.2 二-十进制译码器

二-十进制译码器是把 8421BCD 码的 10 个代码翻译成有效输出信号的译码器。它是一种码制变换译码器。

在 8421BCD 译码器中，有 1010 到 1111 6 共个冗余码，它们是不应该出现的。根据这 6 个冗余码处理方式的不同，二-十进制译码器可分为部分译码器和完全译码器。

1. 部分译码器

部分译码也称做不完全译码，这种译码器的输入端只出现规定的前 10 种代码，而不出现其他 6 种不采用的代码。将不采用的代码作为无关项，利用无关项简化逻辑函数，以便减少门的输入端的接线数。部分译码的二-十进制译码器的逻辑图如图 4.21 所示。其输出$\overline{F}_0 \sim \overline{F}_9$ 的逻辑表达式为

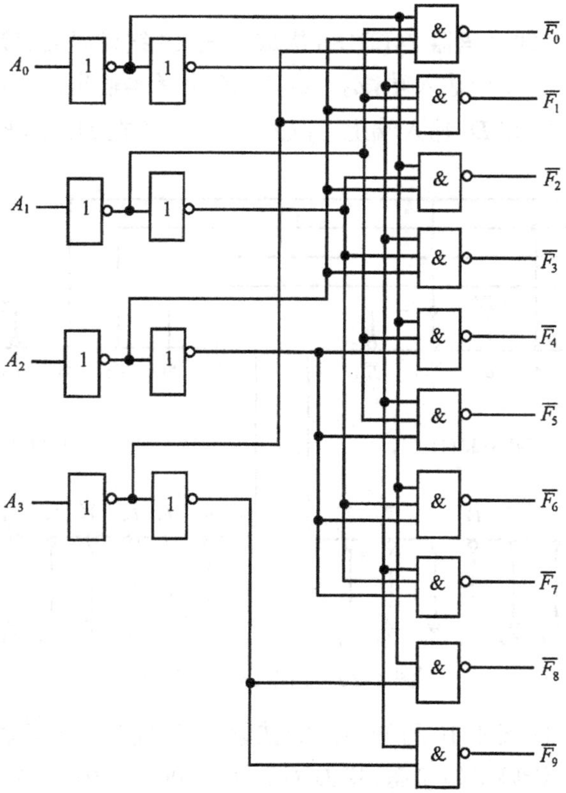

图 4.21 部分译码的二-十进制译码器

$$
\begin{cases}
\overline{F}_0 = \overline{\overline{A}_3\,\overline{A}_2\,\overline{A}_1\,\overline{A}_0} & \overline{F}_5 = \overline{A_2\,\overline{A}_1 A_0} \\
\overline{F}_1 = \overline{\overline{A}_3\,\overline{A}_2\,\overline{A}_1 A_0} & \overline{F}_6 = \overline{A_2 A_1\,\overline{A}_0} \\
\overline{F}_2 = \overline{\overline{A}_2 A_1\,\overline{A}_0} & \overline{F}_7 = \overline{A_2 A_1 A_0} \\
\overline{F}_3 = \overline{\overline{A}_2 A_1 A_0} & \overline{F}_8 = \overline{A_3\,\overline{A}_0} \\
\overline{F}_4 = \overline{A_2\,\overline{A}_1\,\overline{A}_0} & \overline{F}_9 = \overline{A_3 A_0}
\end{cases}
$$

其功能表如表 4.11 所示。

表 4.11　部分译码的二-十进制译码器功能表

十进制数	输入				输出									
	A_3	A_2	A_1	A_0	$\overline{F}_0$	$\overline{F}_1$	$\overline{F}_2$	$\overline{F}_3$	$\overline{F}_4$	$\overline{F}_5$	$\overline{F}_6$	$\overline{F}_7$	$\overline{F}_8$	$\overline{F}_9$
0	0	0	0	0	0	1	1	1	1	1	1	1	1	1
1	0	0	0	1	1	0	1	1	1	1	1	1	1	1
2	0	0	1	0	1	1	0	1	1	1	1	1	1	1
3	0	0	1	1	1	1	1	0	1	1	1	1	1	1
4	0	1	0	0	1	1	1	1	0	1	1	1	1	1
5	0	1	0	1	1	1	1	1	1	0	1	1	1	1
6	0	1	1	0	1	1	1	1	1	1	0	1	1	1
7	0	1	1	1	1	1	1	1	1	1	1	0	1	1
8	1	0	0	0	1	1	1	1	1	1	1	1	0	1
9	1	0	0	1	1	1	1	1	1	1	1	1	1	0

不采用的码在正常工作时不会出现，但在开机或有干扰时则可能产生，常称它为伪输入。一旦出现伪输入，译码器可能有一个以上的输出为 0。例如，当输入端为 $A_3A_2A_1A_0=1111$ 时，译码器输出$\overline{F}_7$ 和$\overline{F}_9$ 均为 0，这是不允许的，也是这种译码器的缺点。

2. 完全译码

完全译码是指对 16 种输入代码都进行翻译处理，不再把不采用的代码作为无关项处理，而是按最小项译码，但这时的输出全为高电平。完全译码的二-十进制译码器 74LS42 的逻辑图如图 4.22 所示。其输出$\overline{F}_0\sim\overline{F}_9$ 的逻辑表达式为

$$
\begin{cases}
\overline{F}_0 = \overline{\overline{A}_3\,\overline{A}_2\,\overline{A}_1\,\overline{A}_0} & \overline{F}_5 = \overline{\overline{A}_3 A_2\,\overline{A}_1 A_0} \\
\overline{F}_1 = \overline{\overline{A}_3\,\overline{A}_2\,\overline{A}_1 A_0} & \overline{F}_6 = \overline{\overline{A}_3 A_2 A_1\,\overline{A}_0} \\
\overline{F}_2 = \overline{\overline{A}_3\,\overline{A}_2 A_1\,\overline{A}_0} & \overline{F}_7 = \overline{\overline{A}_3 A_2 A_1 A_0} \\
\overline{F}_3 = \overline{\overline{A}_3\,\overline{A}_2 A_1 A_0} & \overline{F}_8 = \overline{A_3\,\overline{A}_2\,\overline{A}_1\,\overline{A}_0} \\
\overline{F}_4 = \overline{\overline{A}_3 A_2\,\overline{A}_1\,\overline{A}_0} & \overline{F}_9 = \overline{A_3\,\overline{A}_2\,\overline{A}_1 A_0}
\end{cases}
$$

译码器 74LS42 的功能表如表 4.12 所示。

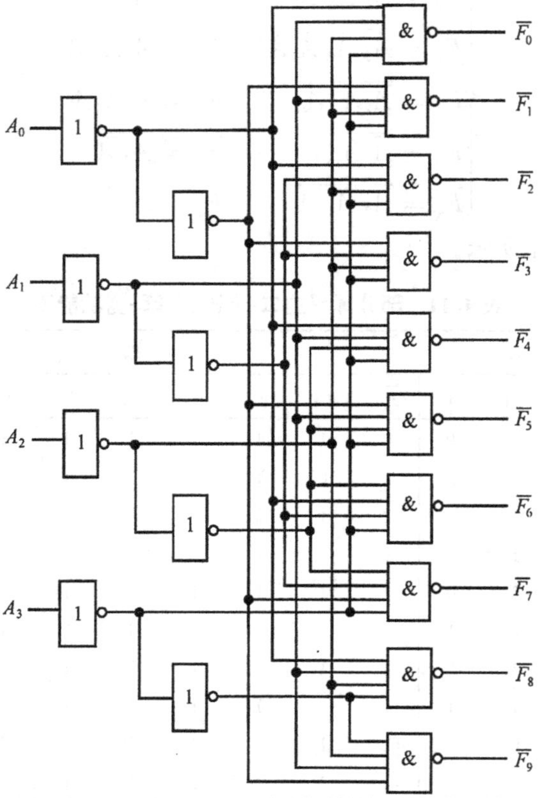

图 4.22　二-十进制译码器 74LS42

表 4.12　完全译码的二-十进制译码器功能表

十进制数	输入				输出									
	A_3	A_2	A_1	A_0	$\overline{F}_0$	$\overline{F}_1$	$\overline{F}_2$	$\overline{F}_3$	$\overline{F}_4$	$\overline{F}_5$	$\overline{F}_6$	$\overline{F}_7$	$\overline{F}_8$	$\overline{F}_9$
0	0	0	0	0	0	1	1	1	1	1	1	1	1	1
1	0	0	0	1	1	0	1	1	1	1	1	1	1	1
2	0	0	1	0	1	1	0	1	1	1	1	1	1	1
3	0	0	1	1	1	1	1	0	1	1	1	1	1	1
4	0	1	0	0	1	1	1	1	0	1	1	1	1	1
5	0	1	0	1	1	1	1	1	1	0	1	1	1	1
6	0	1	1	0	1	1	1	1	1	1	0	1	1	1
7	0	1	1	1	1	1	1	1	1	1	1	0	1	1
8	1	0	0	0	1	1	1	1	1	1	1	1	0	1
9	1	0	0	1	1	1	1	1	1	1	1	1	1	0
伪码	1	0	1	0	1	1	1	1	1	1	1	1	1	1
	1	0	1	1	1	1	1	1	1	1	1	1	1	1
	1	1	0	0	1	1	1	1	1	1	1	1	1	1
	1	1	0	1	1	1	1	1	1	1	1	1	1	1
	1	1	1	0	1	1	1	1	1	1	1	1	1	1
	1	1	1	1	1	1	1	1	1	1	1	1	1	1

由上述分析可知，不完全译码的二-十进制译码器，对于6个伪码可以接收，将在其输出端译成低电平。例如，$A_3A_2A_1A_0=1101$，将使$\overline{F}_9=0$。从这个意义上看，不完全译码器也称不拒绝伪码的译码器。而完全译码器对于6个伪码，其输出全部为高电平，故也称它为拒绝伪码的译码器。

4.4.3 显示译码器

显示译码器是将输入的8421BCD代码译成显示器所需要的驱动信号，以便使显示器用十进制数字显示出8421BCD代码所表示的数值的一种译码器。它和显示器一起构成了数字设备的显示电路。

1. 数码显示器

数码显示器是用来显示数字、文字和符号等的器件。目前广泛采用七段字符显示器。常见的七段字符显示器有半导体数码管和液晶显示器两种。半导体数码管的每个线段都是一个发光二极管，因此常称作LED数码管，它分共阴极和共阳极两种形式。

七段数码管的示意图如图4.23所示。对于不同输入的8421BCD代码，显示器的相应段将发光以显示所对应的十进制数码。

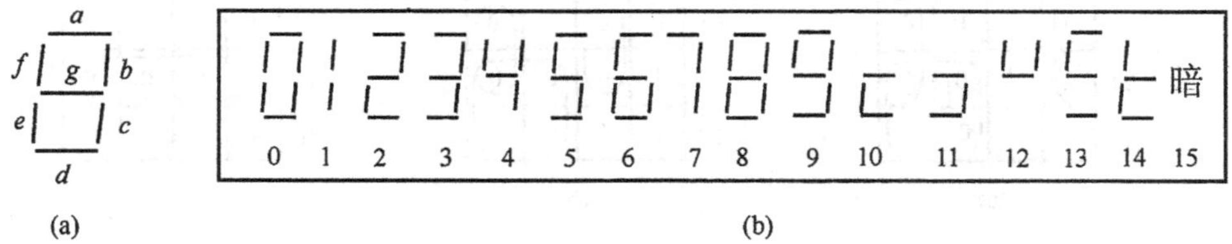

图4.23　七段数码显示器

2. 显示译码器

适用于七段共阴极数码显示器的集成译码器有74LS48，适用于七段共阳极数码显示器的集成译码器有74LS47等型号。下面以74LS48为例进行分析。

现以$A_3A_2A_1A_0$表示显示译码器输入的8421BCD代码，以$a\sim g$表示译码器的输出并与数码管的线段一一对应，规定用1表示数码管线段的点亮状态，用0表示线段的熄灭状态。根据图4.23的显示字形要求，8421BCD代码-七段显示译码器的功能表如表4.13所示。

由功能表4.13，可以画出$a\sim g$的卡诺图，如图4.24所示。由图4.24可以看出，圈0要比圈1方便；通过圈0化简得到$a\sim g$的逻辑表达式为

表 4.13　8421BCD 代码-七段显示译码器功能表

十进制数	输入				输出						
	A_3	A_2	A_1	A_0	a	b	c	d	e	f	g
0	0	0	0	0	1	1	1	1	1	1	0
1	0	0	0	1	0	1	1	0	0	0	0
2	0	0	1	0	1	1	0	1	1	0	1
3	0	0	1	1	1	1	1	1	0	0	1
4	0	1	0	0	0	1	1	0	0	1	1
5	0	1	0	1	1	0	1	1	0	1	1
6	0	1	1	0	0	0	1	1	1	1	1
7	0	1	1	1	1	1	1	0	0	0	0
8	1	0	0	0	1	1	1	1	1	1	1
9	1	0	0	1	1	1	1	1	0	1	1
10	1	0	1	0	0	0	0	1	1	0	1
11	1	0	1	1	0	0	1	1	0	0	1
12	1	1	0	0	0	1	0	0	0	1	1
13	1	1	0	1	1	0	0	1	0	1	1
14	1	1	1	0	0	0	0	1	1	1	1
15	1	1	1	1	0	0	0	0	0	0	0

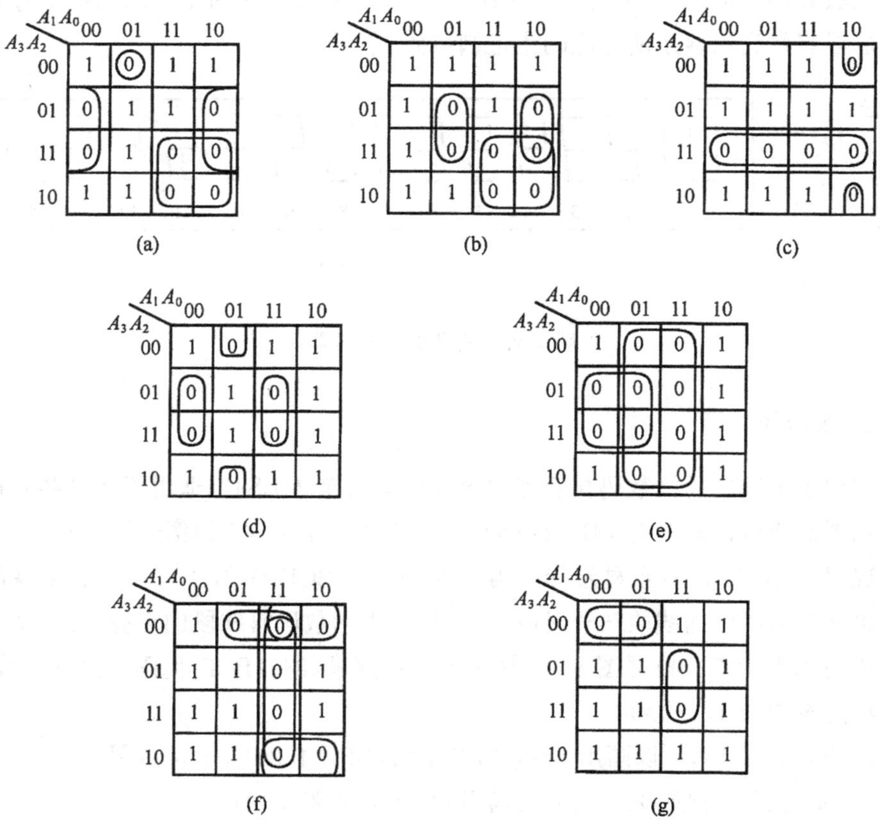

图 4.24　显示译码器的卡诺图

$$
\begin{cases}
a = \overline{\overline{A}_3\,\overline{A}_2\,\overline{A}_1 A_0 + A_2\,\overline{A}_0 + A_3 A_1} \\
b = \overline{A_2\,\overline{A}_1 A_0 + A_2 A_1\,\overline{A}_0 + A_3 A_1} \\
c = \overline{A_3 A_2 + \overline{A}_2 A_1\,\overline{A}_0} \\
d = \overline{A_2\,\overline{A}_1\,\overline{A}_0 + A_2 A_1 A_0 + \overline{A}_2\,\overline{A}_1 A_0} \\
e = \overline{A_2\,\overline{A}_1 + A_0} \\
f = \overline{A_1 A_0 + \overline{A}_2 A_1 + \overline{A}_3\,\overline{A}_2 A_0} \\
g = \overline{\overline{A}_3\,\overline{A}_2\,\overline{A}_1 + A_2 A_1 A_0}
\end{cases}
$$

在以上 $a \sim g$ 逻辑函数的基础上，附加一些控制功能设计的显示译码器 74LS48 的逻辑图如图 4.25 所示。如果不考虑图中控制门 $G_1 \sim G_4$ 的作用，即门 G_3 和 G_4 输出

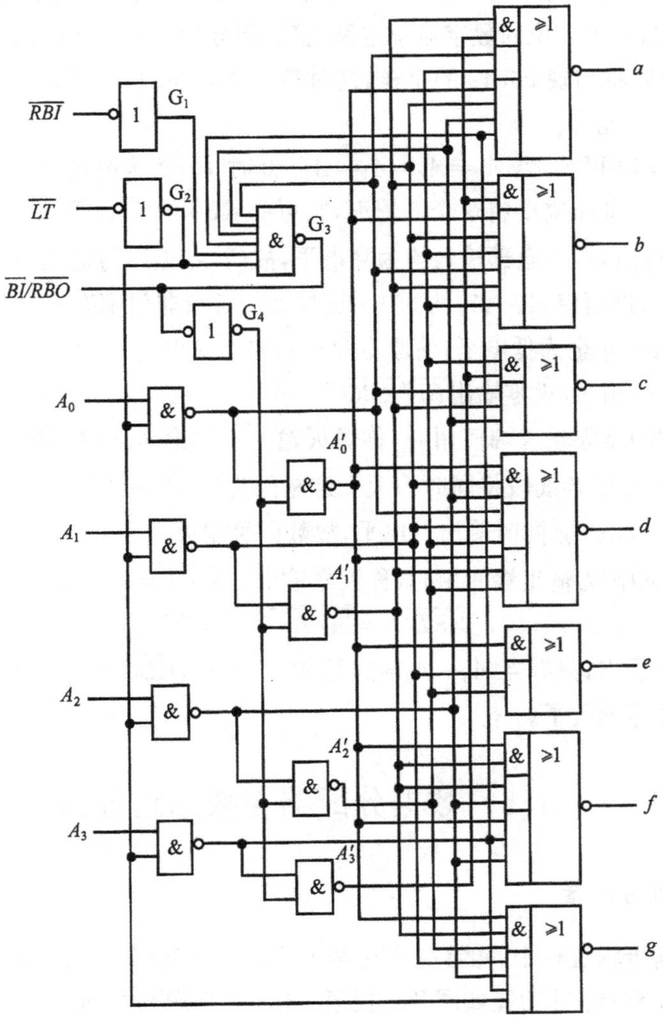

图 4.25　译码器 74LS48

高电平时，$a\sim g$ 与 A_3,A_2,A_1,A_0 之间的关系与上式完全相同。由图可知，除了主体电路外，还设置了控制门 $G_1\sim G_4$ 相应的控制端。下面将介绍它们的功能。

(1) 测试端$\overline{LT}$

测试端$\overline{LT}$是用来检查数码管各线段是否发光正常的输入端，低电平有效，即$\overline{LT}=0$ 时，数码管各线段应被点亮，否则数码管不正常。

由图 4.25，当$\overline{LT}=0$ 时，门 G_2 输出为 0，则门 G_3、G_4 输出均为 1；因此相应的输出 $A_0'=A_1'=A_2'=A_3'=0$。又由于 $A_0'\sim A_3'$ 均为 0，使得输出 $a\sim g$ 的各与或非门的每组输入都含有低电平，故它们的输出均为高电平。因此数码管的各线段 $a\sim g$ 全部被点亮。正常工作时$\overline{LT}$为高电平。

(2) 灭零输入$\overline{RBI}$

灭零输入$\overline{RBI}$的作用是把不希望显示的零熄灭。即将有效数字前后多余的零熄灭。例如，一个 4 位的数字显示电路，整数部分为 2 位，小数部分为 2 位，当显示 5.4 这个数时将出现 05.40 的字样，这时需将非必要的 0 灭掉，即不予显示。$\overline{RBI}$就是实现此功能的。

由表 4.13 可知，当 $A_3=A_2=A_1=A_0=0$ 时，$a\sim f$ 为高电平，g 为低电平，应该显示 0 字符。如果需要将这个 0 熄灭，则可令 $RBI=0$。由于这时 $A_3\sim A_0$ 均为 0，$\overline{LT}=1$，使得门 G_3 的全部输入均为高电平，故门 G_3 输出为低电平，从而使门 G_4 输出为低电平，进而使 $A_3'\sim A_0'$ 均为 1。这样就使各与非门都有一个与门的输入全为高电平，故 $a\sim g$ 全为低电平，使原本应显示的 0 熄灭。

(3) 熄灭输入/灭零输出$\overline{BI}/\overline{RBO}$

$\overline{BI}/\overline{RBO}$作为输入端使用时，称熄灭输入。无论 $A_3\sim A_0$ 处于什么状态，只要$\overline{BI}=0$，数码管的各线段将同时熄灭。这是因为当$\overline{BI}=0$ 时，门 G_4 输出为低电平，使 $A_3'\sim A_0'=1$，$a\sim g$ 同时输出低电平，故数码管熄灭。

$\overline{BI}/\overline{RBO}$作为输出端使用时，称灭零输出。当$\overline{LT}=1$ 时，由图 4.25 可以得出

$$\overline{RBO}=\overline{\overline{A}_3\,\overline{A}_2\,\overline{A}_1\,\overline{A}_0 RBI}$$

由此式可以看出，只有当 $A_3\sim A_0=0$，且$\overline{RBI}=0$ 时，$\overline{RBO}=0$ 表示译码器已将原来应该显示的零熄灭了。

4.5 数据分配器与数据选择器

1. 数据分配器

在数据传输过程中，能够完成将某一路数据分配到不同的数据通道上的电路称为数据分配器。其功能如同开关接通一样，将 D 送到由选择变量 A、B 指定的通道。如图 4.26 所示，图中为一个数据分配器，K 受选择变量 A、B 的控制。图 4.27

是 4 路数据分配器的逻辑图，D 为被传输的数据输入端，A、B 是选择输入端，$W_0 \sim W_3$ 为数据输出端(称做数据通道)。电路为单输入、多输出形式。

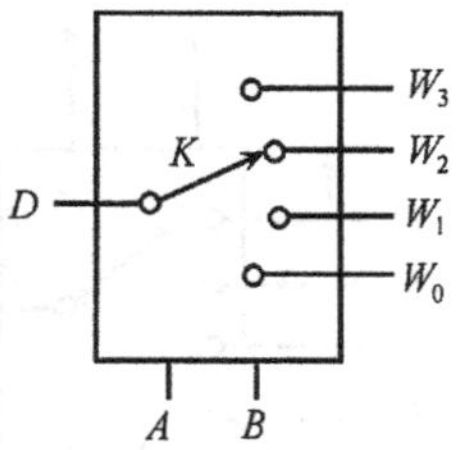

图 4.26 数据分配器示意图

根据图 4.27 可列出 4 路数据分配器的真值表，如表 4.14 所示。其函数表达式 $W_0=D\,\overline{A}\overline{B}$，$W_1=D\,\overline{A}B$，$W_2=DA\,\overline{B}$，$W_3=DAB$。可见，分配器实质上是地址译码器与数据 D 的组合，因而选择输入端有时也称地址选择输入端。

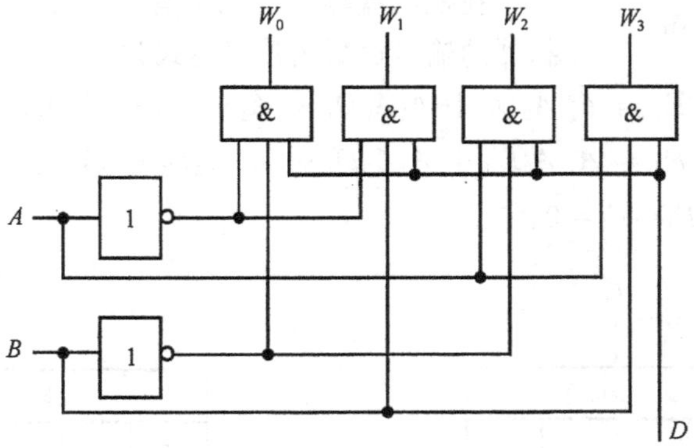

图 4.27 4 路数据分配器

表 4.14 数据分配器真值表

A	B	W_0	W_1	W_2	W_3
0	0	D	0	0	0
0	1	0	D	0	0
1	0	0	0	D	0
1	1	0	0	0	D

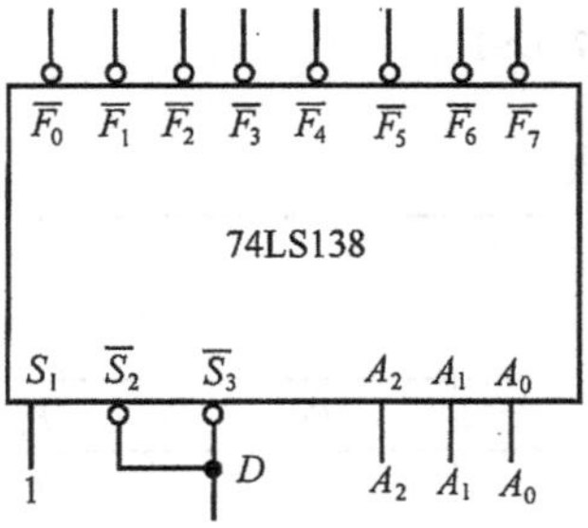

图 4.28 74LS138 构成 8 路数据分配器

数据分配器的功能可用译码器来实现。3 线-8线译码器 74LS138 有 3 个地址输入端，3 个控制输入端，8 个输出端，利用 74LS138 可以实现 8 路数据分配。例如用 74LS138 实现的 8 路数据分配器。74LS138 输出为低电平有效。当 $S_1=1$，$\overline{S}_2=\overline{S}_3=0$，满足译码条件时，若 $A_2A_1A_0=000$，则$\overline{F}_0=0$。当 $S_1=1$，$\overline{S}_2=\overline{S}_3=1$ 时，$\overline{F}_0\sim\overline{F}_7$ 全为 1，当然$\overline{F}_0=1$。如果$\overline{S}_2=\overline{S}_3=D$，则$\overline{F}_0=D$。若 $A_2A_1A_0=001$，则 $\overline{F}_1=D$；…；若 $A_2A_1A_0=111$，则$\overline{F}_7=D$。实现了 8 路数据分配。电路如图 4.28 所示。

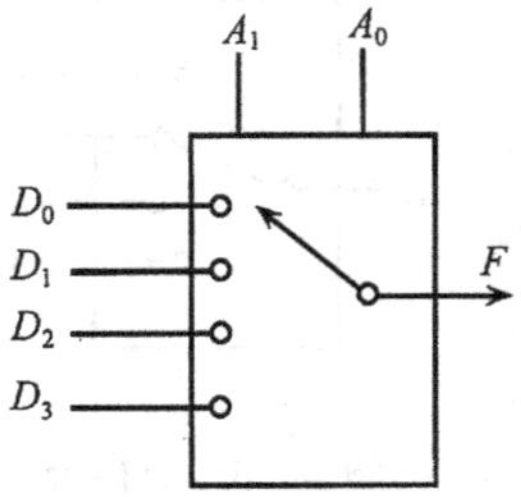

图 4.29 数据选择器原理示意图

2. 数据选择器

数据选择器又叫多路开关,数据选择器的逻辑功能是在地址选择信号的控制下,从多路数据中选择一路数据作为输出信号,数据选择器原理示意图如图 4.29 所示。图 4.30 表示出了双 4 选 1 数据选择器 74LS153 的逻辑图,它的功能见表 4.15 所示。

在控制端输入低电平有效,即$\overline{E}=\overline{E}'=0$时,数据选择器的输出逻辑函数表达式为

$$F_1=\overline{A}_1\,\overline{A}_0D_0+\overline{A}_1A_0D_1+A_1\,\overline{A}_0D_2+A_1A_0D_3$$

$$F_2=\overline{A}_1\,\overline{A}_0D_0'+\overline{A}_1A_0D_1'+A_1\,\overline{A}_0D_2'+A_1A_0D_3'$$

当$\overline{E}=\overline{E}'=1$时,$F_1=F_2=0$。

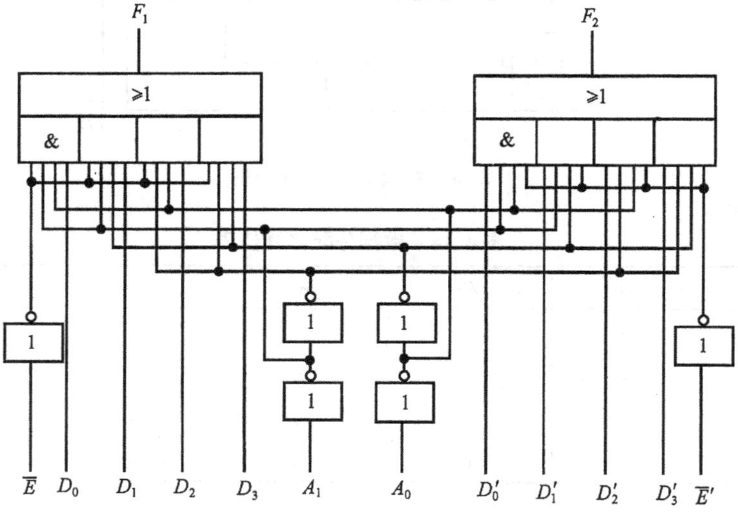

图 4.30 双 4 选 1 数据选择器 74LS153

表 4.15 74LS153 功能表

输入					输出	
地址选择		使能	数据			
A_1	A_0	$\overline{E}(\overline{E}')$	D_i	(D_i')	F_1	(F_2)
×	×	1	×	×	0	0
0	0	0	$D_0\sim D_3$	$(D_0'\sim D_3')$	D_0	(D_0')
0	1	0	$D_0\sim D_3$	$(D_0'\sim D_3')$	D_1	(D_1')
1	0	0	$D_0\sim D_3$	$(D_0'\sim D_3')$	D_2	(D_2')
1	1	0	$D_0\sim D_3$	$(D_0'\sim D_3')$	D_3	(D_3')

图 4.31 给出了 8 选 1 数据选择器 74LS151 的逻辑图，它的功能见表 4.16 所示。

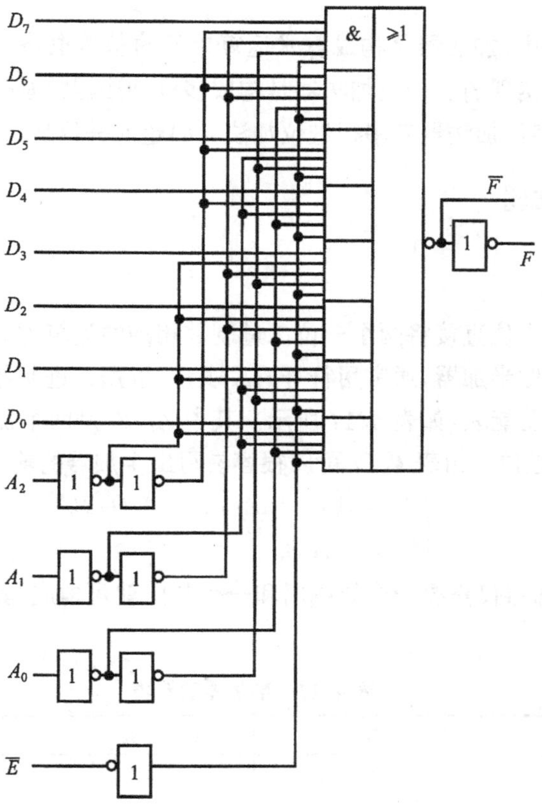

图 4.31　74151 的逻辑图

表 4.16　74LS151 的功能表

$\overline{E}$	A_2	A_1	A_0	F	$\overline{F}$
1	×	×	×	0	1
0	0	0	0	D_0	$\overline{D_0}$
0	0	0	1	D_1	$\overline{D_1}$
0	0	1	0	D_2	$\overline{D_2}$
0	0	1	1	D_3	$\overline{D_3}$
0	1	0	0	D_4	$\overline{D_4}$
0	1	0	1	D_5	$\overline{D_5}$
0	1	1	0	D_6	$\overline{D_6}$
0	1	1	1	D_7	$\overline{D_7}$

4.6 加 法 器

在数字系统中,加法器是构成算术运算单元的基本电路,加、减、乘、除四则运算都是通过加法实现的。一位加法器是构成多位加法器的基础。一位加法器有半加器和全加器;多位加法器有串行进位加法器和超前进位加法器。

4.6.1 一位加法器

1. 半加器

不考虑低位进位直接将两个一位二进制数相加的运算称做半加。实现半加运算的逻辑电路称做半加器,通常用符号HA表示。根据二进制数加法的运算规则可以列出半加器的功能表,如表4.17所示。其中 A_i,B_i 是两个加数,S_i 是相加的和,C_{i+1}是向高位的进位。由表4.17可以很容易写出半加器的输出逻辑表达式

$$\begin{cases} S_i = \overline{A}_i B_i + A_i \overline{B}_i = A_i \oplus B_i \\ C_{i+1} = A_i B_i \end{cases}$$

由上式可知,半加器仅需要一个异或门和一个与门就可构成。其逻辑图与符号如图4.32所示。

表 4.17 半加器功能表

A_i	B_i	S_i	C_{i+1}
0	0	0	0
0	1	1	0
1	0	1	0
1	1	0	1

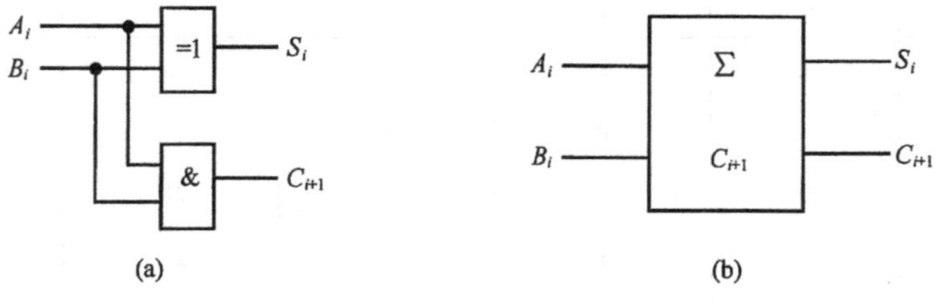

图 4.32 半加器

2. 全加器

两个一位二进制数相加时,若考虑来自低位的进位,即为全加运算。实际上进行了3个一位数的加法运算。实现全加运算的逻辑电路称做全加器,通常用符号

FA 表示。

依照二进制数的加法规则可列出全加器的功能表,如表 4.18 所示。由表 4.18 可以求出输出 S_i 和 C_{i+1}的逻辑表达式为

$$\begin{cases} S_i = \overline{\overline{A}_i\,\overline{B}_i\,\overline{C}_i + A_iB_i\,\overline{C}_i + \overline{A}_iB_iC_i + A_i\,\overline{B}_iC_i} \\ C_{i+1} = \overline{\overline{A}_i\,\overline{B}_i\,\overline{C}_i + \overline{A}_iB_i\,\overline{C}_i + A_i\,\overline{B}_i\,\overline{C}_i + \overline{A}_i\,\overline{B}_iC_i} = \overline{\overline{A}_i\,\overline{B}_i + \overline{A}_i\,\overline{C}_i + \overline{B}_i\,\overline{C}_i} \end{cases}$$

这里,S_i 和 C_{i+1}是由等于 0 的最小项相或得到其反函数,再取反构成的。按照上式画出的全加器逻辑图如图 4.33(a)所示,图 4.33(b)为其符号。实际上,全加器的电路结构还有其他形式,请读者参阅有关资料。

表 4.18　全加器功能表

C_i	A_i	B_i	S_i	C_{i+1}
0	0	0	0	0
0	0	1	1	0
0	1	0	1	0
0	1	1	0	1
1	0	0	1	0
1	0	1	0	1
1	1	0	0	1
1	1	1	1	1

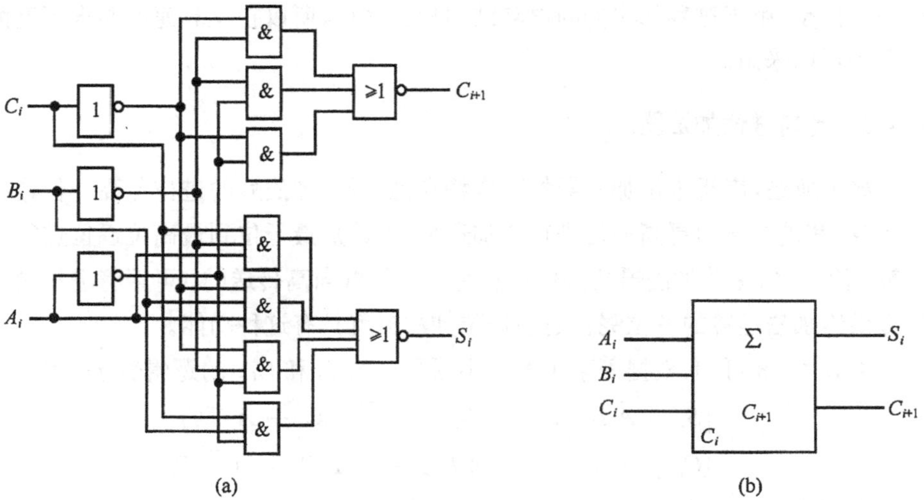

图 4.33　全加器

4.6.2　串行进位加法器

两个多位二进制数相加时,除了最低位之外,每一位相加都包括低位进位,因

此必须用全加器。按加法规则，只需将低位全加器的进位输出端C_{i+1}接到高位全加器的进位输入端C_i，就可以构成多位二进制加法器，这就是用全加器构成多位加法器的原理。按此原理，用全加器接成 4 位加法器的电路如图 4.34 所示，图中，最低位全加器的进位输入端C_i接低电平。从图 4.34 不难看出，每位的相加结果必须等到低它一位的进位产生以后才能得出。因此，这种结构形式的加法器称做串行进位加法器，也叫作行波进位加法器。

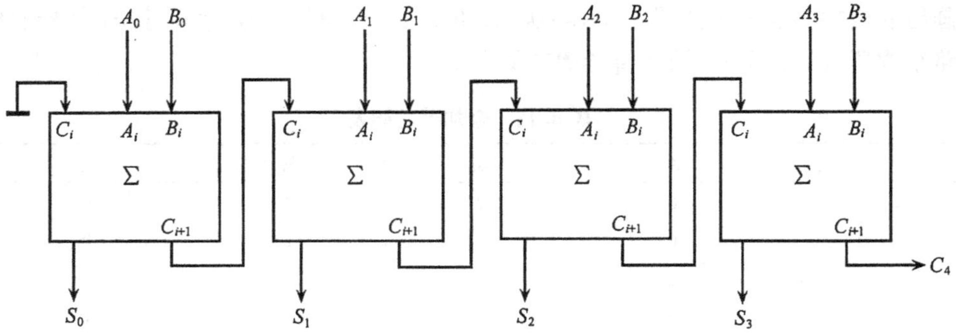

图 4.34　4 位串行进位加法器

由于这种加法器的进位方式是串行进位，所以运算速度低。在最坏情况下，做一次加法运算需要 4 个全加器的传输延迟时间。例如，$A=1111$，$B=0001$，这两个数相加，各位都有进位，完成加法运算所需的时间正好等于 4 个全加器的传输延迟时间。但是，由于这种加法器的电路结构较为简单，所以在运算速度要求不高的情况下仍可以采用。

4.6.3　超前进位加法器

如上所述，串行进位加法器的工作特点是，低位加法后的进位与高一位进行全加运算，其进位再和更高一位进行全加运算，如此从最低位到最高位逐位进行全加运算。简言之，这种加法器的进位信息是逐位从低向高传送的。可否将进位信号同时提供给加法运算的各位呢？超前进位加法器就具有这种功能。

由表 4.18 可知，根据等于 1 的最小项写出的S_i和C_{i+1}的逻辑表达式为

$$\begin{cases} S_i = \overline{A}_i B_i \overline{C}_i + A_i \overline{B}_i \overline{C}_i + \overline{A}_i \overline{B}_i C_i + A_i B_i C_i \\ C_{i+1} = A_i B_i \overline{C}_i + A_i B_i C_i + \overline{A}_i B_i C_i + A_i \overline{B}_i C_i \end{cases}$$

用卡诺图化简C_{i+1}的表达式，得

$$C_{i+1} = A_i B_i + (A_i + B_i) C_i$$

令$G_i = A_i B_i$，$P_i = A_i + B_i$，代入C_{i+1}并将S_i的表达式变换形式，则有

$$\begin{cases} S_i = A_i \oplus B_i \oplus C_i \\ C_{i+1} = G_i + P_i C_i \end{cases}$$

现在，将上式看作多位加法器中第i位的全加运算。其中，S_i表示第i位的全加和，C_i表示第i位的进位输出信号，即向高一位的进位信号。当$i=0\sim3$时，由上式可以得到0～3的全加和，进位输入信号以及第3位的进位输出信号分别为

$$\begin{cases}S_0 = A_0 \oplus B_0 \oplus C_0 \\ C_0 = C_0\end{cases}$$

$$\begin{cases}S_1 = A_1 \oplus B_1 \oplus C_1 \\ C_1 = G_0 + P_0C_0\end{cases}$$

$$\begin{cases}S_2 = A_2 \oplus B_2 \oplus C_2 \\ C_2 = G_1 + P_1C_1 = G_1 + P_1(G_0 + P_0C_0) = G_1 + P_1G_0 + P_1P_0C_0\end{cases}$$

$$\begin{cases}S_3 = A_3 \oplus B_3 \oplus C_3 \\ C_3 = G_2 + P_2C_2 = G_2 + P_2(G_1 + P_1G_0 + P_1P_0C_0) \\ \quad = G_2 + P_2G_1 + P_2P_1G_0 + P_2P_1P_0C_0\end{cases}$$

$$\begin{aligned}C_4 &= G_3 + P_3C_3 = G_3 + P_3(G_2 + P_2G_1 + P_2P_1G_0 + P_2P_1P_0C_0) \\ &= G_3 + P_3G_2 + P_3P_2G_1 + P_3P_2P_1G_0 + P_3P_2P_1P_0C_0\end{aligned}$$

其中，G_i称为进位生成函数，P_i称为进位传送函数。由上面的式子可以看出，每一位的进位输入信号均由低位的生成函数和传送函数构成。即第i位的进位输入信号是由0位到$(i-1)$位的各位输入$A_{i-1}\sim A_0$、$B_{i-1}\sim B_0$所决定的。由于加数和被加数输入$A_i\sim A_0$、$B_i\sim B_0$是一次性提供给运算电路的，如果设计一电路直接产生进位输入信号，不必等待低位全加运算后的进位，这样，各位即可同时实现全加运算。这时进位输入信号是超前各位全加运算先到达该位的，故称做超前进位。

根据上面式子构成的4位超前进位加法器74LS283，如图4.35所示。由图4.35不难看出，有

$$\begin{aligned}P_0\overline{G_0} &= (A_0 + B_0)\overline{A_0B_0} = (A_0 + B_0)(\overline{A_0} + \overline{B_0}) \\ &= A_0\overline{B_0} + \overline{A_0}B_0 = A_0 \oplus B_0\end{aligned}$$

则

$$S_0 = A_0 \oplus B_0 \oplus C_0$$

同理可以得出

$$P_1\overline{G_1} = A_1 \oplus B_1$$

进位信号

$$\begin{aligned}C_1 &= \overline{\overline{P_0} + \overline{G_0}\,\overline{C_0}} = P_0\,\overline{\overline{G_0}\,\overline{C_0}} = P_0G_0 + P_0C_0 \\ &= (A_0 + B_0)A_0B_0 + P_0C_0 = G_0 + P_0C_0 \\ S_1 &= A_1 \oplus B_1 \oplus C_1\end{aligned}$$

其他情况，依此类推。

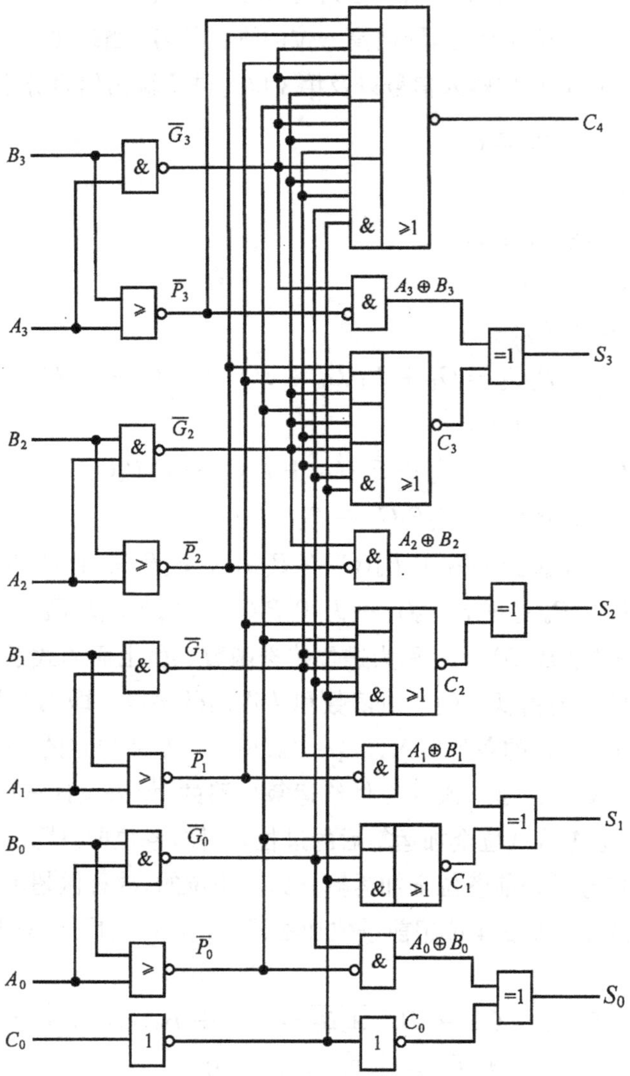

图 4.35　4 位超前进位加法器

4.7　数值比较器

用来比较两个位数相同二进制数的大小是否相等的逻辑电路称做数值比较器或数码比较器。比较两个数的大小一般应从它们的最高位开始比较，最高位数大的数就大，若最高位数相等，则比较次高位，如此逐位比较下去直至最低位。例如，两个 4 位二进制数 $A=A_3A_2A_1A_0$ 和 $B=B_3B_2B_1B_0$ 的比较过程如下：

若 $A_3>B_3$，则 $A>B$；

若 $A_3<B_3$，则 $A<B$；

若 $A_3=B_3, A_2>B_2$，则 $A>B$；

若 $A_3=B_3, A_2<B_2$，则 $A<B$；

若 $A_3=B_3, A_2=B_2, A_1>B_1$，则 $A>B$；

若 $A_3=B_3, A_2=B_2, A_1<B_1$，则 $A<B$；

若 $A_3=B_3, A_2=B_2, A_1=B_1, A_0=B_0$，则 $A=B$。

多位比较器是在一位比较器的基础上构成的，下面先介绍一位比较器，然后再介绍 4 位比较器。

4.7.1 一位数值比较器

比较二进制数 A 和 B 的第 i 位 A_i 和 B_i 的大小有三种可能的结果：$A_i>B_i$，$A_i<B_i$，$A_i=B_i$。其功能表如表 4.19 所示。由表 4.19 可以写出一位比较器的输出逻辑表达式，并可画出一位数值比较器的逻辑图，如图 4.36 所示。

表 4.19 一位数值比较器功能表

输入		输出		
A_i	B_i	$A_i>B_i$	$A_i<B_i$	$A_i=B_i$
0	0	0	0	1
0	1	0	1	0
1	0	1	0	0
1	1	0	0	1

$$(A_i>B_i)=A_i\overline{B_i}$$

$$(A_i<B_i)=\overline{A_i}B_i$$

$$(A_i=B_i)=A_iB_i+\overline{A_i}\,\overline{B_i}=\overline{A_i\oplus B_i}$$

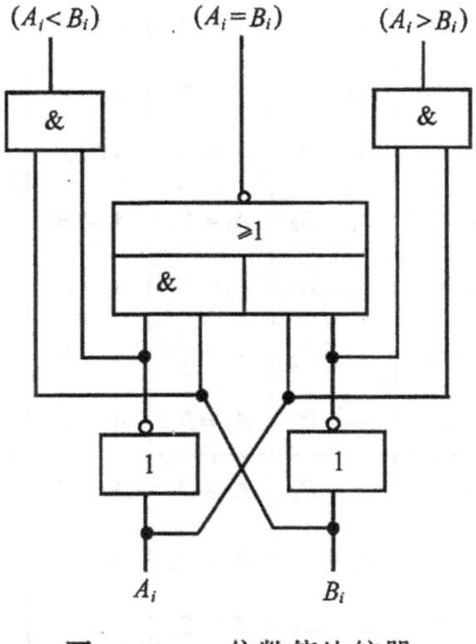

图 4.36 一位数值比较器

4.7.2 4 位数值比较器

4 位集成数值比较器 74LS85 的功能表如表 4.20 所示。其中输入端 $(a>b)$，$(a<b)$ 和 $(a=b)$ 为低 4 位的级联输入；表下部的 5 行给出了不正常级联输入和输出的情况。当不使用级联输入时，应将 $(a>b)$ 和 $(a<b)$ 两端接低电平，$(a=b)$ 接高电平。

在级联输入端的约束条件下，由表 4.20 写出的输出逻辑表达式为

$$\begin{aligned}(A>B)=&A_3\overline{B_3}+\overline{A_3\oplus B_3}\cdot A_2\overline{B_2}+\overline{A_3\oplus B_3}\cdot\overline{A_2\oplus B_2}\cdot A_1\overline{B_1}\\&+\overline{A_3\oplus B_3}\cdot\overline{A_2\oplus B_2}\cdot\overline{A_1\oplus B_1}\cdot A_0\overline{B_0}\\&+\overline{A_3\oplus B_3}\cdot\overline{A_2\oplus B_2}\cdot\overline{A_1\oplus B_1}\cdot\overline{A_0\oplus B_0}\cdot(a>b)\end{aligned}$$

$$
\begin{aligned}
(A<B)=&\overline{A}_3B_3+\overline{A_3\oplus B_3}\cdot\overline{A}_2B_2+\overline{A_3\oplus B_3}\cdot\overline{A_2\oplus B_2}\cdot\overline{A}_1B_1\\
&+\overline{A_3\oplus B_3}\cdot\overline{A_2\oplus B_2}\cdot\overline{A_1\oplus B_1}\cdot\overline{A}_0B_0\\
&+\overline{A_3\oplus B_3}\cdot\overline{A_2\oplus B_2}\cdot\overline{A_1\oplus B_1}\cdot\overline{A_0\oplus B_0}\cdot(a<b)\\
(A=B)=&\overline{A_3\oplus B_3}\cdot\overline{A_2\oplus B_2}\cdot\overline{A_1\oplus B_1}\cdot\overline{A_0\oplus B_0}\cdot(a=b)
\end{aligned}
$$

表 4.20　4 位集成数值比较器 74LS85 功能表

输入							输出		
A_3　B_3	A_2　B_2	A_1　B_1	A_0　B_0	$(a>b)$	$(a<b)$	$(a=b)$	$(A>B)$	$(A<B)$	$(A=B)$
$A_3>B_3$	×　×	×　×	×　×	×	×	×	1	0	0
$A_3<B_3$	×　×	×　×	×　×	×	×	×	0	1	0
$A_3=B_3$	$A_2>B_2$	×　×	×　×	×	×	×	1	0	0
$A_3=B_3$	$A_2<B_2$	×　×	×　×	×	×	×	0	1	0
$A_3=B_3$	$A_2=B_2$	$A_1>B_1$	×　×	×	×	×	1	0	0
$A_3=B_3$	$A_2=B_2$	$A_1<B_1$	×　×	×	×	×	0	1	0
$A_3=B_3$	$A_2=B_2$	$A_1=B_1$	$A_0>B_0$	×	×	×	1	0	0
$A_3=B_3$	$A_2=B_2$	$A_1=B_1$	$A_0<B_0$	×	×	×	0	1	0
$A_3=B_3$	$A_2=B_2$	$A_1=B_1$	$A_0=B_0$	1	0	0	1	0	0
$A_3=B_3$	$A_2=B_2$	$A_1=B_1$	$A_0=B_0$	0	1	0	0	1	0
$A_3=B_3$	$A_2=B_2$	$A_1=B_1$	$A_0=B_0$	0	0	1	0	0	1
$A_3=B_3$	$A_2=B_2$	$A_1=B_1$	$A_0=B_0$	1	0	1	1	0	1
$A_3=B_3$	$A_2=B_2$	$A_1=B_1$	$A_0=B_0$	0	1	1	0	1	1
$A_3=B_3$	$A_2=B_2$	$A_1=B_1$	$A_0=B_0$	1	1	1	1	1	1
$A_3=B_3$	$A_2=B_2$	$A_1=B_1$	$A_0=B_0$	1	1	0	1	1	0
$A_3=B_3$	$A_2=B_2$	$A_1=B_1$	$A_0=B_0$	0	0	0	0	0	0

由上式可以得出 4 位数值比较器的逻辑图如图 4.37 所示。由图 4.36 可知，它基本上是由 4 个一位数值比较器构成的。

由两片 74LS85 构成 8 位数值比较器的连线图如图 4.38 所示。图中，数的高 4 位 $A_7\sim A_4$，$B_7\sim B_4$ 分别加在高位片的 $A_3\sim A_0$，$B_3\sim B_0$ 端；低位片的输出 $(A>B)$，$(A<B)$ 和 $(A=B)$ 分别连在高位片的级联输入端 $(a>b)$，$(a<b)$ 和 $(a=b)$ 上；数的低 4 位 $A_3\sim A_0$，$B_3\sim B_0$ 分别接在低位片的 $A_3\sim A_0$，$B_3\sim B_0$ 端；低位片的级联输入端 $(a>b)$，$(a=b)$ 和 $(a<b)$ 分别接低电平、高电平和低电平。

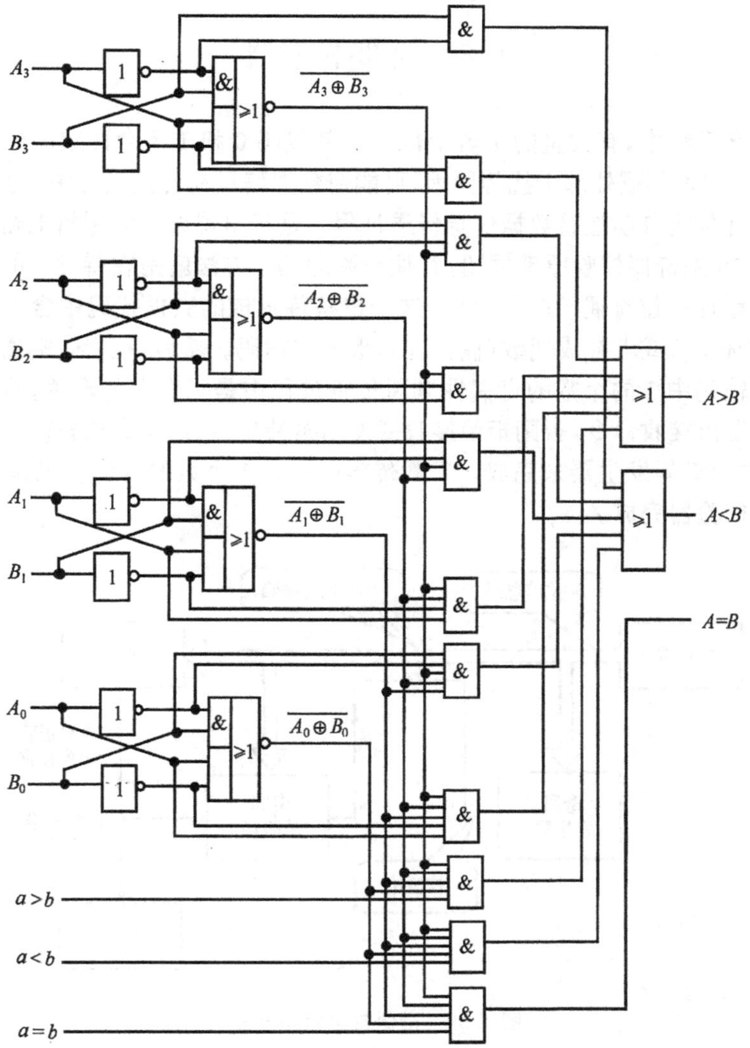

图 4.37　4 位数值比较器

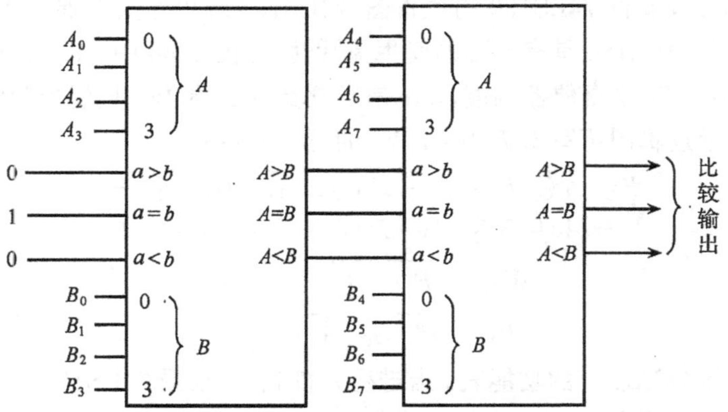

图 4.38　8 位数值比较器

4.8 奇偶校验器

在数字系统中,有大量的由若干位二进制代码 0 和 1 组合而成的数据传输要求。由于系统内部或外部干扰等原因,可能使数据信息在传输过程中产生错误。奇偶校验器就是能自动检验数据信息传送过程中是否出现误传的逻辑电路。

图 4.39 是奇偶校验原理框图。奇偶校验的基本方法就是在待发送的有效数据位之外再增加一位奇偶校验位,利用这一位将待发送的数据代码中含 1 的个数补成奇数(奇校验)或者补成偶数(偶校验),形成传输码。然后,在接收端通过检查接收到的传输码中 1 的个数的奇偶性判断传输过程中是否有误传现象,传输正确则向接收端发出接收命令,否则拒绝接收或发出报警信号。产生奇偶校验位的工作由图 4.39 中的奇偶发生器来完成。判断传输码中含 1 个数的奇偶性工作由图 4.39 中的奇偶校验器完成。

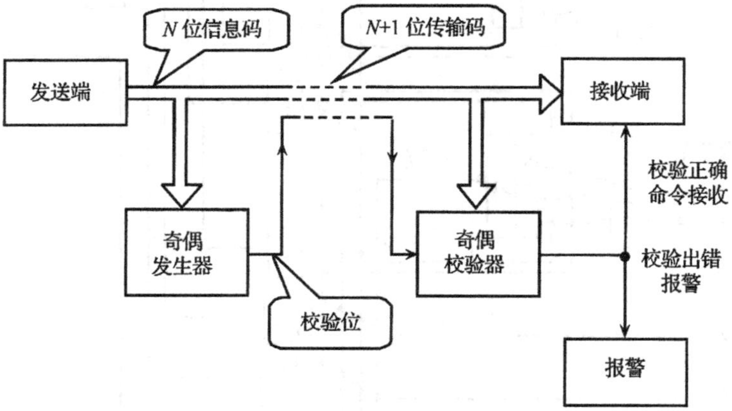

图 4.39 奇偶校验原理框图

目前常用的中规模集成奇偶发生器、校验器有 74LS180。图 4.40 是中规模集成奇偶发生器/校验器 74LS180 的逻辑图,74LS180 既可作为奇偶发生器,也可作为奇偶校验器。74LS180 具有较强的使用灵活性。在图 4.40 中,$A,B,\cdots,H$ 是 8 位输入代码,S_{OD}和 S_E 是奇偶控制端,W_{OD}是奇校验输出端,W_E 是偶校验输出端。根据图 4.40 所示逻辑图可写出 P、W_{OD}、W_E 的逻辑表达式:

$$P=\overline{A\oplus B}\oplus\overline{C\oplus D}\oplus\overline{E\oplus F}\oplus\overline{G\oplus H}$$
$$=A\oplus B\oplus C\oplus D\oplus E\oplus F\oplus G\oplus H$$
$$W_{OD}=\overline{P\cdot S_{OD}+\overline{P}\cdot S_E}$$
$$W_E=\overline{\overline{P}\cdot S_{OD}+P\cdot S_E}$$

表 4.21 是 74LS180 的功能表。当进行奇校验时,根据 74LS180 的功能表,S_{OD}应接 1,S_E 应接 0。若把 74LS180 作为奇偶发生器,则校验码从 W_{OD}引出。这种接法

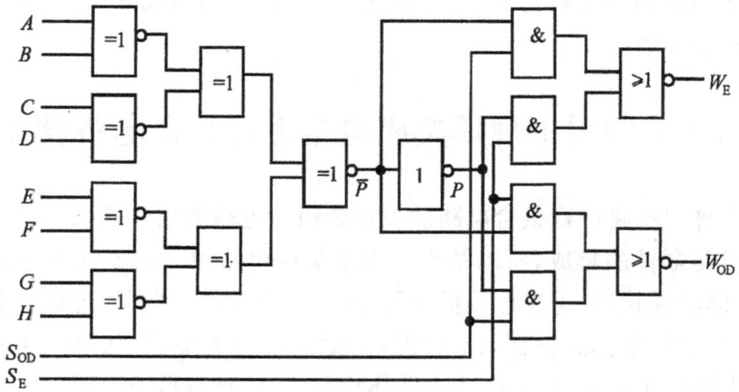

图 4.40　8 位奇偶发生器/校验器 74LS180 的逻辑图

表 4.21　74LS180 的功能表

输入			输出	
A～H 中 1 的个数	S_E	S_{OD}	W_E	W_{OD}
偶　数	1	0	1	0
奇　数	1	0	0	1
偶　数	0	1	0	1
奇　数	0	1	1	0
×	1	1	0	0
×	0	0	1	1

保证了 9 位传输码中有奇数个 1。图 4.41 是一个 8 位奇校验系统，在发送端，奇偶发生器(74LS180)的输出端 W_{OD1}给出待传输的 8 位代码的校验码，形成 9 位传输码。在接收端，奇偶校验器的 S_{OD}端接收校验码位，若 8 位数据代码中有奇数个 1，奇偶发生器的 W_{OD1}一定发出 0 信号，这就意味着奇偶校验器的 $S_{OD}=0$，$S_E=1$，根据 74LS180 的功能表可知，若传输正确，奇偶校验器的 W_{OD2}端应输出 1 信号。若 W_{OD2}端输出 0 信号，就说明传输有错误。

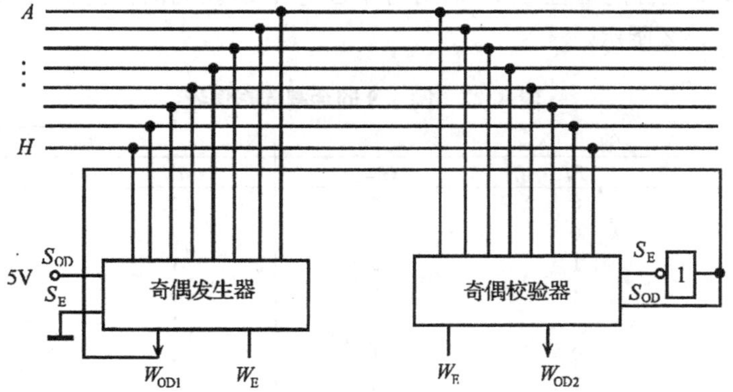

图 4.41　8 位奇校验系统

在上述的奇偶校验系统中，如果有两位同时产生错误或者校验码位产生错误，系统则无校验能力。

4.9 利用中规模集成电路进行组合电路设计

利用各种门电路进行组合电路的设计是组合电路的设计基础。由于小规模集成电路仅仅是器件的集成，所以基于小规模集成电路设计而成的组合逻辑电路体积较大，总体功耗较高，可靠性较低，而且还不易于设计、调试和维护。而中规模集成电路如译码器，数据选择器，加法器等是逻辑部件的集成，利用中规模集成电路进行组合电路的逻辑设计，可以使电路体积较小，功耗较低，可靠性大为提高，而且易于设计、调试和维护。

利用中规模集成电路进行组合逻辑电路的设计，要求器件选择合理，充分利用器件的功能。为提高可靠性要求，互相连线要尽可能的少。电路性能指标的考核主要是芯片的使用数量和总体价格的高低。

利用中规模集成电路进行组合电路设计的步骤与前面介绍的组合逻辑电路的设计方法基本相同，只是在列出逻辑表达式后，要将其变换成与所选用的中规模集成电路的表达式相似的形式，以利用所选用的器件实现其逻辑功能。

下面介绍用具体的中规模集成电路进行组合逻辑电路设计的方法。

1. 利用译码器实现组合逻辑电路的设计

由于译码器的所有输出是由输入变量的全部最小项的非组成的，这样我们就可以利用与非门组合出全部或部分最小项之和，即可以由 n 线-2^n 线译码器生成任何形式的由 n 变量构成的与或表达式。译码器的编码输入就是逻辑函数的变量输入，进而可以实现任何组合逻辑函数的设计。

【例 4.9】 用 74LS138 和适当的门电路实现一位二进制全减器。

解：全减器可以实现一位被减数和减数的二进制减法运算。输入为被减数 A_i、减数 B_i 和表示低位的借位 G_{i-1}，输出为本位的差 D 及向高位的借位 G_i。全减器的真值表如表 4.22 所示。

表 4.22 例 4.9 的全减器真值表

输入			输出	
A_i	B_i	G_{i-1}	D_i	G_i
0	0	0	0	0
0	0	1	1	1
0	1	0	1	1
0	1	1	0	1
1	0	0	1	0
1	0	1	0	0
1	1	0	0	0
1	1	1	1	1

由表4.22可以写出差数D_i和借位G_i的逻辑函数表达式：

$$D_i(A_i,B_i,G_{i-1}) = m_1 + m_2 + m_4 + m_7$$

$$G_i(A_i,B_i,G_{i-1}) = m_1 + m_2 + m_3 + m_7$$

对上述逻辑函数表达式进行适当变换后，可得

$$D_i(A_i,B_i,G_{i-1}) = \overline{\overline{m_1} \cdot \overline{m_2} \cdot \overline{m_4} \cdot \overline{m_7}}$$

$$G_i(A_i,B_i,G_{i-1}) = \overline{\overline{m_1} \cdot \overline{m_2} \cdot \overline{m_3} \cdot \overline{m_7}}$$

由于译码器可以产生输入变量的所有最小项的非，所以可利用74LS138产生m_1,m_2,m_3,m_4,m_7这5个最小项的非，再利用两个与非门，就可实现D_i和G_i的输出。在这里，全减器的输入变量A_i,B_i,G_{i-1}分别要与译码器的输入A_2,A_1,A_0相连接，而译码器要处在使能状态，其使能端S_1接高电平，$\overline{S}_2$和$\overline{S}_3$接低电平，译码器相应的输出端(最小项的非)接D_i和G_i所需的非门，便可得到所需的输出D_i,G_i。全减器的逻辑电路图如图4.42所示。

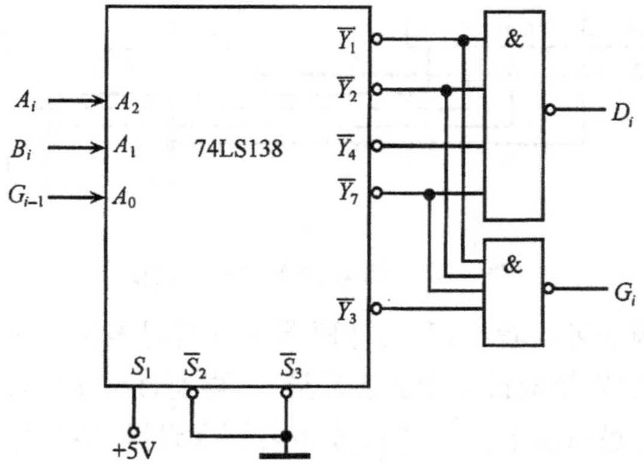

图4.42 全减器的逻辑电路图

【例4.10】 用74LS138和适当的门电路实现逻辑函数

$$F(A,B,C,D) = \sum m(1,3,5,7,9,11,13,15)$$

解：由于给定的逻辑函数有4个输入变量，有16种可能的输入组合，则可以使用4输入16输出的译码器来实现。而74LS138只是3位编码输入的译码器，要实现4位编码输入的译码器，就要利用两片74LS138译码器，即要把两个3输入8输出的译码器扩展成4输入16输出的译码器。对于给定的逻辑函数需做相应的变换：

$$F(A,B,C,D) = \overline{\overline{m_1}\,\overline{m_3}\,\overline{m_5}\,\overline{m_7}\,\overline{m_9}\,\overline{m_{11}}\,\overline{m_{13}}\,\overline{m_{15}}}$$

这样，只要将逻辑函数的B,C,D分别接到两片74LS138译码器的输入端A_2,A_1,A_0上，同时将逻辑函数最高位的输入变量A作为两片74LS138译码器的片选信号，即可实现该逻辑函数。

将逻辑函数最高位的输入变量A作为片选信号有多种办法，在这里，当A为0

时，选中译码器芯片Ⅰ，使其输出m_1,m_3,m_5,m_7，而译码器芯片Ⅱ不被选中；当A为1时，选中译码器芯片Ⅱ，使其输出m_9,m_{11},m_{13},m_{15}，而译码器芯片Ⅰ不被选中。只要将A接到译码器芯片Ⅰ的$\overline{S}_2$上和译码器芯片Ⅱ的S_1上，而译码器芯片Ⅰ的S_1接高电平，$\overline{S}_3$接低电平，译码器芯片Ⅱ的$\overline{S}_2$和$\overline{S}_3$接低电平，就可以实现上述要求。其逻辑电路图如图4.43所示。

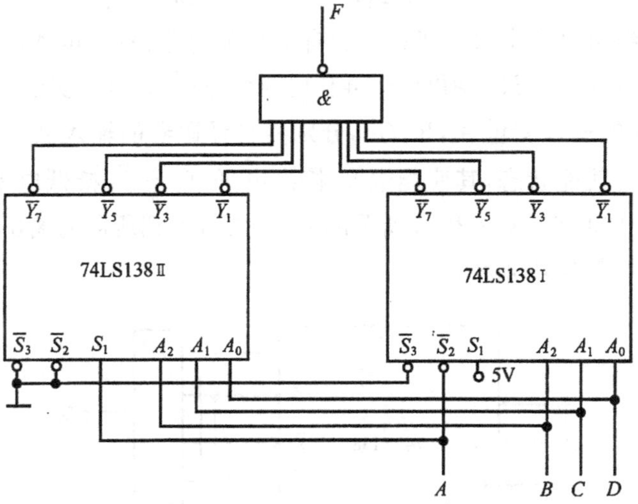

图4.43　例4.10的逻辑电路图

通过上面的例子可以看出，利用译码器可以实现多输入多输出的组合逻辑函数，只要将逻辑函数转换成最小项的表现形式，再通过两次取反，做相应的变换，选择编码输入个数与逻辑函数输入变量数相同的译码器，经与非门就可实现组合逻辑函数的设计。

2. 利用数据选择器实现组合逻辑电路的设计

我们以双4选1数据选择器为例，说明如何用数据选择器实现逻辑函数。其输出逻辑函数可以表示为

$$\begin{aligned}W &= \overline{A}_1\,\overline{A}_0D_0 + \overline{A}_1A_0D_1 + A_1\,\overline{A}_0D_2 + A_1A_0D_3 \\ &= m_0D_0 + m_1D_1 + m_2D_2 + m_3D_3\end{aligned}$$

其中，m_i是由A_1，A_0构成的最小项。

一个二变量函数$F(a,b)$可以展开成下面的形式：

$$F(a,b) = \overline{a}\overline{b}F(0,0) + \overline{a}bF(0,1) + a\overline{b}F(1,0) + abF(1,1)$$

如用4选1数据选择器实现逻辑函数$F(a,b)$，即$W=F(a,b)$，若令$A_0=b$，$A_1=a$，则

$$D_0 = F(0,0)$$

$$D_1 = F(0,1)$$

$$D_2 = F(1,0)$$
$$D_3 = F(1,1)$$

这说明，在用数据选择器实现逻辑函数时，只要给出函数的真值表或最小项标准式即可，不必进行逻辑化简。

【例 4.11】 用数据选择器实现逻辑函数：

$$F(a,b) = a\bar{b} + \bar{a}b = m_1 + m_2$$

解：函数有两个变量，可用 4 选 1 数据选择器实现。容易求得

$$F(0,0) = 0, \quad F(0,1) = 1, \quad F(1,0) = 1, \quad F(1,1) = 0$$

将 a 接数据选择器的地址端 A_1，将 b 接地址端 A_0，则数据选择器的数据输入为

$$D_0 = F(0,0) = 0$$
$$D_1 = F(0,1) = 1$$
$$D_2 = F(1,0) = 1$$
$$D_3 = F(1,1) = 0$$

从而得到图 4.44 所示的逻辑电路图。

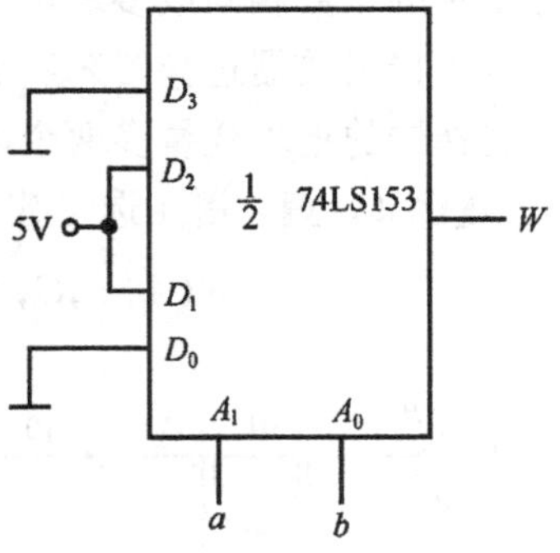

图 4.44 例 4.11 的逻辑电路图

用 4 选 1 数据选择器也可实现三变量的逻辑函数，因为，利用展开定理，一个三变量逻辑函数可以展开成下式：

$$F(a,b,c) = \bar{a}\bar{b}\,F(0,0,c) + \bar{a}b\,F(0,1,c) + a\bar{b}\,F(1,0,c) + ab\,F(1,1,c)$$

与 4 选 1 数据选择器的逻辑表达式相比，可以得出，若将 a 接 A_1，b 接 A_0，再令

$$D_0 = F(0,0,c)$$
$$D_1 = F(0,1,c)$$
$$D_2 = F(1,0,c)$$
$$D_3 = F(1,1,c)$$

就可用 4 选 1 数据选择器实现三变量的逻辑函数。

【例 4.12】 利用 74LS153 实现逻辑函数 $F(A,B,C)=\sum m(0,3,4,5)$。

解：为简化利用数据选择器进行组合逻辑电路设计的方法，可将该逻辑函数表示在卡诺图上。根据前面介绍的用 4 选 1 数据选择器实现三变量逻辑函数的特点，D_0 由 m_0，m_1 决定。在卡诺图上，如果 $m_0=m_1=0$，则表明 D_0 应接 0；如果 $m_0=m_1=1$，则表明 D_0 应接 1；如果 $m_0=0$，$m_1=1$，则说明当 $C=1$ 时 $m_1=1$，表明 D_0 应接 C；如果 $m_0=1$，$m_1=0$，则说明当 $C=0$ 时 $m_0=1$，表明 D_0 应接$\overline{C}$。而 D_1 由 m_2，m_3 决定，D_2 由 m_4，m_5 决定，D_3 由 m_6，m_7 决定，D_i 的取值情况类似于上面对 D_0 取值情况的分析。

因此，可以在卡诺图上直接求得利用 4 选 1 数据选择器实现三变量逻辑函数

的 D_i 的取值情况，当然，A,B 变量要接到 4 选 1 数据选择器的数据选择端 A_1,A_0。其卡诺图如图 4.45 所示。由卡诺图可得：$D_0=\overline{C}$,$D_1=C$,$D_2=1$,$D_3=0$。其电路图如图 4.46 所示。

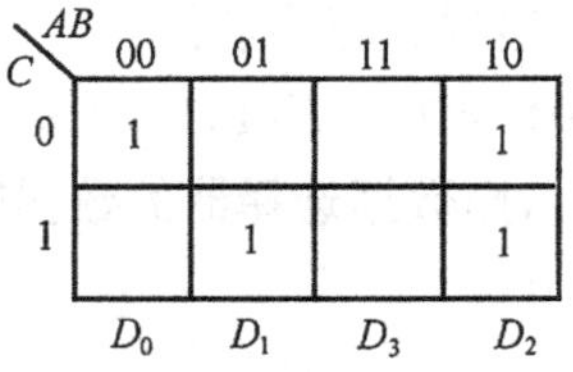

图 4.45　例 4.12 的卡诺图

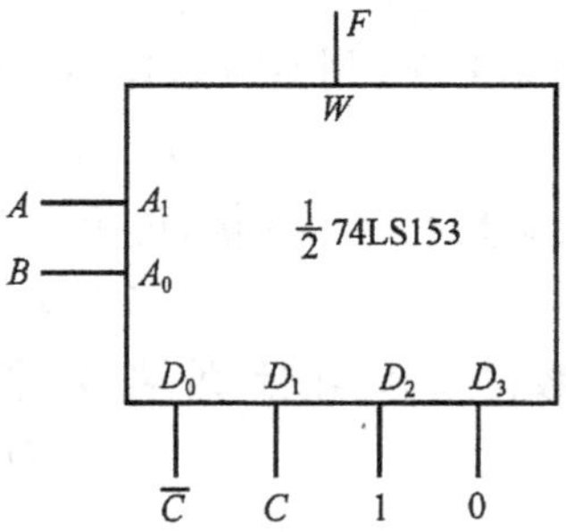

图 4.46　例 4.12 的逻辑电路图

通过上面的两个例子我们可以看到，当逻辑函数的变量个数与数据选择器地址变量的个数相同或多一位时，可以不附加任何电路，只要提供原、反变量输入，就可以直接用数据选择器来实现该逻辑函数。当需要设计的逻辑函数的输入端比数据选择器的地址变量多两个以上时，通常需要增加附加门电路来实现。

【例 4.13】　用 4 选 1 数据选择器实现

$$F(A,B,C,D)=\sum m(0,1,2,3,4,6,7,13,14)$$

解：很显然，该逻辑函数共有 4 个输入变量，而 4 选 1 数据选择器只有两个地址变量输入端，当逻辑变量 A,B 分别接数据选择器地址变量的 A_1,A_0 时，数据选择器的数据输入端 D_i 就要由逻辑变量 C,D 的组合来决定。该函数的卡诺图如图 4.47 所示。

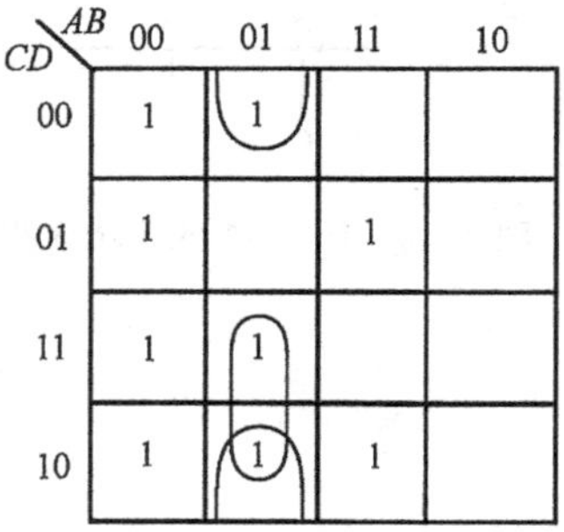

图 4.47　例 4.13 的卡诺图

由卡诺图可知：

当 $AB=00$ 时，$F=1$，所以 $D_0=1$；

当 $AB=01$ 时，F 的输出与 C,D 的组合有关，这时 $F=C+\overline{D}$，假设用与非门实现，则 $D_1=\overline{\overline{C}D}$；

当 $AB=10$ 时，$F=0$，则 $D_2=0$；

当 $AB=11$ 时，$F=\overline{C}D+C\,\overline{D}$，假设可以用异或门实现，则 $D_3=C\oplus D$。

由此，我们可以得到由 4 选 1 数据选择器实现该函数的逻辑电路图，如图 4.48 所示。

由于数据选择器只有一个输出端，所以，我们常用它来实现单输出端的组合逻辑电路。

3. 利用加法器实现组合逻辑电路的设计

由于加法器的功能主要是完成二进制的加法运算，所以利用加法器来进行组合逻辑电路的设计，就要对逻辑函数进行相应的变换，一般要将其变换成一组变量与另一组变量或一组常量在数值上相加的形式，只有这样才能充分利用加法器的功能和特性。

一般当我们设计二进制可逆加减器、十进制加法器、代码转换电路时，可利用加法器来实现。下面我们通过例子来说明。

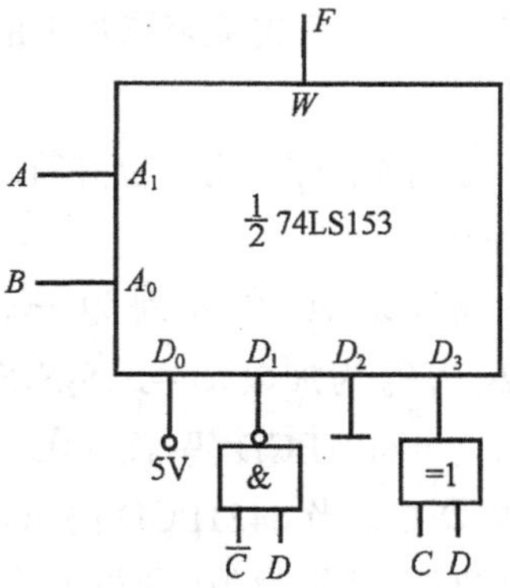

图 4.48　例 4.13 的逻辑电路图

【例 4.14】 利用 74LS283 设计一个 4 位加法/减法器。

解：设 A，B 分别为 4 位二制数，$A=a_3a_2a_1a_0$，$B=b_3b_2b_1b_0$，A 为被加数或被减数，B 为加数或减数，$S=S_3S_2S_1S_0$，S 为和或差。

由于该加/减法器具备加、减两种功能，因此要设定一个功能选择变量 M，假设 $M=0$ 时做加法，$M=1$ 时做减法，而减法要用补码来进行运算。

由于 4 位二进制加法器 74LS283 本身就具备二进制加法功能，所以这里我们主要是要在其基础之上实现减法功能。由于通过补码表示可以把减法变成加法运算，所以这里主要的工作就是将 $-B$ 变成补码。因为补码可通过按位取反，末尾加 1 的方法来实现，所以我们可以利用异或门来取反，再利用 74LS283 的低位进位 C_0 端连上功能选择变量 M 来实现该加/减法器。其逻辑电路如图 4.49 所示。

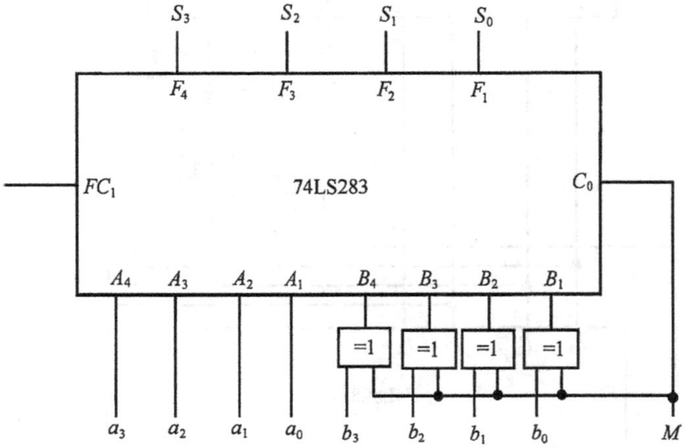

图 4.49　4 位加法/减法器

由该电路可以分析出，当 $M=0$ 时，$b_i \oplus 0=b_i$，完成的是 $A+B$ 的加法工作；当 $M=1$ 时，$b_i \oplus 1=\bar{b}_i$，送到 B_i 端的数值为 $\bar{b}_i$，即 B 的反码，由于 M 又送给了 C_0，在做

加法时同时完成了末尾加 1 的工作。所以当 $M=1$ 时实现了 $A+(-B)$的减法功能。

【例 4.15】 用 4 位并行二进制加法器 74LS283 设计一位 8421BCD 码十进制加法器。

解：设 A, B 分别为一位的 8421BCD 码，$A=A_3A_2A_1A_0$ 为被加数，$B=B_3B_2B_1B_0$ 为加数，$S=S_3S_2S_1S_0$ 为和。当利用 74LS283 进行 $A+B$ 的工作时，由于 A, B 为 8421BCD 码，而 74LS283 实现的是 4 位二进制加法功能，所以得到的结果需要调整。当 8421BCD 码 A, B 相加有进位时，表明该进位为 16，而一位十进制数相加时的进位为 10，所以要在十进制数个位上进行加 6 调整；而 A, B 相加有时还可能出现这种情况，就是十进制的个位出现了非 8421BCD 码的冗余码，而出现冗余码的原因是本应逢十进一，向上进位，但由于加法器是 4 位二进制加法器，4 位二进制数相加向上进位为逢十六进一，所以为保证出现冗余码时能够进位（逢十进一），也需要进行加 6 调整。

一位 8421BCD 码加法器的逻辑电路图如图 4.50 所示。在图 4.50 中，两位十进制数及低位进位首先在 74LS283 Ⅰ 中相加，相加的结果需要进行调整，根据前面的分析，调整要加 6，即当 74LS283 Ⅰ 的 FC_4 为 1 或结果为冗余码时，要在

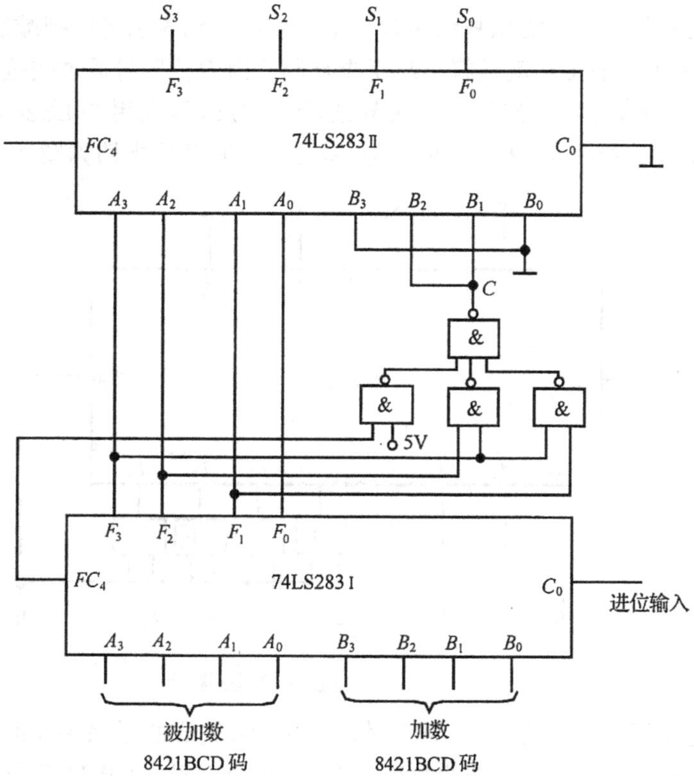

图 4.50 例 4.15 的逻辑电路图

74LS283 Ⅰ 的结果上加 6，所以需要另一片 74LS283 Ⅱ 完成加 6 操作。

由图 4.50 可知，C 点输出为

$$C = FC_4 + F_3F_2 + F_3F_1$$

表明当 74LS283 Ⅰ 的 FC_4 为 1 时需要加 6 调整，74LS283 Ⅰ 的 F_3F_2 同时为 1（74LS283 Ⅰ 输出的结果为 1100，1101，1110，1111）或 F_3F_1 同时为 1（74LS283 Ⅰ 输出结果为 1010，1011）也需要加 6 调整，即有冗余码输出时进行加 6 调整。而将 C 接到 74LS283 Ⅱ 的 B_2B_1 端，同时 B_3 和 B_0 接地，则可在 74LS283 Ⅱ 上实现根据 C 的输出对 74LS283 Ⅰ 的输出进行加 6 调整。

【例 4.16】 把用 8421BCD 码表示的两位十进制数转换成二进制数。

解：设有一个两位的十制数 D，其 BCD 码为 $D=B_{80}B_{40}B_{20}B_{10}B_8B_4B_2B_1$，将此式按权展开：

$$\begin{aligned} D= & B_{80}\times 80 + B_{40}\times 40 + B_{20}\times 20 + B_{10}\times 10 \\ & + B_8\times 8 + B_4\times 4 + B_2\times 2 + B_1\times 1 \\ = & B_{80}\times(64+16) + B_{40}\times(32+8) + B_{20}\times(16+4) \\ & + B_{10}\times(8+2) + B_8\times 8 + B_4\times 4 + B_2\times 2 + B_1\times 1 \\ = & B_{80}\times 2^6 + B_{40}\times 2^5 + (B_{80}+B_{20})\times 2^4 + (B_{40}+B_{10}+B_8)\times 2^3 \\ & + (B_{20}+B_4)\times 2^2 + (B_{10}+B_2)\times 2^1 + B_1\times 2^0 \end{aligned}$$

该式说明，两位十进制数对应 7 位二进制数。设该 7 位二进制数为

$$b_6 \quad b_5 \quad b_4 \quad b_3 \quad b_2 \quad b_1 \quad b_0$$

则 $b_6, b_5, b_4, b_3, b_2, b_1, b_0$ 可根据上式求得。例如 b_1 对应 $B_{10}+B_2$，这可用全加器实现。

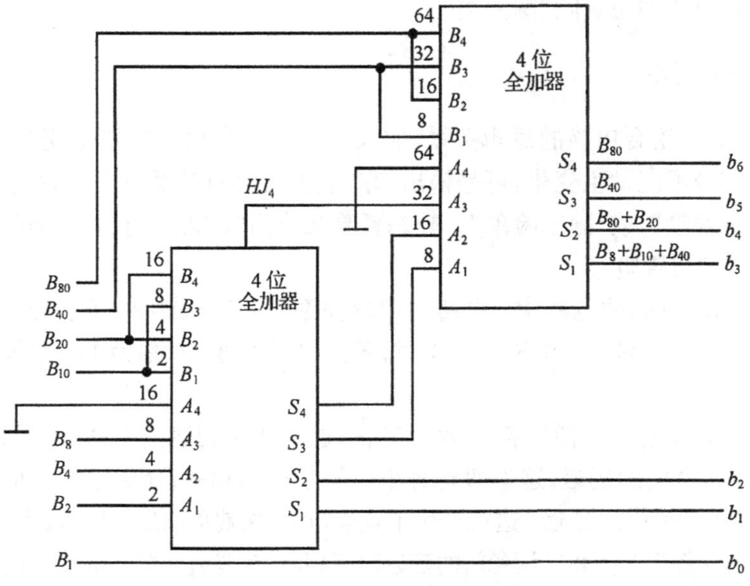

图 4.51　8421BCD 码转换为二进制码的电路

但必须注意，相加产生的进位（用 J_1 表示）要送到高位相加，而 b_1 则等于 $B_{10}+B_2$ 的本位和。b_1 的高一位是 b_2，根据上式可知，b_2 等于 $B_{20}+B_4+J_1$ 后的本位和，而三数相加产生的进位还要送到高位参与 b_3 的计算，依此类推。可见该代码变换转换过程可用 7 位二进数的加法运算来实现。使用两片 4 位全加器就可将两位 8421BCD 码换为 7 位二进制码。其逻辑电路图如图 4.51 所示。

4.10 组合逻辑电路的竞争与冒险

在这一章里，我们讨论了几种常用的组合逻辑电路。讨论的着眼点在于电路的输出信号与输入信号间的逻辑关系。这里的“输入信号”和“输出信号”指的是逻辑电路中的稳定状态。由于各种组合电路对输入信号都有延迟，因此，当输入信号发生变化并进入稳定状态时，输出信号并不能马上进入稳定状态，而要经过一段时间。在这段时间里，输出信号怎样变化，我们并没讨论。在这一节中，我们将讨论这个问题。

在组合逻辑电路中，当输入信号发生变化时，这种变化可能经过不同的途径到达电路中同一个门的不同输入端。由于不同途径的延迟时间不同，到达就有先后，我们把这种现象叫作“竞争”。由于竞争的存在，在输出信号达到稳定之前，可能出现短暂的错误输出。但不是每一次竞争都会产生错误输出。我们把能产生错误输出的竞争称为“临界竞争”；把不能产生错误输出的竞争称为“非临界竞争”。当组合逻辑电路中有临界竞争时，输入信号的变化会引起短暂的错误输出。我们把这种输出端出现短暂错误输出的现象称为“冒险”，或“险象”。组合电路中的冒险可分为“静态冒险”和“动态冒险”两大类。

1. 静态冒险

如果根据组合电路的逻辑关系，假设当输入信号由一种取值变为另一种取值时，输出信号不应发生变化，可是输出却产生了短暂的错误输出。我们把这种现象称为“静态冒险”，或“静态险象”。静态冒险又分为“0”态冒险和“1”态冒险。

(1)“0”态冒险

在图 4.52(a)的电路中，电路的逻辑关系是：$F=AB+\overline{A}C$。当 $B=C=1$ 时 $F=A+\overline{A}=1$。这说明，当 $B=C=1$ 时，不论 A 为何值，F 都为 1。这是不考虑延迟时间的情况。

当考虑门的延迟时间，若 A 发生变化，这一变化到达门 1 的 P_1 输入端要经过门 2、门 4 两个门的延迟，这里假定每个门的延迟都相等；而到达门 1 的 P_2 输入端只经过门 3 一个门的延迟。这就产生了竞争，其结果就可能出现冒险。我们用图 4.52(b)中的波形图形来分析。设各门的延迟时间相同，都是 t_p。在 t_1 时刻，A 由 1 变为 0，这一变化会使门 1 的输入端 P_1 由 1 变为 0。但要经过门 2 和门 4 两个门的延迟

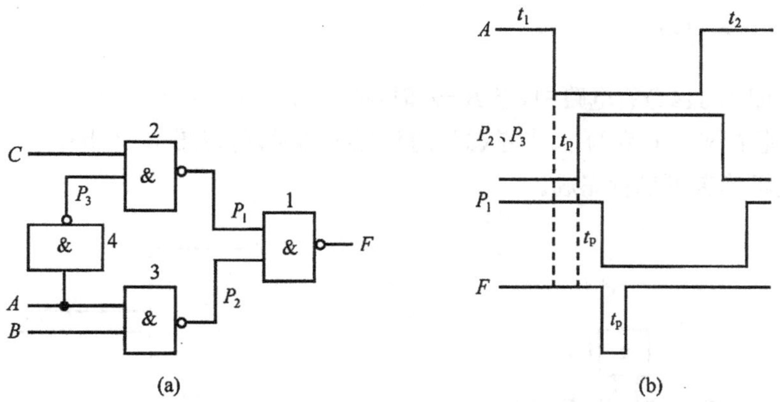

图 4.52 “0”态冒险

时间($2t_p$)才能完成;同时,A 的这一变化会使门 1 的 P_2 输入端由 0 变为 1,但要经过门 3 一个门的延迟时间(t_p)才能完成。由于 P_1 和 P_2 的变化不同时发生,就使输出 F 产生一个宽度为 t_p 的负脉冲信号,这就是一次冒险。我们称这种 1→0→1 式的冒险,为“0”态冒险。同时又把这种错误的输出信号称为“毛刺”。“0”态冒险又称为“偏 1 型冒险”。

我们再看 t_2 时刻。A 由 0 变为 1,竞争仍然存在,但从波形图上看,没有产生冒险。这说明有竞争并不一定出现冒险。

(2) “1”态冒险

图 4.53(a)中电路的逻辑关系是:$F=(A+B)\overline{A}$。当 $B=0$ 时,$F=A\overline{A}=0$,无论 A 取何值都有 $F=0$。设各门的延迟时间相等,均为 t_p,当考虑门的延迟时间时,可得图 4.53(b)所示波形。在 t_1 时刻 A 由 1→0 时,输出 F 经 t_p 之后,在 t_2 时刻开始出现宽度为 t_p 的正脉冲输出,这就是一次冒险。我们把这种 0→1→0 式的冒险称为“1”态冒险,或偏“0”型冒险。

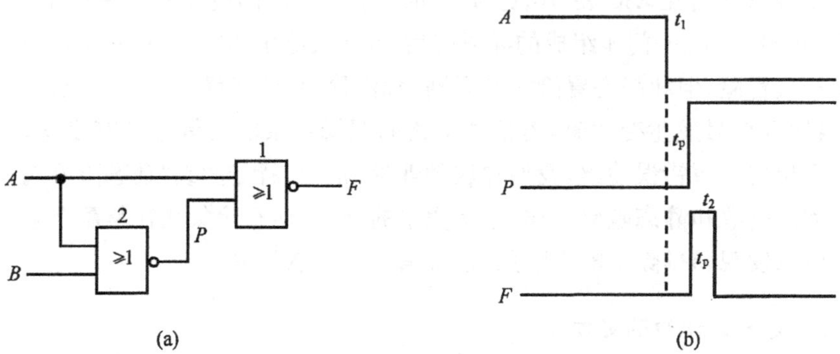

图 4.53 “1”态冒险

2. 动态冒险

在图 4.54(a)的电路中，当 $B=0$ 时：$F=C\oplus\overline{\overline{A}+\overline{A}}=C\oplus 0=C$。若 AC 由 10 变为 01，则 F 应由 0 变为 1。当考虑门的延迟时间时，可得图 4.54(b)的波形图。具体分析过程读者可自行完成。

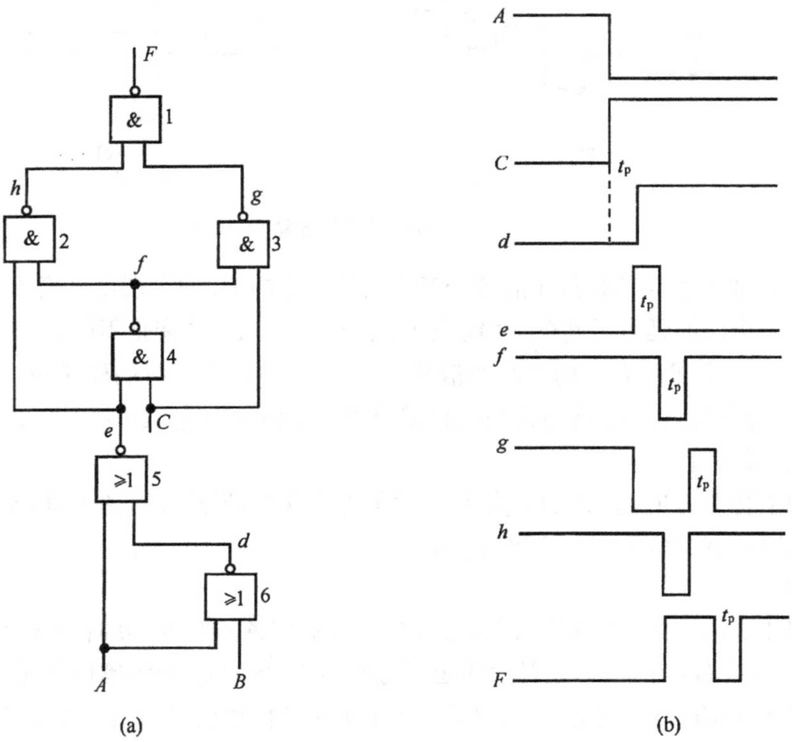

图 4.54　动态冒险

由波形图可见，AC 由 10 变为 01 时，首先是 A 的变化在 e 端产生一次"1"态冒险。再经过门 1～门 4 组成的异或门后，在 F 端就产生了 $0\to1\to0\to1$ 的变化。这也是一次冒险，但和静态冒险又有区别，我们称为"动态冒险"。一般地，在组合电路中，当输入信号发生变化时，若根据电路的逻辑关系输出信号应有变化，但在变化过程中出现短暂错误输出，我们称这种现象为"动态冒险"或"动态险象"。

动态险象和静态险象一样，也是竞争的结果。动态险象往往是静态险象发展来的。所以发现和排除了静态险象，也就消除了动态险象。

3. 竞争冒险的确定方法

竞争和冒险是不同的概念，但它们之间又有联系。冒险是竞争的结果，竞争是产生冒险的条件。为可靠地找到冒险发生的部位，又不使讨论太繁琐，我们把竞争和冒险结合起来，作为一种可能性来讨论。判别竞争冒险有两种可行的方法：

(1) 判别式法

我们已经知道，当一个组合电路的逻辑表达式可以化为 $F=A\cdot\overline{A}$ 的形式时，电路就可能出现“1”态冒险；当逻辑表达式可以化为 $F=A+\overline{A}$ 的形式时，电路就可能出现“0”态冒险。这就是判断竞争冒险的两个判别式。观察这两个判别式可以发现，只有当同一个变量以原变量和反变量两种形式出现在电路的逻辑表达式中时，电路才可能出现竞争冒险。因此判别式法应用的步骤是：①找出在表达式中以原变量和反变量两种形式出现的变量；②消去式中其他变量，仅保留被研究的变量，若能得到上述两种判别式中的一种，就说明电路中存在竞争冒险。

例如，某组合电路的逻辑表达式为 $F=AB+\overline{A}C$。变量 A 以 A 和 $\overline{A}$ 两种形式出现，故研究变量 A 变化是否产生竞争冒险。

$BC=00$ 时，$F=0$；

$BC=01$ 时，$F=\overline{A}$；

$BC=10$ 时，$F=A$；

$BC=11$ 时，$F=A+\overline{A}$。

说明当 $BC=11$ 时，变量 A 的变化会引竞争冒险。

(2) 卡诺图法

我们仍以逻辑表达式 $F=AB+\overline{A}C$ 为例来说明。图 4.55 是 F 的卡诺图。代表与项 AB 和 $\overline{A}C$ 的卡诺圈“相切”。

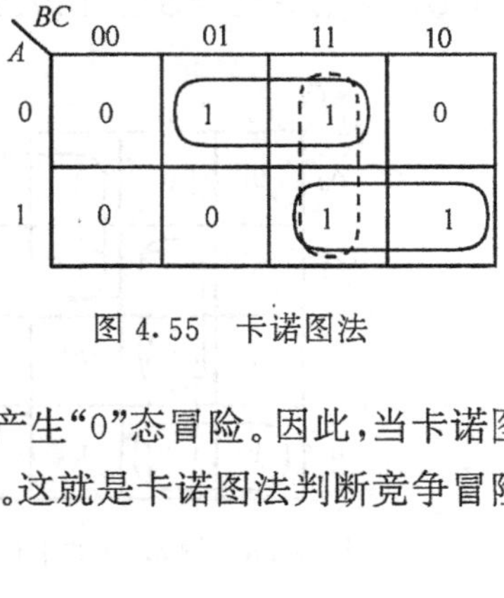

图 4.55 卡诺图法

当 $BC=11$ 时，若 $A=1$，与项 $AB=1$，从而使 $F=1$；若 $A=0$，与项 $\overline{A}C=1$ 从而使 $F=1$。在电路中，AB 和 $\overline{A}C$ 各对应一个门。因此，当 A 由 1 变为 0 时，若由于竞争使 AB 对应的门输出变为 0 时，$\overline{A}C$ 对应门的输出还没有变为 1，就会产生“0”态冒险。因此，当卡诺图上两与项对应的卡诺圈“相切”时，就存在竞争冒险。这就是卡诺图法判断竞争冒险的准则。

4. 竞争冒险的消除

在数字电路中，当电路的某一部分存在竞争冒险时，有的电路可能无法正常工作，而在另一些电路中，电路的正常工作并不受影响。因此，当竞争冒险的存在危及到电路的正常工作时，就必须设法消除竞争冒险。这里有三种可供选择的办法。

(1) 修改逻辑设计

这种方法的实质就是在原函数上加上冗余项，使函数式不能化成 $A+\overline{A}$ 或

$A\cdot\overline{A}$的形式。寻找冗余项有两种方法：

1）代数法：就是利用公式 $AB+\overline{A}C=AB+\overline{A}C+BC$ 来寻找冗余项 BC。例如上面的 $F=AB+\overline{A}C$，当 $BC=11$ 时，可化为 $A+\overline{A}$的形式。但加上冗余项 BC 后，$F=AB+\overline{A}C+BC$，当 $BC=11$ 时，$F=1$，因此就消除了竞争冒险。

2）卡诺图法：这种方法就是利用卡诺图寻找冗余项。具体做法是在卡诺图上用一多余的卡诺圈将两相切的圈连接起来，而将这多余的卡诺圈对应的与项加到电路的函数表达式当中。例如图 4.55 所示的卡诺图中，虚线圈是后添上去的多余的卡诺圈，它的与项恰为冗余项，这样就消除了竞争冒险。

很明显，代数法和卡诺图法的区别只是寻找冗余项的方法不同而已。

【例 4.17】 试用增加冗余项的代数法消除函数 $F=AB+\overline{A}C$ 的竞争冒险。

解：当 $B=C=1$ 时，$F=A+\overline{A}$，故可能产生竞争冒险。

由包含律可知

$$F=AB+\overline{A}C=AB+\overline{A}C+BC$$

其中，BC 就是所增加的冗余项。

【例 4.18】 试用增加冗余项的卡诺图法消除函数 $F=\overline{A}C+B\overline{C}D+A\overline{B}\,\overline{C}$ 的竞争冒险。

解：首先，作出函数的卡诺图，如图 4.56 所示。由图可知，三个卡诺圈两次相切，因此增加两个冗余项，它们分别为虚线卡诺图所对应的与项，即 $\overline{A}BD$ 和 $A\overline{C}D$。为消除竞争冒险，函数应为 $F=\overline{A}C+B\overline{C}D+A\overline{B}\,\overline{C}+\overline{A}BD+A\overline{C}D$。

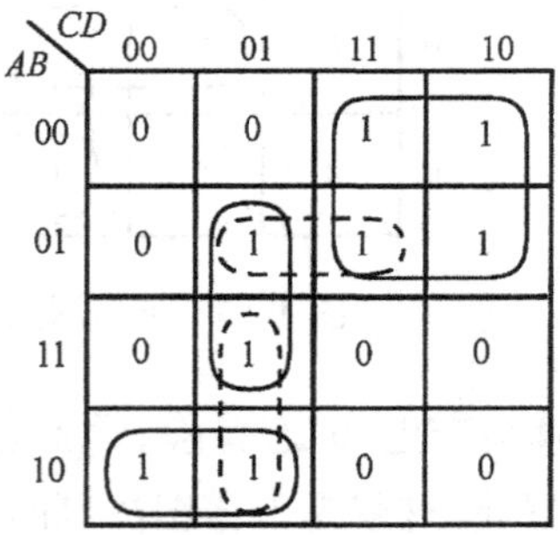

图 4.56 例 4.18 的卡诺图

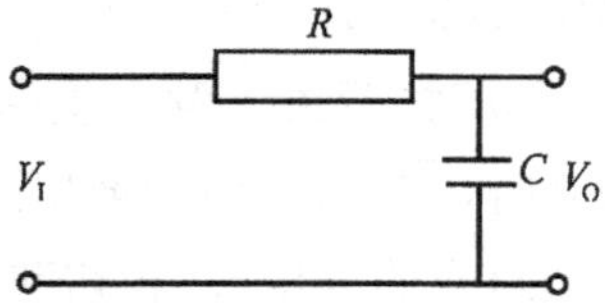

图 4.57 增加的惯性延时环节

（2）增加惯性延时环节

图 4.57 中的电路就是一个惯性延时环节，即一个 RC 低通滤波器。其时间常数为 $\tau=RC$。将它接在可能产生竞争冒险的门的输出端。当 τ 与毛刺的宽度比足够大时，毛刺的幅值可被压到足够小，则不会影响电路的正常工作。由于电路本身有输出电阻，因此只接一个适当大小的电容就可以起到消除冒险的作用。在实际设计电路时，R 和 C 的大小要经过试验才能最后确定。因为 RC 值太小就起不到消除毛刺的作用，RC 值太大又会使输出信号的边沿变坏。

(3) 加选通信号

这种方法的实质就是设法保证在毛刺出现时,不许输出信号送到下级电路,当毛刺消失后,再把输出信号送到下级电路。

以图 4.53 中的电路为例,将该电路重画如图 4.58 所示。所不同的是,在输出可能出现毛刺的门 1 的输入端增加一个选通信号 T。如图 4.58 所示,T 信号要满足在有毛刺时,$T=1$,封闭门 1;当毛刺过去后,$T=0$,门 1 被选通。这样,F 端就不会出现"1"态冒险。

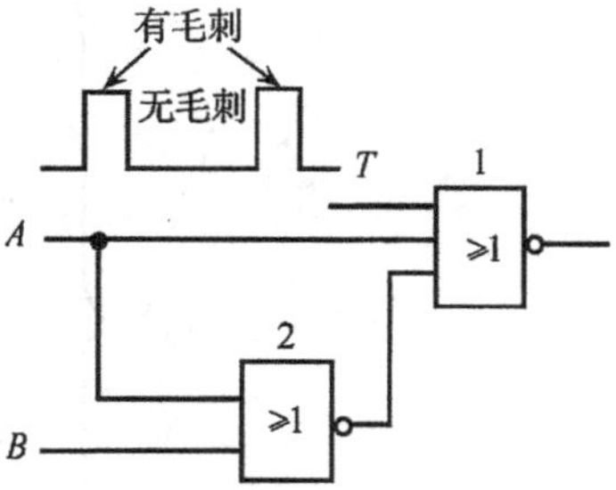

图 4.58 加选通信号的电路

习 题 四

4.1 将下列函数简化,并用与非门和或非门画出逻辑电路图。

(1) $F(A,B,C)=\sum m(0,2,3,7)$

(2) $F(A,B,C)=\prod M(3,6)$

(3) $F(A,B,C,D)=A\overline{B}+A\overline{C}D+\overline{A}C+B\overline{C}$

(4) $F(A,B,C,D)=\overline{AB}+\overline{A}C+\overline{B}CD$

4.2 将下列函数简化,并用与或非门画出逻辑电路图。

(1) $F(A,B,C)=AB+(A\overline{B}+\overline{A}B)C$

(2) $F(A,B,C,D)=\sum m(1,2,6,7,8,9,10,13,14,15)$

4.3 分析图 4.59 所示的逻辑电路图,并说明其逻辑功能。

4.4 试分析图 4.60 所示的码制转换电路的工作原理。

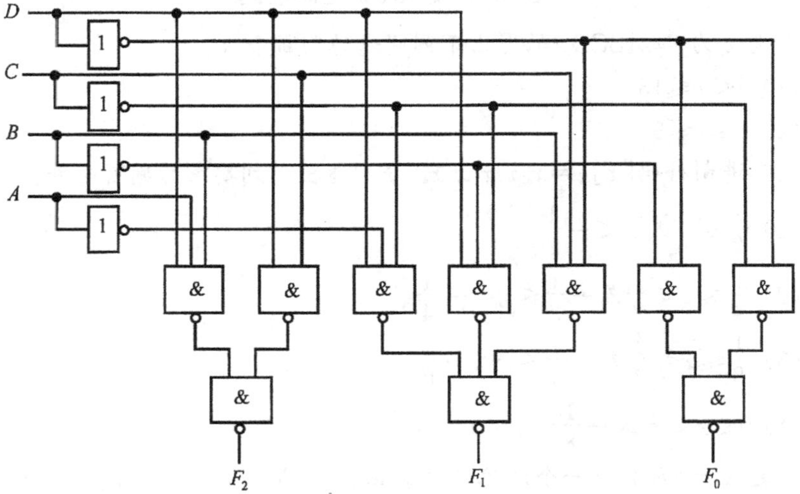

图 4.59 题 4.3 的逻辑电路图

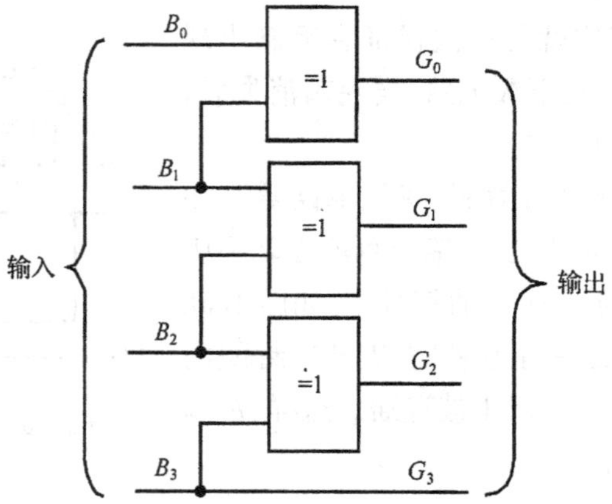

图 4.60 题 4.4 的逻辑电路图

4.5 当输入变量取何值时，图 4.61 中各逻辑电路图等效。

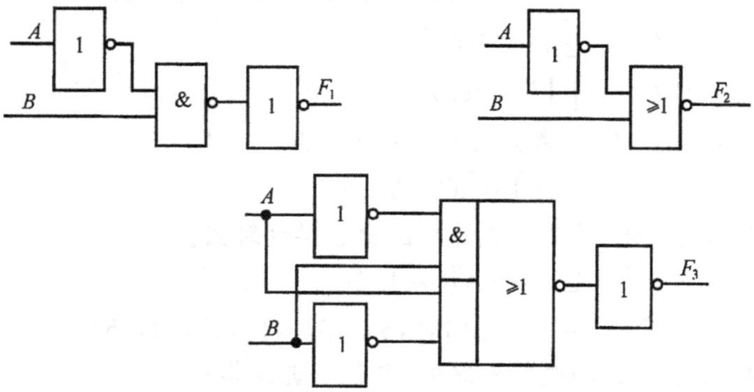

图 4.61 题 4.5 的逻辑电路图

4.6 假设 x 为 8421BCD 码，写出下列问题的判断条件：

(1) $5<x\leqslant 13$

(2) $1\leqslant x\leqslant 9$

4.7 设二进制补码$[x]_补=x_0x_1x_2x_3x_4$，分别写出下列要求的判断条件：

(1) $\frac{1}{2}\leqslant x$ 或 $x<-\frac{1}{2}$

(2) $\frac{1}{4}\leqslant x<\frac{1}{2}$或$-\frac{1}{2}\leqslant x<-\frac{1}{4}$

(3) $\frac{1}{8}\leqslant x<\frac{1}{4}$或$-\frac{1}{4}\leqslant x<-\frac{1}{8}$

(4) $0\leqslant x<\frac{1}{8}$或$-\frac{1}{8}\leqslant x<0$

4.8 假定 $X=AB$ 代表一个两位二进制正整数，用与非门设计满足如下要求的逻辑电路(Y 也用二进制数表示)。

(1) $Y=X^2$

(2) $Y=X^3$

4.9 设计一个一位 8421BCD 码十进制数乘以 5 的组合逻辑电路，电路的输出也为 8421BCD 十进制数。

4.10 设计一个组合电路，输入为一位并行的 8421BCD 码十进制数，输出为该一位十进制数 4 舍 5 入的舍入进位。

4.11 自选门电路设计一比较两个 4 位二进制数 A 和 B 的电路，要求当 $A=B$ 时，输出 $F=1$。

4.12 设计一个能接收两位二进制数 $Y=y_1y_0$，$X=x_1x_0$，并输出 $Z=z_1z_2$ 的逻辑电路。当 $Y=X$ 时，$Z=11$，当 $Y>X$ 时，$Z=10$，当 $Y<X$ 时，$Z=01$。用与非门实现该逻辑电路。

4.13 已知 $[x]_原=x_0x_1x_2$，试设计一个逻辑电路，以原码作为输入，要求：当 $AB=01$ 时，输出反码；当 $AB=10$ 时，输出补码。

4.14 设计一个 8421BCD 码十进制数对 9 的变补电路。要求：写出真值表；给出最简逻辑表达式；画出电路图。

4.15 用与非门设计一个将 2421 码转换成 8421BCD 码的转换电路。

4.16 用与非门设计一个将余 3 码转换成七段数字显示器代码的转换电路。

4.17 设计一个组合逻辑电路，其输入为 3 位二进制数 $A=A_2A_1A_0$，输出也为一个 3 位二进制数 $Y=Y_2Y_1Y_0$。当 A 的值小于 2 时，$Y=0$；当 $2\leqslant A<5$ 时，$Y=A+3$；当 $A>5$ 时，$Y=A-3$。要求用与非门实现该电路。

4.18 一组合电路有 4 个输入 A,B,C 和 D（表示 4 位二进制数，A 为最高位，D 为最低位），两个输出 X 和 Y。当且仅当该数被 3 整除时 $X=1$，当且仅当该数被 4 整除时，$Y=1$。求出 X,Y 的逻辑函数，画出最简逻辑电路。

4.19 试设计一个水位报警控制器，水位高度用 4 位二进制数表示。当水位上升到 0.5m 时，白指示灯开始亮；当水位上升到 0.6m 时，黄指示灯开始亮；当水位上升到 0.8m 时，红指示灯开始亮，其他灯灭；水位不可能上升到 1m。试用或非门设计此报警器的控制电路。

4.20 判断下列函数所构成的电路是否存在冒险，并消除可能出现的冒险。

(1) $F_3(A,B,C,D)=\overline{A}\,\overline{C}D+AB\overline{C}+ACD+\overline{A}BC$

(2) $F_4(A,B,C)=(A+\overline{B})(\overline{A}+\overline{C})$

4.21 用一片四选一数据选择器 74LS153 和适当的门电路设计一个可控的一位全加器/全减器。$K=0$ 时实现全加器功能，$K=1$ 时实现全减器功能。

4.22 用一片译码器 74LS138 和适当的门电路设计一个可控的一位全加器/全减器。$K=0$ 时实现全加器功能，$K=1$ 时实现全减器功能。

第五章　集成触发器

触发器是构成数字系统的基本逻辑单元。本章首先介绍了触发器的基本形式 R-S 触发器，然后按照触发方式的不同，分别介绍了电平触发式触发器、主从触发式触发器及边沿触发式触发器，并介绍了不同逻辑功能的触发器之间逻辑功能的转换。

5.1　基本 R-S 触发器

在数字系统中，需要对二值信号进行算术运算和逻辑运算，同时还需要将二值信号和运算结果保存起来。为此，需要用具有记忆功能的基本逻辑电路来实现上述功能。

触发器是一种能存储一位二值信号的基本逻辑电路，由门电路组合而成。触发器具有两个稳定状态，即 0 态和 1 态，分别用来表示逻辑状态 0 和 1，或表示二进制数 0 和 1。触发器的状态可以由输入信号来改变。

按触发方式进行分类，有电平触发方式、主-从触发方式和边沿触发方式触发器。触发方式系指改变触发器状态的控制方式。按功能进行分类，有 R-S 触发器、D 触发器、J-K 触发器、T 触发器。需要指出的是，同一种触发方式可以实现不同功能的触发器，例如，用边沿触发方式既可实现 D 触发器，也可以实现 J-K 触发器；同一功能的触发器可以用不同的触发方式来实现，例如，J-K 触发器既有主-从触发方式，又有边沿触发方式的触发器。

触发器作为存储元件是具有记忆功能的电子器件。触发器有高低电平的输出，当触发器的输出端 Q 输出为高电平时，叫 1 状态，反之，称为 0 状态。另一个输出端$\overline{Q}$与 Q 正好相反，如果 Q 为高，那么$\overline{Q}$端必然为低，反之，如果 Q 端为低，则$\overline{Q}$必为高，即 Q 与$\overline{Q}$为两个互补输出端。对于触发器来说，状态是至关重要的，触发器每改变一次状态，称为“翻转”，触发器处于某种状态(1 或 0 状态)时，该状态叫现态，如果输入条件改变，则使其翻转，由 1 变成 0 或由 0 变成 1，翻转后的状态叫次态。现态常用 Q 表示，或用 Q^n 表示，次态用 Q^{n+1}表示。

5.1.1　基本 R-S 触发器

基本 R-S 触发器又叫作 R-S 锁存器，R 表示复位(reset)，S 表示置位(set)。基本 R-S 触发器是构成各种复杂结构触发器的基本组成部分，它可以由与非门构成，也可以由或非门构成。

由与非门构成的基本 R-S 触发器如图 5.1 所示，图(a)为逻辑结构图，图(b)为逻辑符号。R 和 S 是触发器的两个输入端。S 为置 1 端，又称置位端；R 为置 0 端，又称复位端。逻辑符号 R 和 S 端的圆圈表示低电平有效，或称做输入信号负跳变有效，即输入端 R 或 S 为低电平(或负跳变)时，触发器的状态发生变化(也称翻转)。Q 和$\overline{Q}$是两个互补输出端，它们决定了触发器的状态，即当 $Q=1,\overline{Q}=0$ 时，称触发器为 1 状态；当 $Q=0,\overline{Q}=1$ 时，称触发器为 0 状态。

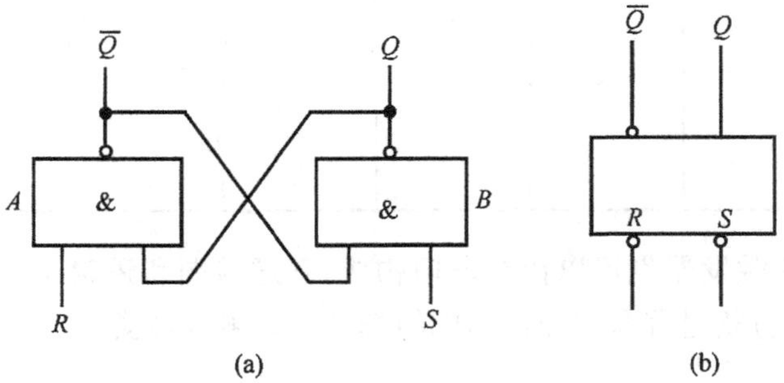

图 5.1　由与非门构成的基本 R-S 触发器

由于触发器只有两个输入端，所以 R 和 S 有四种组合情况。下面分四种情况来分析基本 R-S 触发器输出和输入的逻辑关系。

1）当 $S=0,R=1$ 时，触发器置 1。由与非门的逻辑功能可知，不管触发器的现态是 1 态还是 0 态，只要 $S=0,R=1$，触发器的次态 Q^{n+1}为 1，即 $Q^{n+1}=\overline{\overline{Q}^n\cdot S}=\overline{X\cdot 0}=1$。这种工作过程称做触发器置 1。

2）当 $S=1,R=0$ 时，触发器置 0。这时不管触发器的现态为 1 态还是 0 态，同样由与非门的逻辑功能可知，只要 $S=1$，$R=0$，触发器的次态 Q^{n+1}则为 0 态。因 $R=0$，故$\overline{Q}^n=1$，则$\overline{Q}^{n+1}=\overline{\overline{Q}^n\cdot S}=\overline{1\cdot 1}=0$。这种工作过程称做触发器置 0。

3）当 $S=1,R=1$ 时，触发器状态不变。如果触发器的现态为 0 态，则$\overline{Q}^n=1$；由于 $S=R=1$，所以 A 门输出为 1，B 门输出为 0，即触发器保持原来的 0 态。如果触发器的现态 $Q^n=1$，则$\overline{Q}^n=0$；而 $S=R=1$，所以 A 门输出为 0，B 门输出为 1，即触发器仍为 1 态。这种工作过程称做触发器保持原来状态，即 $Q^{n+1}=Q^n$。

4）当 $S=0,R=0$ 时，触发器状态不确定。如果触发器的两个输入端同时为低电平，两个输出端 $Q=\overline{Q}=1$，这不是触发器的正常状态，既非 0 状态，又非 1 状态，没有实际意义。这时如果将 S 和 R 的低电平信号撤掉，即全都变为高电平，此刻 A 门和 B 门的输入全都为高电平 1，根据与非门的功能，两个门的输出都有可能变为 0。但是，由于门电路元件受各种环境因素影响，两个门的输出时间不可能完全一致，将导致一个门先变为 0，究竟哪一个门先变为 0 是不可预知的，这与每个门电路元件的性能和当时的环境因素有关，此时触发器的状态是稳定的，可能为 1 态或 0 态。由于触发器的状态究竟是 1 态还是 0 态是不可预知的，故称这种工作过程为不确定状态。上述四种工作过程可用表 5.1 表示。"×"表示状态不确定。

表 5.1 R-S 触发器(与非门)状态转换真值表

S	R	Q^n	Q^{n+1}
0	0	0	×
0	0	1	×
0	1	0	1
0	1	1	1
1	0	0	0
1	0	1	0
1	1	0	0
1	1	1	1

基本 R-S 触发器也可以由或非门构成,其逻辑图和逻辑符号如图 5.2 所示。其工作原理的分析过程和与非门构成的基本 R-S 触发器类似。

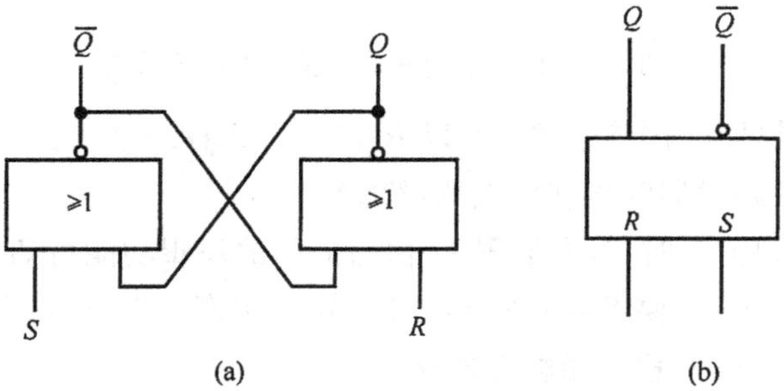

图 5.2 或非门构成的基本 R-S 触发器

根据或非门逻辑功能的特点,通过分析可以得到:当 $S=0$,$R=1$ 时,触发器置 0;当 $S=1$,$R=0$ 时,触发器置 1。当 $S=1$,$R=1$ 时,触发器状态不确定;当 $S=0$,$R=0$时,触发器状态不变。由或非门构成的 R-S 触发器状态转换真值表见表 5.2。

表 5.2 R-S 触发器(或非门)状态转换真值表

S	R	Q^n	Q^{n+1}
0	0	0	0
0	0	1	1
0	1	0	0
0	1	1	0
1	0	0	1
1	0	1	1
1	1	0	×
1	1	1	×

由上面的分析可以看出,由与非门构成的基本 R-S 触发器,对于输入端 R 和

S，低电平 0 为有效电平，而由或非门构成的基本 R-S 触发器，对于输入端 R 和 S，高电平 1 为有效电平。

无论是由与非门构成的基本 R-S 触发器还是由或非门构成的基本 R-S 触发器，只要 R 为有效电平而 S 为无效电平，则基本 R-S 触发器的次态置 0；当 S 为有效电平而 R 为无效电平时，基本 R-S 触发器的次态置 1；当 R 和 S 都为有效电平时，则基本 R-S 触发器的次态不确定；当 R 和 S 都为无效电平时，则基本 R-S 触发器的次态不变。

5.1.2 触发器的功能描述方法

触发器的功能描述可通过状态转移真值表、特征方程、激励表、状态图和时序图等方法给出，下面对这些触发器的功能描述方法进行介绍。

1. 状态转移真值表

表 5.1 是以 Q^{n+1}为逻辑函数，以 S,R 和 Q^n 为逻辑变量的由与非门构成的基本 R-S 触发器的真值表。因它表明了触发器的状态转移过程，所以称做状态转移真值表。

该状态转移真值表可以进行简化，以 S,R 为逻辑变量，以 Q^{n+1}为逻辑函数。其简化表如表 5.3 所示。该简化表更直观明确地表明了触发器的状态转移过程。表 5.4 所示为由或非门构成的基本 R-S 触发器状态转移的真值表。

表 5.3 R-S 触发器(与非门)状态转移真值表

S	R	Q^{n+1}
0	0	×
0	1	1
1	0	0
1	1	Q^n

表 5.4 R-S 触发器(或非门)状态转移真值表

S	R	Q^{n+1}
0	0	Q^n
0	1	0
1	0	1
1	1	×

2. 特征方程

描述触发器逻辑功能的逻辑函数表达式称为特征方程，或称状态方程、次态方程。由状态转移真值表可以得出基本 R-S 触发器的卡诺图，由与非门构成的基本 R-S 触发器的卡诺图如图 5.3 所示。化简后，可得 $Q^{n+1}=\overline{S}+RQ^n$。但触发器的输入

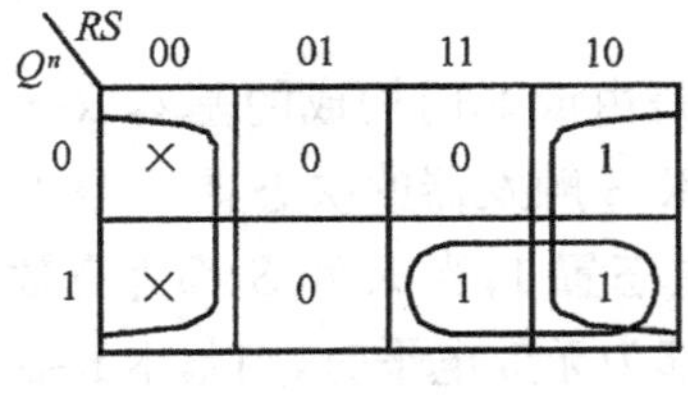

图 5.3　由与非门构成的基本 R-S 触发器的卡诺图

是有条件的，两个输出端 R 和 S 至少有一个为高电平 1，不能同时为有效电平，即应满足条件 $S+R=1$，此式称做约束条件。因此，由与非门构成的基本 R-S 触发器的特征方程为

$$\begin{cases} Q^{n+1} = \overline{S} + RQ^n \\ S + R = 1 \end{cases}$$

同样可以得到由或非门构成的基本 R-S 触发器的特征方程：

$$\begin{cases} Q^{n+1} = S + \overline{R}Q^n \\ S \cdot R = 0 \end{cases}$$

其中 $S \cdot R=0$ 为约束条件。为保证触发器有确定的状态，S，R 两个端中至少有一个为低电平 0。

3. *激励表*

激励表是表示触发器从 Q^n 态变为 Q^{n+1}态所需的输入信号状态的表格。它可以很方便地从状态转移真值表得到。例如，对于由与非门构成的基本 R-S 触发器，当 $Q^n=0$ 变到 $Q^{n+1}=1$ 时，则要求 $S=0$，$R=1$；当 $Q^n=1$ 变到 $Q^{n+1}=1$ 时，则要求 $S=0$或 $S=1$，$R=1$，等等。

在设计时序逻辑电路时需用激励表。由与非门构成的基本 R-S 触发器的激励表如表 5.5 所示，由或非门构成的基本 R-S 触发器的激励表如表 5.6 所示。

表 5.5　由与非门构成的基本 R-S 触发器的激励表

状态转换			输入信号	
Q^n	→	Q^{n+1}	R	S
0		0	×	1
0		1	1	0
1		0	0	1
1		1	1	×

表 5.6　由或非门构成的基本 R-S 触发器的激励表

状态转换			输入信号	
Q^n	→	Q^{n+1}	R	S
0		0	×	0
0		1	0	1
1		0	1	0
1		1	0	×

4. 状态图

状态图是一种描述时序逻辑电路状态转移规律和输入、输出信号取值关系的图形。是一种用图形描述时序电路逻辑功能的方法，也称做状态转移图。在状态图中，圆圈表示状态，圈内的字母或数字表示状态名称，圆圈之间用带箭头的直线或弧线相连。箭尾处的圆圈表示现态，箭头处的圆圈表示次态，连线旁标明状态发生转移的条件。由与非门构成的基本R-S触发器的状态图如图5.4所示。根据激励表可以很方便地求其状态图。由表5.5可知，因只有两个状态故用两个圆圈表示即可，因有0→0，0→1，1→0，1→1四种状态转移关系，故可用四条带箭头的弧线表示，在弧线旁标明转移条件即可。由或非门构成的基本R-S触发器的状态图如图5.5所示。

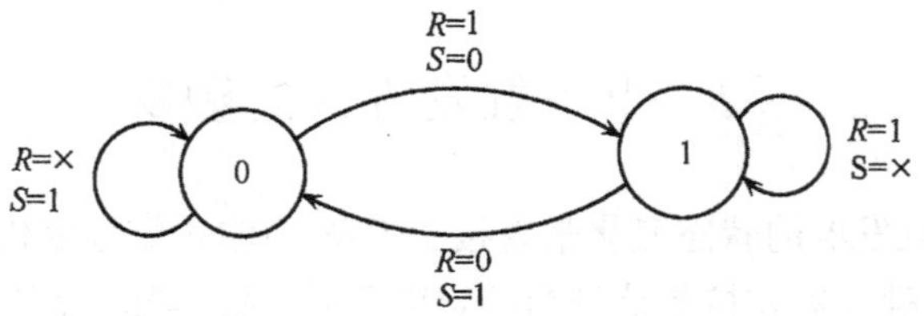

图5.4　基本R-S触发器的状态图(与非门)

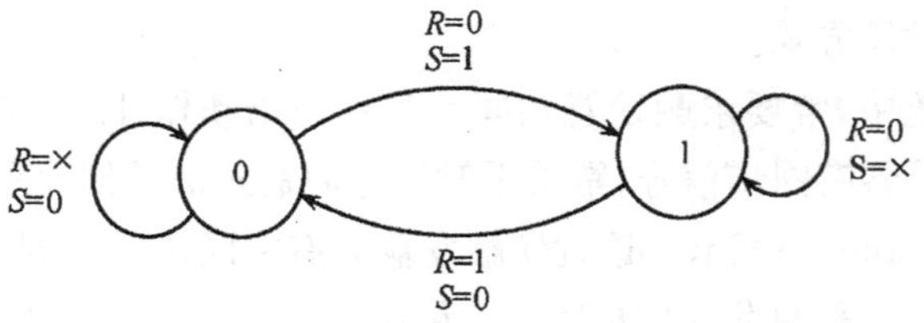

图5.5　基本R-S触发器的状态图(或非门)

5. 时序图

触发器输入信号和输出信号之间对应关系的工作波形图称做时序图。它可直观地说明触发器的工作特性。由与非门构成的基本R-S触发器的时序图如图5.6所示。由或非门构成的基本R-S触发器的时序图如图5.7所示。

画时序图有两种可能的情况：当给定触发器的初始态时，可根据状态转移真值表、特征方程或状态图确定触发器次态；当没有给定触发器初始状态时，可以任意假定为1态或0态，然后按

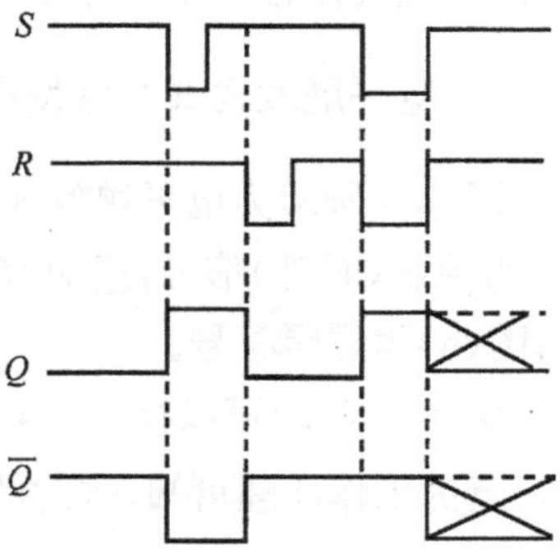

图5.6　基本R-S触发器的时序图(与非门)

规则画波形。

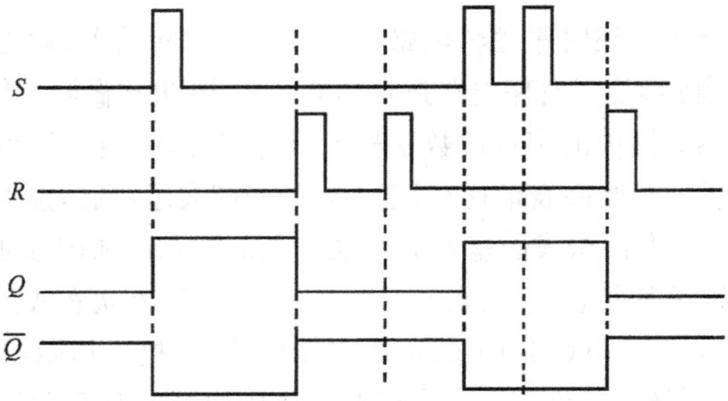

图 5.7 基本 R-S 触发器的时序图(或非门)

5.2 电平触发方式的触发器

基本 R-S 触发器的状态变化是直接由 R,S 的输入信号变化引起的。在数字系统中,有时要求触发器在控制信号为约定电平时,触发器的状态才能随输入信号变化而变化;当控制信号为非约定电平时,尽管输入信号发生变化,触发器的状态也不变。依靠控制信号为约定电平,触发器的状态才随输入信号的变化而改变的工作方式称做电平触发方式。

在数字系统中,常要求触发器在同一时刻开始动作,即要求触发器同步工作,这样就要求触发器有同步信号,常采用时钟脉冲输入信号作为同步信号,简称为时钟,用 CP(clock pulse)表示。这就使触发器只有在同步信号到来时才按输入信号改变状态。所以电平触发方式触发器也称做时钟触发器,或钟控触发器。同时,也将电平触发方式的触发器称做同步触发器。常用的电平触发方式的触发有 R-S 触发器、D 触发器、J-K 触发器和 T 触发器,下面分别予以介绍。

5.2.1 电平触发式 R-S 触发器

图 5.8 所示为电平触发式 R-S 触发器的逻辑符号。图(a)中,R,S 为输入端,CP 为控制(时钟)信号,门 A,B 构成基本 R-S 触发器,门 C,D 为触发信号门控电路;图(b)为逻辑符号。

由图 5.8(a)可以得到:当 $CP=0$ 时,门 C,D 被封锁,$R_D=S_D=1$;由基本 R-S 触发器的工作原理可知,这时的触发器保持原来的状态。当 $CP=1$ 时,则 $R_D=\overline{R}$,$S_D=\overline{S}$;将其代入由与非门构成的基本 R-S 触发器的特征方程中,经整理得

$$\begin{cases}Q^{n+1}=S+\overline{R}Q^n\\R\cdot S=0\end{cases}$$

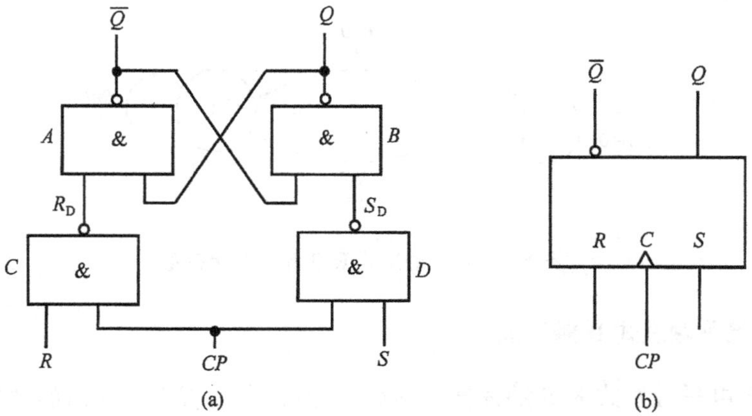

图 5.8　电平触发式 R-S 触发器

该式为电平触发式 R-S 触发器的特征方程或次态方程，其中 $R \cdot S=0$ 为约束条件。可见由与非门构成的电平触发式 R-S 触发器的特征方程和由或非门构成的基本 R-S 触发器的特征方程是相同的。由与非门构成的电平触发式 R-S 触发器的状态转移真值表、激励表、状态图同样与由或非门构成的基本 R-S 触发器相同。表 5.7 为其状态转移真值表，表 5.8 为其激励表，图 5.9 为其状态图。

表 5.7　与非门构成的电平触发式 R-S 触发器状态转移真值表

R	S	Q^n	Q^{n+1}
0	0	0	0
0	0	1	1
0	1	0	1
0	1	1	1
1	0	0	0
1	0	1	0
1	1	0	×
1	1	1	×

表 5.8　与非门构成的电平触发式 R-S 触发器激励表

状 态 转 移			输 入 信 号	
Q^n	→	Q^{n+1}	R	S
0		0	×	0
0		1	0	1
1		0	1	0
1		1	0	×

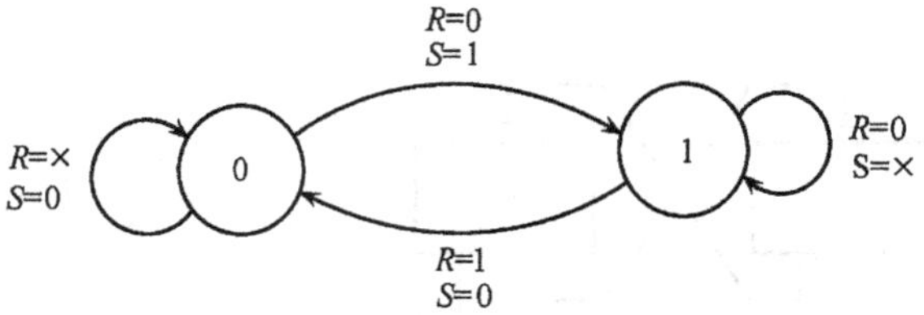

图 5.9　电平触发式 R-S 触发器状态图

5.2.2　电平触发式 D 触发器

由于电平触发式 R-S 触发器必须满足约束条件，否则其输出的状态不确定。为了解决 $R=S=1$ 时次态不确定的问题，人们设计出功能更完善的触发器，电平触发式 D 触发器就可以解决这一问题。

图 5.10 所示为电平触发式 D 触发器的逻辑图和逻辑符号。它只有一个输入端 D。与电平触发式 R-S 触发器相比，少了一个输入端，但多了一条反馈线。该反馈线由 E 门的输出反馈到 C 门的一个输入端。

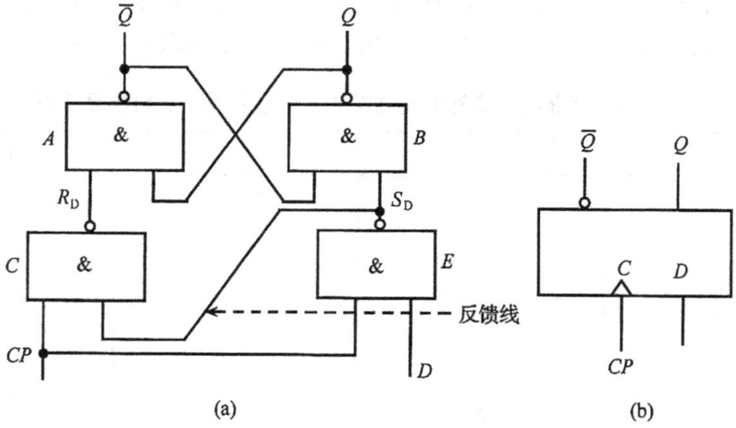

图 5.10　电平触发式 D 触发器

当 $CP=0$ 时，门 C，E 均被封锁，此时无论 D 处于什么状态，也不会改变门 C，E 的高电平状态，故触发器保持原态。

当 $CP=1$ 时，则 $S_D=\overline{D}$，$R_D=\overline{CP\cdot S_D}=D$，这使得基本 R-S 触发器的输入 S_D 和 R_D 正好互补，S_D 和 R_D 只有 10 或 01 两种组合，约束条件 $S_D+R_D=1$ 自动满足。将 $S_D=\overline{D}$，$R_D=D$ 代入基本 R-S 触发器特征方程中，可得到电平触发式 D 触发器的特征方程为

$$Q^{n+1}=\overline{S}_D+R_DQ^n=D+DQ^n=D$$

同时，也可以将这个电平触发方式的 D 触发器看作是一个输入端 $S=D$，另一个输入端 $R=\overline{D}(CP=1)$的电平触发式 R-S 触发器。由 D 触发器的特征方程可以看出

D 触发器的次态始终与输入信号保持一致，因此，也称为 D 锁存器或数据暂存器。由于次态 Q^{n+1}是在信号 D 和时钟 CP 共同作用下产生的，所以它虽等于 D 但在时间上落后于 D。因此，称作 D(Delay)触发器。

由特征方程可以得到电平触发式 D 触发器的状态转移真值表，如表 5.9 所示。由此得到的激励表如表 5.10 所示。其状态图如图 5.11 所示。

表 5.9　D 触发器状态转移真值表

D	Q^n	Q^{n+1}
0	0	0
0	1	0
1	0	1
1	1	1

表 5.10　D 触发器激励表

Q^n →	Q^{n+1}	D
0	0	0
0	1	1
1	0	0
1	1	1

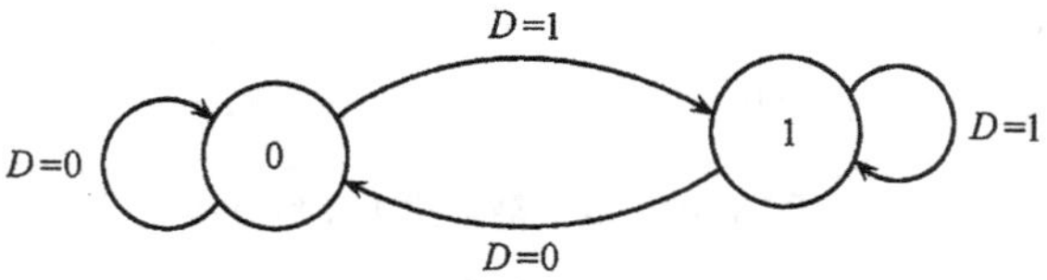

图 5.11　电平触发式 D 触发器状态图

5.2.3　电平触发式 J-K 触发器

如上所述，电平触发式 R-S 触发器必须满足其约束条件，才有确定的输出状态。电平触发式 D 触发器虽然可以自动满足 R-S 触发器的约束条件，但其功能相对单一，只有置 1 和置 0 功能。J-K 触发器既可以满足基本 R-S 触发器的约束条件，又可以保持其所有基本功能，并且增加了翻转的功能。所以，J-K 触发器是具有较强逻辑功能的触发器，其逻辑图和逻辑符号如图 5.12 所示。与电平触发式 R-S 触发器相比，增加两条反馈线。

当 $CP=0$ 时，则 $S_D=\overline{J\cdot CP\cdot \overline{Q^n}}=R_D=\overline{K\cdot CP\cdot Q^n}=1$，因此，触发器保持原态。

当 $CP=1$ 时，则 $S_D=\overline{J\overline{Q^n}}$，$R_D=\overline{KQ^n}$，代入基本 R-S 触发器特征方程得

$$Q^{n+1}=\overline{S}_D+R_DQ^n=J\overline{Q^n}+\overline{KQ^n}Q^n=J\overline{Q^n}+\overline{K}Q^n$$

由于从输出端引出两条反馈线到输入端，可以得到

$$S_D+R_D=\overline{J\overline{Q^n}}+\overline{KQ^n}=\overline{J}+Q^n+\overline{K}+\overline{Q^n}=1$$

由此可知，基本 R-S 触发器约束条件自动满足。

由特征方程可以直接得到电平触发式 J-K 触发器的状态转移真值表，如表 5.11 所示。其激励表如表 5.12 所示。由表 5.11 可知：

$J=0$，$K=0$ 时，触发器处于保持状态；

$J=0$，$K=1$ 时，触发器置 0；

$J=1$，$K=0$ 时，触发器置 1；

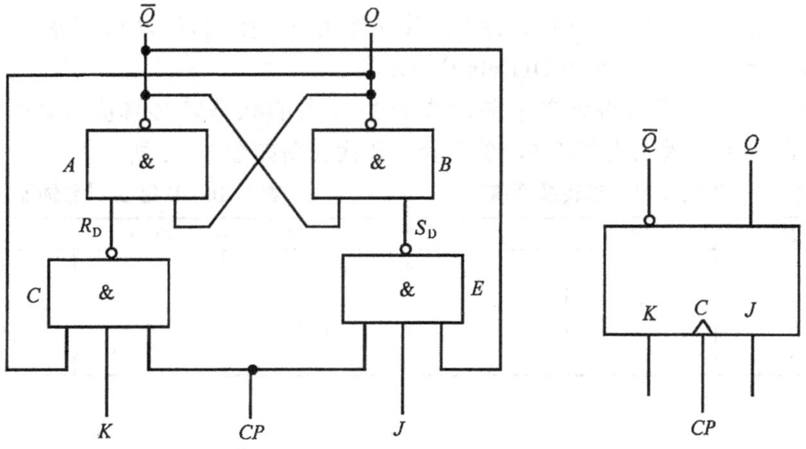

(a) (b)

图 5.12 电平触发式 J-K 触发器

$J=1,K=1$ 时,触发器翻转。去掉了状态不确定的情况。

由激励表很容易得到其状态图,如图 5.13 所示。

表 5.11 电平触发式 J-K 触发器状态转移真值表

J	K	Q^n	Q^{n+1}
0	0	0	0
0	0	1	1
0	1	0	0
0	1	1	0
1	0	0	1
1	0	1	1
1	1	0	1
1	1	1	0

表 5.12 电平触发式 J-K 触发器激励表

Q^n →	Q^{n+1}	J	K
0	0	0	×
0	1	1	×
1	0	×	1
1	1	×	0

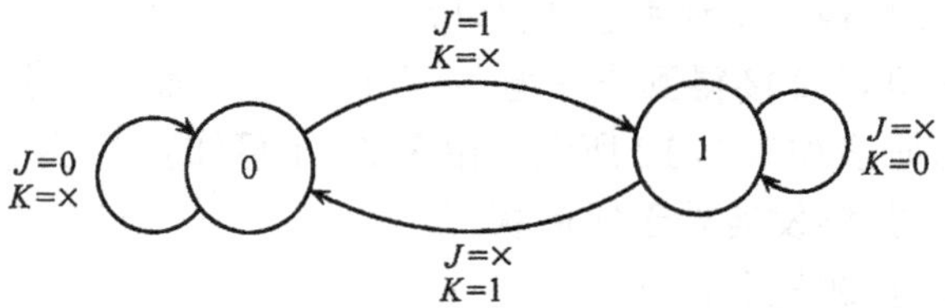

图 5.13 电平触发式 J-K 触发器状态图

5.2.4 电平触发式 T 触发器

如果电平触发式 J-K 触发器的两个输入端 J 和 K 短接在一起，作为一个信号输入端 T，就构成了电平触发式 T 触发器，其逻辑图和逻辑符号如图 5.14 所示。

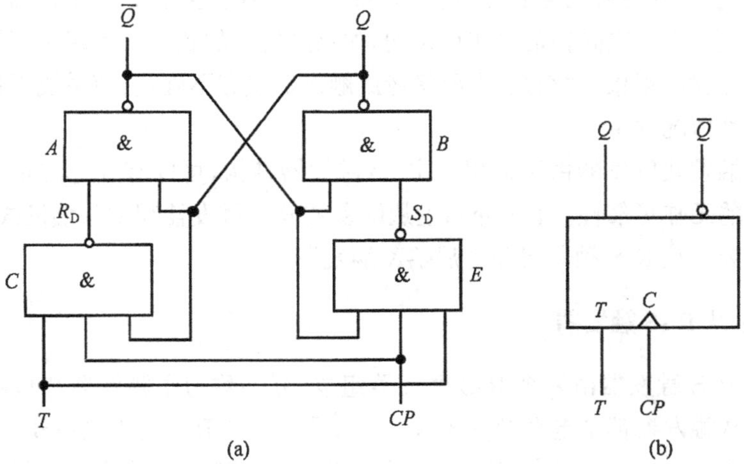

图 5.14 电平触发式 T 触发器

将电平触发式 J-K 触发器的特征方程式中的 J 和 K 均用 T 代入，就可得到电平触发式 T 触发器的特征方程：

$$Q^{n+1} = T\overline{Q^n} + \overline{T}Q^n$$

由 T 触发器的特征方程可以得到电平触发式 T 触发器的状态转移真值表，如表 5.13 所示。由表 5.13 可知，$T=0$ 时，触发器处于保持态；$T=1$ 时，触发器状态翻转，T 触发器又叫计数触发器。由其状态转移真值表可以很方便地得到激励表，如表 5.14 所示。由激励表很容易得到其状态图，如图 5.15 所示。

表 5.13 电平触发式 T 触发器

状态转移真值表

T	Q^n	Q^{n+1}
0	0	0
0	1	1
1	0	1
1	1	0

表 5.14 电平触发式 T 触发器激励表

Q^n →	Q^{n+1}	T
0	0	0
0	1	1
1	0	1
1	1	0

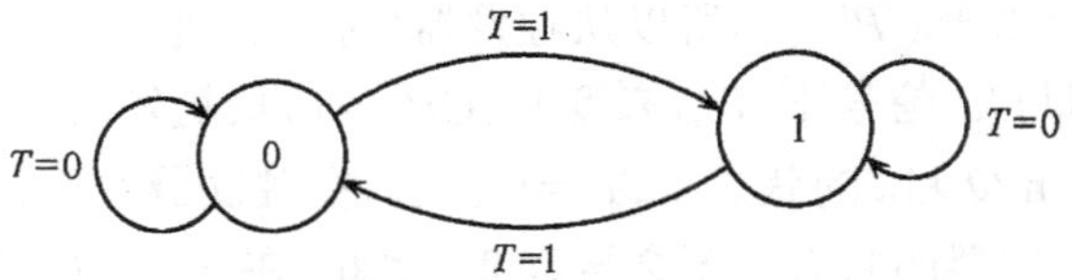

图 5.15 电平触发式 T 触发器状态图

5.3 主从触发式触发器

时钟控制触发器虽然解决了触发器状态变化的定时问题，但由于时钟信号具有一定的宽度，在时钟信号作用期间，如果输入信号发生了变化，触发器的状态也会发生变化。在一次时钟信号作用期间，如果触发器的状态发生多次翻转，这种现象就叫作“空翻”现象。“空翻”现象将造成触发器状态不确定，使系统工作紊乱，应该避免这种情况发生。

主从触发式触发器由于采用了主、从触发器结构，可以有效地防止空翻，提高了触发器的工作可靠性。下面介绍主从触发式 R-S 触发器和主从触发式 J-K 触发器。简称为主从 R-S 触发器和主从 J-K 触发器。

5.3.1 主从 R-S 触发器

主从 R-S 触发器由两个 R-S 触发器组成，分别称为主触发器和从触发器，主触发器和从触发器都是电平触发式 R-S 触发器。主从 R-S 触发器的逻辑结构和逻辑符号如图 5.16 所示，它由主触发器、从触发器和一个非门构成。非门的作用是使主触发器和从触发器的时钟信号相位相反。逻辑符号中 C 端的小圆圈表示时钟信号下降沿时，触发器状态翻转。

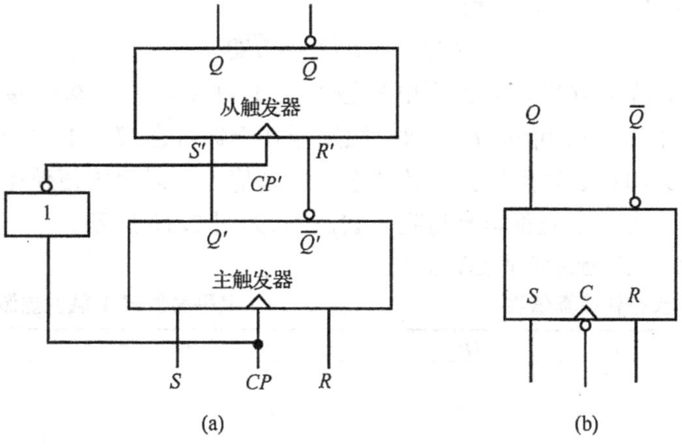

图 5.16 主从 R-S 触发器

当 $CP=1$ 时，主触发器接收输入信号，其输出端 Q' 和 $\overline{Q'}$ 由输入信号端 R 和 S 的状态决定。这时由于 $CP'=0$，所以从触发器保持原来状态不变。当 CP 由高电平回到低电平时，即 CP 信号下降沿来到时，$CP'=1$，从触发器将由此刻的 $S'=Q'$，$R'=\overline{Q'}$ 决定其输出 Q 和 $\overline{Q}$ 的状态。$CP=0$ 以后，主触发器处于保持状态，不接收输入信号，因而从触发器的状态也不会再改变。因此，在一个 CP 信号作用期间，尽管触发器的状态可能随输入信号改变多次，但从触发器的状态只可能改变一次。显然，这种触发器有效地防止了空翻。

主从 R-S 触发器的状态转移真值表如表 5.15 所示。其中 CP 为"×"表示 CP 没有有效的正脉冲到来，这时，无论 S 和 R 如何变化，触发器的状态都不变。

表 5.15　主从 R-S 触发器状态转移真值表

CP	S	R	Q^n	Q^{n+1}
$\sqcap\downarrow$	0	0	0	0
$\sqcap\downarrow$	0	0	1	1
$\sqcap\downarrow$	0	1	0	0
$\sqcap\downarrow$	0	1	1	0
$\sqcap\downarrow$	1	0	0	1
$\sqcap\downarrow$	1	0	1	1
$\sqcap\downarrow$	1	1	0	×
$\sqcap\downarrow$	1	1	1	×
×	×	×	Q^n	Q^n

5.3.2　主从 J-K 触发器

主从 J-K 触发器是在主从 R-S 触发器基础上增加两条反馈线，并把输入端改为 J 和 K 而构成的。主从 J-K 触发器的逻辑结构和逻辑符号如图 5.17 所示，它可

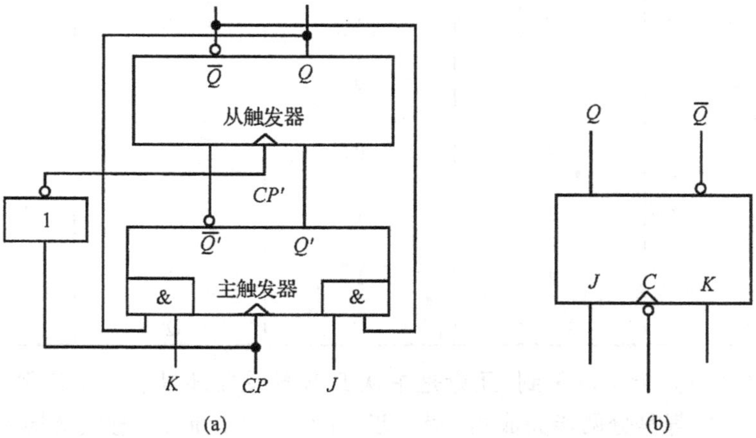

图 5.17　主从 J-K 触发器

以看作 $S=J\overline{Q}$，$R=KQ$ 的主从 R-S 触发器。

1）当 $J=0$，$K=0$ 时：$S=J\overline{Q^n}=0$，$R=KQ^n=0$，由表 5.15 可知，触发器将保持原态，即 $Q^{n+1}=Q^n$。

2）当 $J=0$，$K=1$ 时：①假设 $Q^n=0$，则 $S=J\overline{Q^n}=0$，$R=KQ^n=0$，由表 5.15 可知，主从 R-S 触发器为保持功能，当 CP 信号下降沿到来时，触发器将保持原来状态，即 $Q^{n+1}=0$。②假设 $Q^n=1$，则 $S=J\overline{Q^n}=0$，$R=KQ^n=1$，由表 5.15 可知，主从 R-S 触发器为置 0 功能，当 CP 信号下降沿到来时，触发器置 0，使 $Q^{n+1}=0$。因此，只要 $J=0$，$K=1$，不管触发器初始状态如何，触发器的次态将置 0，即 $Q^{n+1}=0$。

3）当 $J=1$，$K=0$ 时：分析过程同上，不管触发器的初态如何，其次态 $Q^{n+1}=1$。

4）当 $J=1$，$K=1$ 时：①假设 $Q^n=0$，由于 $S=J\overline{Q^n}=1$，$R=KQ^n=0$，触发器将置 1，即 $Q^{n+1}=\overline{Q^n}$。②假设 $Q^n=1$，由于 $S=J\overline{Q^n}=0$，$R=KQ^n=1$，触发器将置 0，即 $Q^{n+1}=\overline{Q^n}$。因此，只要 $J=K=1$，不管触发器初态如何，其次态将处于翻转态。即 $Q^{n+1}=\overline{Q^n}$。

从功能来看，主从 J-K 触发器与电平触发式 J-K 触发器是一样的，其特征方程、激励表、状态图也是相同的。但其触发方式有所不同，主从 J-K 触发器在 CP 为负跳变时确定次态。其状态转移真值表如表 5.16 所示。

表 5.16 主从 J-K 触发器状态转移真值表

CP	J	K	Q^n	Q^{n+1}
⊓↓	0	0	0	0
⊓↓	0	0	1	1
⊓↓	0	1	0	0
⊓↓	0	1	1	0
⊓↓	1	0	0	1
⊓↓	1	0	1	1
⊓↓	1	1	0	1
⊓↓	1	1	1	0
×	×	×	Q^n	Q^n

通过上面分析可以看到，无论是主从 R-S 触发器还是主从 J-K 触发器，触发器的翻转工作都是分两步完成的。第一步，在 $CP=1$ 期间，主触发器接收输入端信号，被置为相应状态，而从触发器保持原来的状态；第二步，CP 下降沿到来时，从

触发器依照主触发器的状态而翻转。因此，整个触发器的状态改变发生在 CP 下降沿。

但由于主触发器本身是一电平触发式 R-S 触发器，所以在 $CP=1$ 的全部时间里，输入信号的任何变化都将对主触发器产生影响。

在使用主从触发器时会遇到如下情况，就是如果在 $CP=1$ 期间输入信号发生变化，CP 下降沿到达时，从触发器的状态不一定能按此刻输入信号的状态来确定，而必须考虑整个 $CP=1$ 期间里输入信号的变化过程，才能确定触发器的次态。

例如，在主从 R-S 触发器中，假定 $Q^n=0$，$CP=0$。如果 CP 变为 1 以后，先是 $S=1$，$R=0$，后是在 CP 下降沿到来之前又变为 $S=R=0$，那么若用 CP 下降沿到达时的 $S=R=0$ 来决定它的次态，则会得到 $Q^{n+1}=Q^n=0$ 错误结果。而实际上由于 $CP=1$ 的开始阶段曾出现 $S=1$，$R=0$，故主触发器已被置 1，变为 $S=R=0$ 后，主触发器仍为 1，所以 CP 下降沿到来时，从触发器也随之置为 1，即正确的次态应为 $Q^{n+1}=1$。

对于主从 J-K 触发器也存在类似的问题，即在 $CP=1$ 的全部时间里主触发器都可接收输入信号。但由于引了反馈线到输入端，其结果与主从 R-S 触发器又有所不同。

当 $Q^n=0$ 时，主触发器的 $S=J\overline{Q^n}=J$，$R=KQ^n=0$；若 $J=0$，则 $Q^{n+1}=0$；若 $J=1$，则 $Q^{n+1}=1$；这时主从 J-K 触发器只接收置 1 信号。例如，如果 CP 变为 1 以后，先是 $J=1$，$K=0$，后是在 CP 下降沿到来之前又变为 $J=K=0$ 的情况。

当 $Q^n=1$ 时，同理可知只接收置 0 信号。即在 $CP=1$ 期间，由于反馈线的作用，只可能接收一次特定的信号，可能导致触发器一次翻转。这一点是与主从 R-S 触发器不同的。

主从 J-K 触发器的次态输出只有在 $CP=1$ 时 J 和 K 保持不变，当 CP 信号下降沿到来，J、K 为 0、0 或 0、1 时，$Q^{n+1}=0$；J、K 为 1、0 或 1、1 时，$Q^{n+1}=1$。

5.4 边沿触发式触发器

如上所述，主从触发器虽然解决了空翻问题，但是在 $CP=1$ 期间输入端信号状态要保持不变。否则，其次态就不能按特性表来确定。如果是干扰信号混入输入端，将使触发器产生不必要的翻转，可靠性降低。为了提高触发器的可靠性，增强抗干扰能力，人们又设计出边沿触发方式的触发器。边沿触发方式是指只在 CP 的上升沿或下降沿时刻，触发器才依据此刻的输入决定其次态。而在 $CP=1$ 和 $CP=0$ 期间，输入的任何变化都不会引起触发器状态的变化。以这种方式工作的触发器称为边沿触发方式的触发器，简称为边沿触发器。

实现边沿触发的方法有两种：一种是利用触发器内部门电路的延迟时间不同来实现；另一种是靠直流反馈原理即维持阻塞原理来实现。

5.4.1 利用传输延迟的边沿触发器

图 5.18 是利用传输延迟方法构成的负沿触发 J-K 触发器。图上部是由两个与或非门构成的基本 R-S 触发器；图下部的两个与非门作为输入导引门。R_D 和 S_D 分别为异步复位、置位端。而且要求与非门 1 和 2 的传输延迟时间大于基本 R-S 触发器的翻转时间。

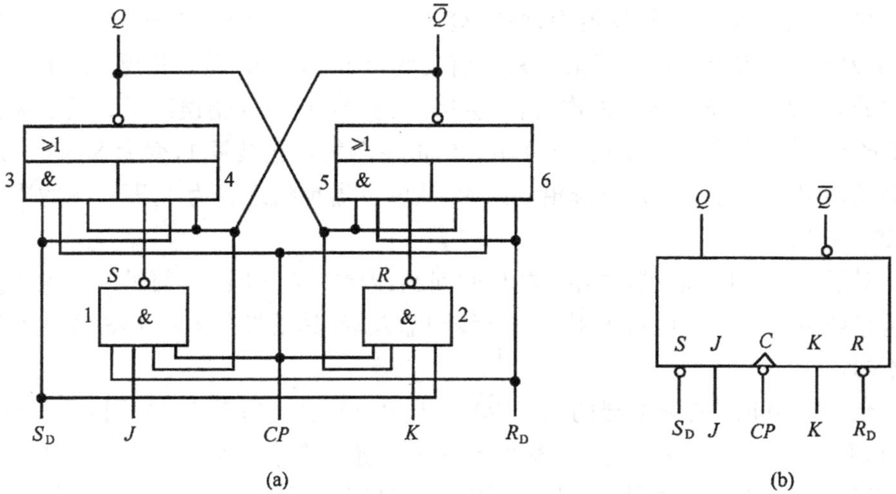

图 5.18　负沿触发 J-K 触发器

在分析其工作原理时，假设 $S_D=R_D=1$。这是由于在不进行异步复位、置位时，把 S_D 和 R_D 视作 1。

$CP=0$ 时，与非门 1,2 和与门 3,6 均被封锁，$S=R=1$，基本 R-S 触发器保持。

$CP=1$ 时，设 $Q^n=0$，因 $CP=1$，则 $S=\overline{J}$，$R=1$。因此，门 3～6 的输出分别为：$G_3=1$，$G_4=\overline{J}$，$G_5=0$，$G_6=0$；故触发器的次态为 $Q^{n+1}=\overline{G_3+G_4}=\overline{1+\overline{J}}=0$，$\overline{Q^{n+1}}=\overline{G_5+G_6}=\overline{0+0}=1$，即保持原态。对 $Q^n=1$ 的情况可做类似分析，结果也是保持原态。则有 $Q^{n+1}=\overline{\overline{Q^n}+\overline{Q^n}S}=Q^n$，$\overline{Q^{n+1}}=\overline{Q^n+Q^nR}=\overline{Q^n}$。因此，触发器的状态也维持不变，即不管输入信号 J 和 K 为何状态，只要是 $CP=0$ 或 $CP=1$，触发器的状态保持不变。

当 CP 下降沿到来时，触发器的工作过程如下：假定在 $CP=1$ 时，$Q^n=0$，$J=1$，$K=0$，则 $S=0$，$R=1$。CP 下降沿到时，门 3 和 6 立即被封锁，即 $G_3=G_6=0$。由于门 1 和 2 的传输延迟时间长，故仍有 $S=0$，$R=1$，则 $G_4=0$，$Q^{n+1}=1$，门 5 开启，$G_5=1$，$Q^{n+1}=0$，即触发器置 1。这时 CP 下降沿的作用才传输到 S 端和 R 端，从而过渡到 $CP=0$ 时状态维持不变的情况。

Q^n，J，K 为其他状态的工作情况列于表 5.17。

表 5.17 利用传输延迟的负沿触发 J-K 触发器工作情况

CP	Q^n	$\overline{Q}^n$	J	K	S	R	CP	G_3	G_4	G_5	G_6	Q^{n+1}	$\overline{Q}^{n+1}$	功能
0	×	×	×	×	1	1		0	$\overline{Q}^n$	Q^n	0	Q^n	$\overline{Q}^n$	保持
1	0	1	×	×	$\overline{J}$	1		1	$\overline{J}$	0	0	0	1	保持
1	1	0	×	×	1	$\overline{K}$		0	0	$\overline{K}$	1	1	0	
1	0	1	0	1	1	1	$\downarrow$	0	1	0	0	0	1	置 0
1	1	0	0	1	1	0	$\downarrow$	0	1	0	0	0	1	
1	0	1	1	0	0	1	$\downarrow$	0	0	1	0	1	0	置 1
1	1	0	1	0	1	1	$\downarrow$	0	0	1	0	1	0	
1	0	1	0	0	1	1	$\downarrow$	0	1	0	0	0	1	保持
1	1	0	0	0	1	1	$\downarrow$	0	0	1	0	1	0	
1	0	1	1	1	0	1	$\downarrow$	0	0	1	0	1	0	翻转
1	1	0	1	1	1	0	$\downarrow$	0	1	0	0	0	1	

从上面的分析可知，这类触发器几乎在整个 CP 周期内对输入信号都是封锁的，只是在 CP 下跳的瞬间，将一个与非门平均延迟时间以前的输入信号 J 和 K 的状态传输给基本 R-S 触发器，从而改变触发器的状态。这表明，只有最临近 CP 下降沿的以前的 J 和 K 信号才能改变触发器的状态。这将大大提高触发器的抗干扰能力。这类触发器的激励表、状态图均与前面叙述的相同，其状态特性表如表 5.18 所示。

表 5.18 利用传输延迟的负沿触发 J-K 触发器状态特性表

R_D	S_D	CP	J	K	Q^n	Q^{n+1}
0	1	×	×	×	×	0
1	0	×	×	×	×	1
1	1	0/1	×	×	×	Q^n
1	1	$\downarrow$	0	0	0	0
1	1	$\downarrow$	0	0	1	1
1	1	$\downarrow$	1	0	0	1
1	1	$\downarrow$	1	0	1	1
1	1	$\downarrow$	0	1	0	0
1	1	$\downarrow$	0	1	1	0
1	1	$\downarrow$	1	1	0	1
1	1	$\downarrow$	1	1	1	0

5.4.2 维持-阻塞D触发器

维持-阻塞正边沿触发的D触发器是利用直流反馈原理实现的，其逻辑图和逻辑符号如图5.19所示。它由6个与非门构成，其中门1，2组成基本R-S触发器，门3～6为输入导引门。R_D和S_D分别为异步复位、置位输入端。为了实现边沿触发，电路中引入了置1维持线①，置0阻塞线②，置0维持线③和置1阻塞线④。

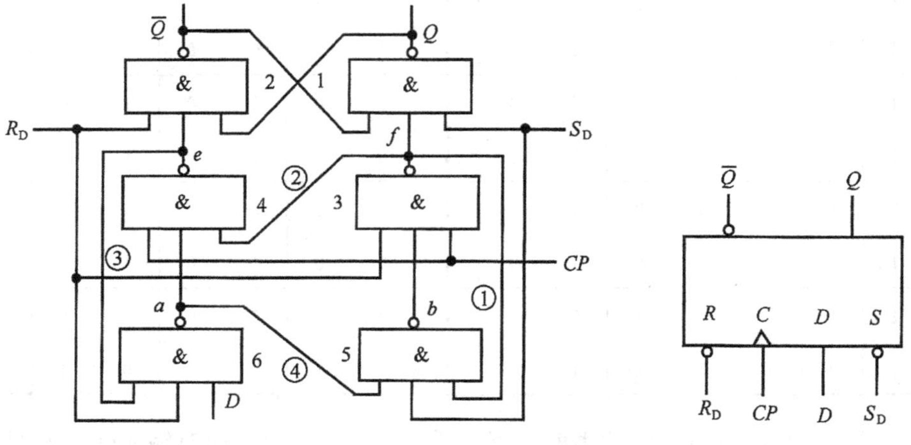

(a) (b)

图5.19 维持-阻塞D触发器

假设$R_D=S_D=1$，即维持-阻塞正边沿触发的D触发器处在非直接置0置1状态。

1）在$CP=0$时，门3和门4均被封锁，其输出$e=f=1$，所以由门1，2组成的基本R-S触发器处于保持状态。这时门5，6的输出分别为$a=\overline{D}$，$b=D$。

2）在CP为其他情况时分两种情况进行讨论。在$D=1$的情况下，$a=0$，$b=1$。当CP上升沿到来时，门3开启，输出$f=0$，而门4输出$e=1$，因此这时触发器被置1，即$Q^{n+1}=1=D$。由于置1维持线①的作用，使门3和门5构成一个基本R-S触发器，从而保证了输出端在$CP=1$期间为低电平，即$f=0$。另一方面，由于置0阻塞线②的作用，使门4输出仍为高电平，即$e=1$。即使$D=1$的信号消失，由于两条反馈线①和②的作用，触发器仍置1。

在$D=0$的情况下，$a=1$，$b=0$。当CP上升沿到来时，门4开启，输出$e=0$，而门3输出$f=1$，因此这时触发器被置0，即$Q^{n+1}=0=D$。由于置0维持线③的作用，使门4和门6构成一个基本R-S触发器，从而保证了在$CP=1$期间e端仍为低电平，即使$D=0$的信号消失也是这样。同理，由于置1阻塞线④的作用，使$b=0$，从而保证$f=1$，即不让其为0，亦即阻止触发器置1，此线就由此而得名。总之，由于两条反馈线③和④的作用，即使$D=0$的输入信号消失，触发器仍置0。

其特征方程、激励表及状态图与前面所述相同，其状态特性表如表 5.19 所示。

表 5.19　维持-阻塞正边沿触发的 D 触发器状态特性表

R_D	S_D	CP	D	Q^n	Q^{n+1}
0	1	×	×	×	0
1	0	×	×	×	1
1	1	↑	0	0	0
1	1	↑	0	1	0
1	1	↑	1	0	1
1	1	↑	1	1	1

5.5　触发器逻辑功能的转换

在实际工作中，经常需要利用手中现有的触发器完成其他触发器的逻辑功能，这就需要将不同功能的触发器进行转换。常用的转换方法有公式法和图形法，本节只介绍公式法。公式法需要对比转换前后的触发器的特征方程，从而求得转换电路输出函数的逻辑表达式。

5.5.1　由 D 触发器到其他功能触发器的转换

1. 从 D 触发器到 J-K 触发器的转换

已知 D 触发器的特征方程是 $Q^{n+1}=D$，而 J-K 触发器的特征方程是 $Q^{n+1}=J\overline{Q^n}+\overline{K}Q^n$。对比两个特征方程，可得到 D 端即转换逻辑电路输出端的逻辑表达式为

$$D = J\cdot\overline{Q^n} + \overline{K}Q^n = \overline{\overline{J\cdot\overline{Q^n}}\cdot\overline{\overline{K}Q^n}}$$

此式表明，可以用非门、与门和或门构成转换逻辑电路，也可以全部用与非门构成。通过与非门实现由 D 触发器到 J-K 触发器转换的电路如图 5.20 所示。

2. 从 D 到 T 和 T′触发器(翻转触发器)的转换

T 触发器的特征方程是 $Q^{n+1}=T\overline{Q^n}+\overline{T}Q^n$，对比 D 触发器的特征方程可得

$$D = T\overline{Q^n} + \overline{T}Q^n = T\oplus Q^n$$

当 $T=1$ 时，就可得到从 D 到 T′触发器的转换表达式：

$$D = \overline{Q^n}$$

图 5.21(a)为 D 到 T 触发器的转换电路，图 5.21(b)为 D 到 T′触发器的转换电路。

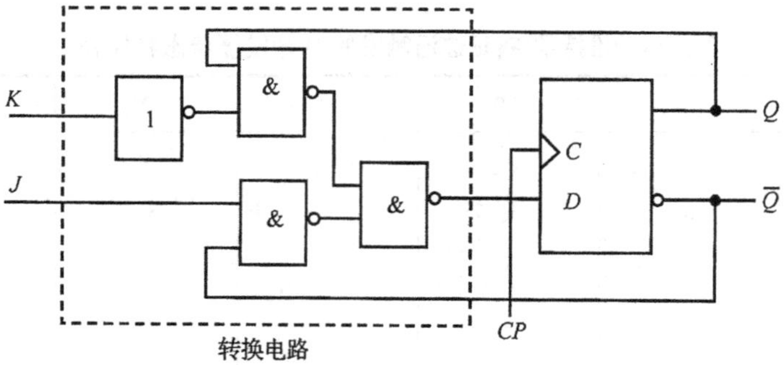

图 5.20　由 D 到 J-K 触发器的转换

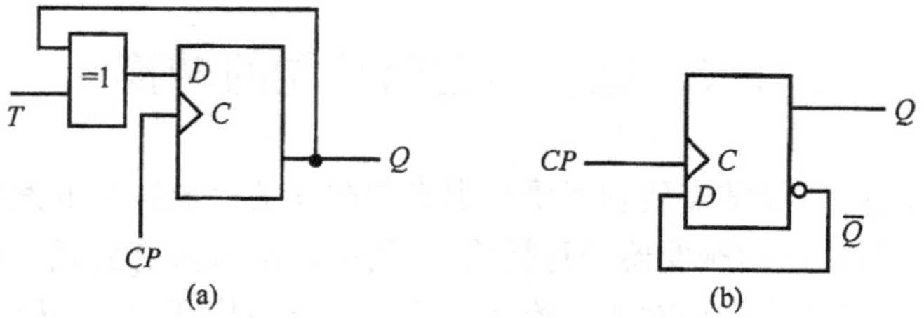

图 5.21　从 D 到 T 和 T′触发器的转换

5.5.2　由 J-K 触发器到其他功能触发器的转换

1. 从 J-K 触发器到 D 触发器的转换

已知 J-K 触发器的特征方程是 $Q^{n+1}=J\overline{Q^n}+\overline{K}Q^n$，将 D 触发器的特征方程进行变换得 $Q^{n+1}=D=D(Q^n+\overline{Q^n})=D\overline{Q^n}+DQ^n$。对比两个特征方程可得

$$\begin{cases}J=D\\K=\overline{D}\end{cases}$$

从 J-K 到 D 触发器转换的电路如图 5.22 所示。

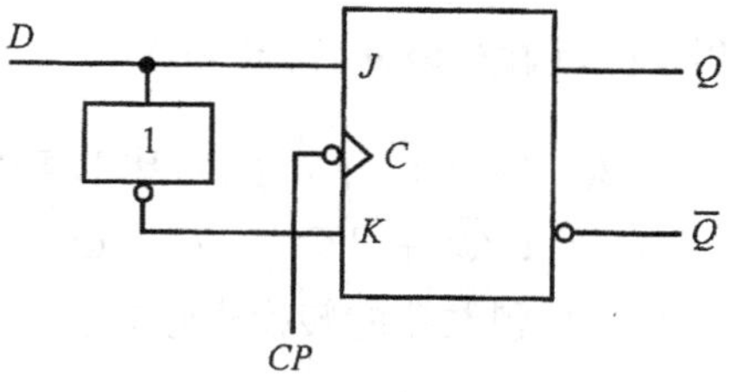

图 5.22　从 J-K 到 D 触发器的转换

2. 从 J-K 到 T 和 T′触发器的转换

T 触发器的特征方程是 $Q^{n+1}=T\overline{Q^n}+\overline{T}Q^n$，与 J-K 触发器的特性方程对比后可得

$$J=K=T$$

当 $T=1$，即 $J=K=1$，就可完成从 J-K 到 T′触发器的转换。图 5.23 是从 J-K 到 T 和 T′触发器的转换电路。

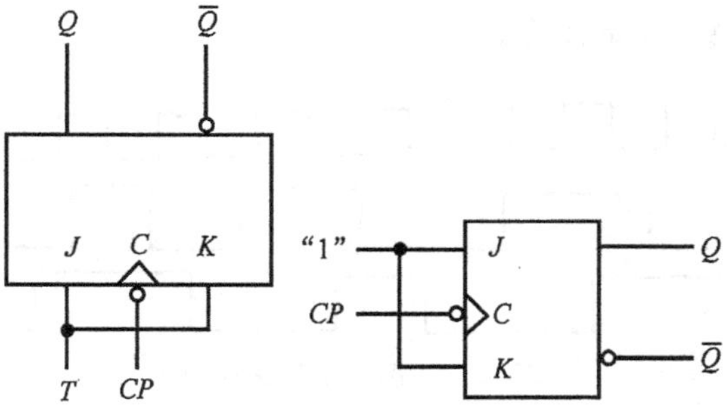

图 5.23　从 J-K 到 T 和 T′触发器的转换

习　题　五

5.1　按逻辑功能划分触发器有哪些类型？说明各自的逻辑功能并写出它们的特征方程。

5.2　什么是电平触发式触发器？说明电平触发式触发器的工作特点及应用场合。

5.3　什么是主从触发式触发器？说明主从触发式触发器的工作特点及应用场合。

5.4　什么是边沿触发式触发器？说明边沿触发式触发器的工作特点及应用场合。

5.5　给出逻辑电路如图 5.24 所示，试分析该电路的逻辑功能，并给出逻辑功能的真值表。

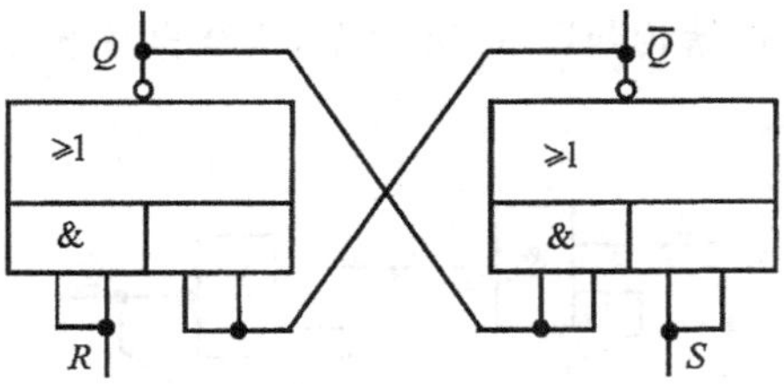

图 5.24　题 5.5 的逻辑电路图

5.6　针对电平触发式 R-S 触发器，假设给出的时钟脉冲及输入波形如图 5.25 所示，并假设初始状态为 0，试画出 Q 及 $\overline{Q}$ 端的波形。

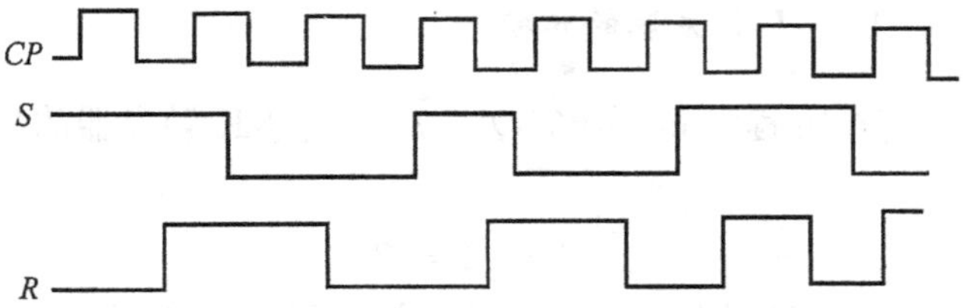

图 5.25　题 5.6 的波形图

5.7　假设给出的主从 J-K 触发器的输入波形如图 5.26 所示，并假设初始状态为 0，试画出 Q 及 $\overline{Q}$ 端的波形。

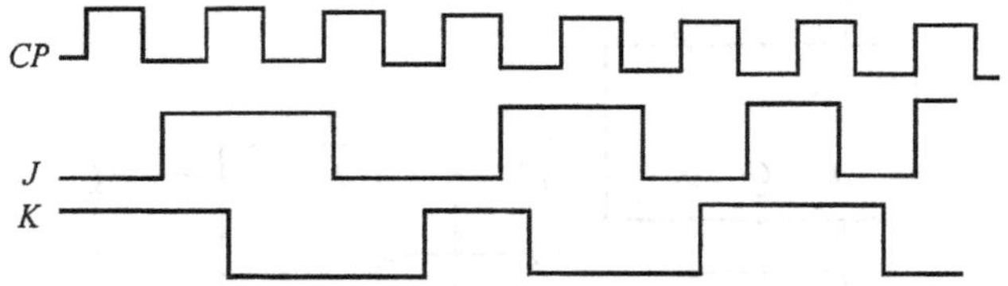

图 5.26　题 5.7 的波形图

5.8　写出图 5.27 所示的各触发器的次态方程。

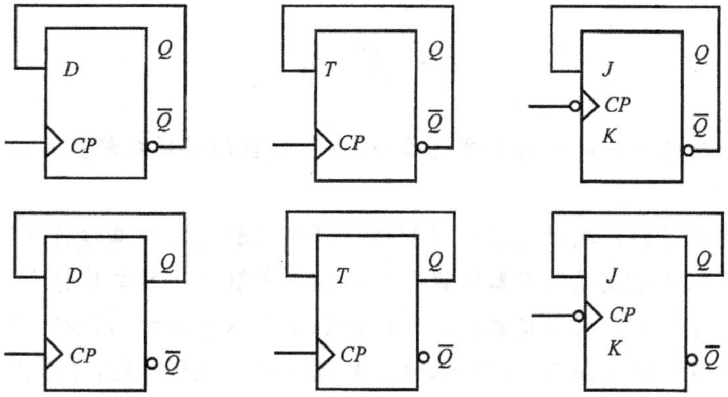

图 5.27　题 5.8 的逻辑电路图

5.9　有一触发器的电路结构如图 5.28 所示，试给出该触发器的状态转移真值表，写出其特征方程。

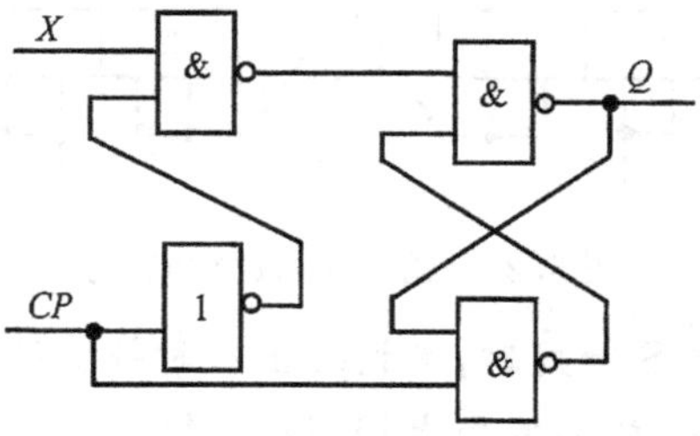

图 5.28　题 5.9 的逻辑电路图

5.10 图 5.29 所示的逻辑电路中，S 为一单脉冲按钮，每按一次 S 按钮，就在 Q_2 端输出一个脉冲。试根据给定的 CP 及 T 的波形画出 Q_1 和 Q_2 的波形。

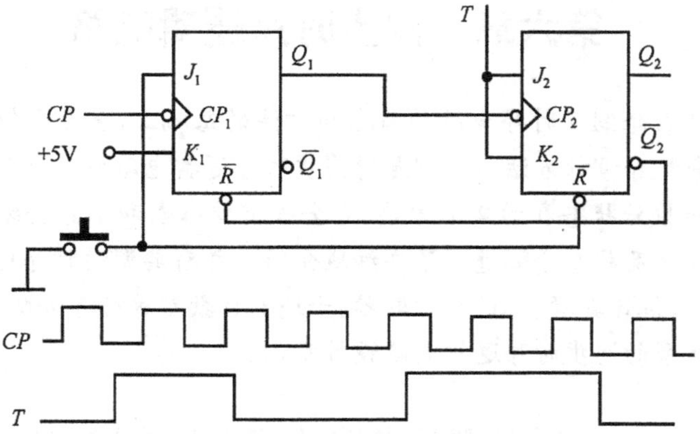

图 5.29 题 5.10 的逻辑电路图

5.11 如何用 J-K 触发器实现 D 和 T 触发器的逻辑功能，画出相应的逻辑电路图。

5.12 如何用 D 触发器实现 J-K 和 T 触发器的逻辑功能，画出相应的逻辑电路图。

5.13 如何用 T 触发器实现 D 和 J-K 触发器的逻辑功能，画出相应的逻辑电路图。

第六章　同步时序逻辑电路

本章在介绍了时序电路的特点和方法的基础上，重点介绍同步时序电路的分析和设计方法。特别是对同步时序逻辑电路设计过程中的原始状态图和原始状态表的建立方法、完全给定状态表和不完全给定状态表的化简方法及状态分配进行了详细地介绍。并对典型的时序电路如数码寄存器、移位寄存器、二进制计数器、十进制计数器进行了分析和介绍。并给出了典型的同步时序逻辑电路设计举例。

6.1　时序逻辑电路的特点和描述方法

6.1.1　时序逻辑电路的特点

前面所介绍的组合电路是指任何时刻所产生的稳定输出仅取决于该时刻电路的输入，而时序逻辑电路任何时刻所产生的输出，不仅取决于该时刻电路的输入，而且还和电路过去的输入有关。为了使电路过去的输入能够影响现在电路的输出，在时序电路中就要有记忆装置。时序逻辑电路的结构模型如图 6.1 所示。

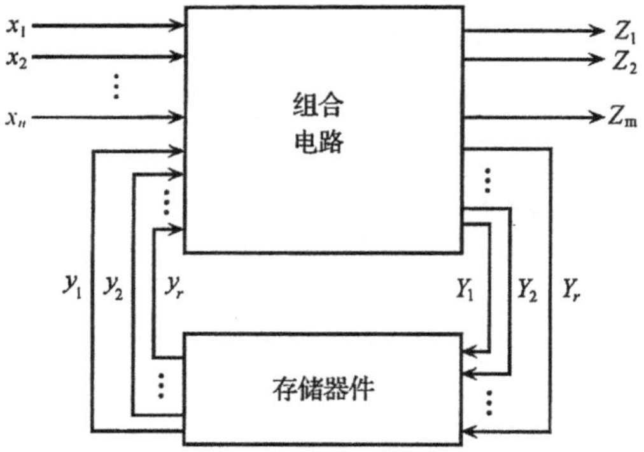

图 6.1　时序逻辑电路结构模型

由图 6.1 可知，时序逻辑电路由组合电路和存储电路两部分组成，存储电路的输出作为组合电路的输入，组合电路的部分输出作为存储电路的输入，形成了一个反馈回路。$x_1,x_2,\cdots,x_n$ 称为时序逻辑电路的外部输入，$Z_1,Z_2,\cdots,Z_m$ 称为时序逻辑电路的外部输出，$y_1,y_2,\cdots,y_r$ 称为时序逻辑电路的内部输入，$Y_1,Y_2,\cdots,Y_r$ 称为时序逻辑电路的内部输出。

在同步时序逻辑电路中，采用带有时钟控制的触发器构成存储电路，则触发器的状态就是内部输入，而触发器的激励就是内部输出。一般可将输出与输入之间的关系描述成如下逻辑函数表达式：

$$Z_i = f_i(x_1, x_2, \cdots, x_n, y_1, y_2, \cdots, y_r), \quad i = 1, 2, \cdots, m$$

$$Y_j = g_j(x_1, x_2, \cdots, x_n, y_1, y_2, \cdots, y_r), \quad j = 1, 2, \cdots, r$$

式中 Z_i 称为输出函数，而 Y_j 称为激励函数或控制函数，以上函数分别描述了外部输出和内部输出同所有输入（内部输入和外部输入）之间的逻辑关系。可以看出，Z_i 不仅与时序电路的外部输入 $x_1, x_2, \cdots, x_n$ 有关，还与存储电路的输出即内部输入 $y_1, y_2, \cdots, y_r$ 有关，由上述函数表达式所描述的时序电路模型称为 Mealy 型电路。

在实际的电路中，有时外部输出 Z_i 仅与 $y_1, y_2, \cdots, y_r$ 有关，而与 $x_1, x_2, \cdots, x_n$ 无关，其输出函数和激励函数可表示为

$$Z_i = f_i(y_1, y_2, \cdots, y_r), \quad i = 1, 2, \cdots, m$$

$$Y_j = g_j(x_1, x_2, \cdots, x_n, y_1, y_2, \cdots, y_r), \quad j = 1, 2, \cdots, r$$

这种时序电路模型称为 Moore 型电路。

在时序电路中，我们也可以称外部输入 x_i 为外部输入状态，外部输出 Z_i 为外部输出状态，内部输入 y_j 为内部输入状态，内部输出 Y_j 为内部输出状态。由于时序电路含有存储电路，使得该电路的输出不仅只与外部输入有关，还与内部输入有关，如果存储电路是由触发器构成的，则其内部输入就为触发器的状态，在这里，我们就把触发器的状态称为时序电路的状态。由于同步时序电路有统一的时钟信号，所以电路的状态（$y_1, y_2, \cdots, y_r$）只有当时钟信号到来时，才能发生变化，时钟信号起着同步作用，所以，这种时序电路称为同步时序电路。通常，在时钟信号到来之前电路的状态称为现态，记为 $y^{(n)}$（右上标 n 可以省略），而将时钟信号到来之后的状态称为次态，记为 $y^{(n+1)}$。

6.1.2 时序逻辑电路的表示方法

在时序电路中，虽然有输出函数和激励函数来描述电路的逻辑功能，但其不能清晰地描述出输入、输出的逻辑关系及现态和次态之间的转移关系。为了形象地描述时序电路的特性，通常要用状态图和状态表来描述电路的输入、输出及电路状态的转移关系。

状态图是用来表示输入、输出和电路状态之间转移关系的有向图。每一个状态用一个圆圈表示，圆圈内的字母或数字表示状态的名称，用带箭头的有向线段将状态联系起来，箭尾联接现态，箭头指向次态，有向线段上标有引起该状态转移的外部输入条件。当有 n 个外部输入时，则每个状态有 2^n 个发出的有向线段，指向不同输入条件下现态要转向的次态。

根据输出函数的不同模型，可形成不同类型的状态图。Mealy 型电路的输出与电路的外部输入及状态都有关系，其输出标在输入的下面，表明在当前的状态（现态）及输入情况下，只要同步时钟未到，则其输出为当前值。该类型状态图为 Mealy

型状态图,如图 6.2 所示。Moore 型电路的状态图与 Mealy 型电路的状态图类似,由于其输出只与现态有关,而与外部输入无关,所以其输出标在圆圈内状态名的下面即可。Moore 型状态图如图 6.3 所示。

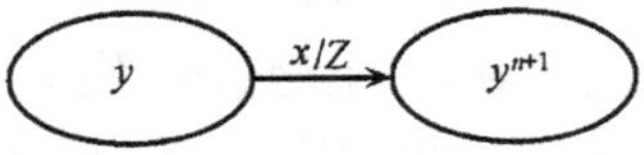

图 6.2 Mealy 型状态图

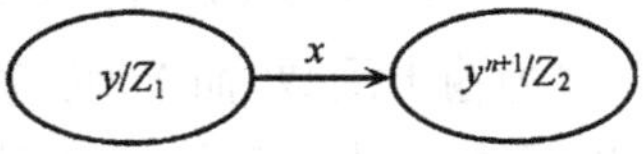

图 6.3 Moore 型状态图

在进行时序电路设计时,电路的输入、输出和电路状态的转移关系还必须用表格的方式表示出来,这就是状态表,也称为状态转移表。

状态表与状态图有着一一对应的关系,可由状态表得到状态图,也可由状态图得到状态表。状态表也分为 Mealy 型和 Moore 型状态表,其格式分别如表 6.1,表 6.2 所示。

表 6.1 Mealy 型状态表

现态	次态/输出	
	输入 x	…
y	$y^{(n+1)}/Z$	
⋮		

表 6.2 Moore 型状态表

现态	次态		输出
	输入 x	…	
y	$y^{(n+1)}$		Z
⋮			

对于 Mealy 型的状态表,最左一列列出所有可能的状态,其后各列为所有可能的输入组合下的次态及输出。由于 Moore 型电路的输出只与现态有关,所以其输出可单列一列,不必标在每个单元格当中。

状态图和状态表是分析和设计同步时序电路的主要工具,在同步时序电路的分析过程中,要得到状态图,直观地描述其输入、输出及电路状态的转移关系;在同步时序电路的设计过程中,要通过状态表所描述的输入、输出和电路状态的转移关系以及所选用的触发器的功能,得到输出函数和激励函数。

6.2 同步时序逻辑电路的分析

同步时序电路的分析,就是要根据给定的逻辑电路图,分析其输入、输出和电路状态的转移关系,从而说明电路的逻辑功能和工作特性,有助于改进电路的设计。

由于同步时序电路的主要特点在于有存储电路的存在,随着时间的顺序推移和外部输入的不断改变,电路的状态相应发生变化。分析时序电路的关键是确定电路状态的变化规律,而这种情况可以用状态表和状态图显示,同时还可以用时间图来描述电路的工作过程。

同步时序电路的分析步骤可归纳如下：

1）根据给定的时序逻辑电路，列出输出函数和激励函数表达式。

2）建立状态转移真值表或列出次态方程。建立状态转移真值表又称列表法，表格当中的内容为在所有可能的输入组合(包括外部输入和内部输入)下构成存储电路的各触发器的激励状态；列次态方程的方法又叫方程法，将激励函数代入所选触发器的次态方程中，就可以得到构成存储电路的所有触发器的次态方程组，即次态与输入之间的关系。

3）作出时序电路的状态表，并画出状态图。表格法是根据不同输入组合下激励状态及触发器的功能求其相应的次态；而方程法则是由次态方程组求其各输入组合下的次态。

4）用文字和时间图描述电路的逻辑功能和工作过程。在用时间图描述电路的工作过程时要给出典型的外部输入序列和初始状态。

下面通过具体例子加以说明。

【例 6.1】 分析图 6.4 所示的同步时序逻辑电路。

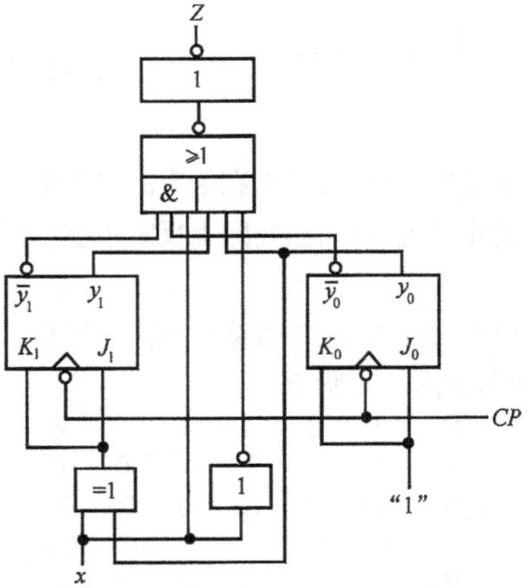

图 6.4 例 6.1 逻辑电路图

解：(1) 列出该电路的输出函数和控制函数：

$$J_0 = K_0 = 1,\quad J_1 = K_1 = x \oplus y_0,\quad Z = \overline{y}_1\overline{y}_0 x + y_1 y_0 \overline{x}$$

(2) 列出状态转移真值表，如表 6.3 所示

(3) 作出状态表和状态图

由于输出 Z 不仅只与现态 y_1y_0 有关，还同输入 x 有关，所以该电路为 Mealy 型电路。将一览表中的激励去掉，就可转换成状态表，由状态表可转换成相应的状态图。相应的状态表如表 6.4 所示，状态图如图 6.5 所示。

表 6.3 例 6.1 的状态转移真值表

现态		输入	激励				次态		输出
y_1	y_0	x	J_1	K_1	J_0	K_0	y_1^{n+1}	y_0^{n+1}	Z
0	0	0	0	0	1	1	0	1	0
0	0	1	1	1	1	1	1	1	1
0	1	0	1	1	1	1	1	0	0
0	1	1	0	0	1	1	0	0	0
1	0	0	0	0	1	1	1	1	0
1	0	1	1	1	1	1	0	1	0
1	1	0	1	1	1	1	0	0	1
1	1	1	0	0	1	1	1	0	0

表 6.4 例 6.1 的状态表

y_1	y_0	$y_1^{(n+1)}y_0^{(n+1)}/Z$	
		$x=0$	$x=1$
0	0	01/0	11/1
0	1	10/0	00/0
1	0	11/0	01/0
1	1	00/1	10/0

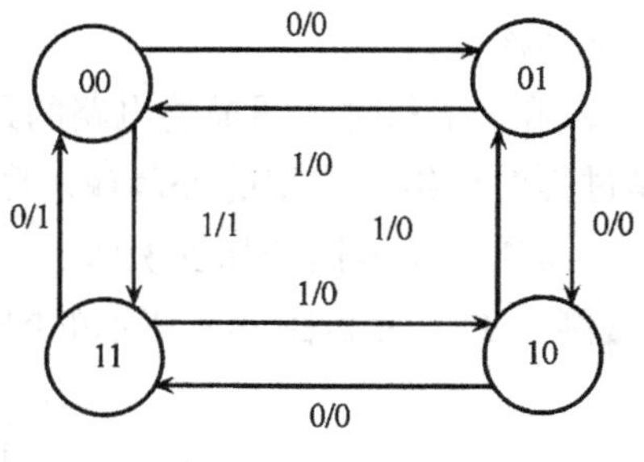

图 6.5 例 6.1 的状态图

(4) 作出时间图

时间图又叫时间波形图，可以反映出在给定的典型输入序列及初始状态下，该电路的状态及输出的变化情况。时间图实际上反映了状态图的内容，是对电路特性的直观描述。

为了作出准确无误的时间图，通常根据状态图先给出状态响应序列。其状态响应序列如下所示，时间图如图 6.6 所示。

CP:	1	2	3	4	5	6	7	8
x:	1	1	1	1	0	0	0	0
y_1y_0:	00	11	10	01	00	01	10	11
$y_1^{(n+1)}y_0^{(n+1)}$:	11	10	01	00	01	10	11	00
Z:	1	0	0	0	0	0	0	1

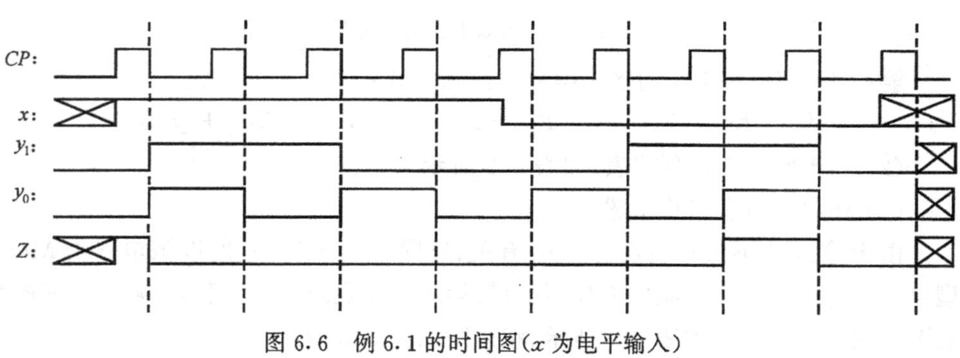

图 6.6 例 6.1 的时间图(x 为电平输入)

由状态响应序列和时间图可以看出，在状态响应序列中描述了次态 $y_1^{(n+1)}y_0^{(n+1)}$，这种描述方法的目的在于比较形象地理解现态和次态的关系。例如，当前的现态为 00，x 为 1，当 CP 的下降沿到来时，其次态为 11，输出为 1，状态响应序列的第一列就较清楚地描述了这一过程，而次态 11 将成为下一个时钟到来时的现态。在时间图当中没有次态 $y_1^{(n+1)}y_0^{(n+1)}$，这是由于时间图所描述的是每条线路上的变化，y_1 与 $y_1^{(n+1)}$ 及 y_0 与 $y_0^{(n+1)}$ 只是状态输出线路 y_1、y_0 上不同时间的逻辑状况，分别代表时钟下降沿到来之前（y_1y_0）和到来之后（$y_1^{(n+1)}y_0^{(n+1)}$）的逻辑状态，所以在每个下降沿之前的 y_1、y_0 就表示针对该时刻的现态，而下降沿之后的 y_1、y_0 则表示针对该时刻的次态，也就没有必要再描述次态 $y_1^{(n+1)}y_0^{(n+1)}$ 了。

输入序列 x 实际上既可以是电平也可以是脉冲。图 6.6 所示的时间图中 x 是电平输入，电平的变化同时钟的上升沿同步，所选用的触发器是下降沿有效的边沿触发器。对于同步时序电路，输入序列是电平还是脉冲，对触发器效果是一样的，电平与脉冲所不同的只是作用时间的长短不同，可以把脉冲看作是一种特殊的电平信号，这种脉冲输入信号的宽度可以与时钟信号的宽度相同。如果把输入序列改成脉冲输入，其时间图如图 6.7 所示。

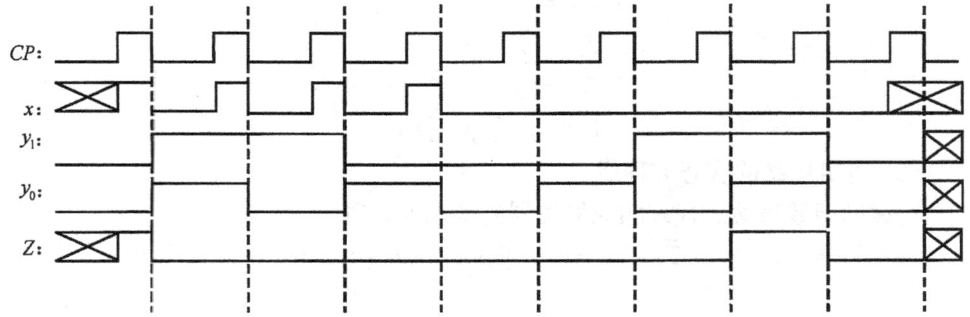

图 6.7　例 6.1 的时间图（x 为脉冲输入）

在图 6.7 所示的时间图中，由于 x 与 CP 同步，x 经过了一个异或门的延迟作用到了 J_1，K_1 端，输入脉冲对 J_1，K_1 的作用迟于 CP，对于下降沿有效的边沿触发器，其效果同电平输入是相同的。如果输入 x 直接作用到触发器的激励端，假设 x 与 CP 同步，则 CP 与 x 同时到达触发器的输入端，同样可以使触发器按照脉冲输入的要求工作。如果触发器是上升沿有效的边沿触发器，输入信号无论是电平还是脉冲，假设与时钟信号同步，并且输入信号经门延迟送达触发器的激励端，则其对触发器的工作效果与上面的分析是不同的，这种情况请自行分析。

（5）分析

由状态图和时间图可知，当 $x=0$ 时，状态的变化状况为 00→01→10→11→00，当状态由 11→00 时输出为 1，可知这时该电路完成了 2 位二进制数的加 1 计数功能，输出 1 为向高位的进位；当 $x=1$ 时，状态的变化状况为 00→11→10→01→00，当状态由 00→11 时输出为 1，可知这时该电路完成了 2 位二进制数的减 1

计数功能，输出 1 为向高位的借位。综上所知，该电路是一个模 4 二进制加 1/减 1 可逆计数器，计数脉冲为时钟 CP，外部输入 x 为加 1/减 1 方式选择，输出 Z 为进位/借位输出。

【例 6.2】 分析图 6.8 所示同步时序逻辑电路。

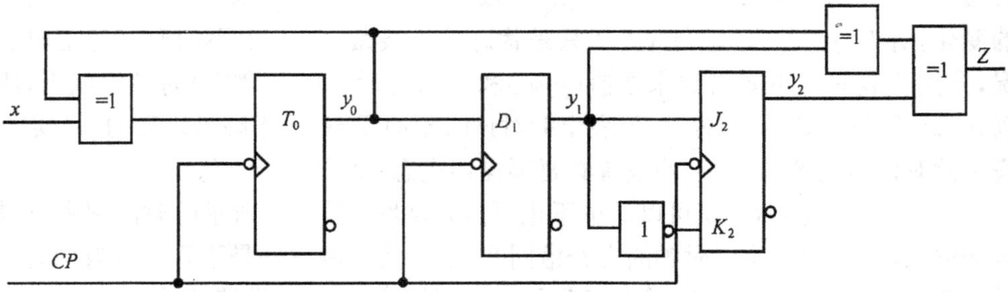

图 6.8 例 6.2 的逻辑电路图

解：(1)列出激励函数与输出函数

$$T_0 = x \oplus y_0$$
$$D_1 = y_0$$
$$J_2 = y_1$$
$$K_2 = \overline{y}_1$$
$$Z = y_0 \oplus y_1 \oplus y_2$$

(2) 写出电路的次态方程组

将激励函数表达式代入相应触发器的次态方程得

$$y_0^{(n+1)} = T_0 \cdot \overline{y}_0 + \overline{T}_0 \cdot y_0 = T_0 \oplus y_0 = (x \oplus y_0) \oplus y_0 = x \oplus 0 = x$$
$$y_1^{(n+1)} = D_1 = y_0$$
$$y_2^{(n+1)} = J_2 \cdot \overline{y}_2 + \overline{K}_2 \cdot y_2 = y_1 \cdot \overline{y}_2 + \overline{\overline{y}}_1 \cdot y_2 = y_1$$

在进行同步时序电路的分析时，可以利用列状态转移真值表的方法，也可以用列次态方程组的方法。列次态方程组的方法可以直接形成状态表。

(3) 作出电路的状态表和状态图

该电路的状态表如表 6.5 所示，状态图如图 6.9 所示。

表 6.5 例 6.2 的状态转移真值表

y_2	y_1	y_0	$y_2^{(n+1)}\ y_1^{(n+1)}\ y_0^{(n+1)}$						Z
			$x=0$			$x=1$			
0	0	0	0	0	0	0	0	1	0
0	0	1	0	1	0	0	1	1	1
0	1	0	1	0	0	1	0	1	1
0	1	1	1	1	0	1	1	1	0
1	0	0	0	0	0	0	0	1	1
1	0	1	0	1	0	0	1	1	0
1	1	0	1	0	0	1	0	1	0
1	1	1	1	1	0	1	1	1	1

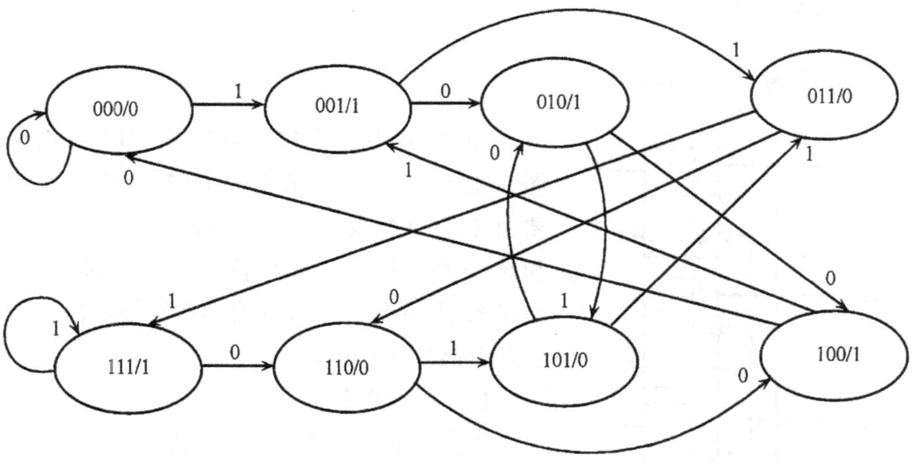

图 6.9　例 6.2 的状态图

(4) 电路功能描述

由状态表和状态图可知,当 $x=0$ 时,无论现态的 y_0 为什么,次态 $y_0^{(n+1)}$ 都为 0,当 $x=1$ 时其次态 $y_0^{(n+1)}$ 都为 1,表明每次时钟脉冲到来时 x 都寄存到了 y_0。而无论 $x=0$ 还是 $x=1$,每次脉冲到来时次态 $y_2^{(n+1)}=y_1, y_1^{(n+1)}=y_0$。由此可知,该电路是一个 3 位串行输入的移位寄存器。在时钟的作用下,x 寄存到该寄存器的低位,寄存器的内容从低位向高位左移一位,原来的最高位丢弃。输出 Z 完成了现态 y_2, y_1, y_0 的连续异或运算,当 1 的个数为奇数时 $Z=1$,1 的个数为偶数时 $Z=0$,完成了对当前的移位寄存器内容进行奇偶校验的工作。

6.3 寄　存　器

寄存器是能暂时存放二进制代码的时序电路。在数字系统中常用寄存器暂存数据的中间运行结果和指令。按寄存器的功能特点,可将其分为两大类,数码寄存器和移位寄存器。数码寄存器可以暂存一组二进制代码,在时钟脉冲的作用下,可以实现并行的数据接收、存储和传送。如果在寄存器的输出端增加一组缓冲器(如一组三态门)就可使其成为锁存器。常用的集成数码寄存器有 74LS273,74LS174,74LS175,74LS373 等。移位寄存器除了具有存储功能之外,还可以在时钟脉冲的作用下,对数据实现左移或右移,在数字系统中有着广泛的应用。常用的集成移位寄存器有 74LS194,74LS164,74LS195,74LS198 等。

在这一节里,我们将对数码寄存器 74LS175,锁存器 74LS373,单向移位寄存器 74LS164 及双向移位寄存器 74LS194 的外部特性进行介绍,从而了解和掌握寄存器的基本工作原理。

6.3.1 数码寄存器

1. 数码寄存器 74LS175

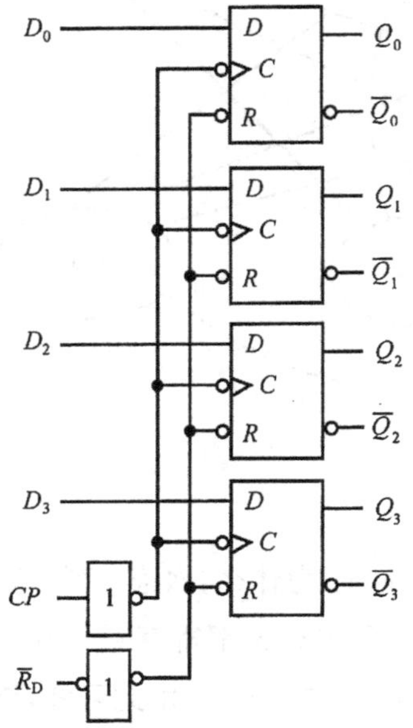

图 6.10 74LS175 的逻辑图

图 6.10 为 4 位数码寄存器 74LS175 的逻辑图。74LS175 是一个典型的集成数码寄存器,它主要由 4 个 D 触发器构成,有统一的异步置 0 端$\overline{R}_D$和统一的时钟脉冲 CP,各个触发器的 D 端为数据输入端,并且各个触发器具有互补输出。下面简介寄存器的工作原理。

(1) 异步清零

当异步置 0 端$\overline{R}_D=0$ 时,触发器输出 $Q_0\sim Q_3$ 均被置 0,其互补端$\overline{Q}_0\sim\overline{Q}_3$ 均置 1。

(2) 数据存放

在$\overline{R}_D=1$ 的前提下,当时钟脉冲正沿到达时,即 $CP=\uparrow$ 时,输入端 $D_0\sim D_3$ 的数据将并行存入 4 个 D 触发器,$Q_0\sim Q_3$ 端存原码,$\overline{Q}_0\sim\overline{Q}_3$ 端存反码。

(3) 数据保持

当$\overline{R}_D=1$ 且 $CP=0$ 时,各 D 触发器状态保持不变,即存放在寄存器中的数据保持不变。

综上所述,74LS175 寄存器的逻辑功能可归纳为表 6.6,表 6.6 称做功能表。

表 6.6 74LS175 功能表

$\overline{R}_D$	CP	D_0	D_1	D_2	D_3	Q_0	Q_1	Q_2	Q_3
0	×	×	×	×	×	0	0	0	0
1	$\uparrow$	D_0	D_1	D_2	D_3	D_0	D_1	D_2	D_3
1	0	×	×	×	×	保持			

2. 数码锁存器 74LS373

图 6.11 为 8 位数码锁存器 74LS373 的逻辑图。74LS373 也是一个典型的集成同步时序逻辑电路。它主要由 8 个 D 触发器和 8 个三态非门组成。$\overline{E}$为三态非门的控制端,CP 为上升沿有效的触发器时钟端。接收的数据由 $1D\sim 8D$ 送入,当时钟端 CP 到来时分别寄存到 D 触发器中。当$\overline{E}$为有效电平时,可将触发器的输出送到 $1Q\sim 8Q$,而当$\overline{E}$为无效电平时,$1Q\sim 8Q$ 为高阻状态,所以可以利用锁存器实现总线的分时使用。

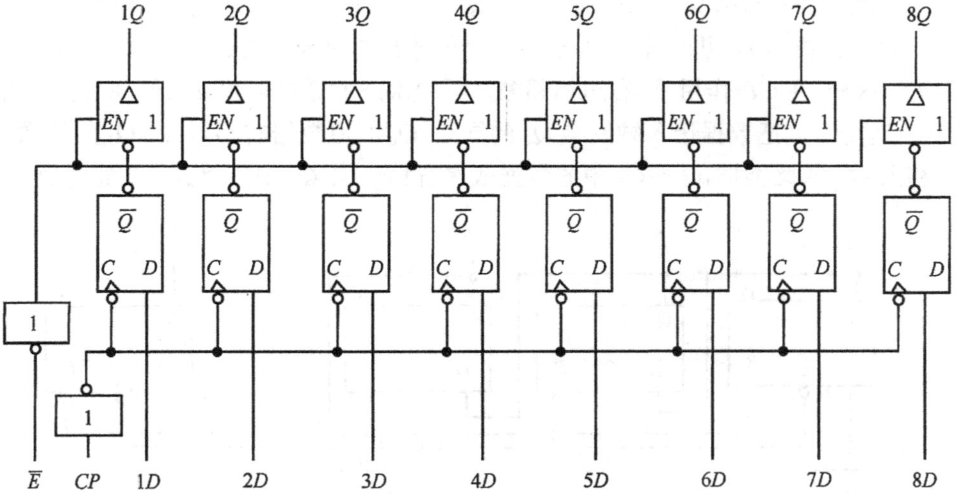

图 6.11　74LS373 的逻辑图

综上所述,74LS373 的功能表如表 6.7 所示。

表 6.7　74LS373 功能表

$\overline{E}$	CP	$1D\sim8D$	$1Q\sim8Q$
1	×	×～×	高阻
0	↑	$1D\sim8D$	$1D\sim8D$
0	0	×～×	保持

6.3.2　移位寄存器

在时钟脉冲的作用下移位寄存器不仅可以暂存代码,还可以对所存的代码进行左移或右移操作。所以移位寄存器除了具有寄存代码的功能外,还可以实现数据的串并转换及各种基于移位的数据运算或处理,在数字系统中有着广泛的应用。

1. 单向移位寄存器 74LS164

图 6.12 是 74LS164 8 位单向集成移位寄存器的逻辑图。它由 8 个 D 触发器构成,它们有统一的异步置 0 端$\overline{R}_D$,统一的时钟脉冲输入端 CP,D_{S1}和 D_{S2}为串行数据输入端。下面介绍其工作原理。

(1) 异步清零

当异步置 0 端$\overline{R}_D=0$ 时,8 个 D 触发器均被置 0,即寄存器所存数据被清零。

(2) 串行接收数据和单向移位

当串行数据输入端 D_{S1}和 D_{S2}有一个为低电平时,则串行数据禁止输入,Q_0 因 $D=0$ 而为 0,在 CP 作用下,这个 0 依次右移。当 D_{S1}和 D_{S2}中有一为高电平时,则另一个就作为串行数据输入端而输入数据。例如，$D_{S1}=1$ 时，D_{S2}为数据输入端，反之亦然。由图 6.12 可以看出，左边触发器的输出总是连到右边相邻触发器的输入端 D。这样，在 CP 作用下，右边相邻触发器的次态就是左边触发器的现态。因此，通过 D_{S1}或 D_{S2}把数据送入触发器 Q_0 的同时，Q_0 的原数据右移入 Q_1，Q_1 的原数据右移入 Q_2，依此类推，Q_0～Q_7 中的数据依次右移一位，Q_7 中的数据移出寄存器。

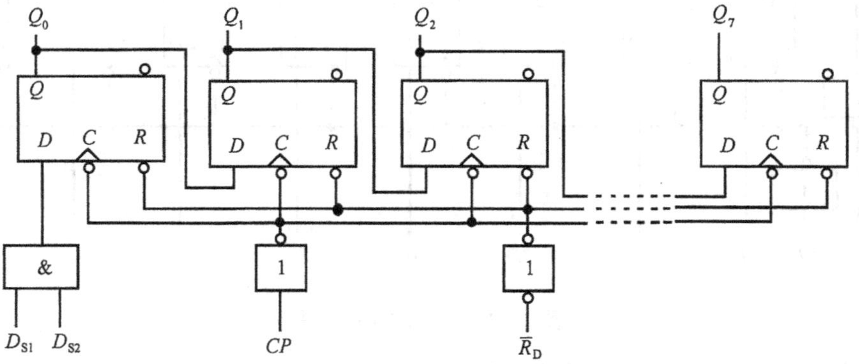

图 6.12　74LS164 的逻辑图

(3) 数据保持

当$\overline{R}_D=1$ 且 $CP=0$ 时，各触发器状态保持不变，数据保存在寄存器中。

74LS164 的功能表如表 6.8 所示。如果在串行数据输入端输入一个 8 位数据，则需要 8 个 CP 脉冲才能完成，最先输入的数据被右移至 Q_7，最后输入的数据暂存在 Q_0 中。这就是说，串行输入的 8 个数据暂存在 8 个触发器中，如果同时从触发器的输出端 Q_0～Q_7 取出这 8 个数据，则这种寄存器就可以把串行数据换成并行数据，即实现数据的串行输入-并行输出。

表 6.8　75LS164 功能表

$\overline{R}_D$	CP	D_{S1}	D_{S2}	Q_0	Q_1	Q_2	Q_3	…	Q_7
0	×	×	×	0	0	0	0	…	0
1	0	×	×	Q_0	Q_1	Q_2	Q_3	…	Q_7
1	↑	1	×	D_{S2}	Q_0	Q_1	Q_2	…	Q_6
1	↑	×	1	D_{S1}	Q_0	Q_1	Q_2	…	Q_6
1	↑	0	×	0	Q_0	Q_1	Q_2	…	Q_6
1	↑	×	0	0	Q_0	Q_1	Q_2	…	Q_6

2. 双向移位寄存器 74LS194

图 6.13 给出了 4 位双向集成移位寄存器 74LS194 的逻辑图。由 74LS194 的逻辑图可知，它由 4 个上升沿有效的 D 触发器及相应的逻辑门电路组成。其中 M_BM_A 为工作方式选择，当 $M_BM_A=11$ 时，使 D_0、D_1、D_2、D_3 所连接的与门处在开

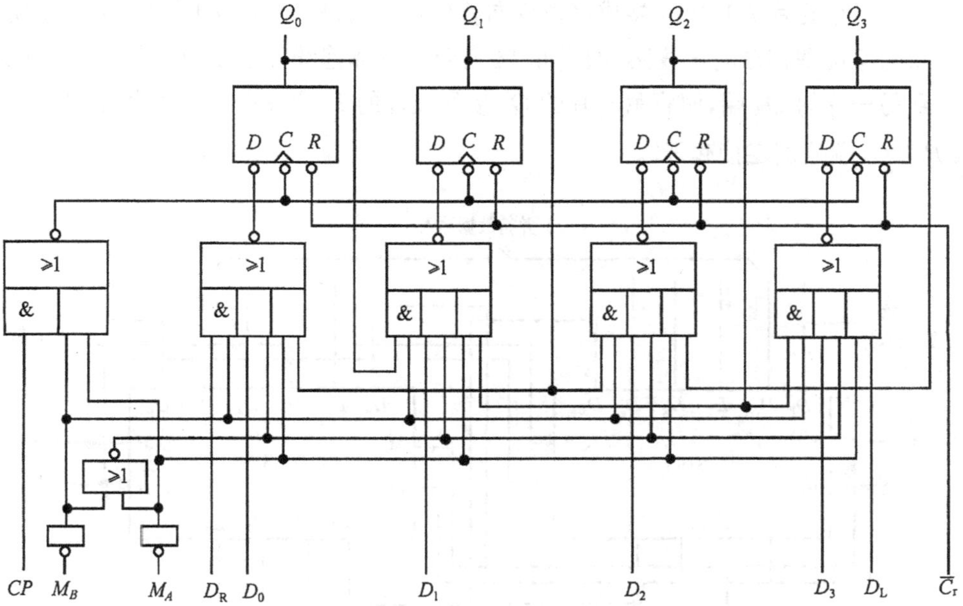

图 6.13　74LS194 逻辑图

门状态，将 D_0、D_1、D_2、D_3 送到 D 触发器相应的 D 端，实现并行寄存的功能；当 $M_BM_A=01$ 时，使 D_R 所连的与门及 Q_i 向右传递所连接的与门开门，实现右移功能；当 $M_BM_A=10$ 时，使 D_L 所连的门及 Qi 向左传递所连接的与门开门，实现左移功能；当 $M_BM_A=00$ 时，使 D 触发器的 C 端为 0 电平，没有有效的边沿，该电路处在保持状态。

由此可见，74LS194 是一个多功能的移位寄存器，既可以实现并行寄存，也可以实现左移和右移寄存。74LS194 的功能表如表 6.9 所示。

表 6.9　74LS194 功能表

$\overline{C}_r$	CP	M_B	M_A	D_R	D_0	D_1	D_2	D_3	D_L	Q_0	Q_1	Q_2	Q_3
0	×	×	×	×	×	×	×	×	×	0	0	0	0
1	0	×	×	×	×	×	×	×	×	保持			
1	↑	1	1	×	d_0	d_1	d_2	d_3	×	d_0	d_1	d_2	d_3
1	↑	0	1	d_R	×	×	×	×	×	d_R	Q_0	Q_1	Q_2
1	↑	1	0	×	×	×	×	×	d_L	Q_1	Q_2	Q_3	d_L
1	×	0	0	×	×	×	×	×	×	保持			

由功能表可以看出，在工作方式选择控制 M_B 和 M_A 的作用下，74LS194 具有并行输入，左移输入，右移输入，保持和清零功能，其中清零功能是在 $\overline{C}_r$ 的作用下异步完成的。

可以用几片 74LS194 接成多位双向移位寄存器。例如，用两片 74LS194 接成 8 位双向移位寄存器的连线图，如图 6.14 所示。具体连线方法是：将其中一片的 Q_3 接到另一片的 D_R 端，而将另一片的 Q_0 接到该片的 D_L 端，同时把两片的 M_A，M_B，CP 和 $\overline{C}_r$ 端分别连接起来。

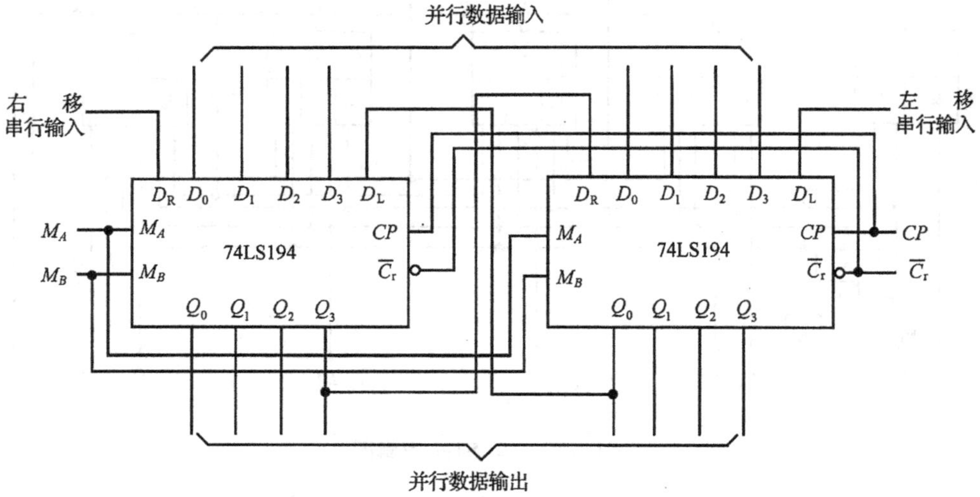

图 6.14　由两片 74LS194 连成的 8 位双向移位寄存器

6.4 计 数 器

计数器是一种累计输入脉冲的逻辑功能部件，它不仅可对时钟脉冲进行计数，还可以用于定时、分频等，是数字系统中应用最广泛的逻辑部件之一。

计数器由触发器构成。如果触发器的时钟端连到一起，就构成了同步计数器，否则为异步计数器。同步计数器和异步计数器实际上只是触发方式不同而已，同步计数器的触发器翻转是同时的，而异步计数器的触发器翻转是不同时的，由此可知异步计数器建立稳定的计数值输出可能比同步计数器所需的时间周期要长。

按照计数器的容量可把计数器分为二进制计数器、十进制计数器和任意进制的计数器。不同进制的计数器只是计数规律有所不同而已。

按照计数器计数值增减趋势的不同，可分为加法计数器和减法计数器，如果计数器既可以完成加法计数功能，也可以完成减法计数功能，则该计数器称为加减可逆的计数器。

另外，由于移位寄存器的输出状态可以随移位脉冲的到来而发生变化，所以还可以利用移位寄存器构成计数器，称为移位寄存器型计数器。

6.4.1 二进制计数器

在数字系统中，广泛采用二进制计数体制。如果计数器在输入脉冲的作用下，计数值按二进制变化，循环经历 2^n 个独立状态，就称该计数器为二进制计数器，也叫模 2^n 进制计数器。在这里，n 为计数器中触发器的个数。在实际应用中，集成二进制计数器都增加了一些附加的控制电路，以扩展电路的功能，从而增强其应用的灵活性。常用的集成二进制计数器有 74LS161，74LS163，74LS191，74LS193 等，这些二进制计数器都是同步的二进制计数器，下面我们介绍 4 位二进制加法计数器 74LS161 和 4 位同步可逆计数器 74LS193。

1. 4 位同步二进制加法计数器 74LS161

图 6.15 为 4 位同步二进制加法计数器 74LS161 的逻辑图。这个电路除了实现二进制加法计数外，还有预置数、保持和异步置零等功能。图中，$\overline{LD}$为预置数控制端，$D_0 \sim D_3$ 为数据输入端，O_C 为进位输出端，$\overline{R}_D$ 为异步置零端，E_P 和 E_T 为使能（工作状态控制）端，$Q_0 \sim Q_3$ 为数据输出端。下面介绍其工作原理。

（1）异步置零

由图 6.15 可知，当$\overline{R}_D=0$ 时，所有的 J-K 触发器同时被置零，所以其输出 $Q_0 \sim Q_3$均为 0，这种置零工作方式不受其他输入信号的影响，为异步置零方式。

（2）同步预置

当清零控制端$\overline{R}_D=1$，而$\overline{LD}=0$ 时，由图 6.15 可知，输入的数据 $D_0 \sim D_3$ 通过若干逻辑门电路分别送到相应触发器的 J 端，而输入数据的信号的反$\overline{D}_0 \sim \overline{D}_3$ 分别加到了相应的 J-K 触发器的 K 端，在外部输入时钟信号的作用下（外部输入时钟 CP 的上升沿，触发器时钟的下降沿）即可将相应的数据置于各触发器的输出端。这里的数据预置要由 CP 配合才可完成，所以称为"同步预置"。

（3）保持

当$\overline{LD}=\overline{R}_D=1$ 时，只要使能端 E_P、E_T 中有一个为零电平，由图 6.15 可知，加到各触发器 J、K 端的信号就均为 0，这样无论有无计数脉冲 CP，各触发器的输出状态均保持不变。

（4）计数

当$\overline{R}_D=\overline{LD}=E_P=E_T=1$ 时，由图 6.15 可知，$J_0=K_0=1$，$J_1=K_1=Q_0$，$J_2=K_2=Q_0Q_1$，$J_3=K_3=Q_0Q_1Q_2$，也即每个触发器均具有 T 触发器的功能，在计数脉冲 CP 的作用下，最低位的触发器每来一个脉冲翻转一次，而其他各位触发器均在他的所有低位为 1 时翻转，由此构成了一个 4 位同步二进制计数器。

由于 $O_C=E_TQ_3Q_2Q_1Q_0$，所以当计数器累加到 1111 时，O_C 输出为 1，表明 4 位二进制数计数器向高位的进位。

74LS161 的功能表如表 6.10 所示。

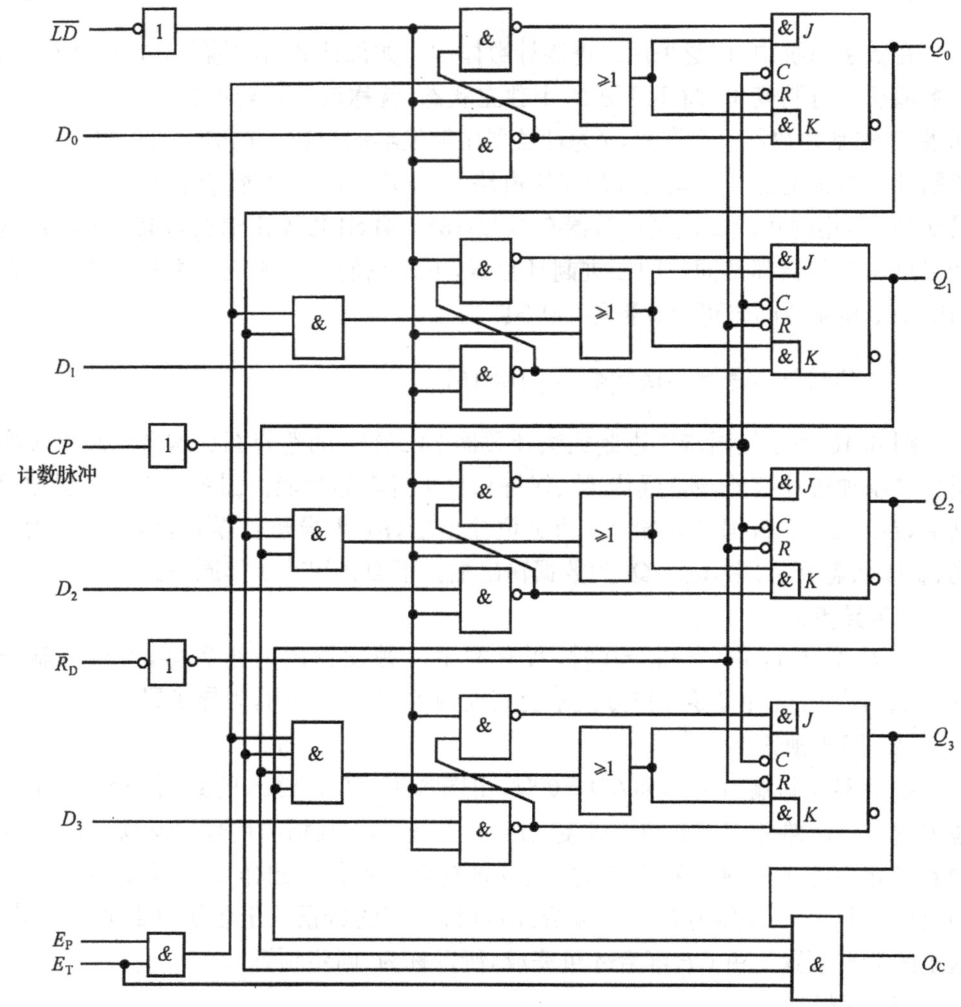

图 6.15　同步加法计数器 74LS161

表 6.10　74LS161 功能表

CP	$\overline{R}_D$	$\overline{LD}$	E_P	E_T	D_0	D_1	D_2	D_3	Q_0	Q_1	Q_2	Q_3
×	0	×	×	×	×	×	×	×	0	0	0	0
↑	1	0	×	×	d_0	d_1	d_2	d_3	d_0	d_1	d_2	d_3
×	1	1	0	×	×	×	×	×	保　持			
×	1	1	×	0	×	×	×	×	保　持			
↑	1	1	1	1	×	×	×	×	计　数			

2. 4 位二进制同步可逆计数器 74LS193

图 6.16 为 4 位二进制数同步可逆计数器 74LS193 的逻辑图。该电路可实现

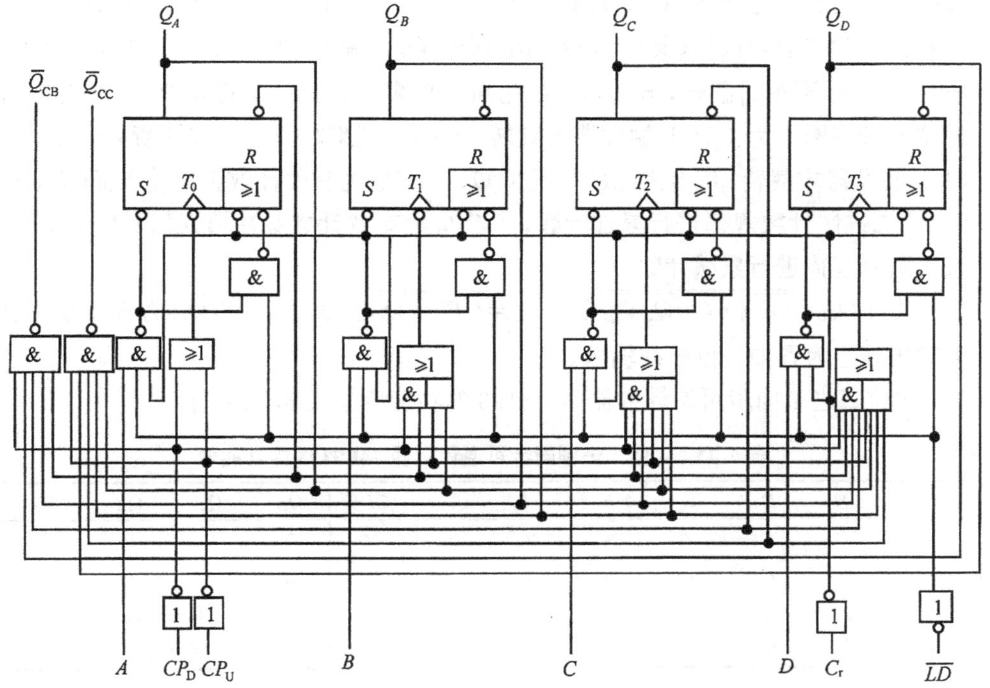

图 6.16　74LS193 逻辑图

二进制加法和减法计数，并具有清零，预置等功能。其中 C_r 为异步置零端，$\overline{LD}$为预置控制端，A、B、C、D 为预置初始值，CP_U 和 CP_D 为累加计数脉冲和累减计数脉冲，Q_D、Q_C、Q_B、Q_A 为计数值，$\overline{Q}_{CC}$和$\overline{Q}_{CB}$为进位输出和借位输出。下面介绍其工作原理。

(1) 异步清零

由图 6.16 可知，当 $C_r=1$ 时，各 T 触发器的直接置零端 R 有效，使输出 $Q_D \sim Q_A$ 为 0，而且与脉冲输入 CP_U、CP_D 无关，所以为异步清零功能。

(2) 异步预置

由图 6.16 可知，当 $C_r=0$，$\overline{LD}=0$ 时，连接各 T 触发器直接置位端 S 的与非门开门，使$\overline{A}$，$\overline{B}$，$\overline{C}$，$\overline{D}$分别送到相应触发器的 S 端，而 A，B，C，D 送到相应触发器的 R 端。当输入 A，B，C，D 的某位为 1 时，使触发器的 $S=0$，$R=1$，则相应触发器置 1；而当输入 A，B，C，D 的某位为 0 时，使触发器的 $S=1$，$R=0$，则相应触发器置 0。完成了异步预置功能。

(3) 计数

74LS193 为双时钟可逆计数器，CP_U 为累加计数脉冲，CP_D 为累减计数脉冲。当 CP_U 为计数脉冲输入，$CP_D=1$ 时，实现累加计数功能；当 CP_D 为计数脉冲输入，$CP_U=1$ 时实现累减计数功能。在图 6.16 所示的逻辑图中，各触发器为内部连成翻转功能的 T 触发器(即 T 端连到 1 上)。由于 CP_U 和 CP_D 经或门连到最低位触发器的时钟端,所以只要 CP_U 或 CP_D 到来,Q_A 则翻转;而次低位 T 触发器当 $Q_A=1$ 时,CP_U 到来时翻转,当 $\overline{Q}_A=1$,CP_D 到来时翻转。以此类推,CP_U 到来时只有低位的所有输出为 1 时 T 触发器才翻转,而 CP_D 到来时只有低位的所有输出为 0 时 T 触发器才翻转。综合上面的情况可知,当 CP_U 为有效计数脉冲输入而 $CP_D=1$ 时,按二进制计数规律进行累加计数,当 CP_D 为有效计数脉冲输入而 $CP_U=1$ 时,按二进制规律进行累减计数。

由于 $\overline{Q}_{CB}=\overline{\overline{CP}_D \cdot \overline{Q}_D\,\overline{Q}_C\,\overline{Q}_B\,\overline{Q}_A}$,$\overline{Q}_{CC}=\overline{\overline{CP}_U \cdot Q_DQ_CQ_BQ_A}$,所以 $\overline{Q}_{CB}$ 为累减借位脉冲输出,$\overline{Q}_{CC}$ 为累加进位脉冲输出。

4 位二进制同步可逆计数器 74LS193 的功能表如表 6.11 所示。

表 6.11　4 位二进制同步可逆计数器 74LS193 的功能表

C_r	$\overline{LD}$	D	C	B	A	CP_U	CP_D	Q_D	Q_C	Q_B	Q_A
1	×	×	×	×	×	×	×	0	0	0	0
0	0	d	c	b	a	×	×	d	c	b	a
0	1	×	×	×	×	↑	1	累加计数			
0	1	×	×	×	×	1	↑	累减计数			

6.4.2　十进制计数器

在十进制计数器中,通常用 4 位二进制数表示一位十进制数,按十进制计数规律计数。比如 8421BCD 码计数器,表示数的范围为 0000~1001,即十进制数的 0~9,这种计数器也称为二-十进制计数器。十进制计数器分为同步加法、减法和可逆计数器,它们通常是在 4 位二进制同步加法计数器的基础上,适当改造而成。常用的十进制计数器有 74LS160,74LS162,74LS190,74LS192 等,下面分别以同步十进制加法计数器 74LS160 和十进制可逆计数器 74LS192 为例介绍它们的工作原理。

1. 同步十进制加法计数器 74LS160

图 6.17 是同步十进制加法计数器 74LS160 的逻辑图。

由图 6.17 可知,同步十进加法计数器 74LS160 与同步二进制加法计数器 74LS161(也即同步十六进制加法计数器)基本相同。异步置零,异步预置和保持功能与 74LS161 是完全相同的,只是计数规律有所差别。当 $\overline{R}_D=1$,$\overline{LD}=1$,$E_P=E_T=1$ 时,当有 CP(计数脉冲)到来时开始计数。由于每个 J-K 触发器都接成 T 触发器,由图 6.17 可知,$J_0=K_0=1$,$J_1=K_1=Q_0\,\overline{Q}_3$,$J_2=K_2=Q_0Q_1$,$J_3K_3=Q_0Q_1Q_2+Q_0Q_3$。经分析可知,计数范围在 0000~1001 时,其计数过程与二进制计数过程基本相同;当电路进入 1001 状态后,再来时钟脉冲时,由于 $J_0=K_0=1$,$J_1=K_1=0$,

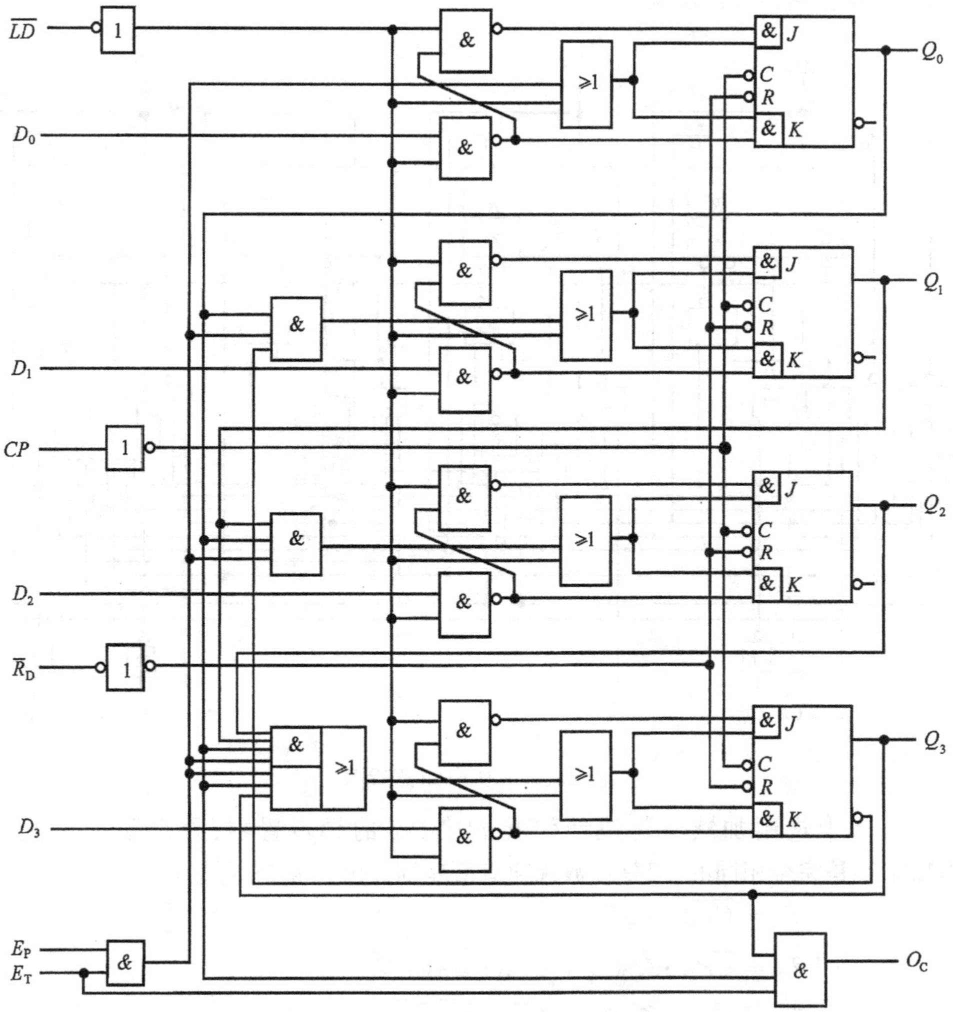

图 6.17 计数器 74LS160 的逻辑图

$J_2=K_2=0, J_3=K_3=1$，所以 Q_0 与 Q_3 翻转而 Q_1 与 Q_2 保持，进入 0000 状态，从而实现了一位 8421BCD 码的循环计数。由于 $O_C=E_TQ_0Q_3$，当进入 1001 状态时，其输出为进位输出，而在 0000～1000 状态中，O_C 都无进位输出。

74LS160 的功能表与 74LS161 的功能表相同，这里不再介绍。

2. 同步十进制加减法可逆计数器 74LS192

图 6.18 为同步十进制加减法可逆计数器 74LS192 的逻辑图。该电路基本与 4 位二进制同步可逆计数器 74LS193 相同，可实现十进制加法和减法计数，并具有清零、预置等功能。其中 C_r 为异步置零端，$\overline{LD}$为预置控制端，A、B、C、D 为预置初始值，CP_U 和 CP_D 为累加计数脉冲和累减计数脉冲，Q_D、Q_C、Q_B、Q_A 为计数值，$\overline{Q}_{CC}$

和$\overline{Q}_{CB}$为进位输出和借位输出。

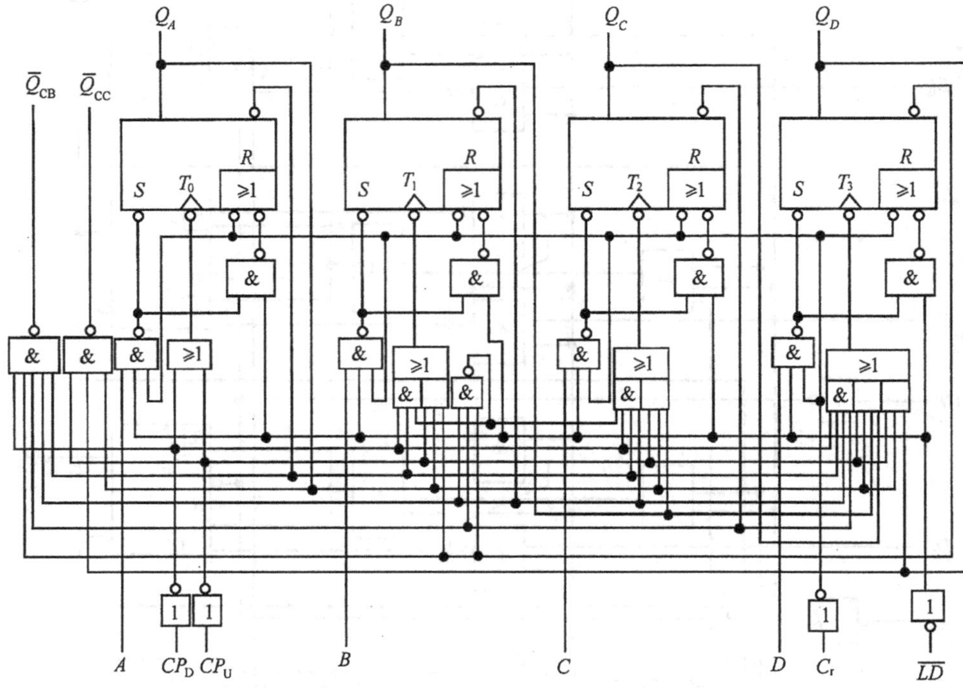

图 6.18　74LS192 逻辑图

同步十进制加减法可逆计数器 74LS192 的异步置零、异步预置功能与 74LS192 是完全相同的，只是计数规律有所差别。由图 6.18 可知：

$$T_0 = \overline{CP}_U + \overline{CP}_D$$

$$T_1 = \overline{CP}_U \cdot \overline{Q}_D Q_A + \overline{CP}_D \cdot \overline{\overline{Q}_D\,\overline{Q}_C\,\overline{Q}_B} \cdot \overline{Q}_A$$

$$T_2 = \overline{CP}_U \cdot Q_B Q_A + \overline{CP}_D \cdot \overline{\overline{Q}_D\,\overline{Q}_C\,\overline{Q}_B} \cdot \overline{Q}_B\,\overline{Q}_A$$

$$T_3 = \overline{CP}_U \cdot Q_C Q_B Q_A + \overline{CP}_U \cdot Q_D Q_A + \overline{CP}_D \cdot \overline{Q}_C\,\overline{Q}_B\,\overline{Q}_A$$

由于各触发器为内部连成翻转功能的 T 触发器，CP_U 和 CP_D 经或门连到最低位触发器的时钟端，所以只要 CP_U 或 CP_D 到来，Q_A 则翻转；而次低位 T 触发器当 $Q_A=1$，$Q_B=0$ 时，CP_U 到来时翻转，实现了 8421BCD 码次低位累加时的变化；当 $\overline{Q}_A=1$，Q_D、Q_C、Q_B 只要有一个为 1，CP_D 到来时翻转，分析可知实现了 8421BCD 码次低位累减时的变化，再根据 T_2、T_3 的情况可得出，当 CP_U 为有效计数脉冲输入而 $CP_D=1$ 时，按十进制计数规律进行累加计数，当 CP_D 为有效计数脉冲输入而 $CP_U=1$ 时，按十进制规律进行累减计数。

由于$\overline{Q}_{CB}=\overline{\overline{CP}_D \cdot \overline{Q}_D\,\overline{Q}_C\,\overline{Q}_B\,\overline{Q}_A}$，$\overline{Q}_{CC}=\overline{\overline{CP}_U \cdot Q_D Q_A}$所以$\overline{Q}_{CB}$为累减借位脉冲输出，$\overline{Q}_{CC}$为累加进位脉冲输出。

74LS192 的功能表与 74LS193 的功能表相同，这里不再介绍。

6.5 同步时序逻辑电路的设计

设计是分析的逆过程。时序逻辑电路的分析是已知具体电路，要求画出状态图并说明电路功能的过程，而时序逻辑电路的设计是根据电路的逻辑描述，最终给出具体逻辑电路的过程。

6.5.1 设计方法与步骤

同步时序逻辑电路的设计首先依据时序逻辑电路文字的描述建立原始状态图或原始状态表，经过状态化简、状态分配，选择存储器件，确定控制函数和输出函数(写出逻辑表达式)，最终画出时序逻辑电路的逻辑电路图。图 6.19 给出了同步时序逻辑电路的设计流程。

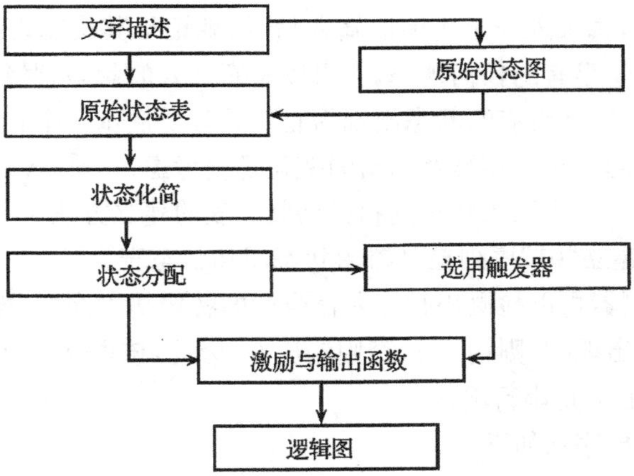

图 6.19 同步时序逻辑电路设计流程

下面将依据流程图给出同步时序逻辑电路设计的步骤：

1) 根据同步时序逻辑电路的文字描述形成电路的输入、输出及状态间的关系，得到原始状态图和原始状态表。

2) 在已经建立的原始状态表的基础上，进行状态化简，使之成为最小化状态表。

3) 针对最小化状态表进行状态分配，把最小化状态表的每个状态(文字或符号状态)进行二进制代码化，即用二进制数表示每个状态，其目的是与触发器所表示的状态对应起来。

4) 选择存储器件，可在 R-S，J-K，T，D 这 4 种触发器之间选择合适的存储器件。

5) 通过卡诺图化简确定控制函数和输出函数。

6) 依据控制函数、输出函数表达式画出逻辑电路图。

6.5.2 原始状态图和原始状态表

状态图和状态表能反映同步时序逻辑电路的逻辑特性，是设计时序逻辑电路的依据。对于一个时序逻辑电路的设计，首先要建立原始状态图和原始状态表。建立原始状态图和原始状态表首先要明确以下几个问题：根据题意要求应该有几个状态；各状态之间的转换关系，即转换条件；输出与输入的关系。值得重视的是状态宁多勿少，因为状态多画几个没有关系，可以通过状态化简去掉。如果一开始原始状态图和原始状态表中就少了几个状态，最后设计出来的逻辑电路也是错误的，与原来题意不相吻合。所以建立原始状态图和原始状态表一定要慎重，否则前功尽弃。

原始状态图与原始状态表的建立没有统一的方法，必须全面分析时序逻辑电路的工作情况，明确电路的输入条件和输出要求，输入和输出的关系，以及状态之间的转移关系。建立原始状态图和原始状态表的一般过程是先假定一个初始状态，对于该初始状态，每加入一个可能的输入信号，就记忆其次态，并标出相应的输出值。该次态可以是已有的任何现态，也可以是新加入的状态，对每个新加入的状态都继续这一过程，直到没有新状态出现为止。并且要从每一个状态出发，对所有可能的输入取值引起的状态转移及输出的变化都要考虑。

下面通过例子说明原始状态图和原始状态表的建立方法。

【例 6.3】 建立"01"序列检测器的状态图和状态表。

解：序列检测器可以检测串行输入信号中的特定输入序列。当串行输入信号中的特定输入序列出现时，则输出 1，否则输出 0。因此，该电路应具有一个输入 X 和一个输出 Z，而且 X 是串行输入。

典型输入输出序列如下：

输入序列：1　0　1　0　1　1　1　0　1　0　1

输出序列：0　0　1　0　1　0　0　0　1　0　1

假设初始状态为 A。若输入为 1，因为需检测的序列为"01"，所以 1 不是序列的第一个数字，故输入 1 电路状态不发生改变，即仍在状态 A 处；若输入的是 0，则符合需检测的输入序列的第一个数字，所以从 A 状态转移到 B 状态；若下一个输入是 1，此时，电路已满足需检测的输入序列，电路由 B 又返回 A 并输出 $Z=1$，在状态 B 处若输入 X 为 0，则仍处在 B 状态，其输出 $Z=0$。图 6.20 为状态图，将状态图转换为状态表见表 6.12。该原始状态图和状态表为 Mealy 型状态图和状态表。

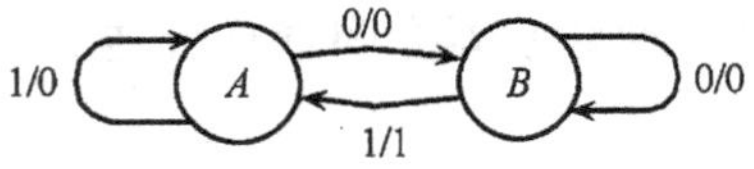

图 6.20　例 6.3 的原始状态图

表 6.12　例 6.3 的原始状态表

Q	Q^{n+1}/Z	
	$X=0$	$X=1$
A	$B/0$	$A/0$
B	$B/0$	$A/1$

【例 6.4】 建立 5 状态加 1，加 2 计数器的原始状态图和状态表。

解：经分析，该问题应由 5 个状态组成，分别用 0，1，2，3，4 表示。有一个输入 X，当 $X=0$ 时完成对 CP 脉冲的加 1 计数，当 $X=1$ 时，完成对 CP 脉冲的加 2 计数。其状态图如图 6.21 所示，状态表如表 6.13 所示。显然此电路为 Moore 型电路。

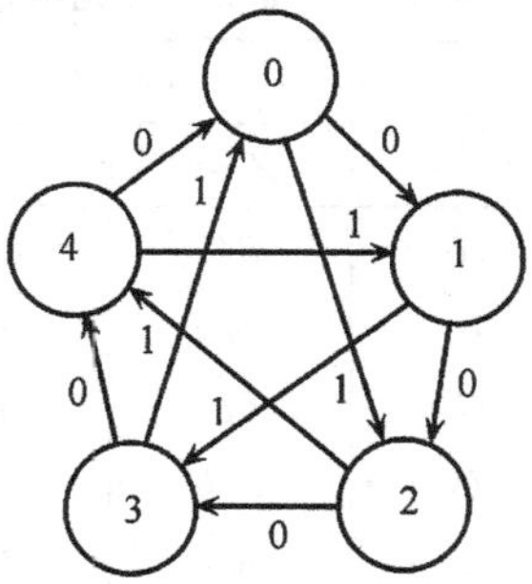

图 6.21 例 6.4 的原始状态图

表 6.13 例 6.4 的原始状态表

Q	Q^{n+1}/Z	
	$X=0$	$X=1$
0	1	2
1	2	3
2	3	4
3	4	0
4	1	1

【例 6.5】 建立"1111"序列检测器的原始状态图和状态表。

解：根据该题逻辑描述的要求，如果连续输入 4 个"1"或 4 个"1"以上，就满足输入序列要求，则输出 $Z=1$，否则 $Z=0$。典型输入输出序列如下所示：

输入序列 X：1 0 1 0 1 1 1 1 1 1 0 0 1 0 1 1

输出序列 Z：0 0 0 0 0 0 0 1 1 1 0 0 0 0 0 0

假如电路的初始状态为 A，则输入第一个"1"以后，其状态为 B，第二个"1"以后的状态为 C，第三个"1"以后的状态为 D，第四个"1"以后的状态为 E，此时已连续输入 4 个"1"，所以输出 $Z=1$，输入第五个"1"以后的状态仍然处在 E 状态，输出仍为 $Z=1$；当 X 输入为"0"时，B、C、D、E、A 状态均返回到 A 状态，其状态图如图 6.22 所示，状态表如表 6.14 所示。

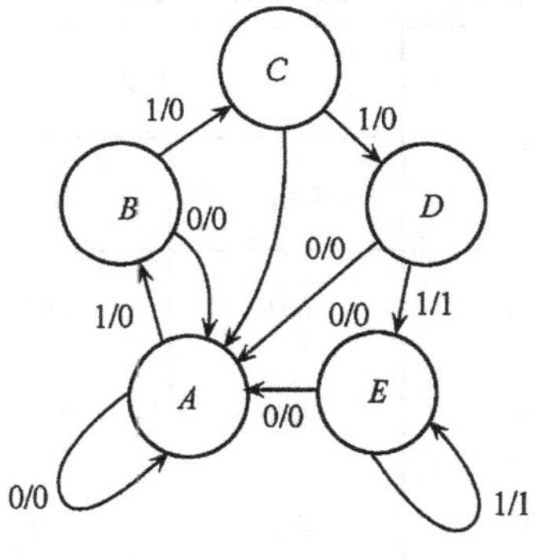

图 6.22 例 6.5 的原始状态图

表 6.14 例 6.5 的原始状态表

Q	Q^{n+1}/Z	
	$X=0$	$X=1$
A	$A/0$	$B/0$
B	$A/0$	$C/0$
C	$A/0$	$D/0$
D	$A/0$	$E/1$
E	$A/0$	$E/1$

【例 6.6】 建立用于检测串行输入的 3 位二进制代码"011"的原始状态图和

状态表。假设其输入顺序为先高位后低位。

解:根据题意,由于3位二进制数为一组,所以每输入3位二进制数便回到初始状态 A,再次循环接受3位二进制数,且输入为串行输入,先接受的是高位,后接受的是低位,只有输入序列为"011"时其输出才为1,而其他输入序列输出均为0。其状态图如图6.23所示,对应的状态表如表6.15所示。

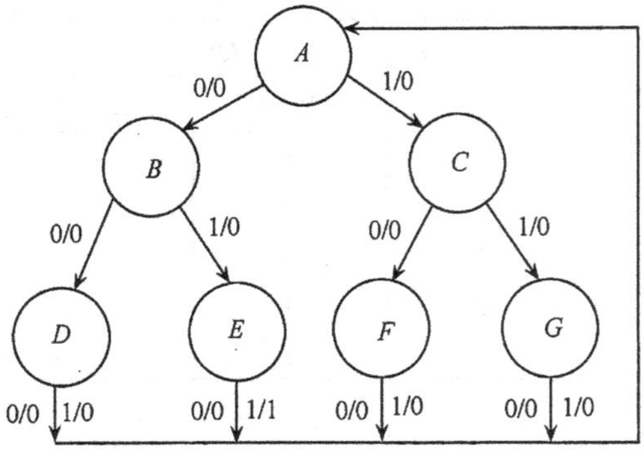

图6.23 例6.6的原始状态图

表6.15 例6.6的原始状态表

Q	Q^{n+1}/Z	
	$X=0$	$X=1$
A	$B/0$	$C/0$
B	$D/0$	$E/0$
C	$F/0$	$G/0$
D	$A/0$	$A/0$
E	$A/0$	$A/1$
F	$A/0$	$A/0$
G	$A/0$	$A/0$

【例6.7】 设有两个输入脉冲 X_1 和 X_2,在 X_1 脉冲输入之后,如果连续输入两个 X_2 脉冲,当第二个 X_2 脉冲出现时,输出一个脉冲。建立该逻辑电路的原始状态图和原始状态表。

解:假设初始状态为 A,这时只要出现 X_2,电路将维持 A 状态,X_1 将使电路进入状态 B,如果这时再来一个 X_1,电路仍维持 B 状态。在 X_1 脉冲之后紧接着出现第一个 X_2,将使电路进入状态 C,若在状态 C 时出现 X_1,电路将返回 B 状态;若处于状态 C 时出现 X_2,则产生输出 $Z=1$,且返回状态 A。其状态如图6.24所示,状态图转换成状态表如表6.16所示。

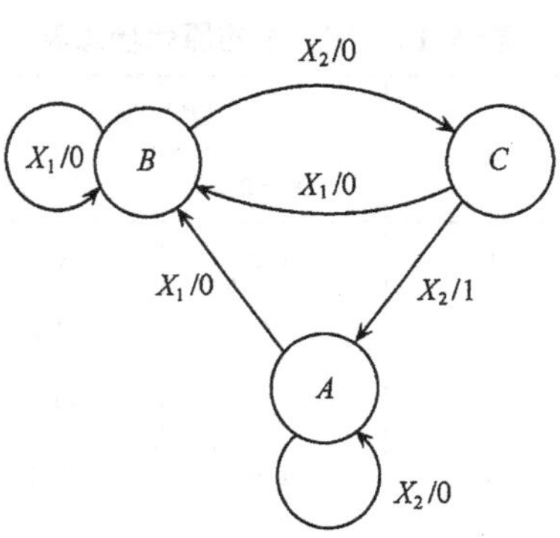

图6.24 例6.7的原始状态图

表6.16 例6.7的原始状态表

Q	Q^{n+1}/Z	
	X_1	X_2
A	$B/0$	$A/0$
B	$B/0$	$C/0$
C	$B/0$	$A/1$

6.5.3 状态化简

状态化简是将原始状态表中的冗余状态消除，从而形成最小化状态表。由于在建立原始状态图和原始状态表时，主要考虑的是如何反映所要求的逻辑关系，因此形成的状态表可能不是最简的。由于状态个数的多少直接影响同步时序逻辑电路设计时所需的触发器的个数，显而易见，状态化简将降低逻辑电路的成本。这种状态化简不应改变其原有的逻辑特性，对于所有可能的输入序列，化简前和化简后的电路均应有一致的输出序列。

根据状态表中的次态和输出是否完全给定，可将状态表分为完全给定状态表和不完全给定状态表。两者化简的方法有所不同，为此分别加以讨论。

1. 完全给定状态表的化简

首先介绍几个概念：

1）等效状态：状态 S_A，S_B 是时序逻辑电路的两个状态，如果将所有可能的输入序列输入到该电路，各自所得到的输出序列完全相同，则把 S_A，S_B 称做等效状态或等效对。

2）等效状态的传递性：如果有状态 S_1 和 S_2 等效，又存在 S_2 和 S_3 等效，则 S_1 和 S_3 也等效。记为

$$(S_1,S_2),(S_2,S_3) \rightarrow (S_1,S_3)$$

其中 S_1，S_3 等效是通过 S_2 来进行传递的，这种传递性仅限于等效状态中。

3）等效类：若干相互等效的状态组成的一类状态组，称为等效类。等效对是等效类的特例。若有 (S_1,S_2)，(S_2,S_3) 等效，则必有等效类 (S_1,S_2,S_3)。记为

$$(S_1,S_2),(S_2,S_3) \rightarrow (S_1,S_2,S_3)$$

4）最大等效类：如果一个等效类不被其他任何等效类所包含，该等效类就为最大等效类。即使只有一个状态，如果它不包含在其他等效类当中，也为最大等效类。

5）等效状态的判断条件：前边曾经介绍了等效状态的概念和传递性，归纳后可得出以下四条判断状态等效的条件：在所有可能的输入组合下，两个或多个状态的输出相同，并且满足次态相同或次态交叉（次态为现态交叉）或次态循环或次态等效这四项要求的任一项，则这些状态是等效的。

【例 6.8】 针对表 6.17 所示的原始状态表进行等效状态对判断的例子。

解：1）次态相同：如表 6.17 中当 $X=0$ 时的状态 C、F。

2）次态交叉：如表 6.17 中当 $X=1$ 时的状态 A、D。

3）次态循环：如表 6.17 中对于 C，F 两状态的判断：C、F 决定于 A、D，而 A、D 又决定于 B、E，B、E 又决定于 A、D 和 C、F，这就形成了“循环”，在循环当中的状态对都是等效状态对。

表 6.17 等效对判断的例子

Q	Q^{n+1}/Z	
	$X=0$	$X=1$
A	$E/0$	$D/0$
B	$A/1$	$F/0$
C	$C/0$	$A/1$
D	$B/0$	$A/0$
E	$D/1$	$C/0$
F	$C/0$	$D/1$
G	$H/1$	$G/1$
H	$C/1$	$B/1$

可以利用上面介绍的等效状态判断条件进行状态化简。通常用隐含表法进行状态化简。

隐含表的结构是一个等腰直角三角形网络，两条直角边格数相同，垂直方向的格数比原始状态表的状态数少 1，叫“缺头”，水平方向的格数也比原始状态数少 1，叫“少尾”。具体可通过例子说明。两个状态“等效”则在方格中填上“√”，否则填“×”。

利用隐含表进行原始状态表的化简要通过顺序比较和关联比较来寻找所有等效状态对。所谓顺序比较，就是按隐含表的顺序，对每两个状态都进行一次比较，并将比较结果画在方格中。顺序比较的任务是在方格中填“√”或“×”，如果某一方格既填不上“√”又填不上“×”，就需要进行关联比较，以判断能否出现次态循环的状况，这时，将需进行关联比较的状态对填到相应方格当中，然后通过关联比较进一步了解可能的循环状况。在循环当中的状态对都是等效对。

得到所有的等效对后，根据等效关系的传递性确定最大等效类。最后，为使简化后的状态表与原始状态表等效，最大等效类集合必须覆盖原始状态表当中的所有状态，且原始状态表中的每一个状态只能属于一个最大等效类。这样，每个最大等效类就可用一个状态代替，即可得到最小化状态表。下面用例子说明通过隐含表进行化简的方法。

【例 6.9】 给定一个原始状态表，如表 6.18 所示，利用隐含表对其进行状态化简。

解：首先形成隐含表，隐含表如图 6.25 所示。

1）顺序比较：可得出 BC、DE 为等效状态，BA、AC 为需进行关联比较的状态，剩下画“×”的均不是等效对。

2）关联比较：关联比较要解决顺序比较解决不了的状态对，判断这些悬而未决的状态对是否存在循环现象，进而决定其等效还是不等效。

表 6.18　例 6.9 的原始状态表

Q	Q^{n+1}/Z	
	$X=0$	$X=1$
A	$C/1$	$B/0$
B	$C/1$	$E/0$
C	$B/1$	$E/0$
D	$D/0$	$B/1$
E	$D/0$	$B/1$

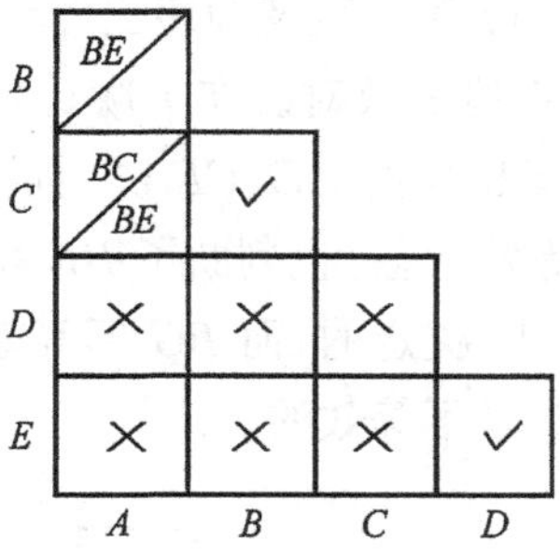

图 6.25　例 6.9 的隐含表

从隐含表要判断 AB，必须判断 BE，而 BE 在隐含表中已知为“×”，这就是说 BE 是不等效的，因 BE 不等效，而 AB 由 BE 决定，因此 AB 不等效。同理 AC 由 BC、BE 决定，而 BE 不等效，则 AC 不等效。这里注意：当判断 AC 是否等效时，由于 AC 是由 BC、CE 两个状态对决定，只要有一个状态对不等效，则 AC 不等效。上述 BC、BE 中 BE 不等效，则 BC 即使等效，那么 AC 也不等效。

通过隐含表的化简，该例得到两个等效对 BC，DE，所有最大等效类为：(A)、(B,C)、(D,E)，所以可用 3 个状态表示原始状态表中的状态，a 代表(A)、b 代表(B,C)、c 代表(D,E)。简化后的状态表如表 6.19 所示。

表 6.19　例 6.9 的最小化状态表

Q	Q^{n+1}/Z	
	$X=0$	$X=1$
a	$b/1$	$b/0$
b	$b/1$	$c/0$
c	$c/0$	$b/1$

【例 6.10】 化简如表 6.20 所示的原始状态表。

表 6.20　例 6.10 的原始状态表

Q	Q^{n+1}/Z	
	$X=0$	$X=1$
A	$E/0$	$D/0$
B	$A/1$	$F/0$
C	$C/0$	$A/1$
D	$B/0$	$A/0$
E	$D/1$	$C/0$
F	$C/0$	$D/1$
G	$H/1$	$G/1$
H	$C/1$	$B/1$

解：1）隐含表及顺序比较结果如图 6.26 所示。从顺序比较中发现没有一个可直接判定的等效对。在关联比较过程中，首先判断 AD 状态，判断 AD 必须判断 BE，而 BE 是由 AD、CF 决定的，而 CF 又由 AD 决定，这就形成了“循环”，所以 AD 是等效状态。也判断了 BE 和 CF 均为等效状态；再看 GH 是否等效，GH 是由 BG 和 CH 决定的，而 BG 不等效，显然不管 CH 是否等效（实际 CH 也不等效），GH 一定是不等效的。

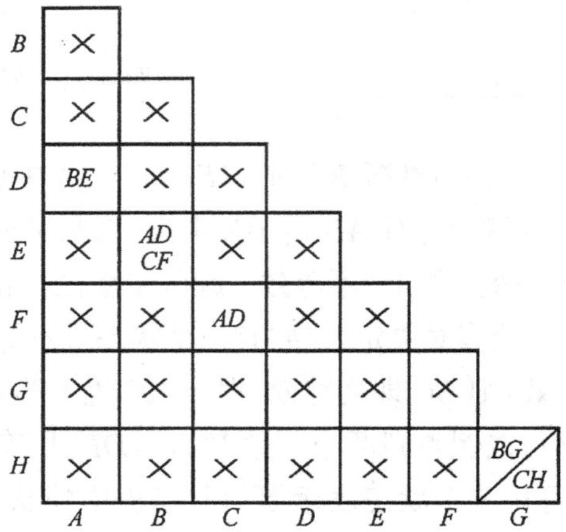

图 6.26　例 6.10 的隐含表

2）列出所有最大等效类。经顺序比较和关联比较，得到的最大等效类为

$$\begin{matrix}(A、D), & (B、E), & (C、F), & (G), & (H)\\ A' & B' & C' & D' & E'\end{matrix}$$

经过重新命名后，原来状态表中的 8 个状态可简化为 5 个状态，简化后的最小化状态表如表 6.21 所示。

表 6.21　例 6.10 的最小化状态表

Q	Q^{n+1}/Z	
	$X=0$	$X=1$
A'	$B'/0$	$A'/0$
B'	$A'/1$	$C'/0$
C'	$C'/0$	$A'/1$
D'	$E'/1$	$D'/1$
E'	$C'/1$	$B'/1$

2. 不完全给定状态表的化简

前面讨论的有关状态化简问题，在状态表中次态和输出都是给定的，在表中不存在次态和输出不定的情况，所以我们称其为完全给定的状态化简。而不完全给定的状态表中包含着不确定的次态和输出，进而使状态化简的问题复杂了。这是由于不完全给定的状态表中部分状态和输出不定，对某些输入序列是不适应于所设计电路的，或者说对这个状态有效，而对另一个状态则无效。

不完全给定的电路和完全给定的电路是不同的，概念也有所不同，也就是说针对完全给定的状态表化简的等效状态不能照搬到不完全给定的状态表中，在不完全给定的状态表中应用相容状态的概念进行化简。

在不完全给定的状态表中，假设状态 S_1 和 S_2 为初始状态，如果对于所有的有效输入序列，从 S_1 和 S_2 出发，它们相应的输出序列(除了不确定的输出外)是完全相同的，那么状态 S_1 和 S_2 就是相容的，即 S_1 和 S_2 是相容对，记为 (S_1,S_2)。

判断状态相容还需要考虑判断等效状态的三条原则，归纳起来状态相容的条件为：在所有可能的输入条件下，如两个状态的输出相同或者其中一个(或两个状态的输出)为任意项，且它们的次态相同、交叉、循环，或者其中一个(或者两个状态)的次态为任意状态，则这两个状态是相容的。

注意在不完全给定的电路中即相容状态中不存在传递性，只有在等效状态中才具有传递性。在相容状态中只有所有状态相容，状态间才相容。例如要求 (S_1,S_2,S_3) 是相容的，则必须有 (S_1,S_2)，(S_2,S_3)，(S_1,S_3) 都是相容的。

在完全给定的状态表化简过程中需要列出最大等效类，在不完全给定的状态表化简过程中，需要求出最大相容类，最大相容类同样包括那些不被任何相容类包含的单个状态。

相容类的状态化简比其等效化简要复杂得多，步骤也多，需要用特殊的方法处理。除了和等效状态判断方法相似外(利用隐含表)，另外还要采用合并图，用到覆盖和闭含表，最后才能将不完全给定的状态表简化成最小化状态表。

我们通过例子来说明不完全给定电路的状态表的化简过程。

【例 6.11】 对表 6.22 所示的原始状态表进行化简。

表 6.22 例 6.11 的原始状态表

Q	Q^{n+1}/Z	
	$X=0$	$X=1$
A	$A/0$	D/d
B	$A/0$	$D/0$
C	$A/0$	$D/1$
D	$A/0$	$D/1$

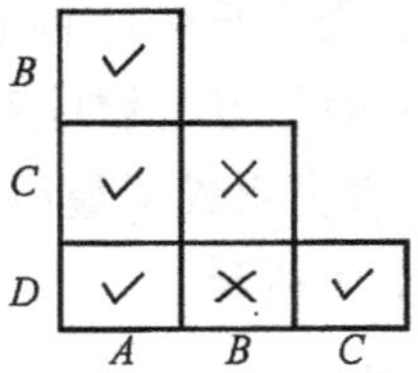

图 6.27 例 6.11 的隐含表

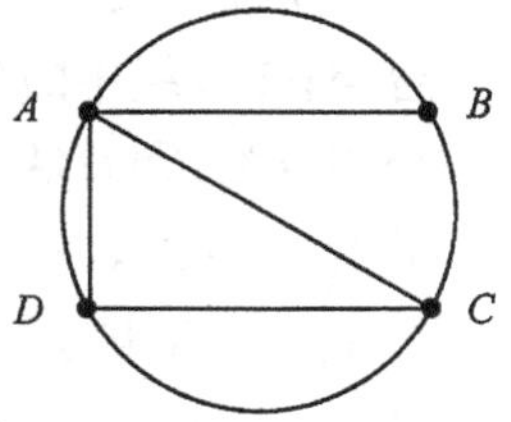

图 6.28 例 6.11 的合并图

解：显然表 6.22 所示的原始状态表中存在着任意项，所以是不完全给定的状态表。

1) 作出隐含表，如图 6.27 所示，找出相容对。作隐含表与完全给定的方法相同。也要进行顺序比较和关联比较来判断状态是否相容。相容对则在相应的方格内画“√”，两个状态不相容，则在对应的方格内画“×”，如不能判断是否相容，需要把这两个状态挂起写在方格内(表示隐含条件)，如图 6.27 所示。从隐含表中看出一共有 4 个相容对：(*A*,*B*)，(*A*,*C*)，(*A*,*D*)和(*C*,*D*)。

2) 列出最大相容类。首先我们采用合并图的方法来找最大相容类。合并图：在一个圆上均匀分布全部状态，将相容对用直线连在一起，各“点”之间的连线所构成的多边形就是一个最大相容类。

从图 6.28 中可知，合并图由直线(*AB*)，三角形(*ACD*)组成，即三角形顶点构成一个最大相容类。

3) 作出最小化状态表。为了确定最小化状态表，通常要先建立覆盖闭合表，如表6.23 所示。原始状态表中每个状态都隶属于一个相容类，称为覆盖；任何一个相容类，它在任何一种输入情况下的次态仅属于该选用的相容类组中的一个相容类，称为闭合。满足以上两个条件的所选用的相容类数目如果最少，则由此所构成的状态表就是最小化状态表。

表 6.23　例 6.11 的闭合覆盖表

最大相容类	覆盖				闭合	
	A	*B*	*C*	*D*	*X*=0	*X*=1
AB	√	√			*A*	*D*
ACD	√		√	√	*A*	*D*

最小化状态表和原始状态表所表达的逻辑功能是相同的，因此最大相容类要满足覆盖，闭合和最小三个条件。覆盖是指最大相容类要包含原始状态表的全部状态，不得遗漏。闭合是指在一个最大相容类中，任意相容类的所有隐含条件必须属于该最大相容类中的某一相容类。最小就是指所选用的相容类在满足覆盖和闭合的条件下数目要最少。

综上所述可用以下三条概括：①原始状态表中每个状态至小属于该组中的一个相容类；②该组中的任意相容类在任何一种输入下的次态仅属于该组相容类中的一个相容类；③满足上述条件的相容类数目应最少。

显然由(*AB*)，(*ACD*)两相容类组成了最小化状态表。将*AB* 用*a* 代替，*ACD* 用*b* 代替，其最小化状态表如表 6.24 所示。

表 6.24　例 6.11 的最小化状态表

Q	Q^{n+1}/Z	
	X=0	*X*=1
a	*a*/0	*b*/0
b	*a*/0	*b*/1

表 6.25　例 6.12 的原始状态表

Q	Q^{n+1}/Z	
	X=0	*X*=1
A	*A*/*d*	*d*/*d*
B	*C*/1	*B*/0
C	*D*/0	*d*/1
D	*d*/*d*	*B*/*d*
E	*A*/0	*C*/1

【例 6.12】 化简表 6.25 所示的原始状态表。

解：1）利用隐含表找出相容类，隐含表如图 6.29 所示。可以得到相容对：(*AB*)，(*AC*)，(*AD*)，(*AE*)，(*BD*)，(*CD*)，(*CE*)。

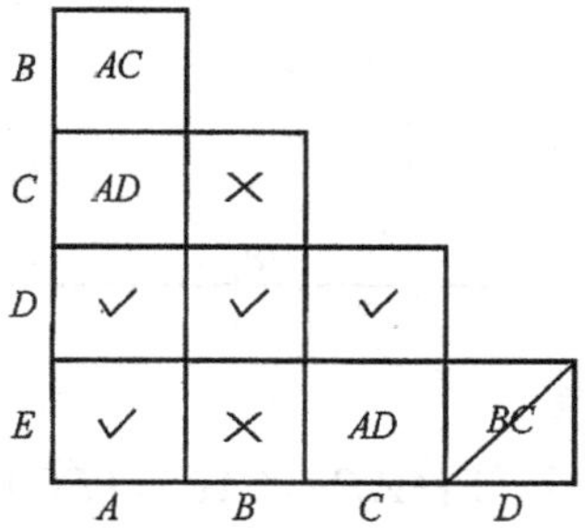

图 6.29 例 6.12 的隐含表

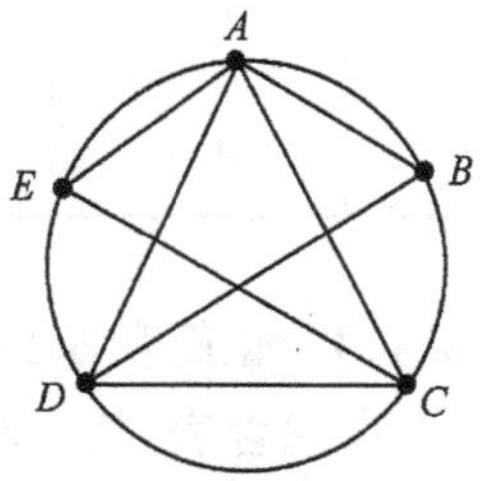

图 6.30 例 6.12 的合并图

2）从合并图上找出最大相容类，如图 6.30 所示。合并图上的点表示状态，点与点的连线表示两个状态的相容。有时在合并图上几个点相互间都有连线，构成多边形，则此多边形就形成最大相容类。

合并图 6.30 含有 3 个三角形，即形成(*ABD*)，(*ACD*)，(*ACE*)共 3 个最大相容类。

3）作最小状态表。

先考虑覆盖：① (*ABD*)：含有状态 *A*，*B*，*D*；② (*ACD*)：含有状态 *A*，*C*，*D*；③ (*ACE*)：含有状态 *A*，*C*，*E*。从三个最大相容类中选取①，③就能覆盖全部状态，也就是说(*ACD*)可以省去。

再考虑闭合：① (*ABD*)：当 $X=0$ 时，原始状态表中的次态是 *A*、*C* 属于(*ACE*)；当 $X=1$ 时，次态是 *B* 属于(*ABD*)；② (*ACE*)：当 $X=0$ 时，原始状态表中的次态是 *A*、*D* 属于(*ABD*)；当 $X=1$ 时，次态是 *C* 属于(*ACE*)。

由上面的分析可以看出选用了(*ABD*)和(*ACE*)这两个最大相容类覆盖了全部状态，而且每个相容类在任何一种输入情况下的次态仅属于该组中的一个相容类，即满足了闭合条件，如表 6.26 所示。用 A' 代替(*ABD*)，用 B' 代替(*ACE*)，则得到最小化状态表如表 6.27 所示。

表 6.26 例 6.12 的闭合覆盖表

最大相容类	覆盖					闭合	
	A	*B*	*C*	*D*	*E*	$X=0$	$X=1$
√*ABD*	√	√		√		*AC*	*B*
ACD	√		√	√		*AD*	*B*
√*ACE*	√		√		√	*AD*	*C*

表 6.27　例 6.12 的最小化状态表

Y	Y^{n+1}/Z	
	X=0	X=1
A'	$B'/1$	$A'/0$
B'	$A'/0$	$B'/1$

表 6.28　例 6.13 的原始状态表

Y	Y^{n+1}/Z	
	X=0	X=1
A	B/0	D/0
B	B/d	D/d
C	A/1	E/1
D	d/1	E/1
E	F/1	d/1
F	d/d	C/d

【例 6.13】 化简表 6.28 所示的原始状态表。

解：1) 作隐含表，找出相容对。由图 6.31 可知：(AB)，(AF)，(BC)，(BD)，(BE)，(BF)，(CD)，(CE)，(CF)，(DE)，(DF)，(EF)为相容对。

2) 作合并图，列出最大相容类。合并图如图 6.32 所示。图的圆周上有 6 个点(即 6 个状态)，可分作两部分：(ABF)和(BCDEF)为两个最大相容类。将(ABF)和(BCDEF)反映在覆盖闭合表上如表 6.29 所示。

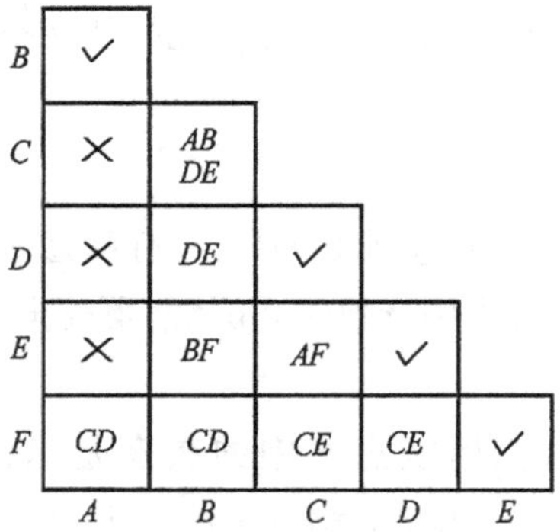

图 6.31　例 6.13 的隐含表

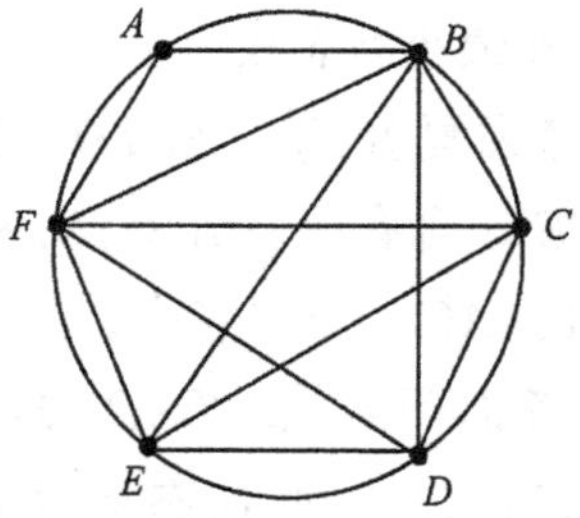

图 6.32　例 6.13 的合并图

表 6.29　例 6.13 的覆盖闭合表

最大相容类	覆　盖						闭　合	
	A	B	C	D	E	F	X=0	X=1
ABF	✓	✓				✓	B	CD
BCDEF		✓	✓	✓	✓	✓	ABF	CDE

从覆盖闭合表中可知，最大相容类(ABF)和(BCDEF)覆盖了全部状态，而且每个最大相容类在任何一种输入情况下的隐含条件均属于一个相容类，因而满足了覆盖和闭合条件，满足最小化状态表的条件。令 a 代表(ABF)，b 代表(BCDEF)，最小化状态表如表 6.30 所示。

表6.30　例6.13的最小化状态表

Y	Y^{n+1}		Z
	$X=0$	$X=1$	
a	d	b	0
b	a	a	1

这里要注意的是，在表6.30所示的最小化状态表中，当$X=0$时，a的次态为原始状态表中的B。由闭合表可知，其既闭合在a状态上，又闭合在b状态上，且该电路只有a、b两个状态，所以其次态可为任意状态，用d表示，这有利于电路设计时的化简。

通过上面的分析可知，对于不完全给定状态表的化简不是一件容易的事情，有时需要对各种可能的情况进行比较，而且最小化状态表有时并不唯一。对于完全给定的状态表，其最大等效类集合一定满足覆盖和闭合条件，而且是最小的；对于不完全给定的状态表，它的最大相容类集合虽然可能满足覆盖和闭合条件，但不一定是最小的，需要合理地选择各种方案才能得到最简的结果。

6.5.4　状态分配

依照设计步骤，在状态化简之后要进行状态分配。由于存储器件是触发器，而触发器是二值器件，所以触发器的状态编码和状态分配是对应的。如果把状态表中的每一状态都给定一种编码，这种编码分配便是状态分配。

状态分配的任务是：①根据状态数确定状态编码的长度。由于可以采用二进制状态编码，而触发器又为二值器件，实际上状态分配的过程确定了所使用的触发器的个数；②确定二进制状态编码分配方案，即将二进制代码分配给各个状态。

假设最小化状态表的状态数为N，二进制状态编码的位数为n，而n也是触发器的个数，则所需状态数N与触发器个数n之间的关系为

$$2^{n-1} < N \leqslant 2^n$$

通常在同步时序逻辑电路中，状态分配不会影响电路的稳定性和可靠性，只是使电路的复杂程度不同而已。一般说来，如果状态表的状态数为N，二进制状态编码的位数为n，则是用2^n种组合对N个状态进行编码，可能出现的状态分配方案数为

$$K_S = A_n^N = \frac{2^n!}{(2^n - N)!}$$

在上述方案中，并不是所有方案都是完全独立的，有些分配方案可从另一种方案中推导出来，而不改变电路的复杂性。这是由于触发器都有原反两个输出端，状态编码的各二进制位可以由原输出端输出，也可从反输出端输出，虽然所形成的状态编码不同，但电路的复杂程度并没有改变，另外，触发器所表示的二进制编码的位置如果改变的话，虽然所形成的状态编码也不同，但电路的复杂程度同样没有改

变。进而，彼此独立的状态分配方案数为

$$K_{\mathrm{U}}=\frac{A_n^N}{2^n n!}=\frac{(2^n-1)!}{(2^n-N)!n!}$$

其中由于状态编码的各二进制位可以由触发器的原输出端也可从反输出端输出，所形成的彼此非独立的状态编码方案为 2^n 种，由于触发器所表示的二进制编码的位置改变，所形成的彼此非独立的状态编码方案为 $n!$ 种。

例如，有 4 个状态的时序逻辑电路需要 2 个触发器，共有 24 种状态分配方案，而相互独立的分配方案为 3 个；当 $N=5$ 时，需 3 个触发器，即 $n=3$，则 $K_{\mathrm{S}}=6720$，$K_{\mathrm{U}}=140$；当 $N=9$ 时，$K_{\mathrm{U}}=10\ 810\ 800$。因此当状态数目较大时，要想对全部方案进行评价是不现实的，即使是彼此非独立的状态编码方案，这样做也是不现实的，而且状态分配的好坏还与所采用的类型有关。因此，状态分配涉及的因素很多，工程上常采用次佳状态分配原则，即按照一定的状态分配原则进行状态分配。

综合多种选择方案，提出四条原则作为状态选择分配的参考：

1）次态相同，现态相邻。这里的相邻是指二进制数仅有一位不同，如表 6.31 中当 $X=0$ 时，现态 A，B 的次态都是 C，所以 A，B 应相邻分配；当 $X=1$ 时，A，C 的次态均为 D，因此 A 和 C 也应相邻分配。总之，在相同输入条件下，应按次态相同、现态相邻的分配原则进行状态分配。

2）在相邻输入条件下，同一现态次态相邻。如表 6.31 中的 CD，AC，BD，AB 应相邻。

3）输出完全相同，现态相邻。从表 6.31 中可知，希望 AC，AB，BC 都相邻分配，实际上是不能完全实现的。

4）给状态表中的原始状态或出现最多的状态分配逻辑 0。

一般情况下，优先考虑第一条原则，然后根据前三条原则，得到的应分配相邻代码的状态对出现的次数越多，则越予以优先考虑。

【例 6.14】 对表 6.31 所示的状态表进行状态分配。

表 6.31　例 6.14 的状态表

y_1y_0	$y_1^{n+1}y_0^{n+1}/Z$	
	$X=0$	$X=1$
A	$C/0$	$D/0$
B	$C/0$	$A/0$
C	$B/0$	$D/0$
D	$A/1$	$B/1$

解：表 6.31 所示的状态表共有 4 个状态，由前面的分析可知，其彼此相互独立的状态分配方案共有三种，如图 6.33(a)，(b)，(c)所示。综合前面的比较结果，图 6.33(c)所示的方案较多地满足了状态分配原则。

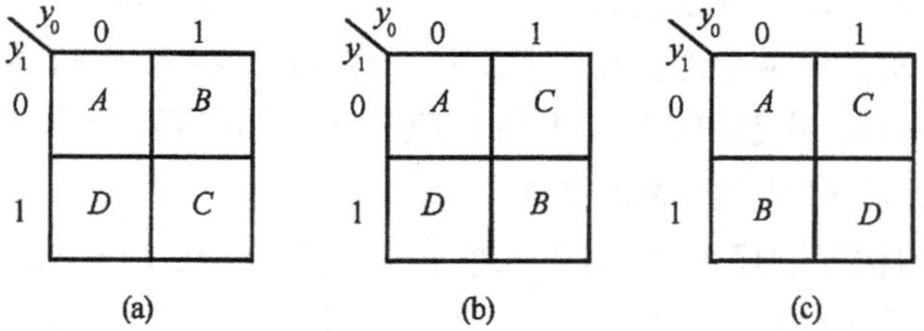

图 6.33　例 6.14 的三种状态分配方案

根据该状态分配方案，A 分配 00，B 分配 10，C 分配 01，D 分配 11，其二进制状态表如表 6.32 所示。

表 6.32　例 6.14 的二进制状态表

y_1y_0	$y_1^{n+1}y_0^{n+1}/Z$	
	$X=0$	$X=1$
00	01/0	11/0
01	10/0	11/0
10	01/0	00/0
11	00/1	10/1

6.5.5　同步时序逻辑电路设计举例

下面我们通过例子，了解和掌握同步时序逻辑电路设计的基本方法和步骤。

【例 6.15】　设计一个"111…"序列检测器。该序列检测器可以用来检测串行输入的二进制序列，当连续输入 3 个或 3 个以上 1 时，序列检测器输出为 1，其他情况下输出为 0(要求用 J-K 触发器实现)。

解：1) 建立原始状态图和状态表。该"111…"序列检测器原始状态图和状态表如图 6.34 和表 6.33 所示。

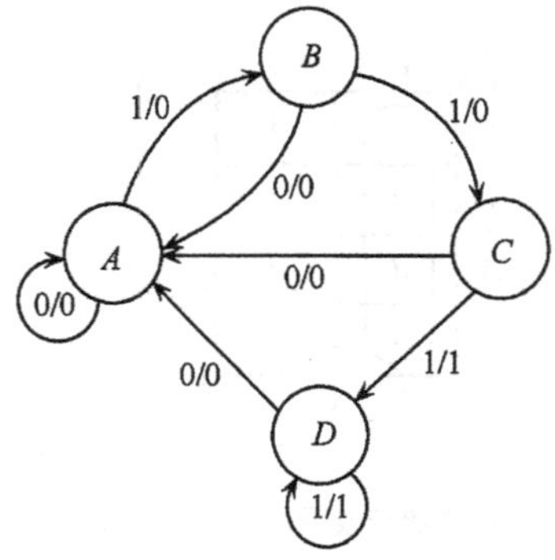

图 6.34　例 6.15 的原始状态图

表 6.33　例 6.15 的原始状态表

y	y^{n+1}/Z	
	$x=0$	$x=1$
A	$A/0$	$B/0$
B	$A/0$	$C/0$
C	$A/0$	$D/1$
D	$A/0$	$D/1$

2）状态化简。针对该原始状态表，可以直接观察出 C，D 为等效状态。

3）状态分配。根据状态分配原则，可以确定：① 状态 A 和 B、A 和 C、B 和 C 应分配相邻代码；② 状态 A 和 B、A 和 C 应分配相邻代码；③ 状态 A 和 B 应分配相邻代码；④ 状态 A 应分配为逻辑 0。

状态分配的优先顺序为：状态 BC、状态 AB、状态 AC。一个较好的状态分配方案如图 6.35 所示。A 状态编码为 00，B 状态编码为 01，C 状态编码为 10，二进制代码 11 没有使用。状态分配后的最小化状态表如表 6.34 所示。最小化二进制状态表如表 6.35 所示。

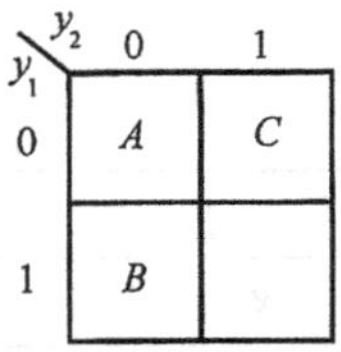

图 6.35　例 6.15 的状态编码

表 6.34　例 6.15 的最小化状态表

y	y^{n+1}/Z	
	$x=0$	$x=1$
A	$A/0$	$B/0$
B	$A/0$	$C/0$
C	$A/0$	$C/1$

表 6.35　例 6.15 的最小化二进制状态表

y_2y_1	$y_2^{n+1}y_1^{n+1}/Z$	
	$x=0$	$x=1$
00	00/0	01/0
01	00/0	10/0
11	dd/d	dd/d
10	00/0	10/1

4）指定采用 J-K 触发器。状态表中有 3 个状态(00,01,10)，需要两位触发器，其中 11 状态不用，在 K-map 上可填无关最小项 d。如图 6.36 所示。

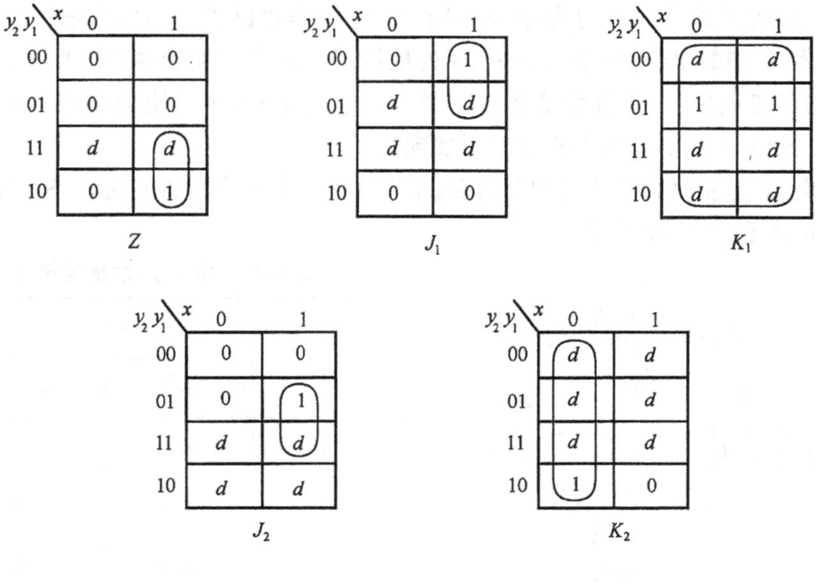

图 6.36　例 6.15 的控制函数和输出函数卡诺图

5）确定控制函数和输出函数表达式。通过 K-map 进行化简后，激励函数和输出函数为

$$K_2 = \bar{x}, \quad J_2 = xy_1$$
$$K_1 = 1, \quad J_1 = x\bar{y}_2$$
$$Z = xy_2$$

6）画时序逻辑图。依据控制函数和输出函数表达式画出电路图，如图 6.37 所示。

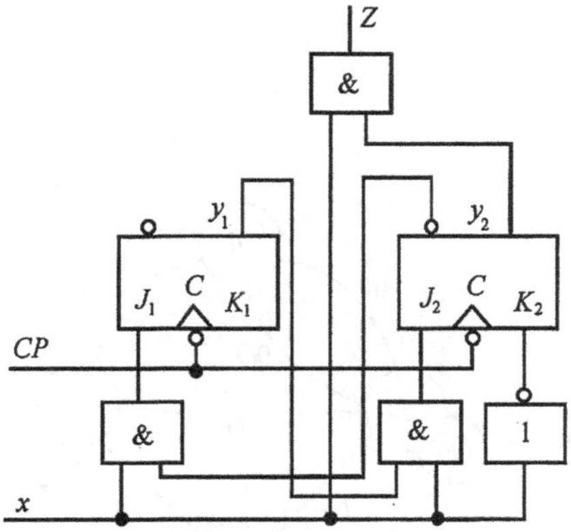

图 6.37　例 6.15 的逻辑电路图

7）讨论。从状态图和状态表上看此电路有这样一种可能：如果电路处于 11 状态，且当 $X=1$ 时，则 $Z=1$。显然电路的输出 Z 是错误的。为了保证电路正常工作，使电路只在状态 10 时输出 $Z=1$，而在无效状态 11 时输出 Z 为 0，要对 Z 进行修正，也就是说 Z 不能化简。由卡诺图可知 $Z=x\bar{y}_1y_2$。

通常当状态表中存在未使用的冗余状态时，需要对所设计的电路进行讨论，以了解电路在工作过程中偶然进入无效状态时电路的实际工作状态。一般情况下，若电路在输入和时钟的作用下能够从无效状态进入有效状态，则电路具有自恢复功能，否则称为“挂起”。电路一旦进入无效状态，除了需要进行“挂起”检查，还要检查是否会产生错误输出信号。

一旦发现所设计的电路存在“挂起”现象或错误输出时，就必须对电路进行修改，否则所设计的电路的工作可靠性不能得到保证，甚至可能影响电路的正常工作。

对所设计电路实际工作状态的讨论，实际上是对所设计电路的分析过程，特别是对状态表中未使用状态的分析。在卡诺图中，无效状态的激励如果被卡诺圈圈上，则表明该激励在工作时为 1，否则为 0。由此可知，当处在无效状态时，根据当前的激励就可得到次态，进而可以分析万一电路进入无效状态，其后继的次态是否存在“挂起”现象。另外，也可以将激励函数表达式代入触发器的特征方程，得到电路在实际工作过程中的情况，求得状态表中无效状态的次态，分析电路是否存在“挂起”现象。

针对本例，将激励函数表达式代入 J-K 触发器的特征方程得

$$y_2^{(n+1)} = J_2\bar{y}_2 + \bar{k}_2y_2 = xy_1\bar{y}_2 + xy_2 = x(y_1 + y_2)$$
$$y_1^{(n+1)} = J_1\bar{y}_1 + \bar{k}_1y_1 = x\bar{y}_2\bar{y}_1$$

由此得到的状态表和状态图如表 6.36 和图 6.38 所示。

表 6.36　例 6.15 修改后的状态表

y_2y_1	$y_2^{n+1}y_1^{n+1}/Z$	
	$x=0$	$x=1$
00	00/0	01/0
01	00/0	10/0
11	00/0	10/0
10	00/0	10/1

由图 6.38 可以看出，一旦电路进入无效状态 11 时，无论 $x=1$ 或 $x=0$，经过一个时钟周期，电路就可自动进入有效状态，不存在"挂起"现象，且改正之后的输出没有错误产生。修改后的电路如图 6.39 所示。

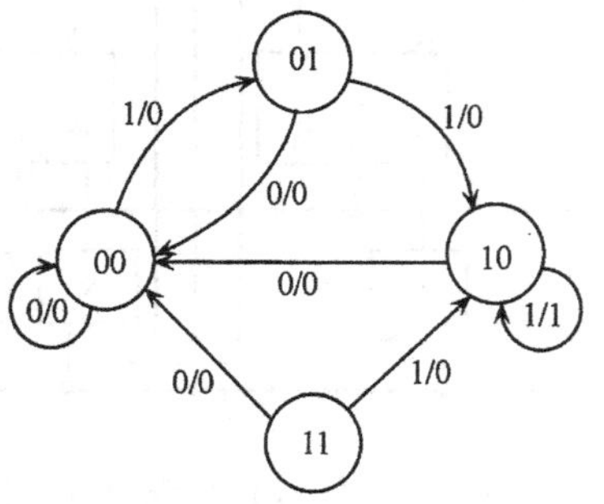

图 6.38　例 6.15 修改后的状态图

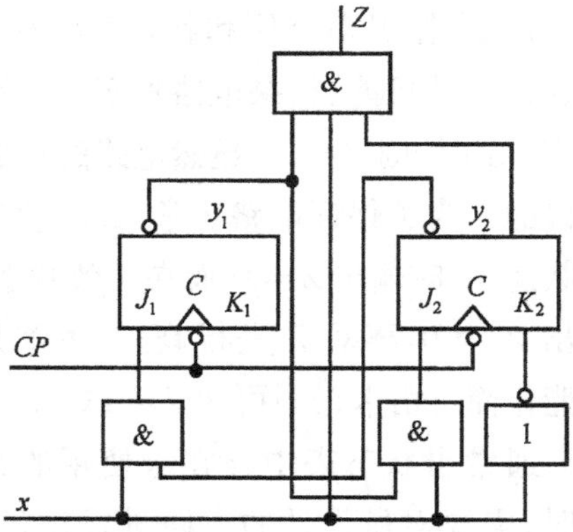

图 6.39　例 6.15 修改后的电路图

【例 6.16】　设计一个串行 8421BCD 码检验器。当输入有效 8421BCD 码 0000～1001 时，$Z=0$；当输入非 8421BCD 码 1010～1111 时，$Z=1$。且由低位到高位串行输入，每 4 个二进制数码为一组。

解：(1) 建立原始状态图和原始状态表

由于对每组 4 位代码都要进行判断，所以必须能够记忆由这 4 位代码组成的全部状态，而且每完成一组 4 位代码的判断，电路就要回到初始状态，准备接收下一组代码。该电路只有一个输入端，且由低位到高位串行输入，每次输入只有"0"或"1"两种可能，当第 4 个代码输入时则只给出输出，并回到初始状态。原始状态图如图 6.40 所示，其原始状态表如表 6.37 所示。

(2) 状态化简

根据原始状态表得到隐含表，如图 6.41 所示。由隐含表可得等价状态对：

$$(B,C),(D,F),(E,G),(H,L),(I,J),(I,K),(I,M),$$
$$(I,N),(I,P)(J,K),(J,M),(J,N),(J,P),(K,M),$$
$$(K,N),(K,P),(M,N),(M,P),(N,P)$$

最大等价类为

$$(A),(B,C),(D,F),(E,G),(H,L)(I,J,K,M,N,P)$$

分别用 S_0,S_1,S_2,S_3,S_4,S_5 代替以上最大等效类得最小化状态表如表 6.38 所示。

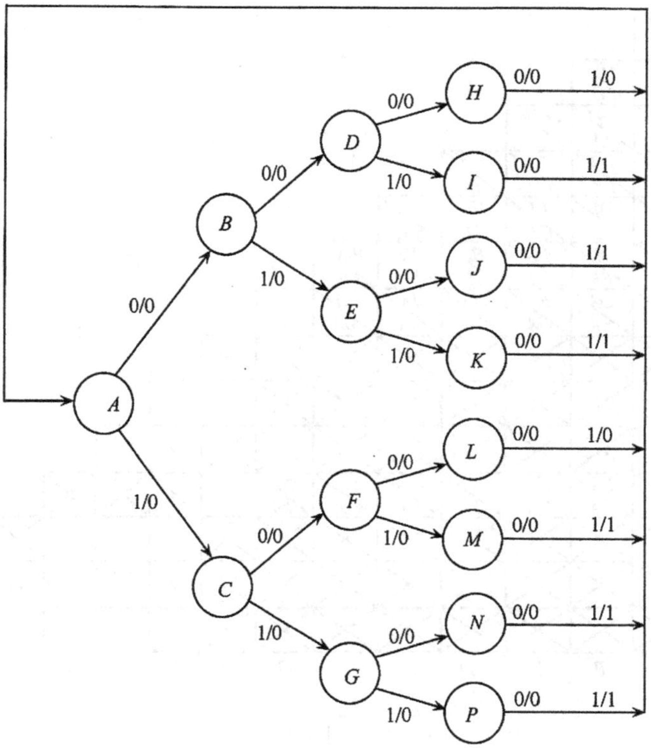

图 6.40 例 6.16 的原始状态图

表 6.37 例 6.16 的原始状态表

现态	次态/输出		现态	次态/输出	
	$X=0$	$X=1$		$X=0$	$X=1$
A	$B/0$	$C/0$	I	$A/0$	$A/1$
B	$D/0$	$E/0$	J	$A/0$	$A/1$
C	$F/0$	$G/0$	K	$A/0$	$A/1$
D	$H/0$	$I/0$	L	$A/0$	$A/0$
E	$J/0$	$K/0$	M	$A/0$	$A/1$
F	$L/0$	$M/0$	N	$A/0$	$A/1$
G	$N/0$	$P/0$	P	$A/0$	$A/1$
H	$A/0$	$A/0$			

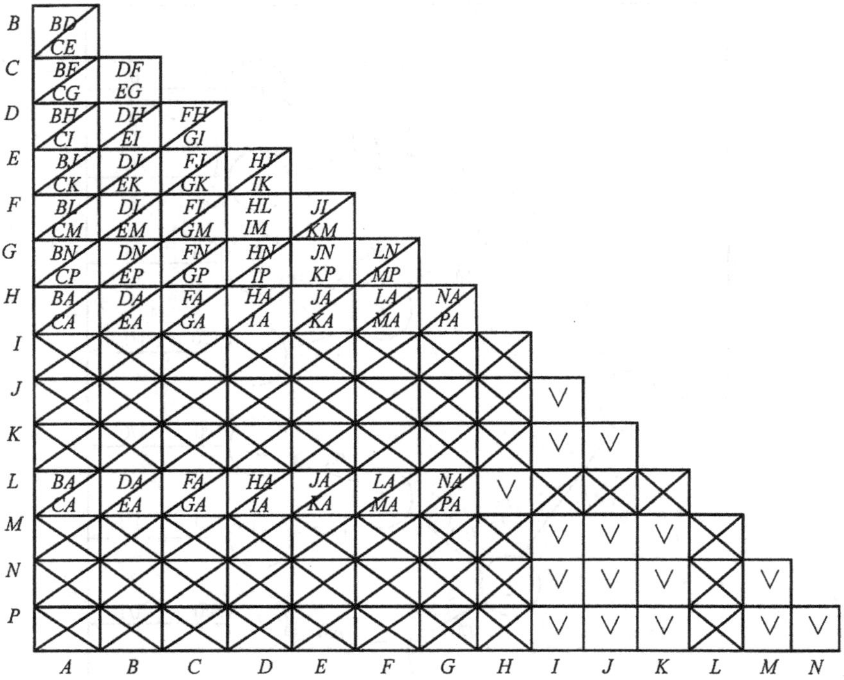

图 6.41　例 6.16 的隐含表

表 6.38　例 6.16 的最小化状态表

$Q_2Q_1Q_0$	$Q_2^{n+1}Q_1^{n+1}Q_0^{n+1}/Z$	
	$X=0$	$X=1$
S_0	$S_1/0$	$S_1/0$
S_1	$S_2/0$	$S_3/0$
S_2	$S_4/0$	$S_5/0$
S_3	$S_5/0$	$S_5/0$
S_4	$S_0/0$	$S_0/0$
S_5	$S_0/0$	$S_0/1$

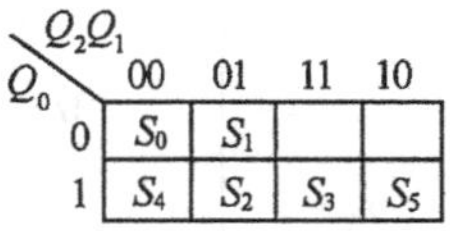

图 6.42　例 6.16 的状态编码

(3) 状态编码

该状态表有 6 个状态,需 3 位二进制代码。根据状态编码原则,对 S_2,S_3,S_4,S_5 进行相邻状态编码。状态编码方案如图 6.42 所示。

(4) 求输出函数和激励函数

根据二进制状态表 6.39 作出次态函数卡诺图和输出函数卡诺图如图 6.43 所示,经化简可得次态函数和输出函数表达式如下:

$$Q_2^{n+1} = Q_1Q_2 + XQ_1\overline{Q}_2$$

$$Q_1^{n+1} = \overline{Q}_0$$

$$Q_0^{n+1} = Q_1$$

$$Z = XQ_2\overline{Q}_1$$

表 6.39　例 6.16 的最小化二进制状态表

$Q_2Q_1Q_0$		$Q_2^{n+1}Q_1^{n+1}Q_0^{n+1}/Z$	
		$X=0$	$X=1$
S_0	000	010/0	010/0
S_4	001	000/0	000/0
S_2	011	001/0	101/0
S_1	010	011/0	111/0
	110	*ddd/d*	*ddd/d*
S_3	111	101/0	101/0
S_5	101	000/0	000/1
	100	*ddd/d*	*ddd/d*

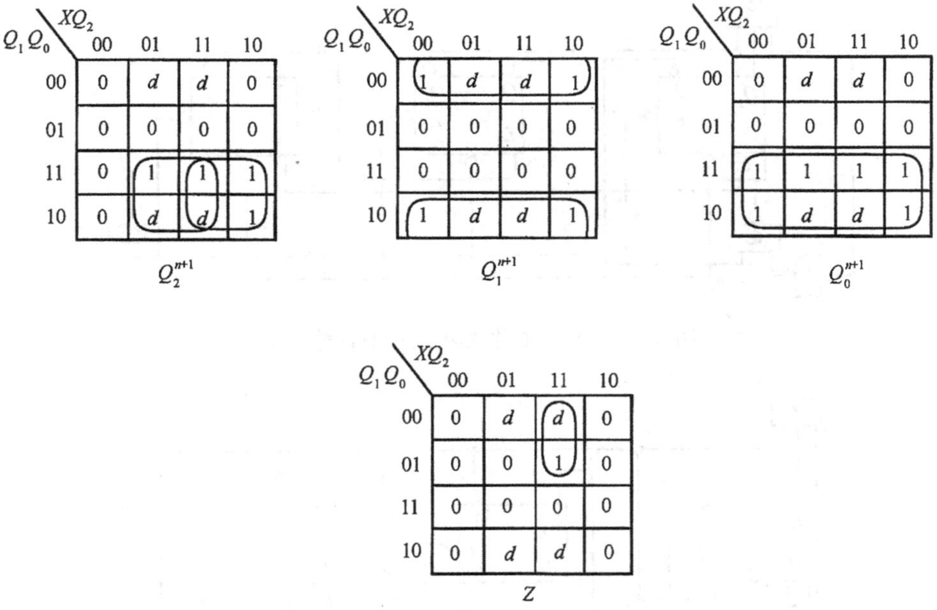

图 6.43　例 6.16 的次态函数和输出函数卡诺图

次态函数卡诺图经化简后可得到冗余状态真值表如表 6.40 所示。可见按次态函数表达式所得到的时序电路具有自恢复功能。

表 6.40　例 6.16 的冗余状态真值表

$Q_2Q_1Q_0$	$Q_2^{n+1}Q_1^{n+1}Q_0^{n+1}/Z$	
	$X=0$	$X=1$
100	010	010
110	111	111

如果用 D 触发器实现，激励函数表达式为

$$D_2 = Q_1Q_2 + XQ_1$$

$$D_1 = \overline{Q}_0$$

$$D_0 = Q_1$$

如果用 J-K 触发器实现，激励函表达式为：

$$J_2 = XQ_1,\quad K_2 = \overline{Q}_1$$

$$J_1 = \overline{Q}_0,\quad K_1 = Q_0$$

$$J_0 = Q_1,\quad K_0 = \overline{Q}_1$$

(5) 画出逻辑电路图

用 D 触发器实现该逻辑功能的逻辑电路图如图 6.44 所示。用 J-K 触发器实现该逻辑功能的电路图如图 6.45 所示。

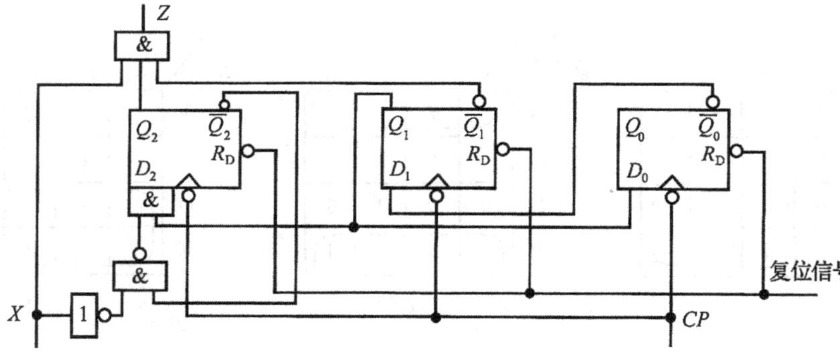

图 6.44　例 6.16 的逻辑电路图(D 触发器)

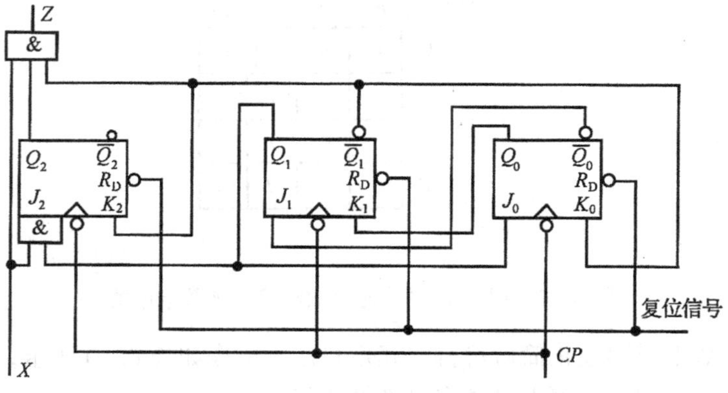

图 6.45　例 6.16 的逻辑电路图(J-K 触发器)

经比较可以看出，对于该例选用 J-K 触发器作为存储器件比选用 D 触发器更为简单。

【例 6.17】 用 J-K 触发器，设计一个 8421BCD 码十进制计数器。

解：(1)建立原始状态图和原始状态表

由于 8421BCD 码十进制计数器计数状态编码为 0000～1001，因此可以确定需要使用的触发器的数目为 4，而且可以直接得到 8421BCD 码十进制计数器的状态表，无需建立其原始状态图。根据设计要求可知计数的状态转移关系：0000 的次态为 0001，0001 的次态为 0010，以此类推，直到现态为 1001 时，次态为 0000。其状态表如表 6.41 所示。

表 6.41 例 6.17 8421BCD 码十进制计数器状态表

Q_3^n	Q_2^n	Q_1^n	Q_0^n	Q_3^{n+1}	Q_2^{n+1}	Q_1^{n+1}	Q_0^{n+1}
0	0	0	0	0	0	0	1
0	0	0	1	0	0	1	0
0	0	1	0	0	0	1	1
0	0	1	1	0	1	0	0
0	1	0	0	0	1	0	1
0	1	0	1	0	1	1	0
0	1	1	0	0	1	1	1
0	1	1	1	1	0	0	0
1	0	0	0	1	0	0	1
1	0	0	1	0	0	0	0

(2) 状态化简

很明显，该状态表已经是最简的。

(3) 求输出函数和激励函数

为了求得其激励函数，首先求得触发器的状态方程。一般情况下触发器的状态方程在形式上要求和触发器的特征方程相一致，以便直接写出触发器的激励函数。其每一次态的卡诺图如图 6.46 所示。由图 6.46 可得到每个触发器的状态方程。在化简过程中，为了使状态方程在形式上与 J-K 触发器的特征方程相一致，相应的卡诺圈只画在 Q_i^{n+1} 的 Q_i^n 范围内或 $\overline{Q_1^n}$ 范围内。例如对于 Q_3^{n+1} 来说，如果按照一般的作法，位于“0111”的 1 应该和相邻的任意项合并，得到的 Q_3^{n+1} 应为：$Q_3^{n+1}=Q_2^nQ_1^nQ_0^n+\overline{Q_0^n}Q_3^n$，但是这样的合并所得到的方程式和 J-K 触发器的特征方程形式上不一致，不能直接写出激励方程。由图 6.46 得到各触发器的特征方程如下：

$$Q_3^{n+1}=Q_2^nQ_1^nQ_0^n\,\overline{Q_3^n}+\overline{Q_0^n}Q_3^n$$

$$Q_2^{n+1}=Q_1^nQ_0^n\,\overline{Q_2^n}+(\overline{Q_1^n}+\overline{Q_0^n})Q_2^n$$

$$Q_1^{n+1}=\overline{Q_3^n}Q_0^n\,\overline{Q_1^n}+\overline{Q_0^n}Q_1^n$$

$$Q_0^{n+1} = \overline{Q_0^n}$$

这些方程的形式和 J-K 触发器的特征方程形式一致。$\overline{Q_i^n}$ 的系数为 J_i，Q_i^n 的系数为 $\overline{K_i}$。通过与 J-K 触发器的特征方程对比可得各触发器的激励函数为

$$J_3 = Q_2^n Q_1^n Q_0^n,\quad K_3 = Q_0^n$$

$$J_2 = Q_1^n Q_0^n,\quad K_2 = \overline{\overline{Q_1^n} + \overline{Q_0^n}} = Q_1^n Q_0^n$$

$$J_1 = \overline{Q_3^n} Q_0^n,\quad K_1 = Q_0^n$$

$$J_0 = 1,\quad K_0 = 1$$

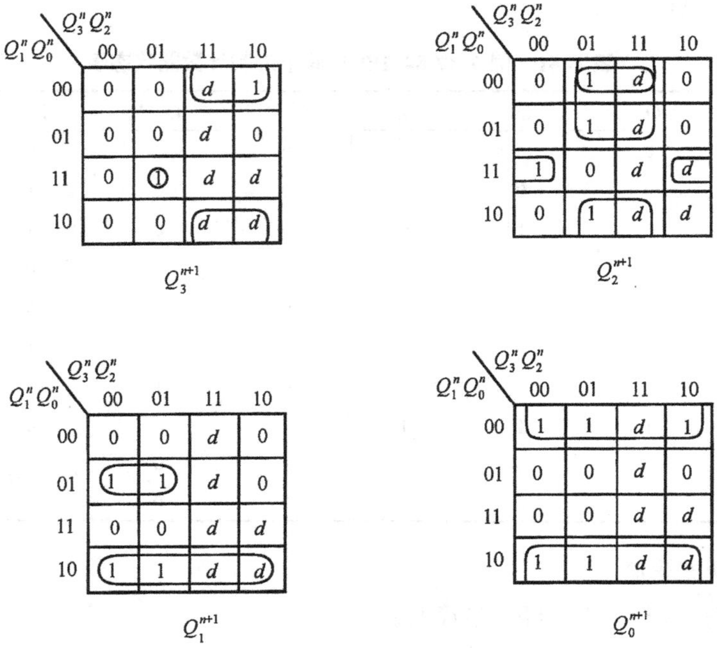

图 6.46　例 6.17 的卡诺图

(4) 为使电路不至于出现挂起现象，需要检查不在计数循环中的状态的转移关系

由图 6.46 可以看出，共有 6 个未使用的状态。凡在化简时被圈入的任意项取值为 1，没有被圈入的任意项取值为 0。从而得到这 6 个未使用状态的次态为

$$1010 \rightarrow 1011 \qquad 1011 \rightarrow 0100 \qquad 1100 \rightarrow 1101$$

$$1101 \rightarrow 0100 \qquad 1110 \rightarrow 1111 \qquad 1111 \rightarrow 0000$$

由此得到的全部 16 个状态的状态转移关系图如图 6.47 所示。可以看出，这个计数器是可以自启动的，具有自恢复功能。

(5) 画逻辑图

如图 6.48 所示。

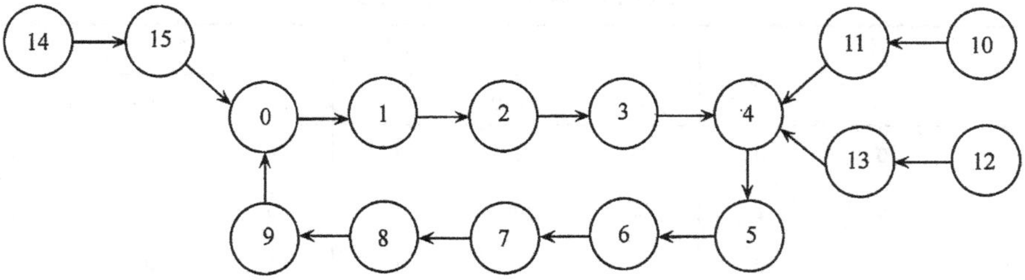

图 6.47　例 6.17 的状态转移关系图

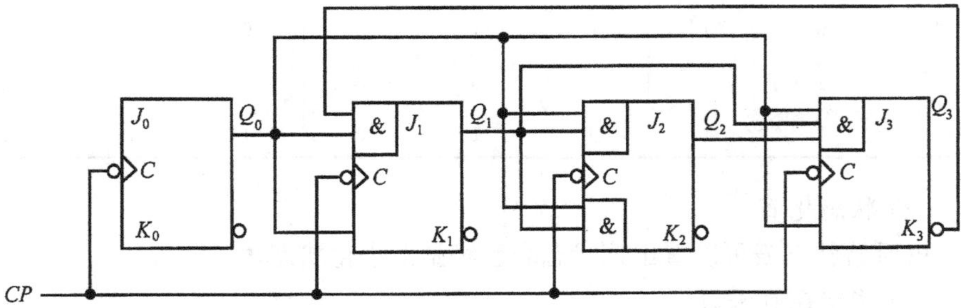

图 6.48　例 6.17 的 8421BCD 码十进制计数器逻辑电路图

【例 6.18】　设计一个 3 位串行输入输出移位寄存器，要求数据在移位寄存器中传输是由低位到高位依次进行的。该移位寄存器有一个输入端 X，输出则为触发器状态输出。

解：(1) 建立原始状态图和状态表

根据移位寄存器的特点以及设计的要求，数据在移位寄存器中传输是由低位到高位依次进行的，所得的状态图如图 6.49 所示，状态表如表 6.42 所示。可以看出，该设计的状态图与例 6.2 的状态图一致。

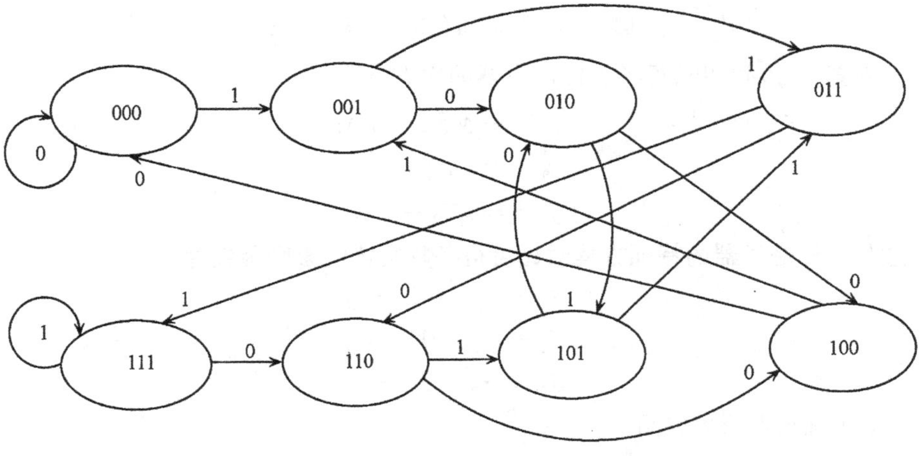

图 6.49　例 6.18 的原始状态图

表 6.42　例 6.18 的原始状态表

y_2	y_1	y_0	$y_2^{(n+1)}y_1^{(n+1)}y_0^{(n+1)}$					
			$x=0$			$x=1$		
0	0	0	0	0	0	0	0	1
0	0	1	0	1	0	0	1	1
0	1	0	1	0	0	1	0	1
0	1	1	1	1	0	1	1	1
1	0	0	0	0	0	0	0	1
1	0	1	0	1	0	0	1	1
1	1	0	1	0	0	1	0	1
1	1	1	1	1	0	1	1	1

(2) 状态化简

由原始状态表可以看出该状态表已经是最小化状态表。

(3) 确定控制函数

采用 J-K 触发器，其次态方程卡诺图如图 6.50 所示。

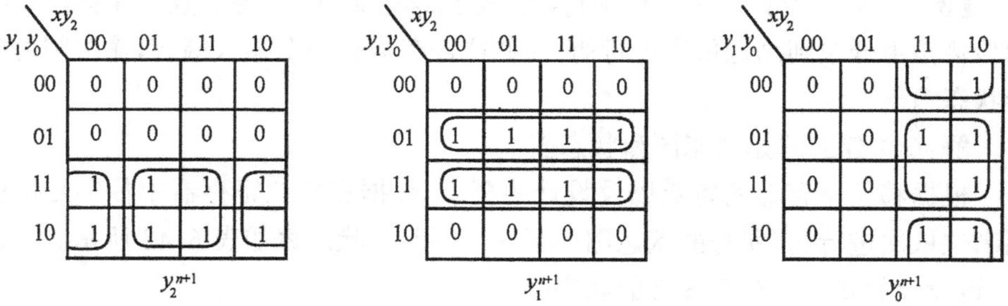

图 6.50　例 6.18 的次态方程卡诺图

由图 6.50 可以求得各 J-K 触发器的次态方程：

$$y_2^{n+1} = y_1\overline{y}_2 + y_1y_2$$

$$y_1^{n+1} = y_0\overline{y}_1 + y_0y_1$$

$$y_0^{n+1} = x\overline{y}_0 + xy_0$$

通过与 J-K 触发器的特征方程对比可得各触发器的激励函数为

$$J_2 = y_1,\quad K_2 = \overline{y}_1$$

$$J_1 = y_0,\quad K_1 = \overline{y}_0$$

$$J_0 = x,\quad K_0 = \overline{x}$$

(4) 画出逻辑电路图

其逻辑电路图如图 6.51 所示。

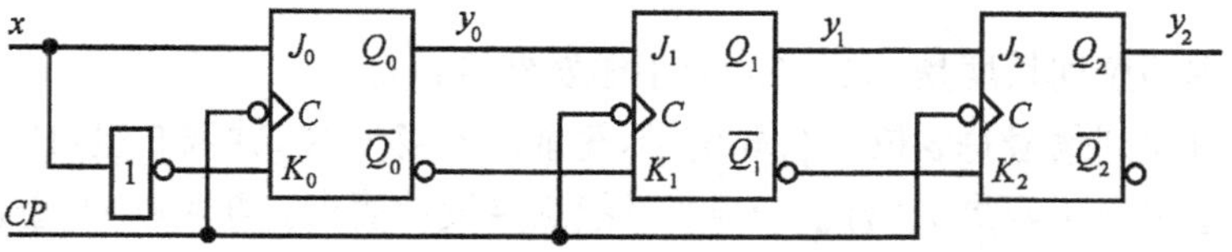

图 6.51　例 6.18 的逻辑电路图

【例 6.19】 设计一个序列信号发生器，产生序列 1010010100…。

解：序列信号发生器在数字系统中有着较为广泛的应用。例如，计算机在执行一条指令时，总是把一条指令分成若干基本动作，由控制器发出一系列序列位和序列脉冲，每个序列位和脉冲信号控制计算机完成一个或几个基本动作。序列信号发生器就是用来产生序列位和序列脉冲的逻辑部件。按其结构来分，序列信号发生器可分为计数型和移位型两种。

计数型序列信号发生器由计数器和组合电路构成。计数器相当于组合电路的输入源，决定序列信号的长度。组合电路则在这个输入源的作用下产生序列信号。这时，计数器的输入可以供给几个组合电路产生几种长度相同但是序列内容不同的序列信号。

计数型序列信号发生器的设计方法与计数器的设计方法基本相同。先根据序列周期中的序列长度 M 确定触发器位数，触发器的数目 k 要符合 $2^{k-1}<M\leqslant 2^k$ 的关系；然后列状态表，状态表中输入要根据序列信号的要求来确定，有 n 个序列信号就列 n 个输入；最后根据求得的激励函数和输出函数画逻辑图。

移位型序列信号发生器由移位寄存器加上反馈电路构成。移位型序列信号发生器的设计步骤如下：

1）首先根据给定序列信号的长度 M，由公式 $2^{k-1}<M\leqslant 2^k$ 决定最少所需的触发器数目 k。

2）验证并确定实际需要的触发器数目 k。方法是对给定的序列信号每 k 位分一组，选定一组后，向前移一位，按 k 位再取一组，总共取 M 组。如果这 M 组数字都不重复，就可以用已经选择的 k，否则就用 $k=k+1$。重复以上的过程，直到 M 组数字不再重复时，k 值就可以确定下来。

3）最后得到的 M 组数字就是序列信号发生器的状态转移关系，将它们依次排列就是这个序列信号发生器的状态转移表。不过，状态转移表的右边不是次态，而是这个状态下的反馈信号值。在使用 D 触发器的情况下，这个反馈值就是触发器的次态。

4）由状态转移表求反馈函数。

5）检查未使用状态的转移关系，以满足自启动的要求。

6）画逻辑图。

下面利用移位型序列信号发生器的设计方法对本例进行设计，触发器选用 D

触发器。

1）本例序列长度是5，10100，最小触发器数目是3。

2）对序列信号每3位一组取信号，每取一组移一位，共取5组：101，010，100，001，010。出现了两次010，说明$k=3$不能满足设计要求。再取$k=4$，重新按4位一组信号，也取5组：1010，0100，1001，0010，0101。没有重复，确定$k=4$。

3）列状态转移表，如表6.43所示。

表6.43　例6.19的状态转移表

Q_3^n	Q_2^n	Q_1^n	Q_0^n	D_0
1	0	1	0	0
0	1	0	0	1
1	0	0	1	0
0	0	1	0	1
0	1	0	1	0

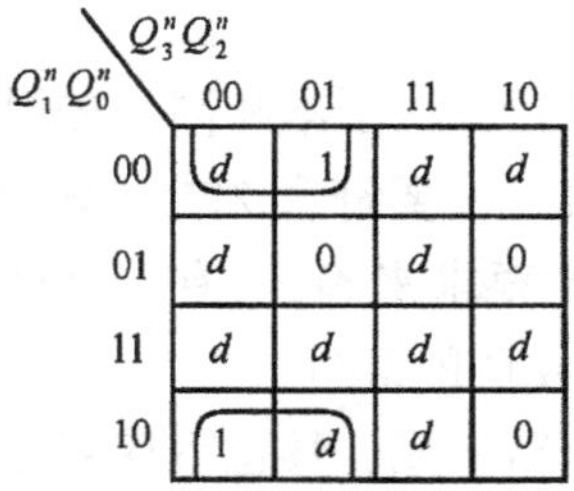

图6.52　例6.19 D_0的卡诺图

4）作D_0的卡诺图，如图6.52所示。写出D_0的表达式：$D_0=\overline{Q}_3^nQ_0^n$。

5）检查自启动。卡诺图6.52中，没有被圈入的格的D_0值都是0，从而可以确定未使用状态的次态。如状态$Q_3^nQ_2^nQ_1^nQ_0^n=1011$的次态是最后一位后面添加一位0，即0110，状态$Q_3^nQ_2^nQ_1^nQ_0^n=0110$的次态是最后一位后面添加一位1，即1101。

确定所有状态的转移关系后，画出状态转移图如图6.53所示。可以看出电路可以自启动。

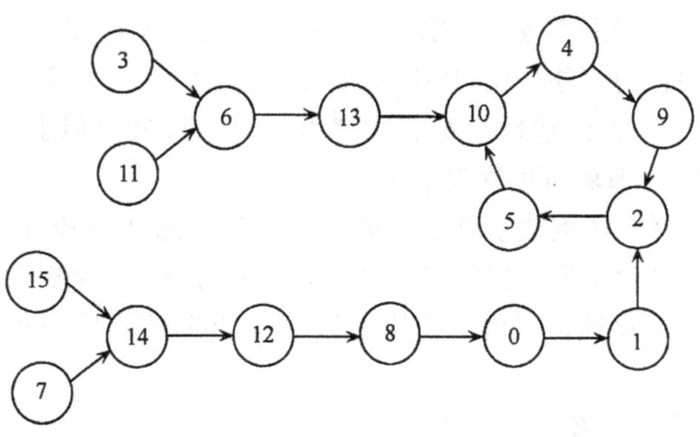

图6.53　例6.19的状态转移图

6）画出逻辑图，如图6.54所示。

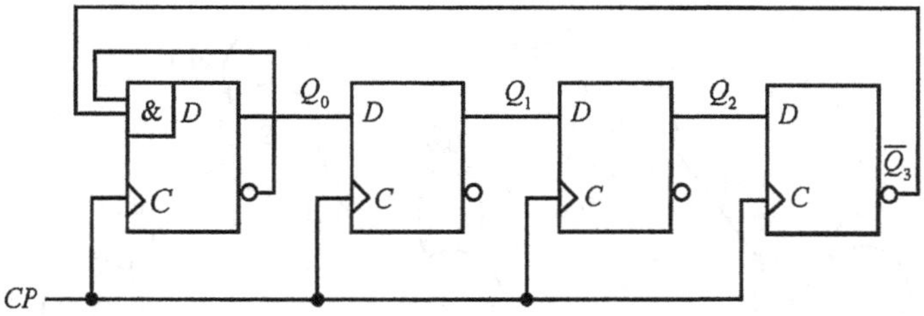

图 6.54　例 6.19 的逻辑图

【例 6.20】 设计一个公路和铁路交叉路口交通控制电路，如图 6.55 所示。在 P_1 和 P_2 点设置两个压敏器件，当它承受火车的压力时，产生逻辑电平 1，否则为 0。为保证同一列火车不会同时压在两个压敏元件上，假设 P_1 和 P_2 点相距较远。A，B 是两个栅门，要求火车任何部分位于 P_1，P_2 之间时，栅门 A，B 应同时关闭，否则栅门同时打开。压敏器件 P_1，P_2 的输出用 x_1，x_2 表示，它控制一电路，使其输出为 Z，当 $Z=1$，栅门 A，B 关闭；当 $Z=0$，栅门 A，B 打开。

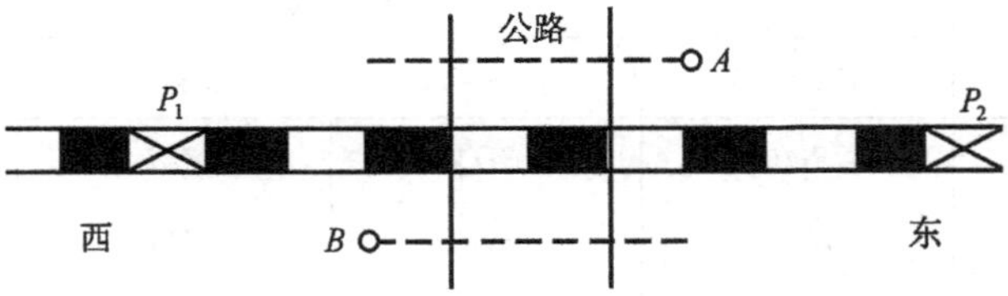

图 6.55　例 6.20 的交通控制电路

解：(1) 建立原始状态图、状态表

火车通过交叉路口的运行过程以及在此过程中控制电路的输入、输出情况是：

①火车尚未到来，这时 $x_1x_2=00$，输出 $Z=0$；②火车由西向东行驶，并压在 P_1 上，这时 $x_1x_2=10$，输出 $Z=1$；③火车继续由西向东行驶，且位于 P_1 和 P_2 之间，这时 $x_1x_2=00$，输出 $Z=1$；④火车仍继续由西向东行驶，且压在 P_2 上。这时 $x_1x_2=01$，输出 $Z=1$。当火车离开 P_2 后情况与①相同。

同理，当火车由东向西行驶时，情况如下：①输入 $x_1x_2=01$，输出 $Z=1$；②输入 $x_1x_2=00$，输出 $Z=1$；③输入 $x_1x_2=10$，输出 $Z=1$。

该电路共有 7 个状态，分别用 S_1，S_2，S_3，S_4，S_5，S_6，S_7 表示。综上所述，其原始状态图如图 6.56 所示，状态表如表 6.44 所示。

(2) 状态化简

表 6.44 中状态和输出都存在无关项，这是一个不完全给定的状态表，可利用相容的概念进行化简。由表可见，S_2 和 S_3，S_4 和 S_7，S_5 和 S_6 是相容状态，可以合并，这样就得出最小化状态表如表 6.45 所示。

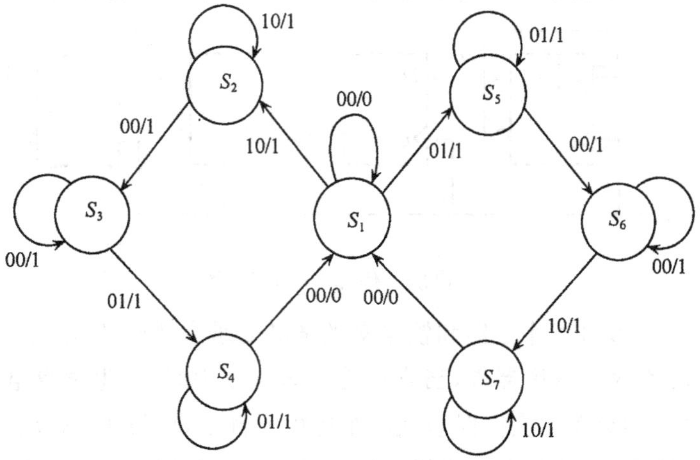

图 6.56 例 6.20 的原始状态图

表 6.44 例 6.20 的原始状态表

现 态	次态/输出			
	$x_1x_2=00$	$x_1x_2=01$	$x_1x_2=11$	$x_1x_2=10$
S_1	$S_1/0$	$S_5/1$	d/d	$S_2/1$
S_2	$S_3/1$	d/d	d/d	$S_2/1$
S_3	$S_3/1$	$S_4/1$	d/d	d/d
S_4	$S_1/0$	$S_4/1$	d/d	d/d
S_5	$S_6/1$	$S_5/1$	d/d	d/d
S_6	$S_6/1$	d/d	d/d	$S_7/1$
S_7	$S_1/0$	d/d	d/d	$S_7/1$

表 6.45 例 6.20 的最小化状态表

现 态	次态/输出			
	$x_1x_2=00$	$x_1x_2=01$	$x_1x_2=11$	$x_1x_2=10$
S_1	$S_1/0$	$S_5/1$	d/d	$S_2/1$
S_2	$S_2/1$	$S_4/1$	d/d	$S_2/1$
S_4	$S_1/0$	$S_4/1$	d/d	$S_4/1$
S_5	$S_5/1$	$S_5/1$	d/d	$S_4/1$

(3) 状态分配

由以上分析可知本电路有 4 个状态，所以触发器个数 $n=2$，状态分配为 $S_1=00$，$S_2=01$，$S_4=11$，$S_5=10$。最小化二进制状态表如表 6.46 所示。

表 6.46　例 6.20 的最小化二进制状态表

Q_2Q_1	$Q_2^{n+1}Q_1^{n+1}/Z$			
	$x_1x_2=00$	$x_1x_2=01$	$x_1x_2=11$	$x_1x_2=10$
00	00/0	10/1	d/d	01/1
01	01/1	11/1	d/d	01/1
11	00/0	11/1	d/d	11/1
10	10/1	10/1	d/d	11/1

(4) 选择触发器类型，确定其激励函数和输出函数 Z

根据表 6.46 画出两个触发器的次态卡诺图及输出 Z 的卡诺图如图 6.57 所示。

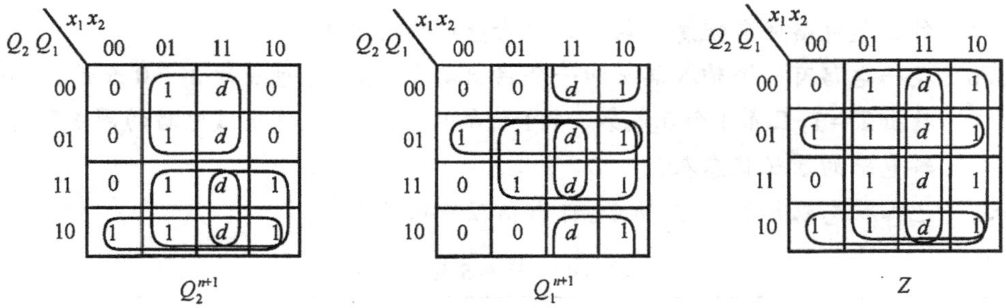

图 6.57　例 6.20 次态和输出的卡诺图

选用 J-K 触发器，从卡诺图上求出：

$$Q_2^{n+1} = x_2\overline{Q}_2 + (x_1 + x_2 + \overline{Q}_1)Q_2$$

$$Q_1^{n+1} = x_1\overline{Q}_1 + (x_1 + x_2 + \overline{Q}_2)Q_1$$

经与 J-K 触发器的次态方程比较，可以得到

$$\begin{cases}J_2 = x_2\\K_2 = \overline{x}_1\overline{x}_2Q_1\end{cases},\quad \begin{cases}J_1 = x_1\\K_1 = \overline{x}_1\overline{x}_2Q_2\end{cases}$$

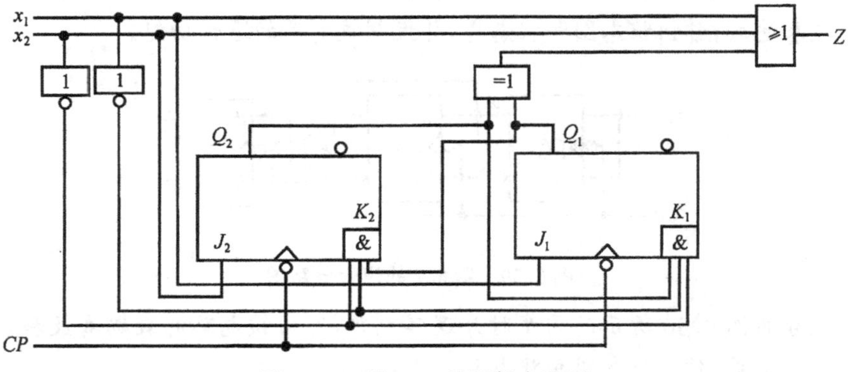

图 6.58　例 6.20 的逻辑电路图

从 Z 卡诺图上求出输出 Z 为

$$Z = x_1 + x_2 + (Q_2 \oplus Q_1)$$

(5) 画出逻辑电路图

根据上述激励函数和输出方程可画出逻辑电路图如图 6.58 所示。

习　题　六

6.1　试总结同步时序逻辑电路的特点，它与组合逻辑电路有什么不同？

6.2　说明同步时序逻辑电路分析和设计的步骤，其中各步骤要解决的问题和应该注意的问题是什么？

6.3　什么是等价状态？什么是相容状态？如何判断状态的等价或相容？

6.4　什么是电路的自恢复功能？如何检查电路的自恢复功能？

6.5　某一电路有一个输入端 x 和一个输出端 Z。当 x 连续出现 3 个 0 或 2 个 1 时，输出 $Z=1$，且第 4 个 0 或第 3 个 1 使输出 $Z=0$。试作出该电路的同步时序逻辑电路的原始状态表。

6.6　已知状态表如表 6.47 所示，作出相应的状态图。

表 6.47　题 6.5 的状态表

现　态	次态/输出			
	$x_1x_2=00$	$x_1x_2=01$	$x_1x_2=11$	$x_1x_2=10$
A	$A/0$	$B/0$	$C/0$	$D/0$
B	$B/0$	$C/1$	$A/0$	$D/1$
C	$C/0$	$B/0$	$D/0$	$D/0$
D	$D/0$	$A/1$	$C/0$	$C/0$

6.7　试分析图 6.59 所示的同步时序逻辑电路，写出该电路的激励函数和输出函数表达式，作出状态图和状态表，并说明该电路的逻辑功能。

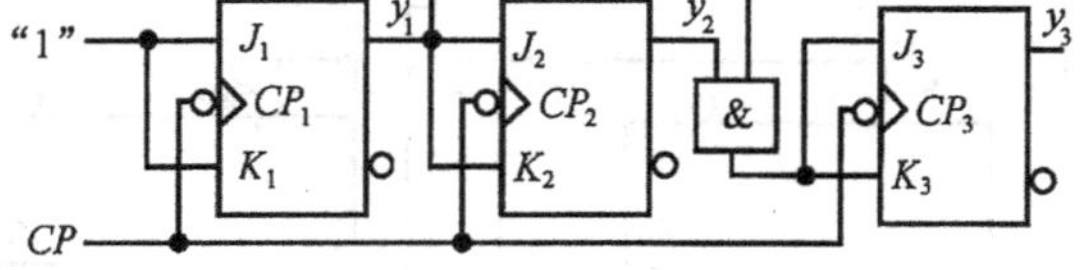

图 6.59　题 6.7 的逻辑电路图

6.8　试分析图 6.60 所示的同步时序逻辑电路，写出该电路的激励函数和输出函数表达式，作出状态图和状态表。

6.9　图6.61为一个串行加法器逻辑框图，试作出其状态图和状态表。

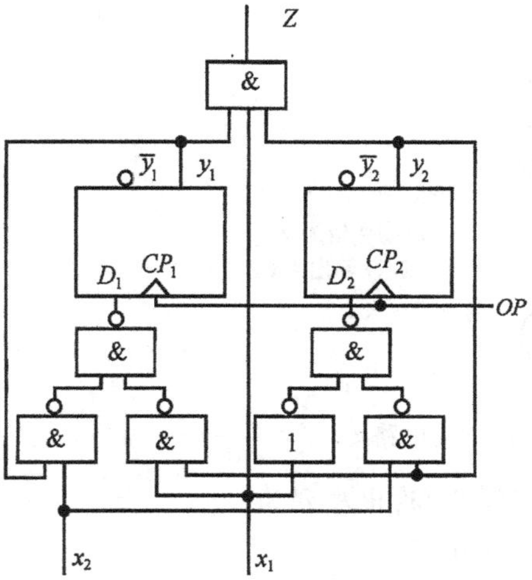

图6.60　题6.8的逻辑电路图

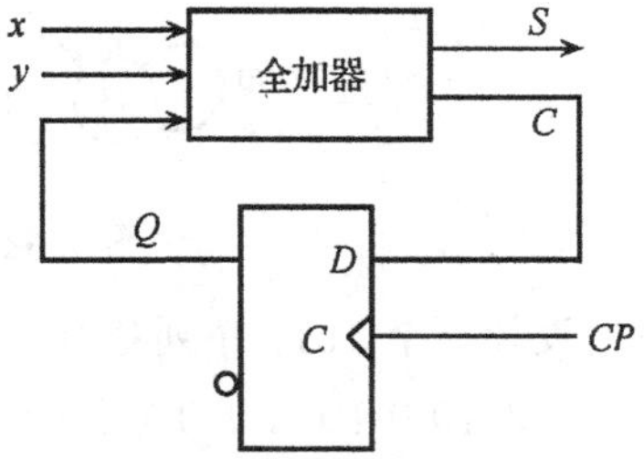

图6.61　题6.9的逻辑电路框图

6.10　简化表6.48所示的完全给定的状态表。

表6.48　题6.10的完全给定状态表

现态	次态/输出	
	$x=0$	$x=1$
A	$E/0$	$D/0$
B	$A/1$	$F/0$
C	$C/0$	$A/1$
D	$B/0$	$A/0$
E	$D/1$	$C/0$
F	$C/0$	$D/1$
G	$H/1$	$G/1$
H	$C/1$	$B/1$

6.11　简化表6.49所示的不完全给定的状态表。

表6.49　题6.11的不完全给定状态集

现态	次态/输出	
	$x=0$	$x=1$
A	D/d	$C/0$
B	$D/1$	E/d
C	d/d	$E/1$
D	$A/0$	C/d
E	$B/1$	C/d

6.12 某同步时序逻辑电路的状态图如图 6.62 所示。使用 J-K 触发器实现该逻辑电路。

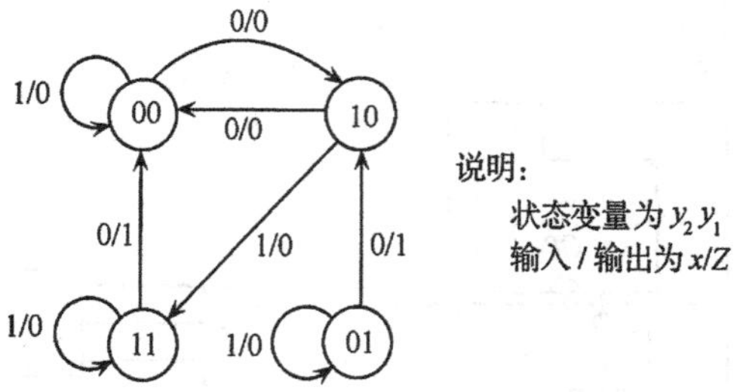

图 6.62 题 6.12 的逻辑电路图

6.13 设计一个 1011 序列检测器,已知典型输入输出序列为

输入:0 0 1 0 1 1 0 1 1 1 0 1 0 1 1 1 1 0

输出:0 0 0 0 0 1 0 0 1 0 0 0 0 0 1 0 0 0

6.14 设计一个代码检测器,电路从低位到高位串行输入余 3 码,当输入出现非法数字时,电路输出为 0,否则输出为 1。

6.15 设计一个同步时序逻辑电路,该电路能对两个二进制数 $X=x_1x_2\cdots x_n$ 和 $Y=y_1y_2\cdots y_n$ 进行比较。其中,X,Y 为串行输入。比较从 x_1,y_1 开始,依次进行到 x_n,y_n。电路有两个输出端 Z_x,Z_y。若比较结果 $X>Y$,则 Z_x 为 1,Z_y 为 0;若 $X<Y$,则 Z_x 为 0,Z_y 为 1;若 $X=Y$,则 Z_x 和 Z_y 都为 1。要求用尽可能少的状态数作出状态图和状态表,并用尽可能少的逻辑门和触发器来实现。

6.16 设计一个具有下述特点的计数器:

(1) 计数器有两个控制输入 C_1 和 C_2,C_1 用以控制计数器的模数,而 C_2 用以控制计数器的加减。

(2) 若 $C_1=0$,则计数器为模 3 计数;若 $C_1=1$,则计数器为模 4 计数。

(3) 若 $C_2=0$,则计数器为加 1 计数;若 $C_2=1$,则计数器为减 1 计数。

6.17 用 J-K 触发器设计一个最简的同步时序电路,该电路能使图 6.63 所示的电子鼠顺利走出迷宫。电子鼠操作如下:

(1) 当遇到障碍物时,电子鼠输出为 1,否则输出 0。

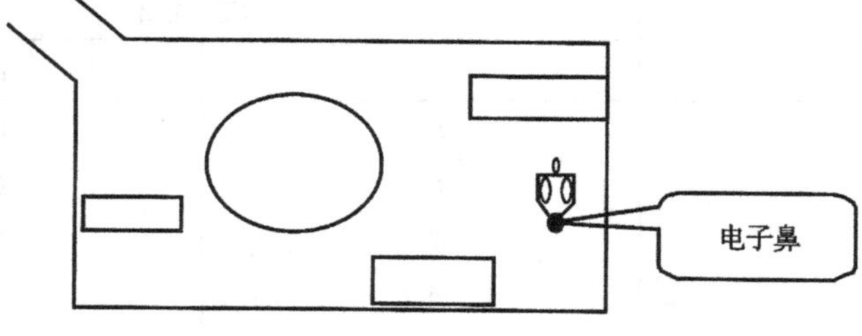

图 6.63 题 6.17 的逻辑电路图

(2) Z_1,Z_2 为两控制线,$Z_1=1$ 时向左转,$Z_2=1$ 时向右转。

画出状态图,求出各触发器的激励卡诺图和电路输出卡诺图,触发器的激励方程和电路的输出方程,画出电路图。

6.18 试设计一个自动邮票售货机。当顾客投入硬币后该自动邮票售货机可以售一张 4 元的邮票,并向顾客退回余款,它的投币口每次只能接受一张 1 元或者 2 元或者 5 元的纸币。

6.19 试设计一个保密门,该保密门用两个按钮 X_1,X_2控制,仅当按以下次序操作时才能打开:

(1) 同时按下 X_1 和 X_2。

(2) 先按下 X_1,再按下 X_2。

(3) 先按下 X_2,再按下 X_1。

(4) 同时按下 X_1 和 X_2。

操作时,如果有一项不符,必须从头启动才有可能把门打开;若在进行(3)和(4)操作时有误,还要发出报警信号。

第七章　异步时序逻辑电路

时序逻辑电路分为同步时序逻辑电路和异步时序逻辑电路，而异步时序电路又分为脉冲异步时序逻辑电路和电平异步时序逻辑电路。同步时序逻辑电路有统一的时钟脉冲，输入信号可以是电平，也可以是脉冲，只有当外部时钟脉冲到来时，电路的状态才根据激励发生改变；而异步时序逻辑电路没有统一的时钟脉冲，电路状态的改变直接依赖于输入信号。脉冲型异步时序逻辑电路的输入信号只能是脉冲，而电平异步时序逻辑电路的输入信号是电平信号。本章主要介绍了脉冲型异步时序逻辑电路的分析与设计方法、电平型异步时序逻辑电路的分析设计方法及电平型异步时序逻辑电路的竞争冒险现象。

7.1　脉冲型异步时序逻辑电路的分析

脉冲型异步时序逻辑电路，在电路结构上与同步时序电路相同，也是由组合电路和触发器两部分构成。脉冲型指的是触发器的控制时钟是脉冲型的，其相对于电平型的作用时间比较短(指波形作用时间)；输入输出的波形也是脉冲。脉冲型异步时序逻辑电路状态及输出的改变均是由输入脉冲引起的。脉冲型异步时序电路没有统一的时钟脉冲。

为了适应脉冲型异步时序逻辑电路的特点，我们规定：①对于输入信号的个数，可以允许多个，但不能同时作用于电路；②前一个信号作用完了(即电路状态变化，并进入规定状态)，才允许下一个信号输入。这样考虑的目的是使问题简单化，否则几个输入信号同时作用于电路，就弄不清到底是哪个输入信号引起的变化，这会使问题变得复杂。

根据对脉冲型异步时序逻辑电路的规定，脉冲型异步时序逻辑电路在任何时候均只允许一个外部输入脉冲发生变化，因此其输入状态数与输入信号线数是相同的，而且 CP 脉冲将作为控制(激励)函数来处理，这在分析和设计过程中与同步时序逻辑电路是不同的。

脉冲型异步时序逻辑电路的存储电路与同步时序电路一样都是触发器，可以是 R-S 触发器、J-K 触发器、D 触发器和 T 触发器；而电平型异步时序逻辑电路的存储电路为延迟器件，一般是电路的反馈延迟线。

在电路结构上，脉冲型异步时序电路虽然与同步时序电路相同，但是它有自己的特点。脉冲型异步时序逻辑电路的分析和设计步骤总体上与同步时序逻辑电路基本相同，但具体方法有所差别。

7.1.1 脉冲型异步时序逻辑电路的特点

脉冲型异步时序逻辑电路的特点总结如下：

1）电路没有统一的时钟，电路状态的改变完全取决于输入脉冲。

2）不允许两条或两条以上的输入信号线上同时有输入脉冲，即任何时候只允许一个外部输入脉冲发生变化。例如，有 n 条输入信号线，就只有 n 个输入状态。而对于同步时序逻辑电路，若有 n 条输入信号线，则有 2^n 个输入状态。

3）第二个输入脉冲来到时，第一个输入脉冲所引起的整个电路的响应必须已经完全结束。即电路在状态改变过程中，不允许有输入脉冲的输入。

4）在脉冲型异步时序逻辑电路中，CP 脉冲不是作为时序逻辑电路的同步信号，而是作为控制（激励）函数来考虑的。而在同步时序逻辑电路中，CP 脉冲仅作为电路的同步时钟，并不作为控制（激励）函数。

7.1.2 脉冲型异步时序逻辑电路的分析步骤及举例

脉冲型异步时序逻辑电路的分析步骤基本上与同步时序电路相同。

1）给出逻辑电路图，分析逻辑电路，求出其输出函数和控制函数。在这里，CP 脉冲作为控制函数处理。

2）列出状态转移真值表。该真值表的输入变量为输入脉冲、电路的现态，根据输出函数得到电路的输出，根据控制函数求得触发器的激励状态，根据触发器的激励表求出电路的次态。在这里应特别注意有无 CP 脉冲的出现，当电路 CP 脉冲没有出现时，电路的状态将不发生变化。或者将控制函数带入触发器的特征方程，求得时序逻辑电路的次态方程组，进而求得电路的次态。

3）建立状态表和状态图。

4）进行功能描述。

下面，通过例题来说明脉冲型异步时序逻辑电路的分析方法。

【例 7.1】 试分析图 7.1 所示的脉冲型异步时序逻辑电路。

解：(1) 分析电路组成，求输出函数和控制函数

输出函数：

$$Z = XQ_0Q_1$$

控制函数：

$$D_0 = \overline{Q}_0, \quad CP_0 = XQ_1, \quad D_1 = \overline{Q}_0, \quad CP_1 = X$$

(2) 列状态转移真值表

状态转移真值表如表 7.1 所示。其中输入脉冲 $X=1$ 表示有输入脉冲出现；输出 Z 由输出函数求得；激励状态由控制函数求得；次态 Q_0^{n+1} 和 Q_1^{n+1} 则根据 D 触

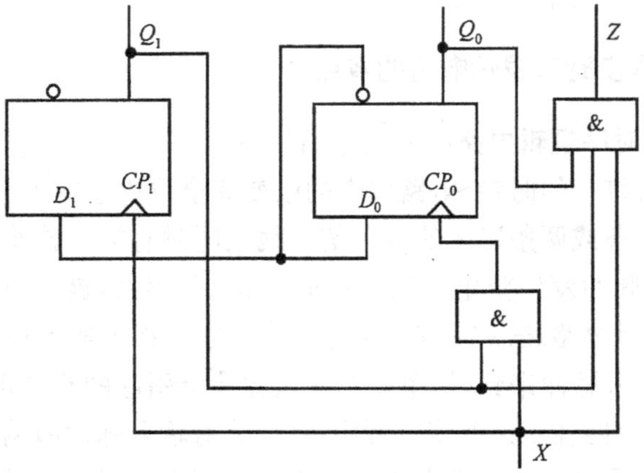

图 7.1　例 7.1 的时序逻辑电路

表 7.1　例 7.1 的状态转移真值表

输　入			激　励				输　出		
Q_1	Q_0	X	D_0	CP_0	D_1	CP_1	Z	Q_1^{n+1}	Q_0^{n+1}
0	0	1	1	0	1	1	0	1	0
0	1	1	0	0	0	1	0	0	1
1	0	1	1	1	1	1	0	1	1
1	1	1	0	1	0	1	1	0	0

发器的激励表并考虑时钟脉冲 CP_0 和 CP_1 的情况求得。当时钟脉冲取值为 1 时，触发器的激励决定次态的得值，对于本例，则应有 $Q_1^{n+1}=D_1(CP_1=1)$，$Q_0^{n+1}=D_0(CP_0=1)$；当时钟脉冲取值为 0 时，状态不变，对于本例，则应有 $Q_1^{n+1}=Q_1^n(CP_1=0)$，$Q_0^{n+1}=Q_0^n(CP_0=0)$。

(3) 作状态表和状态图

由状态转移真值表，求得的状态表和状态图分别如表 7.2 和图 7.2 所示。

表 7.2　例 7.1 的状态表

Q_1Q_0	$Q_1^{n+1}Q_0^{n+1}/Z$	
	$X=0$	$X=1$
00	00/0	10/0
01	01/0	01/0
11	11/0	00/1
10	10/0	11/0

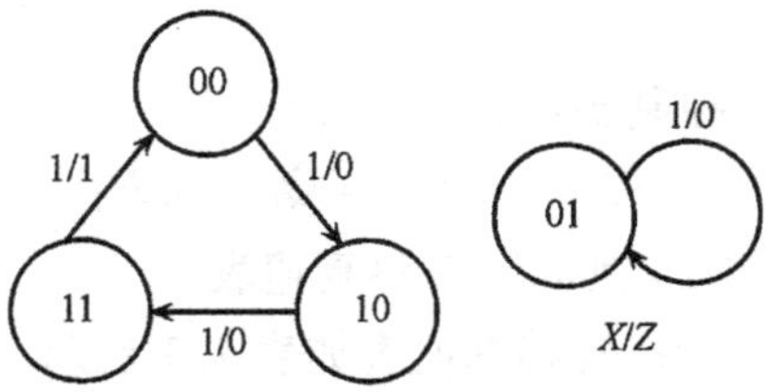

图 7.2　例 7.1 的状态图

(4) 功能描述

根据该电路的状态图可以看出它是一个三进制的异步计数器。X 为输入脉冲,Z 为进位输出端。但当电路进入工作状态后,如果电路处于 $Q_1Q_0=01$ 状态,则电路将无法进入正常的计数状态,即电路不能自启动。

【例 7.2】 试分析图 7.3 所示的脉冲型异步时序逻辑电路。

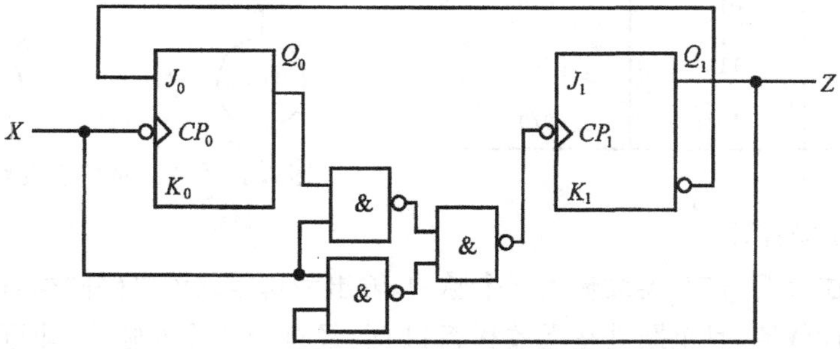

图 7.3 例 7.2 的逻辑电路图

解:(1) 求输出函数和控制函数

$$Z=Q_1,\quad J_0=\overline{Q}_1,\quad K_0=1,\quad J_1=1,\quad K_1=1,\quad CP_0=X,$$

$$CP_1=\overline{\overline{XQ_1}\cdot\overline{XQ_0}}=X(Q_1+Q_0)$$

(2) 求次态方程组

脉冲型异步时序逻辑电路的 J-K 触发器的特征方程为:$Q_i^{n+1}=(J_i\overline{Q_i^n}+\overline{K_i}Q_i^n)CP_i$,将 J_i、K_i 带入 J-K 触发器的特征方程中,可求得

$$Q_1^{n+1}=(1\cdot\overline{Q_1^n}+0\cdot Q_1^n)CP_1=\overline{Q_1}\cdot X(Q_1+Q_0)$$

$$Q_0^{n+1}=(\overline{Q_1^n}\cdot\overline{Q_0^n}+0\cdot Q_0^n)CP_0=\overline{Q_1}\,\overline{Q_0}\cdot X$$

由次态方程组,可以求得状态转移真值表,如表 7.3 所示。

表 7.3 例 7.2 的状态转移真值表

输入			输出		
Q_1	Q_0	X	Z	Q_1^{n+1}	Q_0^{n+1}
0	0	1	0	0	1
0	1	1	0	1	0
1	0	1	1	0	0
1	1	1	1	0	0

(3) 作状态表和状态图

由状态转移真值表求得的状态表如表 7.4 所示,状态图如图 7.4 所示。

表7.4 例7.2的状态表

Q_1Q_0	$Q_1^{n+1}Q_0^{n+1}/Z$	
	$X=0$	$X=1$
00	00/0	01/0
01	01/0	10/0
11	11/1	00/1
10	10/1	00/0

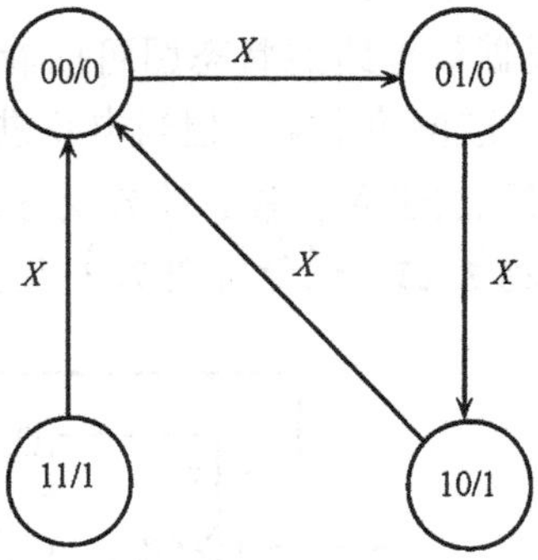

图7.4 例7.2的状态表和状态图

(4) 功能描述

由上述分析可知,连续输入三个脉冲,输出为1,因此该电路同样可以看作是二进制异步计数器,且电路处在无效状态11时,经过一个输入脉冲,即可进入正常工作状态,但输出有错误。

【例7.3】 试分析图7.5所示的脉冲型异步时序逻辑电路。

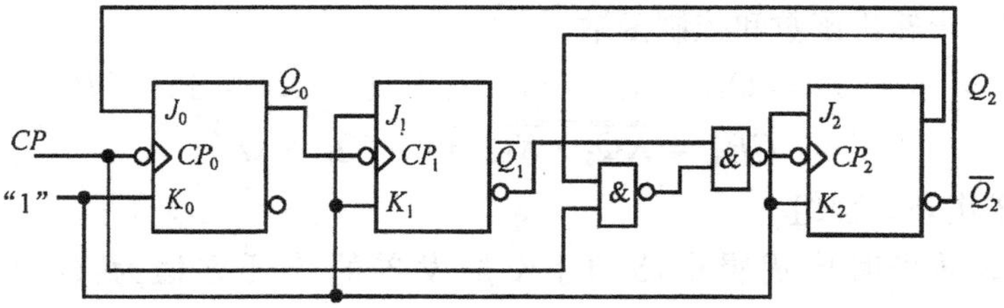

图7.5 例7.3的逻辑电路图

解:(1) 求输出函数和控制函数

对于Q_0:

$$J_0=\overline{Q}_2^n,\quad K_0=1$$

触发器的时钟就是外部时钟,所以$CP_0=CP=1$。

对于Q_1:

$$J_1=1,\quad K_1=1$$

触发器的时钟来自前级触发器的输出,所以$CP_1=CP_0\cdot Q_0^n=Q_0^n$。

对于Q_2:

$$J_2=1,\quad K_2=1$$

触发器的时钟既来自前级的$\overline{Q}_1^n$,也来自Q_2^n控制下的外部时钟。所以

$$CP_2=CP_1\cdot\overline{\overline{Q}_1^n}+Q_2^n\overline{Q}_1^n\cdot CP_2=Q_0^nQ_1^n+Q_2^n\overline{Q}_1^n$$

注意:在写表达式的第一项时,根据两级与非门的逻辑关系,$\overline{Q}_1^n$要再次取非,但是CP_1不用取非。$CP_1\cdot\overline{\overline{Q}_1^n}$项的含义是"在$Q_1=1$的条件下,如果$CP_1$有效,使得

Q_1 翻转，CP_2 就得到一次有效时钟"。第二项中 Q_2^n 的含义是"只要 $Q_2=1$，外部时钟输入时，CP_2 就得到一次有效时钟"，但约束为$\overline{Q}_1^n$ 为 1。

(2)从 Q_0 到 Q_2 依次列出次态方程

$$\begin{cases} Q_0^{n+1} = CP_0(\overline{Q}_2^n Q_0^n + 0 \cdot Q_0^n) = \overline{Q}_2^n Q_0^n \\ Q_1^{n+1} = CP_1 \cdot \overline{Q}_1^n + \overline{CP_1} \cdot Q_1^n = Q_1^n Q_0^n + Q_1^n \overline{Q}_0^n \\ Q_2^{n+1} = CP_2 \cdot \overline{Q}_2^n + \overline{CP_2} \cdot Q_2^n = Q_0^n Q_1^n \overline{Q}_2^n + Q_2^n Q_1^n \overline{Q}_0^n \end{cases}$$

根据得到的触发器次态方程，作状态转移关系表如表 7.5 所示，由状态转移关系表作出状态图如图 7.6 所示。由图 7.5 可以看出，这是一个五进制的异步计数器，电路到达状态 100 后，回到状态 000，构成 5 个状态的计数循环。

表 7.5　例 7.3 的状态转移关系表

Q_2^n	Q_1^n	Q_0^n	Q_2^{n+1}	Q_1^{n+1}	Q_0^{n+1}
0	0	0	0	0	1
0	0	1	0	1	0
0	1	0	0	1	1
0	1	1	1	0	0
1	1	0	0	0	0
1	0	1	0	1	0
1	1	0	0	1	0
1	1	1	0	0	0

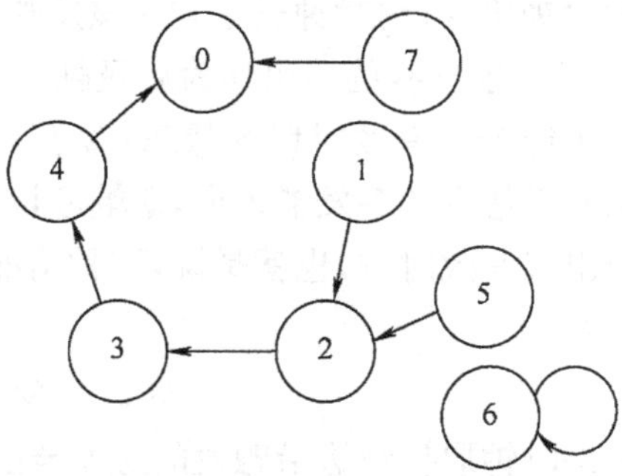

图 7.6　例 7.3 的状态转移图

3 个不使用状态的状态转移关系也可以直接从逻辑图上验证：在状态 101，因为 $J_0K_0=01$，触发器 0 翻转到状态 0。Q_0输出的下降沿使得触发器 1 也翻转，进入状态 1。最后一级触发器因为 $Q_2^n=1$，外部时钟总是可以有效，状态也翻转为 0。结果是从状态 101 进入状态 010。而在 110 状态时，由于$\overline{Q}_1$ 始终处在 0 状态，CP_2 将得不到有效的下降沿，Q_2 的状态不变，进而 110 的次态仍为 110。因此，计数器不能自启动。

异步计数器的分析与同步计数器有所不同，要确定在什么情况下触发器的状态发生翻转。对于同步计数器来说，触发器的时钟就是外部时钟，所有触发器的时钟总是同时有效的。所以在分析同步计数器时，没有考虑时钟的影响。但是，异步计数器的情况就完全不同，因为并不是所有触发器的时钟都是同时有效的。分析时，首先要确定什么时候触发器的时钟是有效的，然后再确定在时钟有效的情况下，触发器的输入是否允许触发器的状态发生翻转。

异步计数器的系统分析方法有两个要点：

(1)把时钟信号引入触发器的特征方程

例如，对于 J-K 触发器，它的特征方程应该写为

$$Q^{n+1} = (J\overline{Q}^n + \overline{K}Q^n) \cdot CP + Q^n \cdot \overline{CP}$$

此式表示，当 CP 有效时($CP=1$)，由 JK 信号决定触发器是否翻转；而当 CP 无效时($CP=0$)，触发器维持原状态。这里所说的“CP 有效”是指出现了时钟的有效边沿，而不是指 CP 的值等于 1。

类似地，对 D 触发器的特征方程也应该修改为

$$Q^{n+1} = D \cdot CP + Q^n \cdot \overline{CP}$$

(2) 正确确定各级触发器时钟信号的表达式

时钟信号表达式反映了在什么情况下出现有效的时钟信号。表达式的值为 1 时，表示出现了有效的时钟(上升沿或者下降沿)，表达式的值为 0 时，则表示没有出现有效的时钟。时钟表达式可以有以下几种情况：

1) 外部时钟直接作为触发器的时钟。由于外部时钟总是有效，这时的时钟表达式的值恒定为 1，即 $CP=1$。如果外部时钟和前级触发器的输出经过逻辑门再加到时钟输入，则时钟表达式应该反映逻辑门的逻辑关系。

2) 前一级的输出作为后级触发器的时钟。在这种情况下，首先，前一级必须处于可能产生有效时钟的状态：对于下降沿触发的触发器来说，Q 端应该为 1；对于上升沿触发的触发器来说，Q 端应该为 0。其次，前级触发器必须翻转，要翻转就必须出现有效时钟，也就是说，这种情况下负边沿触发的触发器时钟表达式有如下的形式：

$$CP_j = Q_i \cdot CP_i \qquad (j > i)$$

如果时钟取自负边沿触发的触发器的非输出端，则时钟表达式的形式应该是

$$CP_j = \overline{Q}_i \cdot CP_i$$

以上式中的 CP_i 是前级已经求出的时钟表达式。

3) 前两种情况的综合。就是触发器的时钟既可以在一定条件下直接从外部时钟获得，也可以从前级触发器的输出获得。时钟表达式应该同时反映这两种条件，表达式应该是两种条件的逻辑或关系。

另外还要注意的是，异步计数器的分析，包括写出状态方程等，必须从第一级开始，逐级再向后级展开。只要确定了各级触发器的时钟表达式，将它们代入各触发器的特征方程，就可以用这样的方程式作出状态转移关系表，形成状态图，进而对异步计数器进行分析。

7.2 脉冲型异步时序逻辑电路的设计

7.2.1 脉冲型异步时序逻辑电路设计的特点

脉冲型异步时序逻辑电路的设计方法与同步时序电路的设计方法基本相同。只是在脉冲型异步时序逻辑电路中，各触发器的 CP 脉冲如同其他输入端一样，作

为控制(激励)函数来考虑。因此,触发器的激励表将有所变化。表 7.6 为 D 触发器的激励表。当 $CP=0$(表示无脉冲输入)时,D 可以任意取值,但触发器状态维持不变;只有当 $CP=1$ 时,次态 Q^{n+1}才唯一地由 D 确定。表 7.7 所示的 D 触发器激励表在简化时钟表达式时将被使用。表 7.7 表明,当触发器的状态维持不变时,如果希望 CP 为任意值,则 D 应与 Q^{n+1}相同。

表 7.6　D 触发器的激励表 1

Q^n	Q^{n+1}	CP	D
0	0	0	x
0	1	1	1
1	1	0	x
1	0	1	0

表 7.7　D 触发器的激励表 2

Q^n	Q^{n+1}	CP	D
0	0	x	0
0	1	1	1
1	1	x	1
1	0	1	0

J-K 触发器的激励表如表 7.8 所示。由表 7.8 可知,只要 $CP=0$,触发器的状态就维持不变;只有在 $CP=1$ 时,触发器的次态才由其状态方程确定。表 7.9 所示的 J-K 触发器激励表在简化时钟表达式时将被使用。表 7.9 表明,当触发器的状态维持不变时,如果希望 CP 为任意值,则 $J=0$、$K=0$(保持)或 $Q^n \to Q^{n+1}=00$ 时 $J=0$、$K=1$(置 0),$Q^n \to Q^{n+1}=11$ 时 $J=1$、$K=0$(置 1)。将上述情况进行综合,则得表 7.9 所示的 J-K 触发器的激励表。

表 7.8　J-K 触发器的激励表 1

Q^n	Q^{n+1}	CP	J	K
0	0	0	x	x
0	1	1	1	x
1	1	0	x	x
1	0	1	x	1

表 7.9　J-K 触发器的激励表 2

Q^n	Q^{n+1}	CP	J	K
0	0	x	0	x
0	1	1	1	x
1	1	x	x	0
1	0	1	x	1

R-S 触发器和 T 触发器用于异步时序逻辑电路设计的激励表可自行整理得出。

7.2.2　脉冲型异步时序逻辑电路的设计步骤及举例

脉冲型异步时序逻辑电路的设计步骤与同步时序电路基本相同,说明如下:

1) 作原始状态表和原始状态图。

2) 状态化简。

3) 状态分配。

4) 选择触发器,求控制(激励)函数和输出函数。

5) 画出逻辑图。

下面通过例子来说明具体设计方法。

【例 7.4】 设计一个"X_1—X_2—X_2"脉冲序列检测器。它有两个脉冲输入端 X_1 和 X_2，输出为 Z。要求 X_1 和 X_2 不能同时出现在输入端，当输入脉冲序列为"X_1—X_2—X_2"时，产生一个输出脉冲 Z，其脉冲宽度与 X_2 相同。

解：(1) 作原始状态表和原始状态图

根据题意，可以设定四个状态：A 态：初始状态，即没有脉冲输入的状态；B 态：脉冲 X_1 输入后的状态；C 态：脉冲 X_1，X_2 输入后的状态；D 态：脉冲 X_1，X_2 和 X_2 输入后的状态。

电路处于初始状态 A 态时，如果有 X_1 输入，电路将进入 B 态；如果有 X_2 输入，因不是要检出的序列的第一输入，故电路仍处于 A 态。

电路处于 B 态时，如果有 X_1 输入，因它是要检出序列的第一输入，故电路仍处于 B 态；如果有 X_2 输入，电路将进入 C 态。

电路处于 C 态时，如果有 X_1 输入，电路将返回到 B 态；当有 X_2 输入，电路进入 D 态。

电路处于 D 态时，如果有 X_1 输入，电路则进入 B 态；如果有 X_2 输入，电路进入 A 态或 D 状态。

综上所述，可以得到原始状态图如图 7.7 所示，原始状态表如表 7.10 所示。

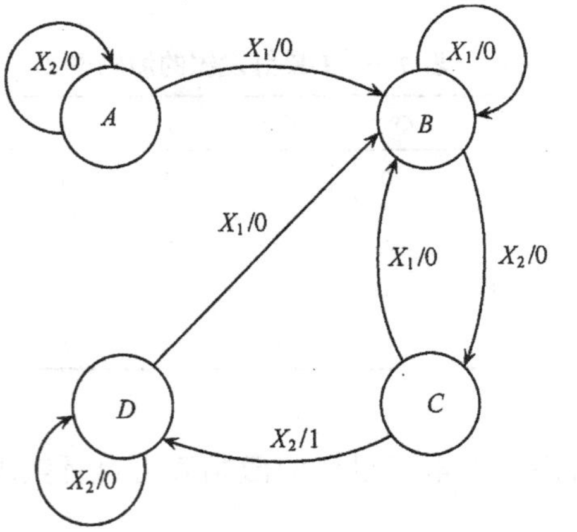

图 7.7 例 7.4 的原始状态图

表 7.10 例 7.4 的原始状态表

Q^n	Q^{n+1}/Z	
	X_1	X_2
A	$B/0$	$A/0$
B	$B/0$	$C/0$
C	$B/0$	$D/1$
D	$B/0$	$D/0$

(2) 状态化简

由原始状态表可知，在相同输入条件下，A 态和 D 态的次态相同或为自身，输出亦相同，故 A 和 D 等效，可合并为一个状态。并记作 A 态。简化后的状态图和状态表如表 7.11 所示。

(3) 状态分配

根据状态分配的基本原则，得到 $A=10$，$B=00$，$C=01$。因此，二进制状态表如表 7.12 所示。

表 7.11　例 7.4 的简化状态表

Q^n	Q^{n+1}/Z	
	X_1	X_2
A	$B/0$	$A/0$
B	$B/0$	$C/0$
C	$B/0$	$A/1$

表 7.12　例 7.4 的二进制状态表

Q^n	Q^{n+1}/Z	
	X_1	X_2
10	00/0	10/0
00	00/0	01/0
01	00/0	10/1

(4) 选择触发器，确定控制(激励)函数和输出函数

选用 D 触发器。根据二进制状态表和 D 触发器激励表可以得到电路的输出、激励状态表，如表 7.13 所示。

表 7.13　例 7.4 的输出、激励状态表

X_2	X_1	Q_1^n	Q_0^n	Q_1^{n+1}	Q_0^{n+1}	Z	D_1	CP_1	D_0	CP_0
0	0	0	0	0	0	0	d	0	d	0
		0	1	0	1	0	d	0	d	0
		1	0	1	0	0	d	0	d	0
		1	1	1	1	d	d	d	d	d
0	1	0	0	0	0	0	d	0	d	0
		0	1	0	0	0	d	0	0	1
		1	0	0	0	0	0	1	d	0
		1	1	d	d	d	d	d	d	d
1	0	0	0	0	1	0	d	0	1	1
		0	1	1	0	1	1	1	0	1
		1	0	1	0	0	d	0	d	0
		1	1	d	d	d	d	d	d	d

在这里，状态 $Q_1^nQ_0^n=11$ 作为无关项处理。同样，因 $X_2X_1=11$ 不可能出现，所以下面卡诺图中的 $X_2X_1=11$ 也作为无关项处理。由表 7.13 可以得到 Z,CP_1,D_1，CP_0 和 D_0 的卡诺图，如图 7.8 所示。化简后，可以得到控制(激励)方程和输出方程为

$$
\begin{cases}
Z = X_2Q_0^n \\
CP_1 = X_2Q_0^n + X_1Q_1^n \\
D_1 = \overline{Q}_1^n \\
CP_0 = X_2\overline{Q}_1^n + X_1Q_0^n \\
D_0 = \overline{Q}_0^n
\end{cases}
$$

(5) 画逻辑电路图

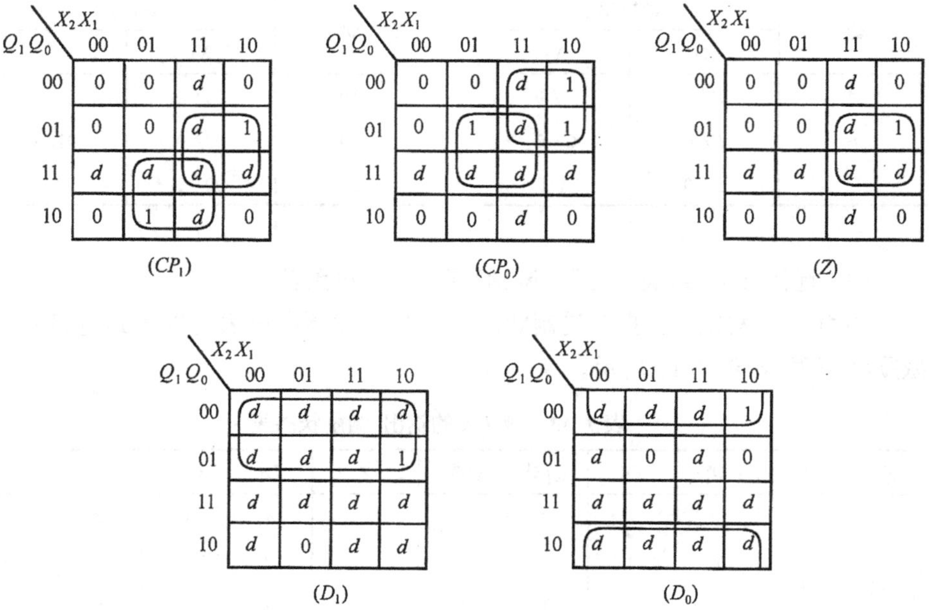

图 7.8　例 7.4 的卡诺图

用与非门和 D 触发器构成的逻辑图如图 7.9 所示。

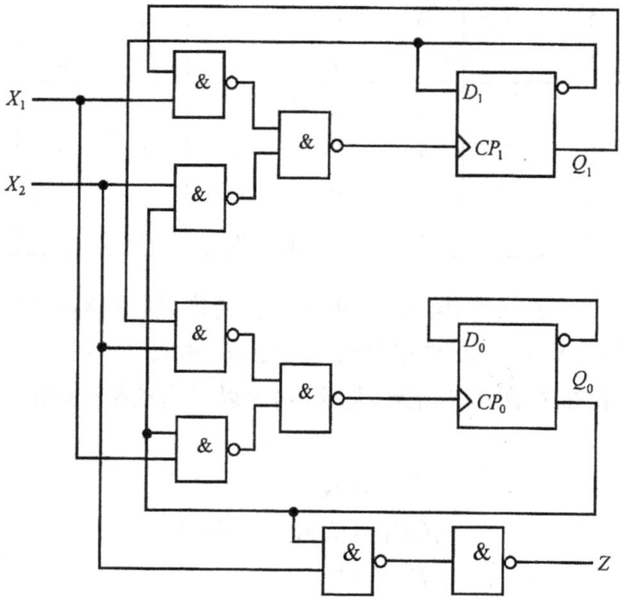

图 7.9　例 7.4 的逻辑电路图

【例 7.5】　设计一个 2 位二进制加/减计数器。电路有一条输入线 Y 用于计数脉冲的输入，另一条输入线 M 加电平控制信号。当 $M=0$ 时，进行加法计数；当 $M=1$ 时，进行减法计数。

解：(1) 作原始状态图和原始状态表

根据题意，电路共有 4 个状态，记作 A,B,C 和 D。对于输入脉冲 Y，只需考虑 $Y=1$ 的情况；而对于电平控制信号 M，必须考虑 $M=0$ 和 $M=1$ 两种情况。根据设计需求，求得的原始状态图如图 7.10 所示，原始状态表如表 7.14 所示，显然，它已是最简状态表。

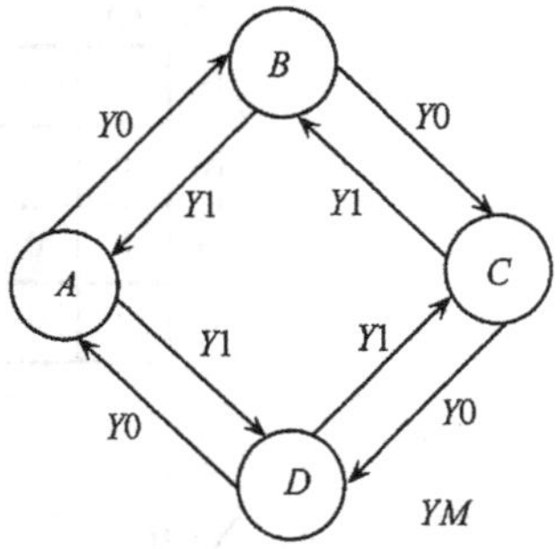

图 7.10　例 7.5 的原始状态图

(2) 状态分配

状态分配如下：$A=00$,$B=01$,$C=10$ 和 $D=11$。二进制状态表如表 7.15 所示。

表 7.14　例 7.5 的原始状态表

Q^n	Q^{n+1}	
	$YM=10$	$YM=11$
A	B	D
B	C	A
C	D	B
D	A	C

表 7.15　例 7.5 的二进制状态表

Q^n	Q^{n+1}	
	$YM=10$	$YM=11$
00	01	11
01	10	00
11	00	10
10	11	01

(3) 选择触发器并确定控制(激励)函数

本例选用 D 触发器。由二进制状态表和 D 触发器的激励表，可以得到电路的输出、激励状态表，如表 7.16 所示。由表 7.16 可以求得 D_1,CP_1,D_0 和 CP_0 的卡诺图，如图 7.11 所示。

表 7.16　例 7.5 的输出、激励状态表

Y	M	Q_1^n	Q_0^n	Q_1^{n+1}	Q_0^{n+1}	D_1	CP_1	D_0	CP_0
1	0	0	0	0	1	d	0	1	1
1	0	0	1	1	0	1	1	0	1
1	0	1	0	1	1	d	0	1	1
1	0	1	1	0	0	0	1	0	1
1	1	0	0	1	1	1	1	1	1
1	1	0	1	0	0	d	0	0	1
1	1	1	0	0	1	0	1	1	1
1	1	1	1	1	0	d	0	0	1

注意，由于 $Y=0$ 表示无脉冲输入，故在 CP_0 和 CP_1 的卡诺图上，对应于 $Y=0$ 的列应填入 0。由 D 触发器激励表可知，$CP=0$ 时，则 $D=d$，所以在 D_0 和 D_1 的卡诺图上，对应于 $Y=0$ 的列应填入 d。

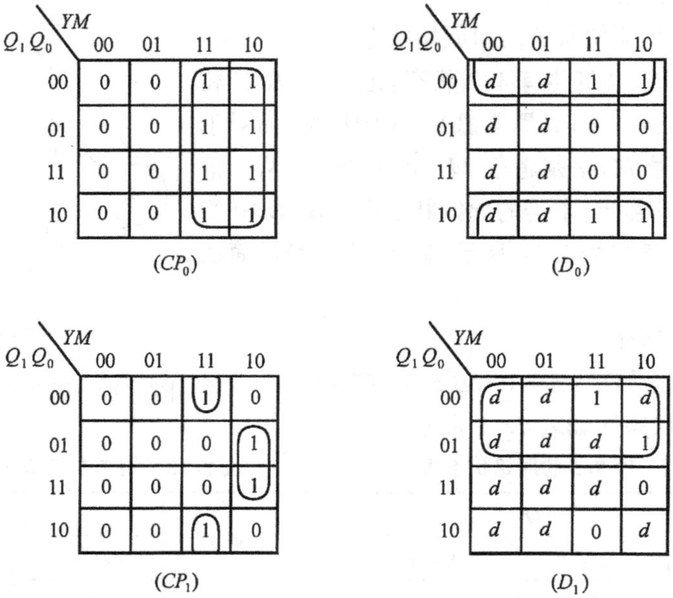

图 7.11　例 7.5 的卡诺图

通过化简,可以得到控制函数为

$$\begin{cases} CP_0 = Y \\ D_0 = \overline{Q}_0^n \\ CP_1 = Q_0^n Y \overline{M} + \overline{Q}_0^n YM \\ D_1 = \overline{Q}_1^n \end{cases}$$

(4) 画逻辑图

所设计的脉冲型异步加/减 2 位二进制计数器的逻辑图如图 7.12 所示。

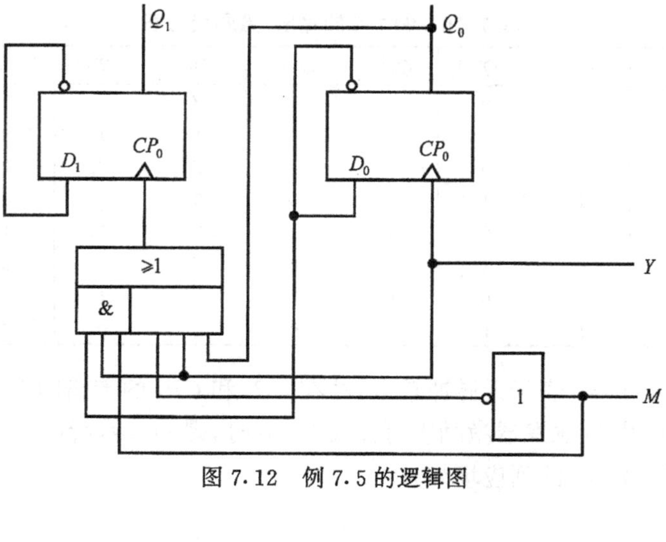

图 7.12　例 7.5 的逻辑图

【例 7.6】 用 J-K 触发器设计一个异步六进制加法计数器。

解:(1) 作六进制加法计数器的原始状态表

根据题意,由于是六进制加法计数器,用 3 位二进制数 000～101 表示六进制的数码 0～5。所以,其原始状态表如表 7.17 所示,该原始状态表已经为最简的状态表。二进制状态分配亦如表 7.17 所示,其中 110 和 111 两个状态没有用到,为冗余状态。

表 7.17 例 7.6 的原始状态表

Q_3^n	Q_2^n	Q_1^n	Q_3^{n+1}	Q_2^{n+1}	Q_1^{n+1}
0	0	0	0	0	1
0	0	1	0	1	0
0	1	0	0	1	1
0	1	1	1	0	0
1	0	0	1	0	1
1	0	1	0	0	0
1	1	0	d	d	d
1	1	1	d	d	d

(2) 选择触发器并确定控制(激励)函数

在这里,选择下降沿有效的 J-K 触发器。由于有 6 个有效状态,因此要使用 3 个 J-K 触发器。其输出、激励状态表如表 7.18 所示。

表 7.18 例 7.6 的输出、激励状态表

Q_3^n	Q_2^n	Q_1^n	Q_3^{n+1}	Q_2^{n+1}	Q_1^{n+1}	J_3	K_3	J_2	K_2	J_1	K_1	CP_3	CP_2	CP_1	Z
0	0	0	0	0	1	d	d	d	d	1	d	0	0	1	0
0	0	1	0	1	0	**0**	**d**	1	d	d	1	**d**	1	1	0
0	1	0	0	1	1	d	d	d	d	1	d	0	0	1	0
0	1	1	1	0	0	1	d	d	1	d	1	1	1	1	0
1	0	0	1	0	1	d	d	d	d	1	d	0	0	1	0
1	0	1	0	0	0	d	1	**0**	**d**	d	1	1	**d**	1	1
1	1	0	d	d	d	d	d	d	d	d	d	d	d	d	d
1	1	1	d	d	d	d	d	d	d	d	d	d	d	d	d

表 7.18 中,J_3, K_3, J_2,K_2, J_1,K_1 由 J-K 触发器异步时序设计的激励表求得,其中黑体部分是利用 J-K 触发器异步时序设计的激励表 2 求得的,目的是使 CP_2,CP_3 获得最简的逻辑电路。例如,在图 7.13 中,为使 CP_3 最简,希望 CP_3 卡诺图中 001 格中的 0 为无关项 d,根据 J-K 触发器异步时序设计的激励表 2,这时的

J_3K_3 应为 $0d$。这种变化在使 CP_3 得到了简化的同时，又没有影响到 J_3K_3 的化简，因此是有意义的。

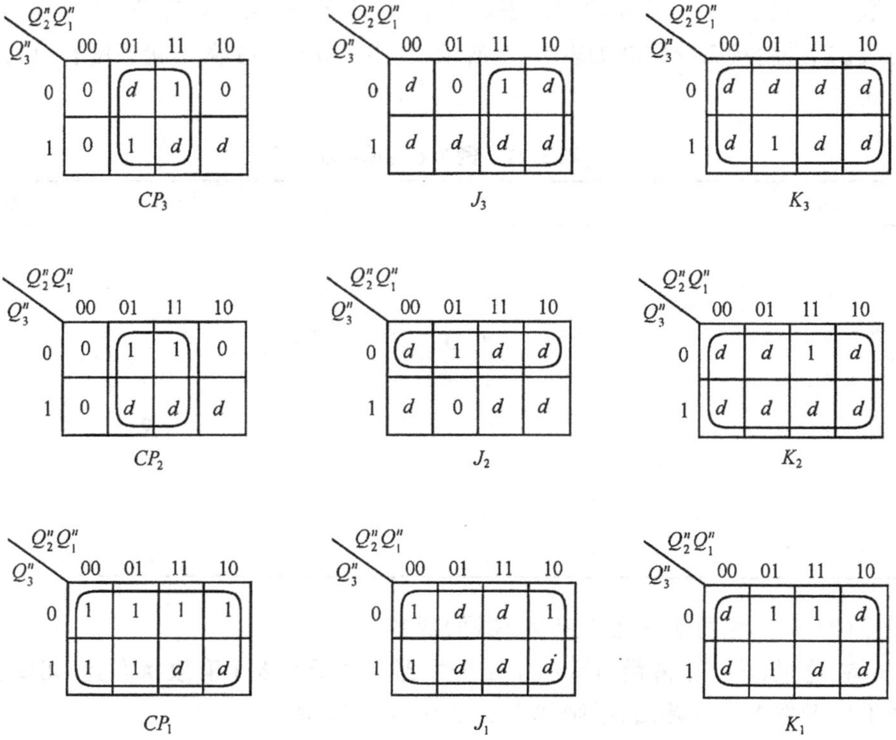

图 7.13 例 7.6 的激励卡诺图

CP_3,CP_2,CP_1 的填写要根据现态到次态的变化来进行。CP_1 将直接接入外部计数脉冲，因此，每当 $Q_1^n \to Q_1^{n+1}$ 发生翻转时，都要求 CP_1 将有有效触发边沿到来。这里的逻辑 1 表示有效的下降沿。CP_3,CP_2 填写的方法是：当现态到次态的变化为保持时，填逻辑 0，翻转时填逻辑 1。其激励和输出的卡诺图分别如图 7.13，图 7.14 所示。根据图 7.13、图 7.14 可得到输出和激励的逻辑函数表达式为

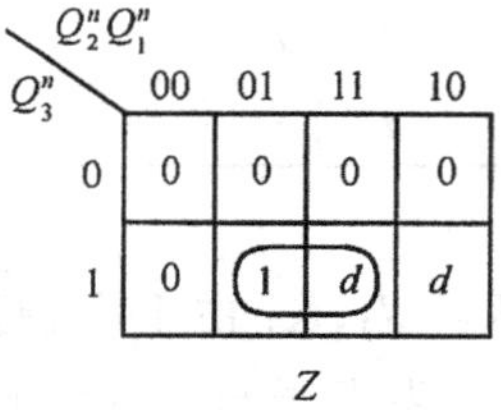

图 7.14 例 7.6 的输出卡诺图

$$CP_1 = 1,\qquad J_1 = 1,\quad K_1 = 1$$
$$CP_2 = Q_1^n\,\overline{Q_1^{n+1}},\quad J_2 = \overline{Q_3^n},\quad K_2 = 1$$
$$CP_3 = Q_1^n\,\overline{Q_1^{n+1}},\quad J_3 = Q_2^n,\quad K_3 = 1$$
$$Z = Q_1^n\,\overline{Q_2^n}Q_3^n$$

这里 CP_2、CP_3 的逻辑函数表达式表明，其接到第一级触发器的 Q_1 输出端，为下降沿有效。

(3) 自启动检查

根据输出和激励的逻辑函数表达式可得表 7.19，自启动检查情况如表 7.19 所示。无效状态 110、111 的次态为 111 和 000，表明设计的电路可以自启动。

表 7.19　例 7.6 的电路自启动检查状态表

Q_3^n	Q_2^n	Q_1^n	J_3	K_3	J_2	K_2	J_1	K_1	CP_3	CP_2	CP_1	Q_3^{n+1}	Q_2^{n+1}	Q_1^{n+1}	Z
1	1	0	1	1	0	1	1	1			↓	1	1	1	0
1	1	1	1	1	0	1	1	1	↓	↓	↓	0	0	0	0

(4) 画出逻辑电路图

逻辑电路图如图 7.15 所示。

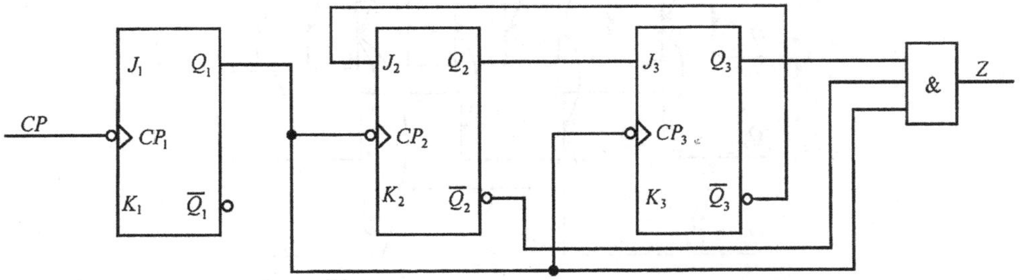

图 7.15　例 7.6 的逻辑电路图

【例 7.7】　设计一个 8421BCD 二-十进制异步加法计数器。

解：(1) 作原始状态表

由于要求设计的是 8421BCD 二-十进制加法计数器，所以其状态表如表 7.20 所示。

(2) 由状态转换表选择各级触发器的时钟信号

选择各级触发器时钟信号的原则是：第一，在该触发器的状态需要发生变更时(即由 0→1 或由 1→0)，必须有时钟信号触发沿到达；第二，在满足第一条原则的条件下，其他时刻到达该级触发器的时钟信号触发沿越少越好，这样有利于该级触发器激励函数的简化。具体方法如下：

在选择下降沿 J-K 触发器的条件下，先画出计数器工作波形如图 7.16 所示。由图可以看出，第一级触发器 Q_1 每次均要翻转，根据选择触发器时钟信号的原则

表 7.20　例 7.7 的 8421BCD 码十进制计数器状态表

Q_3^n	Q_2^n	Q_1^n	Q_0^n	Q_3^{n+1}	Q_2^{n+1}	Q_1^{n+1}	Q_0^{n+1}
0	0	0	0	0	0	0	1
0	0	0	1	0	0	1	0
0	0	1	0	0	0	1	1
0	0	1	1	0	1	0	0
0	1	0	0	0	1	0	1
0	1	0	1	0	1	1	0
0	1	1	0	0	1	1	1
0	1	1	1	1	0	0	0
1	0	0	0	1	0	0	1
1	0	0	1	0	0	0	0

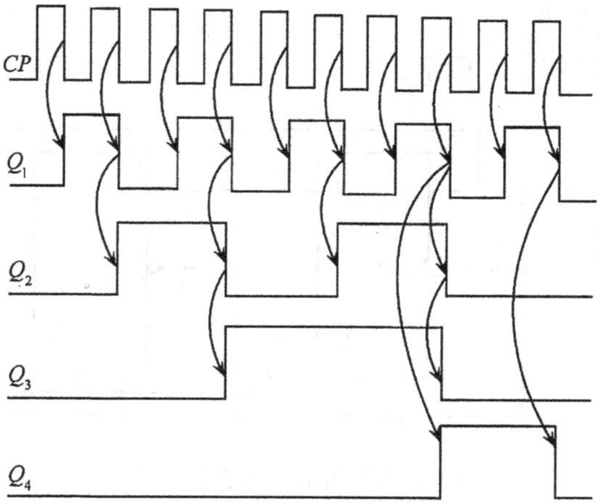

图 7.16　例 7.7 的 8421BCD 计数器波形图

一，选 $CP_1=CP\downarrow$；第二级触发器的时钟 CP_2，根据原则一可选 CP，也可选 Q_1，但根据选择触发器时钟信号的原则二，应选 Q_1，即 $CP_2=Q_1\downarrow$；第三级触发器的时钟 CP_3，根据原则一可选 CP，Q_1，Q_2。但根据原则二应选 Q_2，即 $CP_3=Q_2\downarrow$；第四级触发器的时钟 CP_4，根据原则一可选 CP 或 Q_1，但根据原则二应选 Q_1，即 $CP_4=Q_1\downarrow$。

(3) 作出各级触发器的转换特性表

在选择了各级触发器的时钟信号后，可以根据各个触发器的时钟信号求出各级触发器的转换特性。二进制状态表及转换特性表如表 7.21 所示。转换特性符号如表 7.22 所示。触发器的转换特性如表 7.23 所示。触发器的激励函数与转换特性的关系如表 7.24 所示。

表 7.21　例 7.7 的二进制状态表及转换特性表

Q_4	Q_3	Q_2	Q_1	Q_4^{n+1}	Q_3^{n+1}	Q_2^{n+1}	Q_1^{n+1}	W_4	W_3	W_2	W_1	Z
0	0	0	0	0	0	0	1	×	×	×	α	0
0	0	0	1	0	0	1	0	0	×	α	β	0
0	0	1	0	0	0	1	1	×	×	×	α	0
0	0	1	1	0	1	0	0	0	α	β	β	0
0	1	0	0	0	1	0	1	×	×	×	α	0
0	1	0	1	0	1	1	0	0	×	α	β	0
0	1	1	0	0	1	1	1	×	×	×	α	0
0	1	1	1	1	0	0	0	α	β	β	β	0
1	0	0	0	1	0	0	1	×	×	×	α	0
1	0	0	1	0	0	0	0	β	×	0	β	1

表 7.22　转换特性符号

$Q^n \to Q^{n+1}$	W
0　0	0
0　1	α
1　0	β
1　1	1

表 7.23　触发器转换特性

W	D	J	K	T	R	S
0	0	0	×	0	×	0
1	1	×	0	0	0	×
α	1	1	×	1	0	1
β	0	×	1	1	1	0

表 7.24　触发器激励函数与转换特性关系

触发器的激励	应包含的转换特性	必须排除的转换特性	作为无关项的转换特性
R	β	α,1	0
S	α	β,0	1
J	α	0	β,1
K	β	1	α,0
D	1,α	β,0	
T	α,β	0,1	

由于 $CP_1=CP\downarrow$，每来一个 CP 的下降沿，触发器发生一次状态变化，可得表 7.21 中转换特性 W_1。

由于 $CP_2=Q_1\downarrow$，$CP_4=Q_1\downarrow$，只有在 Q_1 由 1→0 时，才会产生下降沿，从而触发触发器 2 和触发器 4，这时才能作出转换特性 W_2 和 W_4。在其余 Q_1 不会产生下降沿的时刻，触发器 2 和触发器 4 不会发生状态的变化，其转换特性可以作无关项处理。

由于 $CP_3=Q_2\downarrow$，只有在 Q_2 由 1→0 时，才会触发触发器 3，作出转换特性 W_3。

在其余时刻，Q_2 不会产生下降沿触发触发器 3，因此触发器 3 不会发生状态的变化，其转换特性 W_3 作无关项处理。这样就得到表 7.21 中的转换特性 W_4，W_3，W_2，W_1。

（4）由动作卡诺图求出各级触发器的激励函数，确定特征方程

根据表 7.21 的转换特性表作出各级触发器的动作卡诺图。如图 7.17 所示。

W_1

Q_2Q_1 \ Q_4Q_3	00	01	11	10
00	α	α	×	α
01	β	β	×	β
11	β	β	×	×
10	α	α	×	×

W_2

Q_2Q_1 \ Q_4Q_3	00	01	11	10
00	×	×	×	×
01	α	α	×	0
11	β	β	×	×
10	×	×	×	×

W_3

Q_2Q_1 \ Q_4Q_3	00	01	11	10
00	×	×	×	×
01	×	×	×	×
11	α	β	×	×
10	×	×	×	×

W_4

Q_2Q_1 \ Q_4Q_3	00	01	11	10
00	×	×	×	×
01	0	0	×	β
11	0	α	×	×
10	×	×	×	×

Z

Q_2Q_1 \ Q_4Q_3	00	01	11	10
00	0	0	×	0
01	0	0	×	1
11	0	0	×	×
10	0	0	×	×

图 7.17　例 7.7 的 W，Z 卡诺图

从触发器转换特性表中可以看出，$W=\alpha$ 时，$J=1$；$W=0$ 时，$J=0$；$W=1$ 和 $W=\beta$ 时，对应的 J 为无关。因此，在动作卡诺图上对应 J，则 α 必须包含，0 必须排除，1 和 β 为无关项。同理，$W=1$ 时，$K=0$；$W=\beta$ 时，$K=1$；$W=0$ 和 $W=\alpha$ 时，对应的 K 为无关。因此，在动作卡诺图上对应 K，则 β 必须包含，1 必须排除，0 和 α 为无关项。

从 W，Z 卡诺图上求得

$$J_1 = 1, \quad K_1 = 1$$
$$J_2 = \overline{Q}_4, \quad K_2 = 1$$
$$J_3 = 1, \quad K_3 = 1$$
$$J_4 = Q_3Q_2, \quad K_4 = 1$$
$$Z = Q_4Q_1$$

因此，各级触发器的次态方程为

$$Q_1^{n+1} = [\overline{Q}_1]CP \downarrow$$
$$Q_2^{n+1} = [\overline{Q}_4\overline{Q}_2] \cdot Q_1 \downarrow$$

$$Q_3^{n+1} = [\overline{Q}_3] \cdot Q_2 \downarrow$$

$$Q_4^{n+1} = [Q_3 Q_2 \overline{Q}_4] \cdot Q_1 \downarrow$$

(5) 检验是否具有自启动能力

将无效状态 1010～1111 代入各级触发器的次态方程，列出无效状态的状态表，如表 7.25 所示。从无效状态的状态表中可以看出电路具有自启动能力。

表 7.25　例 7.7 的无效状态的状态表

Q_4	Q_3	Q_2	Q_1	Q_4^{n+1}	Q_3^{n+1}	Q_2^{n+1}	Q_1^{n+1}	Z
1	0	1	0	1	0	1	1	0
1	0	1	1	0	1	0	0	1
1	1	0	0	1	1	0	1	0
1	1	0	1	0	1	0	0	1
1	1	1	0	1	1	1	1	0
1	1	1	1	0	0	0	0	1

由表 7.20 和表 7.25 可以作出电路的完全状态转换图，如图 7.18 所示。

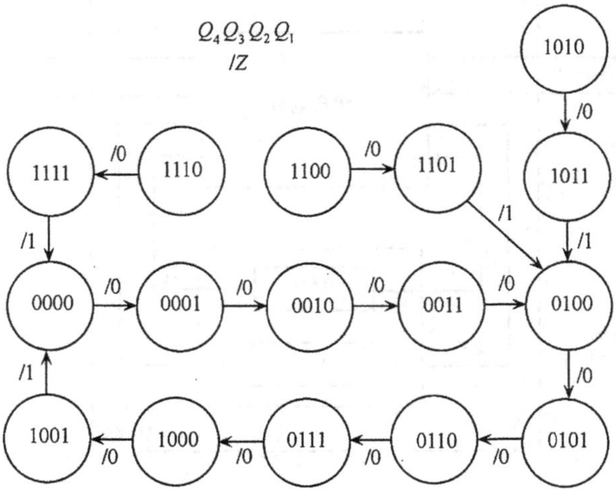

图 7.18　例 7.7 的完全状态转换图

(6) 画出逻辑电路图

根据求出的各级触发器激励函数、时钟脉冲及输出 Z 画出电路图，如图 7.19 所示。

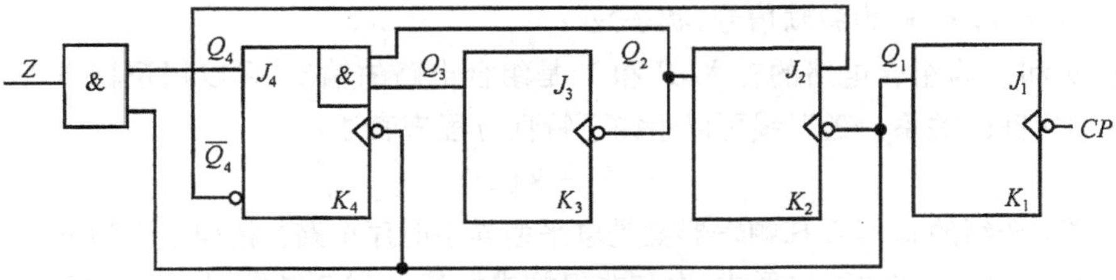

图 7.19　例 7.7 的逻辑电路图

7.3 电平型异步时序电路的分析

7.3.1 电平型异步时序电路的特点

脉冲型异步时序逻辑电路与同步时序电路，在电路结构上基本相同，在分析方法和设计方法上，两者也是基本相同。电平型异步时序电路无论在电路结构上，还是分析方法、设计方法上，均有自己的特点。

电平型异步时序电路的存储电路部分为延迟线，它集中反映了反馈支路中的门电路和线路的延迟。分析和设计电平型异步时序电路要使用流程表。

电平型异步时序电路的一般结构如图 7.20 所示。它也是由组合电路和存储电路两部分构成，不过，存储电路表现为延迟线，并假定延时都相等，均为 Δt。这里的延迟线并不是真实的延迟线，而是反馈回路中有关门电路及线路延迟的集中代表。

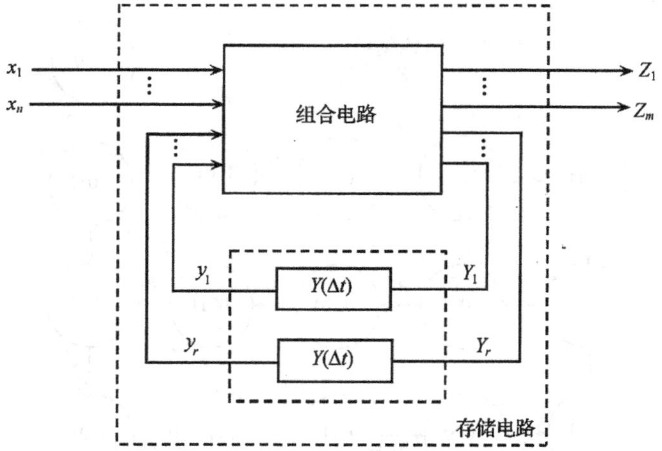

图 7.20　电平型异步时序电路的一般结构

电平型异步时序电路的电路参数名称定义如下：

$x_i(i=1,\cdots,n)$为输入信号(状态)；

$y_i(i=1,\cdots,r)$为二次信号(状态)；

$Z_i(i=1,\cdots,m)$为输出信号(状态)；

$Y_i(i=1,\cdots,r)$为激励信号(状态)。

其中，x 和 y 为组合电路的输入，Z 和 Y 是组合电路的输出，可以用逻辑方程来描述它们之间的关系。延迟线可以用如下特性方程来表述：

$$y^{n+1} = Y(\Delta t)$$

前面介绍的基本 R-S 触发器就是电平型异步时序电路。按照电平型异步时序电路的一般电路结构图的形式，由与非门构成的基本 R-S 触发器可以画成图 7.21

所给出的形式。

在分析和设计电平型异步时序电路时，常采用流程表法。所谓流程表，就是用卡诺图的形式来描述激励信号、输出信号与输入信号、二次信号之间关系的图表。下面以基本 R-S 触发器为例来说明流程表。

由图 7.21 可以得出该电路的输出函数和激励函数分别为

$$Q = \overline{\overline{Ry}S} = \overline{S} + Ry$$

$$Y = \overline{S} + Ry$$

其状态真值表如表 7.26 所示。

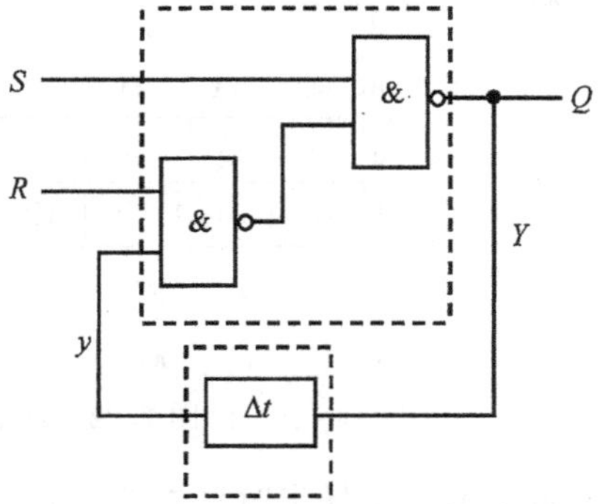

图 7.21 基本 R-S 触发器

表 7.26 基本 R-S 触发器状态真值表

输入信号		二次信号	激励、输出信号	
R	S	y	Y	Q
0	0	0	1	1
0	0	1	1	1
0	1	0	0	0
0	1	1	0	0
1	0	0	1	1
1	0	1	1	1
1	1	0	0	0
1	1	1	1	1

以输入信号 R 和 S、二次信号 y 为输入变量，以激励、输出信号为输出变量，可以得到 Y 和 Q 的卡诺图表示形式，如图 7.22 所示，它们就是基本 R-S 触发器的流程表。流程表是一种工具，在电平型异步时序电路的分析和设计过程中要使用流程表。从图 7.22 中可以看出，输入信号 x_1x_2 从 01→11 时，电路的二次状态为 0，此时电路的二次状态是稳定的，而当 x_1x_2 从 11→10 时，则打破了稳定的状态，这时 $Y=1$，属于不稳定状态，即此时 $y \neq Y$。从图上也可以看到，当 $x_1x_2=10$ 时，如果 y 从 0 跳变到 1，则又出现稳定状态，从不平衡发展到平衡，即 $y=Y=1$。由此可见，当 y 不变时($y=0$)，若 x_1x_2由 01 变到 11，二次状态沿水平方向移动；若 x_1x_2 从 11 变到 10，电路出现不稳定状态，此时 y 从 0 变到 1；如果 x_1x_2 保持不变，即仍为 10，

而二次信号 y 却由 0 变到 1，二次状态是沿垂直方向移动的，从不稳定状态变成稳定状态，即 $y=Y=1$。

y \ RS	00	01	11	10
0	0	⓪	⓪	1
1	①	0	①	①

Y

(a)

y \ RS	00	01	11	10
0	1	0	0	1
1	1	0	1	1

Q

(b)

图 7.22 基本 R-S 触发器的流程表

对于电平型异步时序电路，当 $y=Y$ 时，只要输入信号不发生变化，电路的状态将一直保持下去。因此，定义 $y=Y$ 的状态为稳定状态，相应地，定义 $y\neq Y$ 的状态为不稳定状态。

在同步时序电路中，每个状态均为稳定状态，而电平型异步时序电路存在不稳定的过渡状态。这一点与同步时序逻辑电路是不同的。

以基本 R-S 触发器为例，当给定输入信号 R 和 S 的波形时，其输出信号也就是激励信号 Y 可以很容易得出，如图 7.23 所示。由于二次信号 y 较激励信号 Y 延迟 Δt，所以只需由 Y 的波形延迟 Δt 就可得到 y 的波形。图 7.23 所示的波形图就是基本 R-S 触发器的时序图。稳定状态和不稳定状态可以从 Y 的流程表中反映出来。例如，在图 7.22(a)中，当 Y 与左侧的二次状态相同时，对应的电路状态为稳定状态；当 Y 与 y 不同时，对应的电路状态为不稳定状态。通常在流程表中，稳定状态加圈，以示区别。

为了叙述方便，通常把电路的输入状态和二次状态统称为电路的总状态(简称

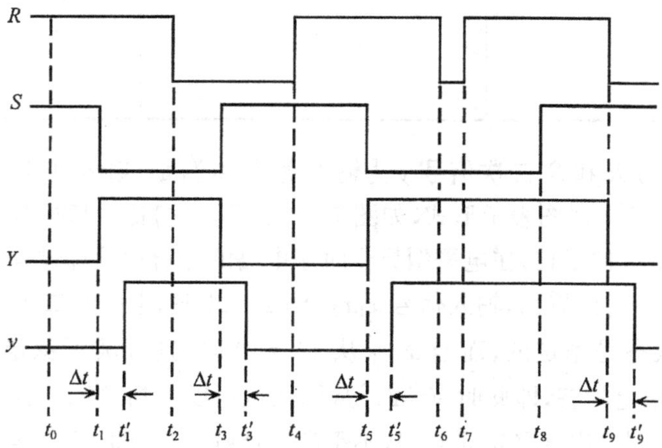

图 7.23 基本 R-S 触发器的时序图

为总态)或全状态,记作$(x-y)$或(x,y),流程中每一个方格对应着一个总态。

在脉冲型异步时序电路中规定,凡是输入信号必须单个作用,不允许同时作用在电路上。而在电平型异步时序电路中仍然有效,这就是说,几根输入线上的信号跳变时间间隔不能太短,以使电路能够达到稳态。

7.3.2 电平型异步时序电路的分析步骤及举例

电平型异步时序电路的分析,就是根据给定的电路逻辑图,作出该电路的流程表或时序图,并说明电路的逻辑功能。其分析步骤如下:

1) 根据给定的逻辑电路,写出激励方程和输出方程。

2) 列流程表,并标出稳定状态。

3) 建立总态响应序列。

4) 画时序图。

5) 功能描述。

下面,通过具体例子来说明电平型异步时序电路的分析过程。

【例 7.8】 试分析图 7.24 所示的电平型异步时序电路。

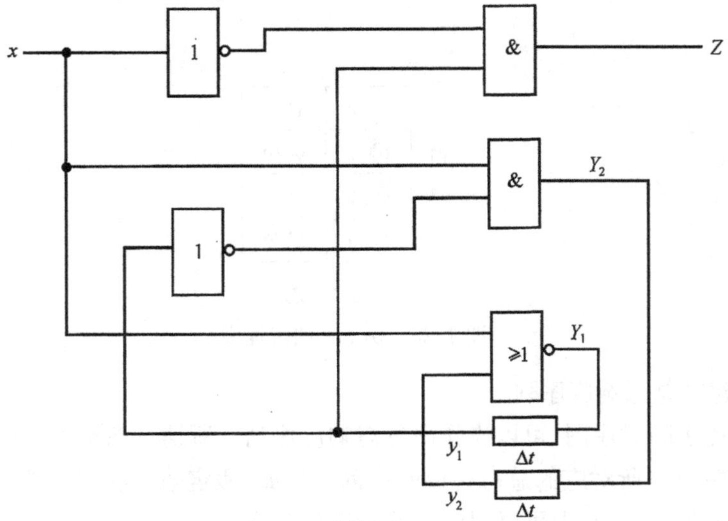

图 7.24 例 7.8 的电路逻辑图

解:(1) 写出激励方程和输出方程

该电路的输入为x;输出为Z;激励状态为Y_2,Y_1;二次状态为y_2,y_1。由图 7.24 可得

$$Y_2 = x\overline{y}_1$$

$$Y_1 = \overline{x + y_2} = \overline{x}\overline{y}_2$$

$$Z = \overline{x}y_1$$

(2) 作流程表

先作该电路的状态转移真值表，如表 7.27 所示。由表 7.27 可以求得 Y_2，Y_1 和 Z 的流程表，如图 7.25 所示。稳定状态加圆圈。

表 7.27　例 7.8 的状态转移真值表

输入信号	二次信号		激励、输出信号		
x	y_2	y_1	Y_2	Y_1	Z
0	0	0	0	1	0
0	0	1	0	1	1
0	1	0	0	0	0
0	1	1	0	0	1
1	0	0	1	0	0
1	0	1	0	0	0
1	1	0	1	0	0
1	1	1	0	0	0

y_2y_1 \ x	0	1
00	01/0	10/0
01	(01)/1	00/0
11	00/1	00/0
10	00/0	(10)/0

(Y_2Y_1/Z)

图 7.25　例 7.8 的流程表

(3) 建立总态响应序列

为了便于画时序图，可以先作出总态响应序列。所谓总态响应序列，就是由给定的输入序列 x 所对应的总态构成的序列。例如，假定输入状态 x 为序列 1→0→1，初始总态为(1,10)，则可以得到总态响应序列为

时刻：	t_0	t_1	t_2
输入 x：	1	0	1
总态(x，y_2y_1)：	(1,10)	(0,10)	(1,01)
		(0,00)	(1,00)
		(0,01)	(1,10)
输出 Z：	0	1	0

t_0 时刻：假定初始状态为 $x=1$，$y_2y_1=10$，总态为(1,10)，$Y_2Y_1=10$，状态稳定。

t_1 时刻：$x=0$，$y_2y_1=10$，总态为(0,10)，$Y_2Y_1=00$，状态不稳定；经 Δt 后到

t'_1，$y_2y_1=00$，总态为(0,00)，而 $Y_2Y_1=01$，状态仍不稳定；再经 Δt 后到 t''_1，$y_2y_1=01$，总态为(0,01)，$Y_2Y_1=01$，故状态稳定。该状态一直保持到输入 x 再次发生变化的 t_2 时刻为止。

t_2 时刻：$x=1$，$y_2y_1=01$，总态为(1,01)，而 $Y_2Y_1=00$，状态不稳定；经 Δt 后到 t'_2，$y_2y_1=10$，总态为(1,10)，而 $Y_2Y_1=00$，状态不稳定；再经 Δt 后到 t''_2，$y_2y_1=10$，总态为(1,10)，$Y_2Y_1=10$，故状态稳定。该状态一直保持到 x 再次发生变化的时刻，以后将重复该过程。

(4) 画时序图

根据总态响应序列，可以画出二次状态 y_2，y_1 和输出 z 的时序图，如图 7.26 所示。

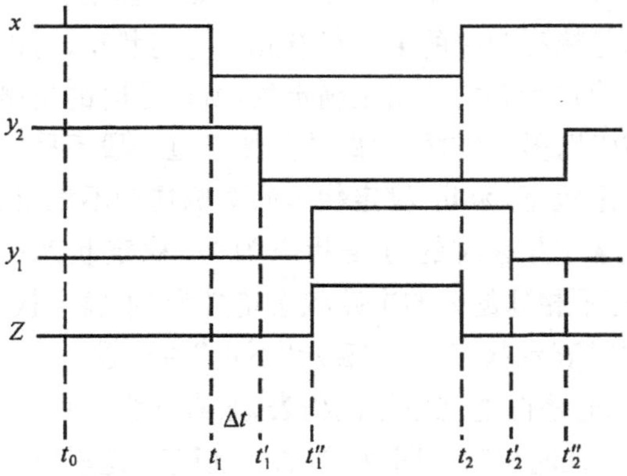

图 7.26 例 7.8 的时序图

(5) 功能描述

一般来讲，可以用文字描述一个逻辑电路的功能。但是，对于一个逻辑电路的局部来说，有时难以用文字来描述其功能，这时可以通过时序图找出输入和输出的关系。从本例的时序图可以看出，一旦输入为 1，输出必为 0；而当输入为 0 时，经过延迟后，输出为 1。

7.4 电平型异步时序电路的设计

电平型异步时序电路的设计是分析的逆过程。根据电平型异步时序电路的特点，其设计就是由逻辑问题的描述建立流程表、确定逻辑方程、构成逻辑电路的过程，主要设计步骤如下：

1) 根据设计要求，建立原始流程表。

2) 进行状态化简，求得最简流程表。

3) 进行状态分配，求得二进制流程表。

4) 确定激励函数和输出函数逻辑方程。

5) 画出逻辑电路图。

下面结合例子来说明电平型异步时序电路的设计。

【例 7.9】 设计一个电平型异步时序电路，该电路有两个电平输入端 x_1 和 x_2，一个输出端 Z。当 $x_1=0$ 时，Z 必定为 0；当 $x_1=1$ 时，x_2 的第一次跳变(正跳或负跳均可)，将使 Z 从 0 跳变为 1，直到 x_1 变为 0 时，Z 才跳变为 0。

解：(1) 根据设计要求，建立原始流程表

在建立原始流程表时，首先要弄清所有可能的状态转移关系，然后从设定的初始状态开始，逐行逐列地将所要求的转移关系写入流程表，直到表中不再出现新状态、填满所有方格为止。通常采用的方法是，先根据题意拟定一个符合要求的输入输出时序图，再依据波形变化逐步形成和完善原始流程表。

开始时，并不清楚流程表中的某一行有几个稳定状态，可以暂时认定一行仅有一个稳定状态。由于稳定状态的输出是确定的，所以这时的电路状态为“稳定状态/确定输出”，记作“Ⓢ/Z”。另一方面，电路总是要经过一段不稳定状态才到达稳定状态，然后又进入不稳定状态，因此，稳定状态的两侧均为不稳定状态。不稳定状态的输出暂定为不确定输出，这时的电路状态为“不稳定状态/不确定输出”，记作“S/—”。与稳定状态不相邻的列的电路状态定义为“不确定状态/不确定输出”，记作“—/—”。其中，“S”表示状态，“—”表示“不定”的意思。

根据输入输出的时序图建立原始流程表，通常分为三步：

1) 依题意拟定输入输出时序图，如图 7.27 所示。这里所拟定的时序图并不是唯一的，允许不同设计者拟定不同的输入输出时序图。

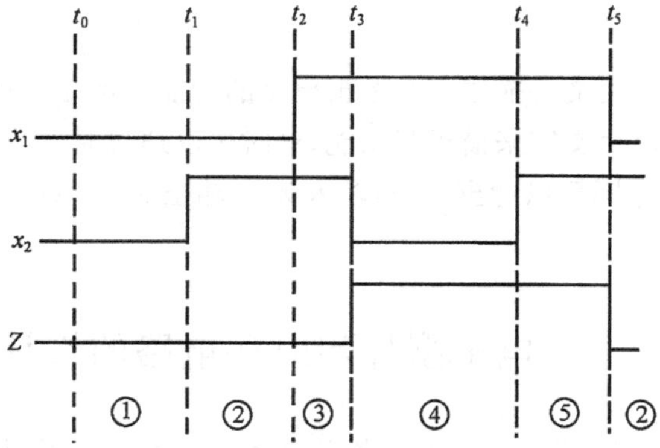

图 7.27 例 7.9 的输入输出时序图

输入信号的电平每次跳变就是一次新的输入。可根据输入信号跳变的情况，将时序图划分为若干个时间段，每段对应一个稳定状态。这就是说，当输入信号发生变化时，就从一个稳定状态转移到另一个稳定状态。例如，在 t_0 时刻，$x_1x_2=00$，$Z=0$，这时电路的状态用“①”表示，记作“①/0”；在 t_1 时刻，$x_1\ x_2=01$，$Z=0$，电路

状态进入状态②，记作“②/0”；在时刻 t_2，$x_1x_2=11$，$Z=0$，电路状态进入状态③，记作“③/0”；在时刻 t_3，$x_1x_2=10$，$Z=1$，电路进入状态④，记作“④/1”；在时刻 t_4，$x_1x_2=11$，$Z=1$，电路进入状态“⑤”，记作“⑤/1”；在时刻 t_5，$x_1x_2=01$，$Z=0$，返回状态②。

2）将时序图中的稳定状态填入流程表。这一步就是将输入输出时序图中的稳定状态，以及此刻的输出填入流程表中相应的位置上。例如，t_0 时刻的“①/0”填入第一行的 00 列的方格内；t_1 时刻的“②/0”填入第二行的 01 列的方格内；t_2 时刻的“③/0”填入第三行的 11 列的方格内；t_3 时刻的“④/1”填入第四行的 10 列的方格内；t_4 时刻的“⑤/1”填入第五行的 11 列的方格内。如图 7.28 所示。

y \ x_1x_2	00	01	11	10
1	①/0	2/—	—/—	6/—
2	1/—	②/0	3/—	—/—
3	—/—	2/—	③/0	4/—
4	1/—	—/—	5/—	④/1
5	—/—	2/—	⑤/1	4/—
6	1/—	—/—	5/—	⑥/0

图 7.28　例 7.9 的原始流程表

3）完善流程表。因为输入输出时序图是拟定的，它并不一定完全反映电路中所有输入的变化情况，所以必须将各种输入下的输出情况都考虑到。例如，在时刻 t_3，若 $x_1x_2=10$，则 $Z=0$，与状态④不同，作为新态⑥，记作“⑥/0”，填入流程表第六行的 10 列。

由于稳定状态相邻两侧都是“不稳定状态/不确定输出”，所以从每一行的稳态出发，考虑输入作相邻变化时的输出，在相应位置填入“S/—”。例如，在图 7.28 第一行稳态格“①/0”相邻两格内分别填入“2/—”和“6/—”；在第二行稳态格“②/0”相邻两格内分别填入“1/—”和“3/—”；在第三行稳态格“③/0”相邻两格内分别填入“2/—”和“4/—”；在第四行稳态格“④/1”相邻两格内分别填入“1/—”和“5/—”；第五行稳态格“⑤/1”相邻两格内分别填入“2/—”和“4/—”；第六行稳态格“⑥/0”相邻两格内分别填入“1/—”和“5/—”。

由于电平型异步时序电路不允许两个输入信号同时跳变，所以在与稳定状态不相邻的格内应填入“不确定状态/不确定输出”（“任意状态/任意输出”），即“—/—”。例如，第一行的 11 列，第二行的 10 列，等等。

(2) 状态化简，求最简化流程表

由于在原始流程表中存在无关状态和无关输出，所以可以用不完全给定时序电路的化简方法，即建立隐含表，找相容状态行，求最大相容类，进行状态化简。

如果时序电路包含着不确定的次态和输出，这种时序电路称做不完全给定的时序电路。

判断两个状态是否相容的条件如下：在输入信号的各种取值组合下，它们的输出完全相同，或其中一个（或两个）的输出为任意值，而次态相同或者呈交错或循环或者其中一个（或两个）为任意态，则这两个状态就是相容的。状态行中所有列的状态均相容的两行就是相容的，即状态行相容。

在原始流程表中，如果两行中每一列状态相容、输出相同，则这两行是相容的，可以合并为一行，不会影响电路的功能。通常可以按以下原则确定稳态和不稳态的相容性：

1）稳态ⓘ与不稳态 i 是相容的。

2）如果不稳态 i 和 j 是相容的，则稳态ⓘ和不稳态 j 是相容的，稳态ⓙ和不稳态 i 也是相容的。

3）如果稳态ⓘ和ⓙ是相容的，则不稳态 i 和 j 也是相容的。

隐含表如图 7.29(a)所示。根据上述相容状态行的判断原则，可以得出相容状态行为(1,2)，(1,6)，(2,3)，(4,5)。

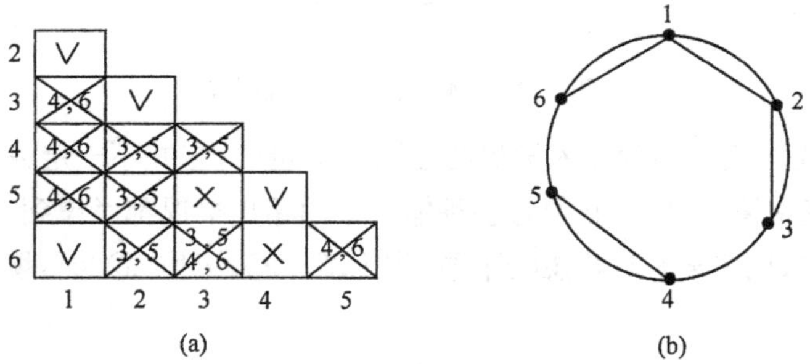

图 7.29　例 7.9 的隐含表和合并图

建立状态合并图。先将原始流程表中所有状态行以点的形式均匀地标在一个圆圈上，然后将各相容状态行用直线连接起来，如图 7.29(b)所示。由于合并图上不存在各点之间两两均有连线的多边形，所以最大相容类为(1,2)，(1,6)，(2,3)，(4,5)。

建立闭合覆盖表，求最小化流程表。所谓闭合覆盖表，就是表述相容类的覆盖性和闭合性的表格。所谓最小化流程表，就是同时满足覆盖性、闭合性和最小化三个条件的相容类集合，即最小闭覆盖。其中，覆盖性是指相容类集合必须覆盖全部原始状态(行)；闭合性是指在任何输入条件下的次态必须是该相容类集合中的某一相容类；最小化是满足覆盖性和闭合性的最少相容类数目。其闭合覆盖表如表 7.28 所示。由表 7.28 可以看出，相容行(1,6)，(2,3)，(4,5)是一组最小闭覆盖，满足覆盖性、闭合性和最小化条件。

作最小化流程表。将图 7.30(a)中的相容行(1,6)合并为 A,相容行(2,3)合并为 B,相容行(4,5)合并为 C,可以得到如图 7.30(b)所示的最小化流程表。

表 7.28　例 7.9 的闭合覆盖表

相容行	覆盖						闭合			
	1	2	3	4	5	6	x_1x_2=00	x_1x_2=01	x_1x_2=11	x_1x_2=10
(1,2)	1	2					1	2	3	6
(1,6)	1					6	1	2	5	6
(2,3)		2	3				1	2	3	4
(4,5)				4	5		1	2	5	4

y \ x_1x_2	00	01	11	10
1.6	①/0	2/—	5/—	⑥/0
2.3	1/—	②/0	③/0	4/—
4.5	1/—	2/—	⑤/1	④/1

(a)

y \ x_1x_2	00	01	11	10
A	Ⓐ/0	B/—	C/—	Ⓐ/0
B	A/—	Ⓑ/0	Ⓑ/0	C/—
C	A/—	B/—	Ⓒ/1	Ⓒ/1

(b)

图 7.30　例 7.9 的最小化流程表

(3) 状态分配,求二进制流程表

在电平型异步时序电路设计中进行状态分配时,需要注意两个问题:一是确定最佳编码方案,保证电路可靠工作,避免由于竞争造成电路的不稳定,电路结构要简单;二是为了使二进制流程表的外特性与原始流程表相同,保证电路在通过不稳定状态时不产生额外跳变,必须对不稳定状态的输出取值进行指定。其指定原则如下:如果两个稳定状态有相同的输出,则这两个稳态之间的过渡状态是不稳态,不稳态的输出与稳态相同;如果两稳态有不同的输出,则这两稳态间的过渡态是不稳态,其输出可随意。根据上述原则,进行如下状态分配,A=00,B=11,C=01,并指定相应的输出,则可得二进制流程表,如图 7.31 所示。

y_1y_0 \ x_1x_2	00	01	11	10
00	(00)/0	11/0	01/—	(00)/0
11	00/0	(11)/0	(11)/0	01/—
01	00/—	11/—	(01)/1	(01)/1

图 7.31　例 7.9 的二进制流程表

(4) 确定激励函数和输出函数

由图 7.31 可以得出激励函数 Y_0,Y_1 和输出函数 Z 的卡诺图,如图 7.32 所示。经化简可以求得

$$Y_1 = \bar{x}_1 x_2 + y_1 x_2$$
$$Y_0 = x_2 + x_1 y_0$$
$$Z = \bar{y}_1 y_0$$

y_1y_0 \ x_1x_2	00	01	11	10
00	0	1	0	0
01	0	1	0	0
11	0	1	1	0
10	*d*	*d*	*d*	*d*

(Y_1)

y_1y_0 \ x_1x_2	00	01	11	10
00	0	1	1	0
01	0	1	1	1
11	0	1	1	1
10	*d*	*d*	*d*	*d*

(Y_0)

y_1y_0 \ x_1x_2	00	01	11	10
00	0	0	*d*	0
01	*d*	*d*	1	1
11	0	0	0	*d*
10	*d*	*d*	*d*	*d*

(Z)

图 7.32 例 7.9 的卡诺图

(5) 画逻辑图

用与非门构成的电路逻辑图如图 7.33 所示。

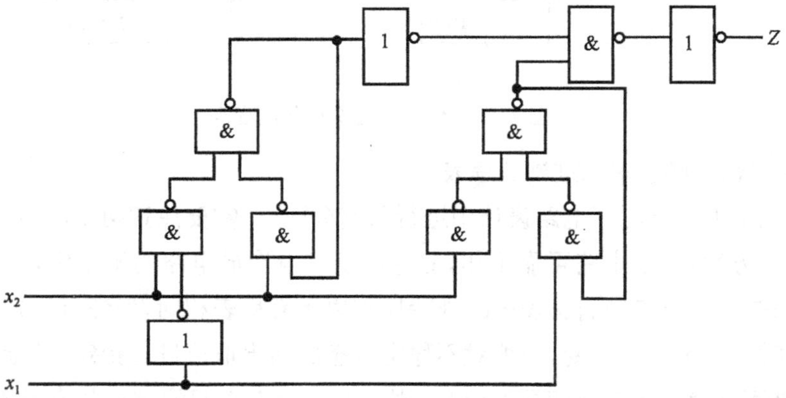

图 7.33 例 7.9 的逻辑图

7.5 异步时序电路中的竞争与冒险

竞争和冒险是异步时序电路中的不稳定现象。竞争分临界竞争和非临界竞争。临界竞争可能使电路产生不正确的状态转移,即发生时序冒险。这在正常工作时是不允许的,必须加以避免或消除。由于时序电路由组合逻辑电路和存储电路两部分构成,所以其中的组合逻辑电路有可能发生竞争-冒险现象。这种竞争-冒险现象可能引起触发器的误翻转,造成时序电路的误动作。因此,必须避免这种现象的发生。

在同步时序电路中，由于所有的触发器均是在同一时钟脉冲作用下动作的，而在时钟脉冲作用之前，各个触发器的输入信号均已处于稳态，所以，同步时序电路不存在竞争现象。但在异步时序电路中，由于电路有延迟时间存在，所以时序电路也会发生竞争-冒险现象。一般情况下，竞争-冒险现象仅发生在异步时序电路中，尤其是电平型异步时序电路。下面介绍异步时序电路中的竞争、冒险以及消除方法。

7.5.1 异步时序电路中的非临界竞争、临界竞争和时序冒险

所谓竞争现象，是指在异步时序电路中，当输入信号改变后，在电路从一个稳态转移到另一个稳态的过程中，如果有两个或两个以上的状态变量同时改变，这种现象称做竞争现象。

下面以图 7.34 为例，具体说明异步时序电路中的竞争现象。

y_1y_2 \ x_1x_2	00	01	11	10
00	(00)/0	01/—	(00)/1	01/1
01	00/0	(01)/0	10/0	(01)/0
10	00/—	(10)/0	(10)/0	11/0
11	00/0	10/0	00/1	(11)/1

图 7.34　某电路的流程表

当电路的总态为(10,01)时，电路处于稳态，如果输入 x_1x_2 由 10→11，激励状态 Y_1Y_2 将从 01→10，即 Y_1 和 Y_2 的值同时发生变化，这便要求二次状态 y_1 和 y_2 必须同时响应激励状态 Y_1 和 Y_2 的变化。但是，由于实际电路中不同反馈线路的延时不可能完全相同，因此二次状态 y_1 和 y_2 响应 Y_1 和 Y_2 的变化可能有先后之分，并且先后次序是不可预知的，这就发生了竞争现象。

同样，当电路的总态为(10,11)时，电路处于稳态。如果输入 x_1x_2 由 10→00，激励状态 Y_1Y_2 将由 11→00，此时电路也存在竞争现象。

根据竞争所导致的结果不同，竞争可分为非临界竞争和临界竞争。

1. 非临界竞争

如果竞争的各种可能使电路最终转移到同一个稳定的状态，则该竞争为非临界竞争。

假设 Δt_1 和 Δt_2 分别为 y_1，y_2 响应 Y_1，Y_2 的时间，由图 7.34 可知，当电路总态为(10,11)，输入 x_1x_2 由 10→00 时，y_1y_2 在响应 Y_1Y_2 由 11→00 的过程中可能发生如下三种可能的情况：

1）y_1，y_2 同时响应变化（$\Delta t_1=\Delta t_2$）：$y_1y_2=11\rightarrow00$，则总态变化过程为

(10,11)→(00,11)→(00,00)，到达稳态⓪⓪。

2）y_1 先于 y_2 响应变化（$\Delta t_1 < \Delta t_2$）：$y_1y_2 = 11 \to 01 \to 00$，则总态变化过程为(10,11)→(00,11)→(00,01)→(00,00)，到达稳态⓪⓪。

3）y_2 先于 y_1 响应变化（$\Delta t_1 > \Delta t_2$）：$y_1y_2 = 11 \to 10 \to 00$，则总态变化过程为(10,11)→(00,11)→(00,10)→(00,00)，到达稳态⓪⓪。

由上述分析可知，非临界竞争最终都稳定在同一个稳态。因此，非临界竞争的存在不会影响电路的正常工作。

2. 临界竞争

如果竞争的各种可能使电路最终转移到不同的稳态，则该竞争为临界竞争。

由图 7.34 可知，当电路总态为(10,01)，输入 $x_1x_2 = 10 \to 11$ 时，y_1y_2 在响应 Y_1Y_2 由 01 变为 10 的过程中可能发生如下三种可能的情况：

1）y_1，y_2 同时响应变化（$\Delta t_1 = \Delta t_2$）：$y_1y_2 = 01 \to 10$，则总态变化过程为(10,01)→(11,01)→(11,10)，到达稳态①⓪。

2）y_1 先于 y_2 响应变化（$\Delta t_1 < \Delta t_2$）：$y_1y_2 = 01 \to 11 \to 10$，则总态变化过程为(10,01)→(11,01)→(11,11)→(11,10)，到达稳态①⓪。

3）y_2 先于 y_1 响应变化（$\Delta t_1 > \Delta t_2$）：$y_1y_2 = 01 \to 00 \to 10$，则总态变化过程为(10,01)→(11,01)→(11,00)，转移到稳态⓪⓪。

由上述分析可知，由于电路的延时不同，最终到达不同的稳态①⓪和⓪⓪，此时的竞争为临界竞争。

3. 时序冒险

由于在临界竞争中电路最终可能稳定在不同的稳态。电路究竟稳定在哪个稳态，完全由电路的延时而定，是不可预测的。这种临界竞争可能使电路出现不正确的状态转移，这种可能的错误状态转移叫做时序冒险(或险象)。时序冒险必须设法消除。

7.5.2 异步时序电路中时序冒险的消除

消除时序冒险，实际上就是消除临界竞争现象。由上述分析可知，产生临界竞争必须同时满足如下两个条件：①两个或两个以上的状态变量同时发生变化；②输入信号变化后，所在列内有两个或两个以上的稳态。因此，要消除临界竞争，应使这两个条件中至少有一个不成立。如果使条件①不成立，则从根本上消除了竞争；如果使条件②不成立，则可消除临界竞争。一般可以通过状态分配来消除临界竞争导致的时序冒险现象。下面介绍几种常用的方法。

1. 通过状态分配避免竞争

首先根据流程表作状态相邻转移图，对具有相邻转移关系的状态，分配相邻的二进制代码,这样就使得在任意一种状态转移时,只有一个状态变量发生变化,从而消除了竞争现象。

【例 7.10】 对图 7.35(a)所示的流程表进行无竞争状态分配。

解:由图 7.35(a)可以看出,状态 A 与 B 或 C 之间发生转移,状态 C 与 A 或 D 之间发生转移,将发生转移的状态用线段连接起来,就构成状态相邻图,如图 7.35(b)所示。

只要给状态对(A,B),(A,C),(C,D)分配相邻的二进制代码,就可以消除竞争现象。为此,选择图 7.36(a)所示的编码方案,相应的二进制流程表如图 7.36(b)所示。

我们知道,在 n 变量的卡诺图中,每个方格最多有 n 个相邻方格。如果状态的最大相邻数 k 超过 n 时,不适合采用状态分配的方法避免竞争。

y \ x_1x_2	00	01	11	10
A	Ⓐ	Ⓐ	B	C
B	A	Ⓑ	Ⓑ	Ⓑ
C	Ⓒ	A	D	Ⓒ
D	C	Ⓓ	Ⓓ	Ⓓ

(a)

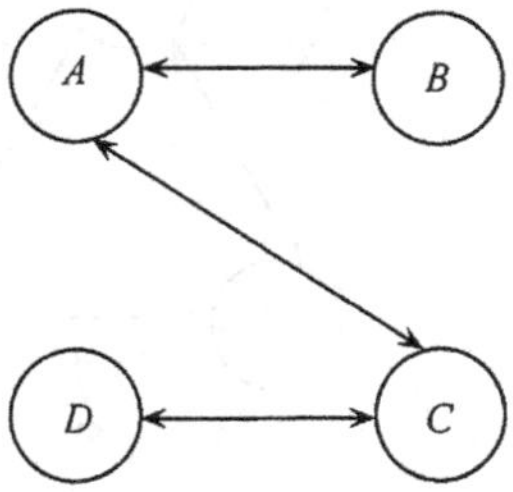

(b)

图 7.35 例 7.10 的流程表和状态相邻图

y_1 \ y_0	0	1
0	A	B
1	C	D

(a)

y_1y_0 \ x_1x_2	00	01	11	10
00	(00)	(00)	01	10
01	00	(01)	(01)	(01)
11	10	(11)	(11)	(11)
10	(10)	00	11	(10)

(b)

图 7.36 例 7.10 的编码方案和二进制流程表

2. 增加过渡状态避免竞争

如果状态相邻图是由奇数个状态构成的闭合环,则需要增加过渡状态才可实现无竞争的状态分配。具体作法是,在原有的状态相邻图上的某两个状态之间,插入一个过渡状态,改变原有结构,从而实现状态的相邻分配。

【例 7.11】 试用增加过渡状态的方法,对图 7.37 所示的流程表进行状态分配。

y \ x_1x_2	00	01	11	10
A	Ⓐ/0	Ⓐ/−	B/−	C/0
B	−/1	C/1	Ⓑ/1	C/1
C	A/0	Ⓒ/−	Ⓒ/0	Ⓒ/0

图 7.37　例 7.11 的流程表

解:先画出流程表的状态相邻图,如图 7.38(a)所示。为消除冒险,应使状态对 (A,B),(A,C),(B,C)分别为相邻编码,但是这无法做到。为此增加一个状态 D,构成新的状态相邻图,如图 7.38(b)所示。这样,状态对(A,B),$(B,C)(C,D)$,(A,D)很容易实现相邻编码。

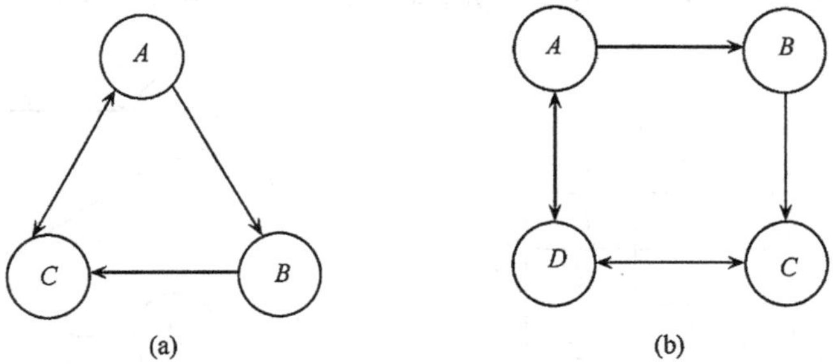

图 7.38　例 7.11 的状态相邻图

状态相邻图的改变,实际上改变了状态 A 与 C 的转移过程,也就是从原来的 A 与 C 之间的直接转移变为经过状态 D 的间接转移。根据新的状态相邻图,修改原来的流程表。增加一行 D 后的修改过程如下:

由 A 转到 C 是在 $x_1x_2=10$ 时进行的,或者说转移发生在总态$(10,A)$。修改后的转移过程是 $A\to D\to C$,因此,应在总态$(10,A)$格内填 D,并在总态$(10,D)$格内填 C。

同理,由 C 转到 A 是在 $x_1x_2=00$ 时进行的。修改后的转移过程是 $C\to D\to A$,因此,在总态$(00,C)$格内填 D,并在总态$(00,D)$格内填 A。D 行的其他列填任意项。修改后的流程表如图 7.39 所示。

按照相邻状态的分配原则,本例的状态分配方案如图 7.40(a)所示,二进制流程表如图 7.40(b)所示。

3. 利用非临界竞争消除临界竞争

由于非临界竞争不会产生冒险现象,所以,如果能够将临界竞争转化为非临界竞争,这就间接地消除了临界竞争。下面举例说明这种方法。

y \ x_1x_2	00	01	11	10
A	Ⓐ/0	Ⓐ/0	B/0	D/0
B	—/1	C/1	Ⓑ/1	C/1
C	D/0	Ⓒ/0	Ⓒ/0	Ⓒ/0
D	A/0	—/0	—/0	C/0

图 7.39　例 7.11 中修改的流程表

y_1 \ y_2	0	1
0	A	D
1	B	C

(a)

y_2y_1 \ x_1x_2	00	01	11	10
00	(00)/0	(00)/0	01/0	10/0
01	—/1	11/1	(01)/1	11/1
11	10/0	(11)/0	(11)/0	(11)/0
10	00/0	—/0	—/0	11/0

(b)

图 7.40　例 7.11 的状态分配和二进制流程表

【例 7.12】 对图 7.41 所示的流程表进行无临界竞争状态分配。

y \ x_1x_2	00	01	11	10
A	Ⓐ/0	Ⓐ/0	C/—	B/—
B	A/—	C/—	Ⓑ/0	Ⓑ/0
C	A/—	Ⓒ/1	Ⓒ/1	B/—

图 7.41　例 7.12 的流程表

解:根据图 7.41 作出的状态相邻图如图 7.42(a)所示。由图 7.41 的流程表可以看出,在 x_1x_2=00 和 x_1x_2=10 这两列中,都只有一个稳定状态。因此,可以通过状态分配,把竞争限制在仅有一个稳态的列中,这样,即使发生竞争也不会是临界竞争。由于在 x_1x_2=00 列中,只有一个稳态Ⓐ;在 x_1x_2=10 列中,只有一个稳态Ⓑ。

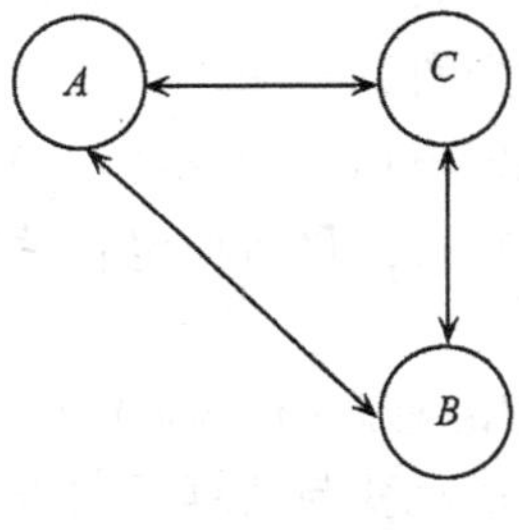

(a)

y_1 \ y_2	0	1
0	A	C
1		B

(b)

y_2y_1 \ x_1x_2	00	01	11	10
00	(00)/0	(00)/0	10/—	11/—
11	00/—	10/—	(11)/0	(11)/0
10	00/—	(10)/1	(10)/1	11/—

(c)

图 7.42　例 7.12 的状态相邻图、状态分配和二进制流程表

所以在进行状态分配时,状态 A 和 B 不分配相邻代码。其分配方案如图 7.42(b)所示,由此得到的二进制流程表如图 7.42(c)所示。

7.5.3 电平型异步时序电路的本质冒险

在电平型异步时序电路中,同一输入变量有时可能原变量和反变量同时出现。反变量通常是由原变量经过反相器而得到的,由于反相器存在延迟,同一输入变量的原变量和反变量就不可能在同一时刻出现。当原变量发生跳变时,反变量总要经过一定的延迟时间才发生跳变。如果输入原变量的跳变已经引起激励状态和二次状态的变化,而输入变量的反变量又滞后于激励状态和二次状态的变化,这时,电平型异步时序电路就可能出现一种特有的冒险,这种冒险称做电平型异步时序电路的本质冒险。

一般情况下,如果输入信号通过反馈回路的延迟大于通过反相器的延迟,电平型异步时序电路的输入变量的变化将先于电路状态的变化,这时电路的状态不会发生非正常转移的情况,电平型异步时序电路将正常工作。如果输入信号通过反馈回路的延迟小于通过反相器的延迟,电平型异步时序电路的输入变量的变化将滞后于电路状态的变化,这时电路的状态就可能发生非正常转移的情况,电平型异步时序电路的工作状态将发生混乱,即出现了本质冒险。

如何发现电平型异步时序电路的本质冒险?事实上,当电平型异步时序电路存在本质冒险时,电路的流程表具有特殊的结构形式。如果从流程表中的某一个稳态出发,输入状态的一个变量允许三次跳变,并且三次跳变所达到的稳定总态与第一次跳变所达到的稳定总态不同,则表明电路可能存在本质冒险。如果从流程表中的某一个稳态出发,输入状态的一次跳变与三次跳变所达到的稳定总态相同,则表明电路不存在本质冒险。

例如,某电平型异步时序逻辑电路的流程表如图 7.43 所示。当电路处在总态$(x,y_2y_1)=(0,10)$时,如果输入 x 由 0 跳变到 1,总态(x,y_2y_1)的响应序列为:(0,10)→(1,10)→(1,01),最后稳定在总态(1,01);如果电路处在总态$(x,y_2y_1)=(0,10)$时,输入 x 由 0 跳变到 1,再由 1 跳变到 0,再由 0 跳变到 1,即输入 x 发生连续的三次跳变,总态(x,y_2y_1)的响应序列为:(0,10)→(1,10)→(1,01)→(0,01)→(0,00)→(1,00)→(1,11),最后稳定在总态(1,11)。

y_2y_1 \ x	0	1
00	(00)	11
01	00	(01)
11	00	(11)
10	(10)	01

图 7.43 某时序逻辑电路流程表

由于该流程图中的总态$(x,y_2y_1)=(0,10)$在输入 x 发生一次跳变与连续三次跳变的情况下稳定总态不同,因此可以判断该电路从总态(0,10)出发,输入 x 由 0 跳变到 1 时,电路可能存在本质冒险。

由于本质冒险会引起电路状态的错误

转移,因此这种冒险是不允许存在的。消除本质冒险的一种有效办法是适当选择组成电平型异步时序电路的器件的延迟特性,或在反馈回路中增加足够的延迟,使得所有输入状态的改变都在激励状态和二次状态的改变之前完成,以免电路状态出现错误转移。

习 题 七

7.1 请说明同步时序电路、脉冲型异步时序逻辑电路和电平型异步时序电路各自的特点。

7.2 请说明脉冲型异步时序逻辑电路和电平型异步时序电路对输入有何要求和限制。

7.3 请说明电平型异步时序电路中的稳定状态和不稳定状态的概念。

7.4 请说明什么是流程表,如何建立流程表。

7.5 请说明电平型异步时序电路中竞争与冒险产生的原因,什么是临界竞争、非临界竞争,什么是时序冒险,如何消除时序冒险。

7.6 请说明什么是电平型异步时序电路的本质冒险,如何判断本质冒险。

7.7 试分析图 7.44 所示的脉冲型异步时序逻辑电路。

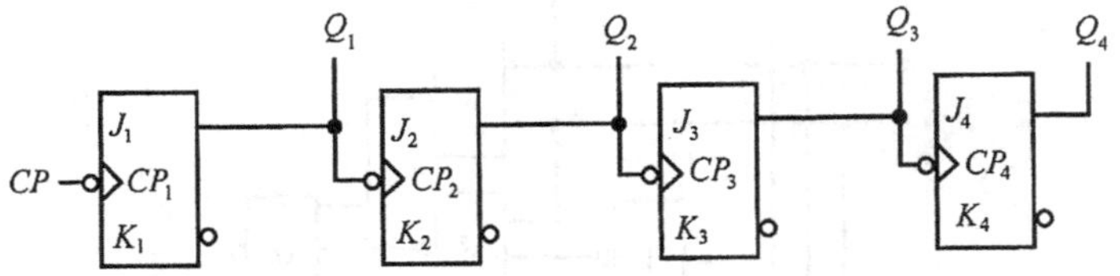

图 7.44 题 7.7 的逻辑电路

7.8 试分析图 7.45 所示的脉冲型异步时序逻辑电路。

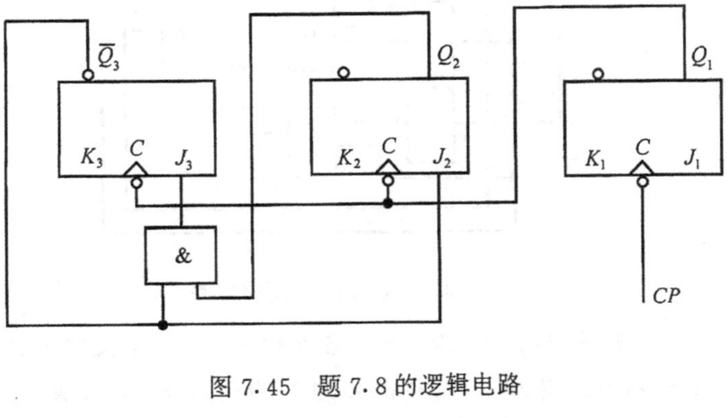

图 7.45 题 7.8 的逻辑电路

7.9 试用 J-K 触发器设计一个七进制异步加法计数器。

7.10 试用 D 触发器设计一个五进制异步减法计数器。

7.11　设计一个脉冲型异步时序电路，该电路有三个输入端 x_1、x_2、x_3，一个输出端 Z。当且仅当输入序列 x_1—x_2—x_3 出现时，输出 Z 由 0 变为 1，仅当又出现一个 x_2 脉冲时，输出 Z 才由 1 变为 0。

7.12　试分析图 7.46 所示的电平型异步时序电路。

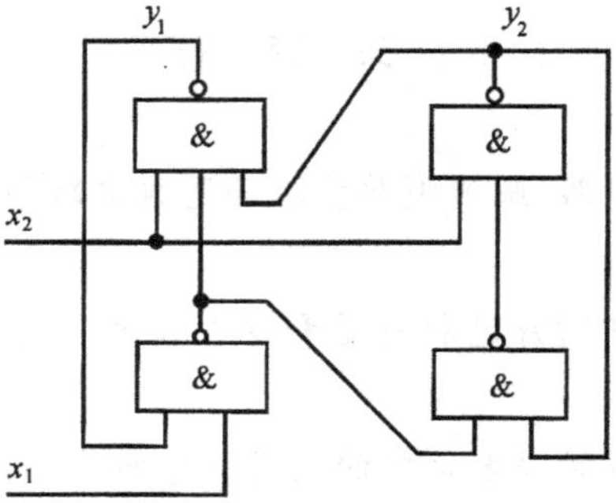

图 7.46　题 7.12 的逻辑电路

7.13　试分析图 7.47 所示的电平型异步时序逻辑电路。

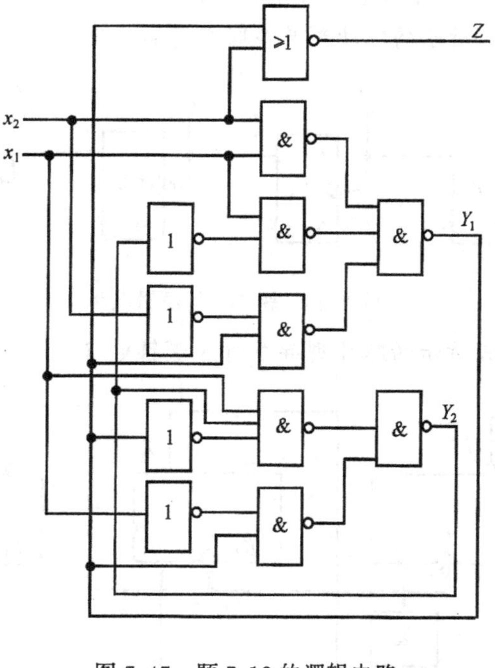

图 7.47　题 7.13 的逻辑电路

7.14　设计一电平型异步时序电路。该电路有输入 x_1 和 x_2 及输出 Z。当输入 x_1 为 0，输入 x_2 从 0 跳变到 1 时，输出 Z 为 1；当输入 x_1 为 1，输入 x_2 从 1 跳变到 0 时，输出 Z 也为 1；当输入 x_1 和 x_2 相同时，输出 Z 为 0；在其他情况下，输出 Z 均保持不变。

7.15　将图 7.48 所示的原始流程表简化为最简流程表。

y \ x_1x_2	00	01	11	10
1	①/0	3/—	—/—	2/—
2	4/—	—/—	5/—	②/1
3	1/—	③/0	5/—	—/—
4	④/1	6/—	—/—	2/—
5	—/—	6/—	⑤/1	2/—
6	1/—	⑥/—	5/—	—/—

图 7.48　例 7.15 的原始流程表

7.16　判断图 7.49 的电平型异步时序电路是否存在竞争。

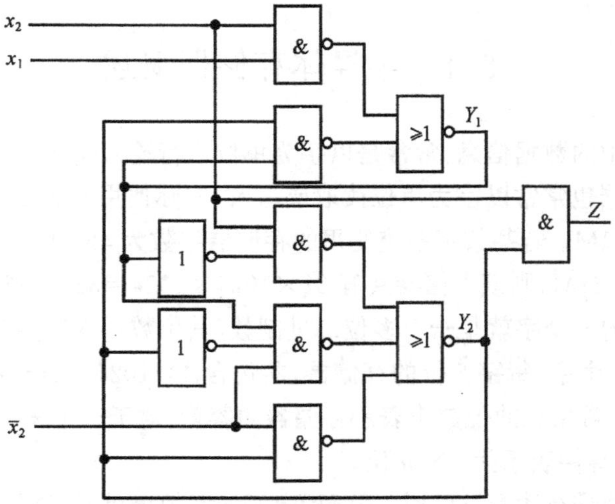

图 7.49　题 7.16 的逻辑电路

7.17　对图 7.50 所示的流程表进行无临界竞争状态分配。

7.18　判断图 7.51 所示二进制流程表是否存在本质冒险。

y \ x_1x_2	00	01	11	10
A	Ⓐ/0	C/0	B/0	Ⓐ/0
B	1/—	C/1	Ⓑ/1	C/1
C	A/0	Ⓒ/0	Ⓒ/0	Ⓒ/—

图 7.50　题 7.17 的流程表

y \ x_1x_2	00	01	11	10
00	(00)	01	—	10
01	11	(01)	11	—
11	(11)	01	(11)	10
10	00	(10)	11	(10)

图 7.51　题 7.18 的流程表

第八章　半导体存储器和可编程逻辑器件

数字系统中各种信息、数据以及代码都需要在存储器中存放、处理，存储器是数字系统中非常重要的组成部分。由于半导体存储器具有容量大、速度快、体积小、耗电低等特点，因此在数字系统中得到了广泛的应用。

可编程逻辑器件的应用是当前数字技术发展的一个重要趋势。使用可编程逻辑器件，可以实现数字系统的小型化，降低功耗，提高可靠性；此外，目前的可编程逻辑器件具有很强的通用性，并且可以反复编程，适合用于数字设备的开发调试。

8.1　半导体存储器概述

数字系统中的数据信息，常常是以字为单位进行输入输出和运算操作的，因此存储器中的数据也常常以字为单位读取或写入。实际使用时每 1024 个字称为 1K，每 1024K 称为 1M。若某数字系统使用的存储器字数为 4K，则该存储器共有 4096 个字；若字数为 32M，则该存储器共有 $32\times1024\times1024=33554432$ 个字。

存储器中的一个字就是一个多位二进制数，其位数可视需要及器件确定。对于一个容量为 4K 个字、每字 8 位的存储器，共包含 $4\times1024\times8=32768$ 个二进制位的存储单元。通常用总的位数来表示存储器的容量，对于一个 n 字、每字 m 位的存储器，其容量可直接表示为 $n\times m$ 位。

在对存储器进行读写访问时，需要指定所访问的字单元，这是通过地址来指定的，地址是一个说明特定字单元的数。例如，若某存储器共有 4096 个字，则其地址可以是从 0 到 4095 之间的共 4096 个数。地址编码本身在数字系统中也用二进制表示，对于一个有 k 位地址码的存储器，其容量最多可为 2^k 字。

根据不同的角度，可以对半导体存储器进行多种分类，通常有以下几种划分：

1）按照半导体工艺类型，可把半导体存储器分为双极型存储器和 MOS 型存储器。双极型半导体存储器的集成电路芯片由双极晶体管构成，主要优点为访问速度快，但功耗较大，集成度不高，工艺复杂；MOS 型半导体存储器的芯片采用 MOS 工艺加工而成，具有功耗低、集成度高、成本低等特点。

2）按照信息存储方式，可将半导体存储器分为静态存储器和动态存储器。静态存储器常常以触发器构成存储单元，因而数据一旦存入存储器就能够稳定地保持下去；而动态存储器在原理上是通过对电容充、放电来存入信息的，而电容的漏电会导致数据信息随时间的推移逐渐减弱直至消失，因此需要定时对电容进行充电。

3）根据工作时是否能够存入信息，半导体存储器又分为只读存储器（ROM）和随机存储器（RAM）。随机存储器在工作时可以执行写入或读出数据的操作，而只读存储器工作时仅用来读取事先存入的数据。

4）半导体存储器还可分为易失性存储器和非易失性存储器。易失性存储器是指存入的信息需要通过持续供电来维持的存储器，如随机存储器等，如果关闭电源，则存入的信息将全部消失；非易失性存储器是指存入的信息在停止供电的情况下也不会丢失的存储器，如只读存储器等。

8.2 随机存取存储器

随机存取存储器（random access memory，简称 RAM）也称为随机存储器，是一种在工作时既可以读出信息，也可以写入信息的存储器，在数字系统中有着重要的应用。

8.2.1 随机存储器原理

随机存储器的原理图如图 8.1 (a)所示，主要包括地址译码器、存储阵列和读写控制等部分。工作时首先把地址编码送入地址译码器，根据地址译码结果来选择访问的字单元。地址译码器的输出线在这里常常称为字线，其电位高低可以确定访问空间。接着根据输入的控制信号进行访问操作，若要求存储数据，则将数据线上的信号写入存储阵列中的相应位置；若要求读取数据，则将相应字单元中的内容输出。

存储单元阵列的结构如图 8.1(b)所示。图中的每个小方格对应一个存储单

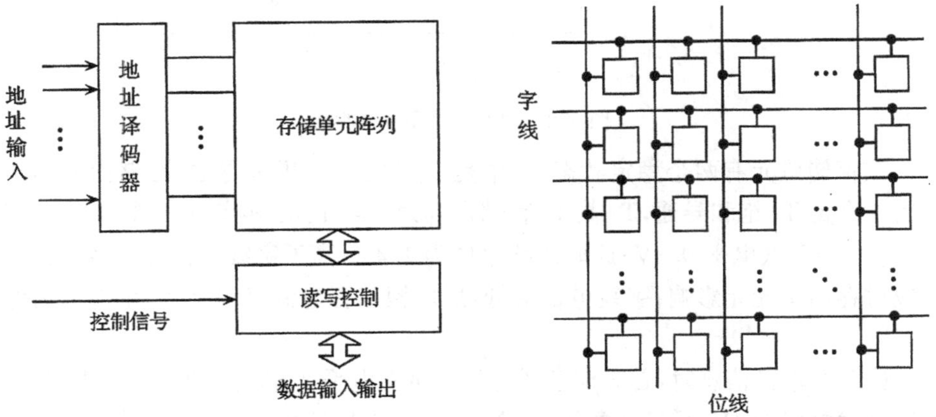

(a) 存储器原理图　　(b) 存储阵列示意图（图中小方格表示存储单元）

图 8.1　随机存储器结构示意图

元,可以存储一位二进制数 1 或 0。图中横向的信号线为字线,由地址译码器驱动,用于选择欲访问的存储空间,字线的数目与存储器包含的字数相对应。纵向的信号线为位线,也常常称为数据线,是各个存储单元的数据通路,用于写入数据或读出数据,位线的数目与每个字的位数相对应。

8.2.2 静态随机存储器

静态随机存储器的存储单元采用触发器构成,写入数据后只要维持供电就可以稳定地保存信息。静态随机存储器可用双极工艺或 MOS 工艺制成,下面以双极工艺的静态随机存储器为例说明其存储单元。

如图 8.2 所示,静态双极型存储单元采用了一个由多发射极晶体管 T_1 和 T_2、电阻 R_1 和 R_2 组成的双稳态触发器。发射极晶体管 T_1 和 T_2 的一对发射极一同连接到字线 W,该字线由地址译码器的译码输出驱动,对应于某个特定的地址空间;T_1 和 T_2 的另一对发射极分别连接到位线 B 和 $\overline{B}$,这两根位线用于从该存储单元读出及写入数据。

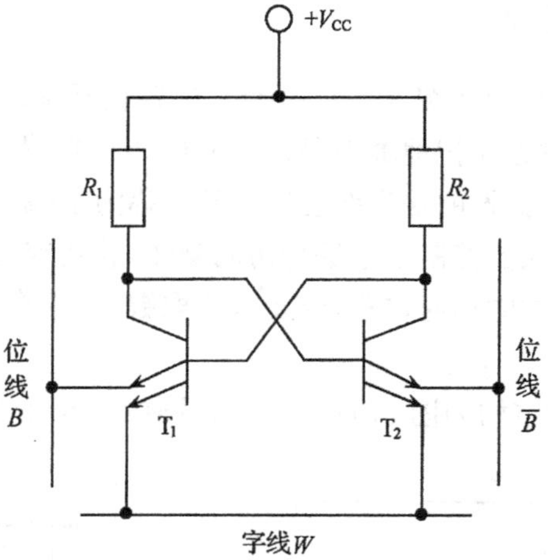

图 8.2 静态双极型存储单元

该存储单元有两个稳定状态:一个是 T_1 截止,T_2 饱和导通,存储内容为逻辑 0;另一个是 T_1 饱和导通,T_2 截止,存储内容为逻辑 1。当本单元未被选中时,字线 W 无效,处于低电平 0.3V;此时位线电位为 1.4V,高于字线,所连发射结反偏,故位线对存储单元无影响;字线电位最低,所以饱和管电流流向字线,维持当前的状态。

读取本单元信息时,首先使字线电位升至高电平 3.5V,使单元被选中,然后在保持位线电位 1.4V 不变的情况下判断位线上是否有电流流出。若单元存储的是逻辑 0,即 T_1 截止、T_2 饱和导通,则 T_2 的电流流向由先前的流向字线 W 转为流向位线 $\overline{B}$,读写控制电路据此向外送出逻辑 0;若单元存储的是逻辑 1,即 T_1 饱和导通、T_2 截止，则 T_1 的电流流向由先前的流向字线 W 转为流向位线 B，读写控制电路就输出一个逻辑 1。最后字线回到低电平，单元保持原态。这就是读取数据的过程。

向单元写入数据时，先使字线电位升到高电平 3.5V，选择本单元，然后根据写入的信息为逻辑 0 还是逻辑 1 在相应位线施加负脉冲，设置触发器进入相应状态。如果要写入逻辑 0，在位线 $\overline{B}$ 上加入负脉冲，使其电位降至 0.7V，使得 T_2 饱和导通、T_1 截止，单元处于逻辑 0；如果要写入逻辑 1，在位线 B 上加入负脉冲，使其电位降至 0.7V，使得 T_1 饱和导通、T_2 截止，单元处于逻辑 1。写入过程完成后，位线恢复为 1.4V，字线也变为 0.4V，存储单元将保持刚刚写入的状态直至新的数据写入。

这种通过晶体管发射极进行读写操作的存储单元也称为射极读写存储单元。由于使用了双极晶体管，工作时需要流过一定的电流来维持状态或进行读写操作，因此这种存储器的功耗较大，而且工艺较为复杂，集成度也难以提高。

8.2.3 动态随机存储器

动态随机存储器可以采用不同的工艺和不同的存储单元结构实现。下面以 MOS 工艺的单管动态存储单元为例来说明其原理。

如图 8.3 所示，只用一只 MOS 晶体管 T 和一个电容 C_S 就可以构成一个动态存储单元，可以存放一位二进制数 0 或 1。图中的 C_D 是位线上的分布电容，其量级大约在 pF 左右；而用于存储信息的存储电容 C_S 则要小得多，大约在 0.01pF 左右。

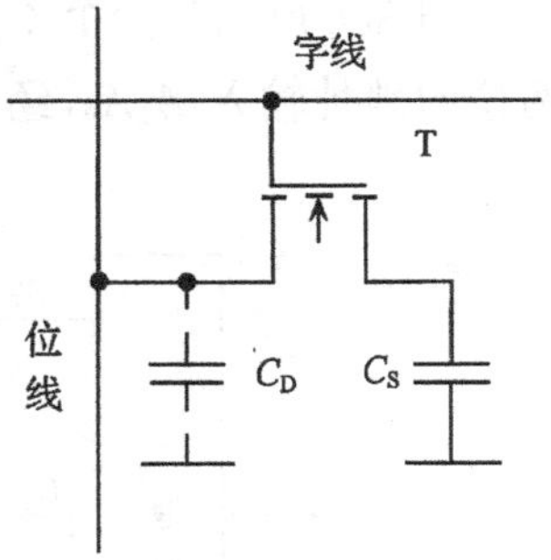

图 8.3　动态 MOS 单管存储单元

MOS 管的栅极连接到字线上，其作用相当于一个开关。当进行写入操作时，首先把位线设置为欲存入的状态电位，然后升高该单元的字线电位，使 MOS 管 T 导通，对电容 C_S 充电，使其达到与位线相近的电压，完成数据写入。

读出数据时，先把位线设置在高电平和低电平之间的中间电位上，然后对所选字的字线加高电平，使其存储单元内的 MOS 管 T 导通，使存储电容 C_S 与分布电容上的电荷重新分布，稳定后，两个电容的电压相同，但 C_D 及 C_S 的电压都发生了改变，电压的变化量与电容 C_S 原先的电压有关。由于分布电容 C_D 比存储电容 C_S 大得多，稳定后位线上的电压改变很小，因此需要用灵敏度高的读出放大器来鉴别这个微小的电压改变，从而判断出原先存储在电容 C_S 中的信息，并产生电平信号向外输出。

由于读出信息过程会改变存储电容 C_S 上的电压，因此过后必须根据读出的信息对存储电容 C_S 重新充电，这通常由存储器控制电路自动完成。此外，由于存储电容存在漏电的现象，必须定时地读出存储内容并重新写入，这一过程称为刷新，也由存储器控制电路完成。

动态存储器的电路结构简单，集成度高，适合于制成大容量的随机存储器。

8.3 只读存储器

只读存储器(read-only memory，简称 ROM)是一种在工作时用于读取信息的存储器，所存储的信息通常在制造过程中或使用前写入，一旦写入则不能或不易改变，这与随机读写存储器是不同的。根据只读存储器是否能改写信息，可将其分为固定只读存储器、可编程只读存储器以及可擦除可编程只读存储器几种。

8.3.1 固定只读存储器

固定只读存储器的信息是在存储器制造过程中通过掩模编程写入的，制造完成后只能读取信息，不能改写。下面以双极晶体管构成的只读存储器为例说明其原理。

图 8.4 所示为一个 4×4(即有 4 个字，每个字 4 位)的固定只读存储器。它有两位的地址输入 A_1A_0，经由地址译码器译码产生有效信号驱动字线 $W_0 \sim W_3$；位

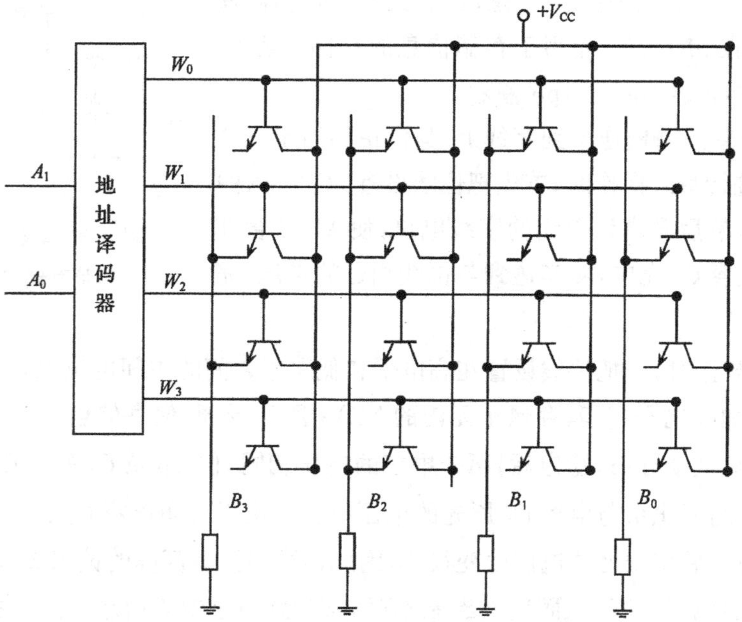

图 8.4　4×4 固定只读存储器

线 $B_0 \sim B_3$，用于读取数据。对于存储的信息，若某位存入逻辑 0，则将该位对应的存储单元的晶体管发射极开路；若某位存入逻辑 1，则将对应的晶体管发射极连接到位线。从图中可以看出，存储器中第 0 个字，也即地址为 $A_1A_0 = 00$，字线 W_0 所对应的 4 位内容为 0110；第 1 个字为 1101；第 2 个字为 1010；第 3 个字为 0100。图 8.4 中的只读存储器可以表示成阵列逻辑图，如图 8.5 所示。

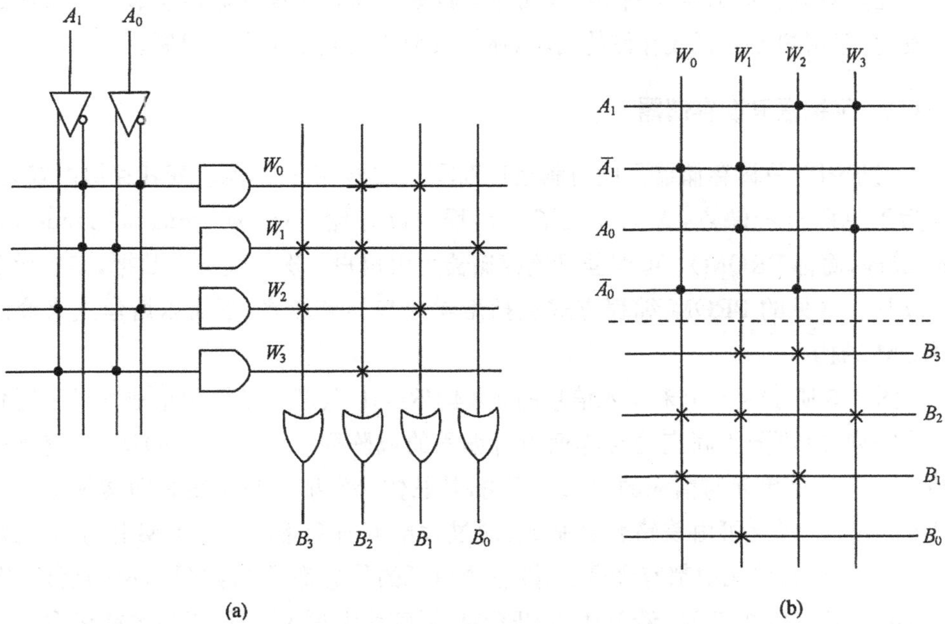

图 8.5　4×4ROM 的阵列逻辑图

图 8.5(a)是可编程逻辑器件手册中常用的阵列逻辑图。首先，输入的地址信号 A_1A_0 经过输入缓冲器产生原变量和反变量形式的地址信号，以便进行译码。接着，由 4 个与门产生译码输出，用于选择有效的字线，由于使用与门进行地址译码，这一部分常常称为与阵列。与阵列中使用了简化的与门符号，每个门只画出一根输入线，并且在相应的地址信号线和与门输入线交叉处标记符号"·"，以表示参加与运算的地址。符号"·"除了表示信号线和输入线之间的连接外，还表示该连接是固定连接，因为每个译码输出线都和地址输入有着固定的逻辑与关系，这是不能编程的。与阵列的输出连接字线，通过字线选择存储单元并输出存储字。存储单元阵列也常常称为或阵列，因为每条位线的输出数据都可以认为是由属于不同字的同一位进行或运算得到的。或阵列中也使用了简化的或门，每个或门只画出一条输入线，实际代表多条输入线。对于参与某一位线逻辑或的字线，在其与该位线交叉处用符号"×"标记，这个符号用于表示可编程的连接。这里所谓的可编程连接，是在 ROM 制造过程中有选择地将某些导线连接而使另一些导线不相连，实质上就是

向 ROM 芯片中写入信息的过程，这往往是在制造 ROM 的最后阶段进行的。

可以把图 8.5(a)的 ROM 阵列图进一步简化为图 8.5(b)的形式。在图 8.5(b)中，与阵列是图中的上半部分(虚线以上)，对应于 ROM 中的地址译码器；或阵列是图中的下半部分(虚线以下)，对应于 ROM 中的存储阵列。图 8.5(b)中的逻辑门和输入缓冲器都被省略，表达上更为简洁。

固定只读存储器也可由 MOS 晶体管构成。固定只读存储器能够实现较高的集成度，但用户无法更改存储的内容，所以其应用受到了很大的限制。

8.3.2 可编程只读存储器

由于固定只读存储器只能由制造厂商写入数据，用户不能改变其存储内容，因此为了克服这一缺点，人们开发了可编程只读存储器(programmable read-only memory，简称 PROM)。可编程只读存储器可由用户一次性地写入数据，完成后不能改写。常见的 PROM 编程方式包括熔丝式和结破坏式，下面以熔丝式来介绍 PROM 结构。

图 8.6 所示为一个未写入信息的 4×4 PROM，其基本结构包括地址译码器和存储阵列，也可分为固定的与阵列和可编程的或阵列。如图 8.6(a)所示，熔丝式 PROM 的存储单元与前述的 ROM 不同，其晶体管发射极与位线之间增加了一段细金属丝，金属丝可由镍铬合金制成，通过大电流时会熔断。PROM 刚刚制造好时，所有的存储单元中都有金属丝，即各个单元的信息都是 1，如图 8.6(a)所示，图 8.6(b)是其点阵图表示。若要使用 PROM，则应首先写入数据，然后才能读取写入的信息。存储单元阵列通过读写控制电路与外部进行输入输出操作。读取数据时与 ROM 类似，把位线上的信号传送到外部。写入数据时，如果某一位要写入 0，读

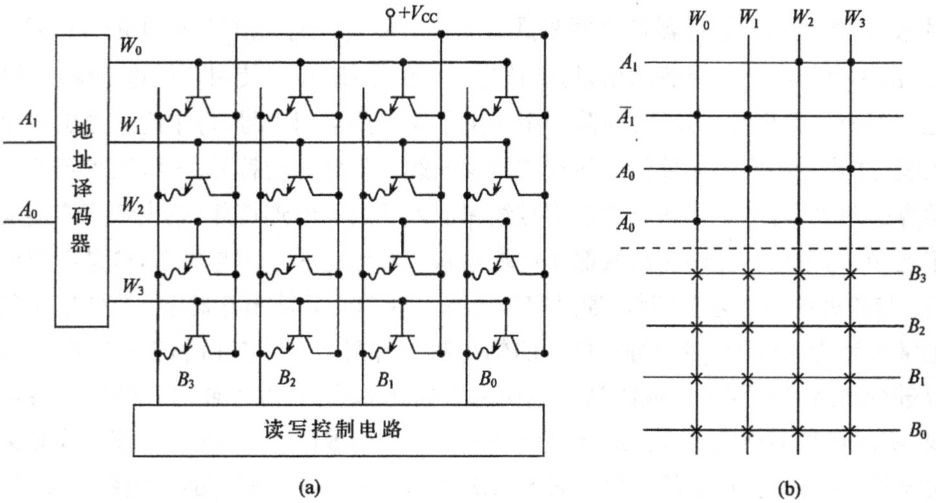

图 8.6 熔丝式 PROM 原理图

写控制电路把相应位线的电位拉低到－2V，使得此时字线选中单元的晶体管饱和，形成较大的发射极电流使熔丝熔断；若该位要存入 1，则不在位线上施加负电压，从而保留存储单元中的金属丝。

PROM 需要使用专用的编程器来写入数据。用户把要写入的数据输入编程器，由编程器完成写入过程。完成写入的 PROM 点阵图与 ROM 的点阵图形式相同，即把图 8.6(b)中熔断处的“×”除去。虽然 PROM 允许用户写入数据，但只能一次性地写入，不能再次写入数据，造成诸多不便，最终导致了可擦除可编程只读存储器的出现。

8.3.3 可擦除可编程只读存储器

可擦除可编程只读存储器(erasable programmable read-only memory，简称 EPROM)是一种可以反复写入数据的只读存储器。EPROM 采用悬浮栅 MOS 晶体管作为存储单元，用电脉冲写入数据，用紫外光擦除。EPROM 的结构也分为固定的与阵列和可编程的或阵列。

如图 8.7(a)所示，EPROM 的存储单元中使用了悬浮栅晶体管，图 8.7(b)中显示的是 N 沟道悬浮栅 MOS 晶体管的构造。悬浮栅晶体管的栅极没有导线连接，置于 SiO_2 绝缘层中。EPROM 出厂时，所有的悬浮栅都没有电荷，相应地，悬浮栅 MOS 管都截止，相当于存储单元内的数据为 1。用户写入数据时，把 EPROM 芯片放置在编程器中，编程器根据用户输入的信息，对于欲写入 0 的单元，对其位线送入电压较高的正脉冲，漏极和衬底发生雪崩击穿，使得部分空穴载流子注入到悬浮栅，从而在源漏极之间形成 N 型导电沟道，晶体管导通；对于要写入 1 的单元，保留 MOS 管截止的状态。

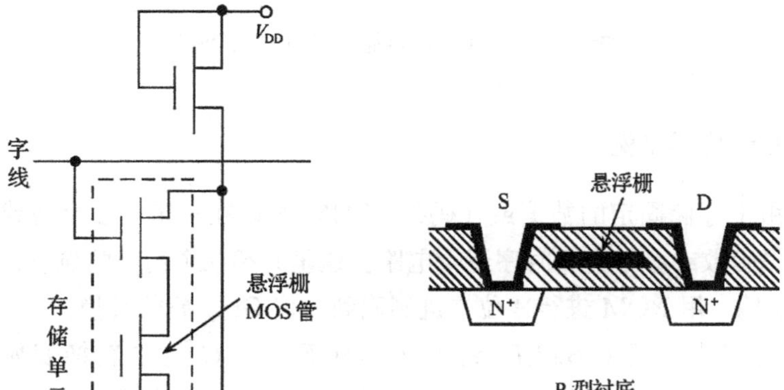

图 8.7　EPROM 结构和原理

由于悬浮栅被 SiO_2 绝缘层包围,注入的电荷可以稳定地保存在栅极中。如果需要改写 EPROM 中的数据,可以使用编程器中的紫外灯照射数十分钟,使栅极中的电荷泄漏掉,从而导电沟道消失,管子恢复截止,所有存储单元恢复为状态 1,然后重新写入数据。

EPROM 使用紫外线擦除存储的信息,并且只能整片地擦除,这给 EPROM 的使用带来诸多不便。于是人们又开发了一种用电擦除的可编程只读存储器(electrical erasable programmable read-only memory)——EEPROM。EEPROM 的结构与前述的 PROM 类似,其特殊之处在于,它的存储单元使用了具有两个栅的 MOS 管,如图 8.8 所示。

在图 8.8 中,晶体管的第一栅和源区之间有一处很薄的绝缘层,此处栅源极之间可以形成一个隧道二极管,在第二栅和源极之间的电压的控制下,可以通过这个隧道二极管向第一栅注入载流子或释放载流子,达到写入或擦除的目的。

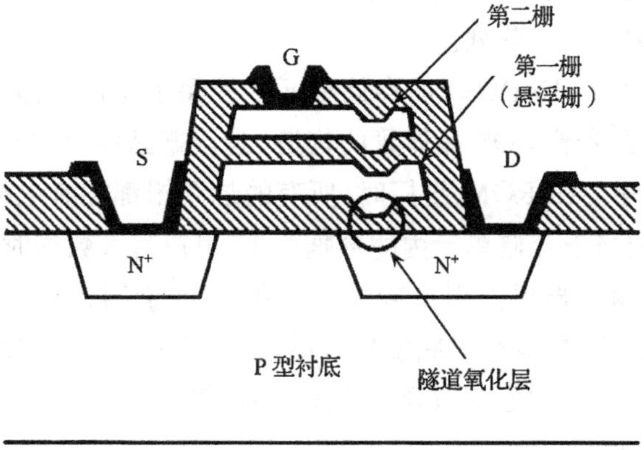

图 8.8 EEPROM 存储单元中的 MOS 管

8.3.4 ROM 应用举例

除了用于存储固定的数据或代码外,ROM 可以在一定程度上替代集成逻辑门实现逻辑函数或参与构成时序逻辑电路。这里介绍几个简单的例子。

【例 8.1】 用 ROM 进行 4 位二进制码到 4 位 Gray 码的转换。

解:4 位二进制码 $B_3B_2B_1B_0$ 到 4 位 Gray 码 $G_3G_2G_1G_0$ 的转换表如表 8.1 所示。如果把 4 位二进制码 $B_3B_2B_1B_0$ 作为 ROM 的地址信号,则 4 位 Gray 码 $G_3G_2G_1G_0$ 就是相应存储单元中存入的数据,由此不难得到图 8.9 所示的 ROM 阵列逻辑图。与阵列中的原变量和反变量输入来自输入缓冲器,图中没有画出输入缓冲器。

表 8.1　4 位二进制码和 4 位 Gray 码的转换表

B_3	B_2	B_1	B_0	G_3	G_2	G_1	G_0
0	0	0	0	0	0	0	0
0	0	0	1	0	0	0	1
0	0	1	0	0	0	1	1
0	0	1	1	0	0	1	0
0	1	0	0	0	1	1	0
0	1	0	1	0	1	1	1
0	1	1	0	0	1	0	1
0	1	1	1	0	1	0	0
1	0	0	0	1	1	0	0
1	0	0	1	1	1	0	1
1	0	1	0	1	1	1	1
1	0	1	1	1	1	1	0
1	1	0	0	1	0	1	0
1	1	0	1	1	0	1	1
1	1	1	0	1	0	0	1
1	1	1	1	1	0	0	0

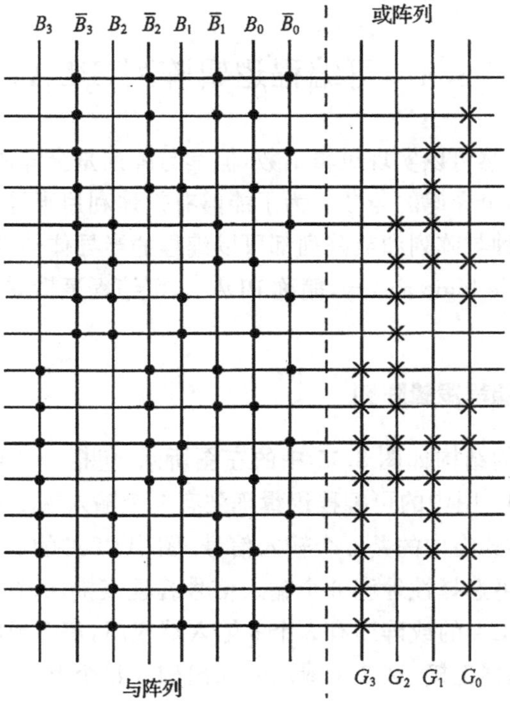

图 8.9　用 ROM 把 4 位二进制码转换为 4 位 Gray 码

【例 8.2】　用 ROM 实现全加器电路。

解:全加器是两个一位二进制数进行加法运算并且考虑进位的运算电路,它可以用来构成多位二进制数的加法器。表 8.2 是全加器的真值表,其中,A_i 和 B_i 分别是被加数和加数,S_i 是和数,C_{i-1}和 C_i 分别是进位输入和进位输出。图 8.10 是用 ROM 实现的全加器的逻辑阵列图,图中省略了输入缓冲器。

表 8.2 全加器真值表

A_i	B_i	C_{i-1}	C_i	S_i
0	0	0	0	0
0	0	1	0	1
0	1	0	0	1
0	1	1	1	0
1	0	0	0	1
1	0	1	1	0
1	1	0	1	0
1	1	1	1	1

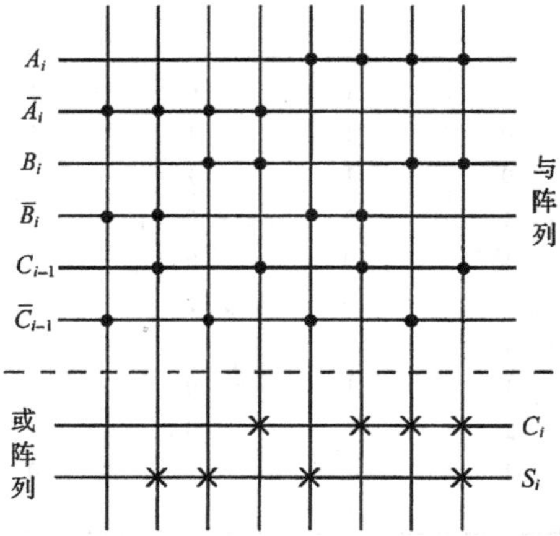

图 8.10 全加器的逻辑阵列图

8.4 可编程逻辑阵列(PLA)

只读存储器虽然可以实现逻辑函数,但其与阵列是全译码序列,而实际应用中往往并不需要使用全译码的与项。为了能够有效地利用半导体芯片来构成逻辑电路,人们研制了一种与阵列和或阵列都可以编程的半导体器件,这就是可编程逻辑阵列(programmable logic arrary,简称 PLA)。可编程逻辑阵列又可以分为组合型和时序型两种。

8.4.1 组合型可编程逻辑阵列

组合型 PLA 的结构如图 8.11 中的左图所示,包括一个可编程的与阵列和一个可编程的或阵列。图中的可编程逻辑阵列有 3 个输入端 $I_2I_1I_0$,经过输入缓冲器形成包括反变量形式在内的共 6 个输入信号。图中 PLA 的与阵列有 6 个 6 输入端与门,每个与门都可选择性地和 6 个输入信号编程连接,6 个与门形成 6 路与阵列输出信号。图中 PLA 的或阵列有 3 个 6 输入端或门,每个或门都可以和 6 个与阵列输出信号进行编程连接,这 3 个或门的输出构成整个 PLA 的输出信号 $O_2O_1O_0$。像图 8.11 中这样的 PLA 也可称为 3-6-3PLA,分别表示 3 个输入端、6 个与阵列输出以及 3 个输出端。图 8.11 中的右图是该 PLA 的阵列逻辑图。

可编程逻辑阵列具有很强的灵活性,在相同面积的半导体材料上可以实现较

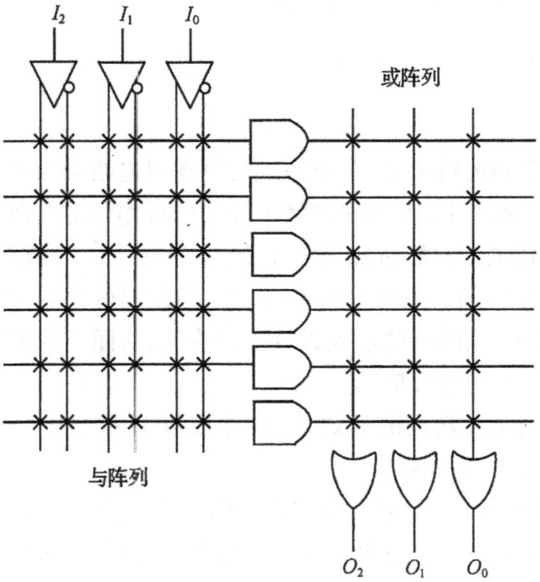

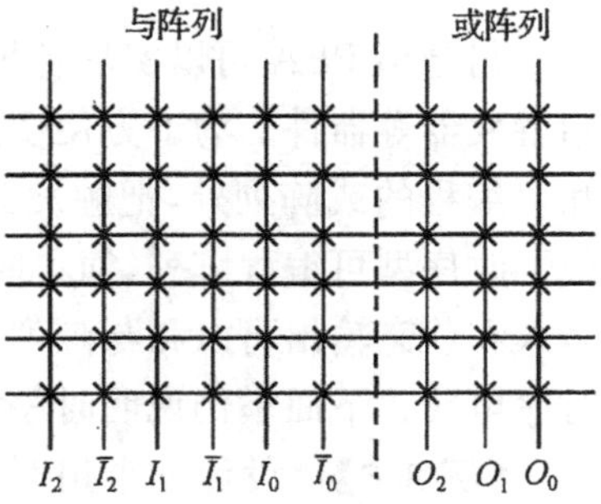

图 8.11　PLA 的结构示意图及其阵列逻辑图

只读存储器复杂的逻辑电路。为了作出对比，把例 8.1 中用只读存储器实现的 4 位二进制码到 4 位 Gray 码转换器改为用可编程逻辑阵列实现。首先根据表 8.1 中的真值表写出如下的逻辑表达式：

$$G_3 = B_3$$
$$G_2 = \overline{B}_3 B_2 + B_3 \overline{B}_2$$
$$G_1 = \overline{B}_2 B_1 + B_2 \overline{B}_1$$
$$G_0 = \overline{B}_1 B_0 + B_1 \overline{B}_0$$

表达式中包含 7 个不同的与项，因此，在 PLA 的与阵列中用 7 个与门产生这些与项，再用或阵列中的 4 个或门形成 4 个输出项。逻辑阵列图如图 8.12 所示，图中省

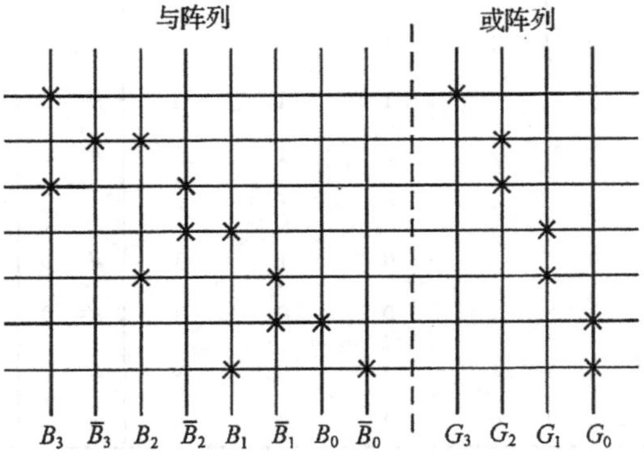

图 8.12　用 PLA 实现的 4 位二进制码到 4 位 Gray 码转换器

去了输入缓冲器。可以看出，它使用的阵列单元要明显少于图 8.9 中的阵列单元数。

8.4.2 时序型可编程逻辑阵列

组合型 PLA 可以实现各种复杂的逻辑函数，但要构成时序逻辑电路则需要使用触发器等器件。为了方便使用，在制造 PLA 器件时除了加工出可编程的与阵列和可编程的或阵列外，把触发器阵列也一同制造在同一个 PLA 芯片上，这样就构成了时序型可编程阵列，简称时序型 PLA。在时序型 PLA 中，触发器阵列的激励输入和状态输出可以和与阵列的输入、或阵列的输入进行编程连接，从而构成各种时序电路。下面举例说明时序型 PLA 的设计应用。

【例 8.3】 设计一个用时序型 PLA 实现的计数器，该计数器采用 4 位 Gray 码，时序型 PLA 中包含的触发器为 J-K 触发器。

解：首先，该计数器需要 4 个触发器，用变量 $Q_3Q_2Q_1Q_0$ 表示其状态。其次，作该计数器的状态表以及激励表，这两个表合并在表 8.3 中。然后，根据表 8.3 可以作出激励卡诺图，如图 8.13 所示。

表 8.3 例 8.3 中的计数器状态表及激励

现态				次态				激励输入			
Q_3	Q_2	Q_1	Q_0	Q_3^{n+1}	Q_2^{n+1}	Q_1^{n+1}	Q_0^{n+1}	J_3K_3	J_2K_2	J_1K_1	J_0K_0
0	0	0	0	0	0	0	1	0 d	0 d	0 d	1 d
0	0	0	1	0	0	1	1	0 d	0 d	1 d	d 0
0	0	1	1	0	0	1	0	0 d	0 d	d 0	d 1
0	0	1	0	0	1	1	0	0 d	1 d	d 0	0 d
0	1	1	0	0	1	1	1	0 d	d 0	d 0	1 d
0	1	1	1	0	1	0	1	0 d	d 0	d 1	d 0
0	1	0	1	0	1	0	0	0 d	d 0	0 d	d 1
0	1	0	0	1	1	0	0	1 d	d 0	0 d	0 d
1	1	0	0	1	1	0	1	d 0	d 0	0 d	1 d
1	1	0	1	1	1	1	1	d 0	d 0	1 d	d 0
1	1	1	1	1	1	1	0	d 0	d 0	d 0	d 1
1	1	1	0	1	0	1	0	d 0	d 1	d 0	0 d
1	0	1	0	1	0	1	1	d 0	0 d	d 0	1 d
1	0	1	1	1	0	0	1	d 0	0 d	d 1	d 0
1	0	0	1	1	0	0	0	d 0	0 d	0 d	d 1
1	0	0	0	0	0	0	0	d 1	0 d	0 d	0 d

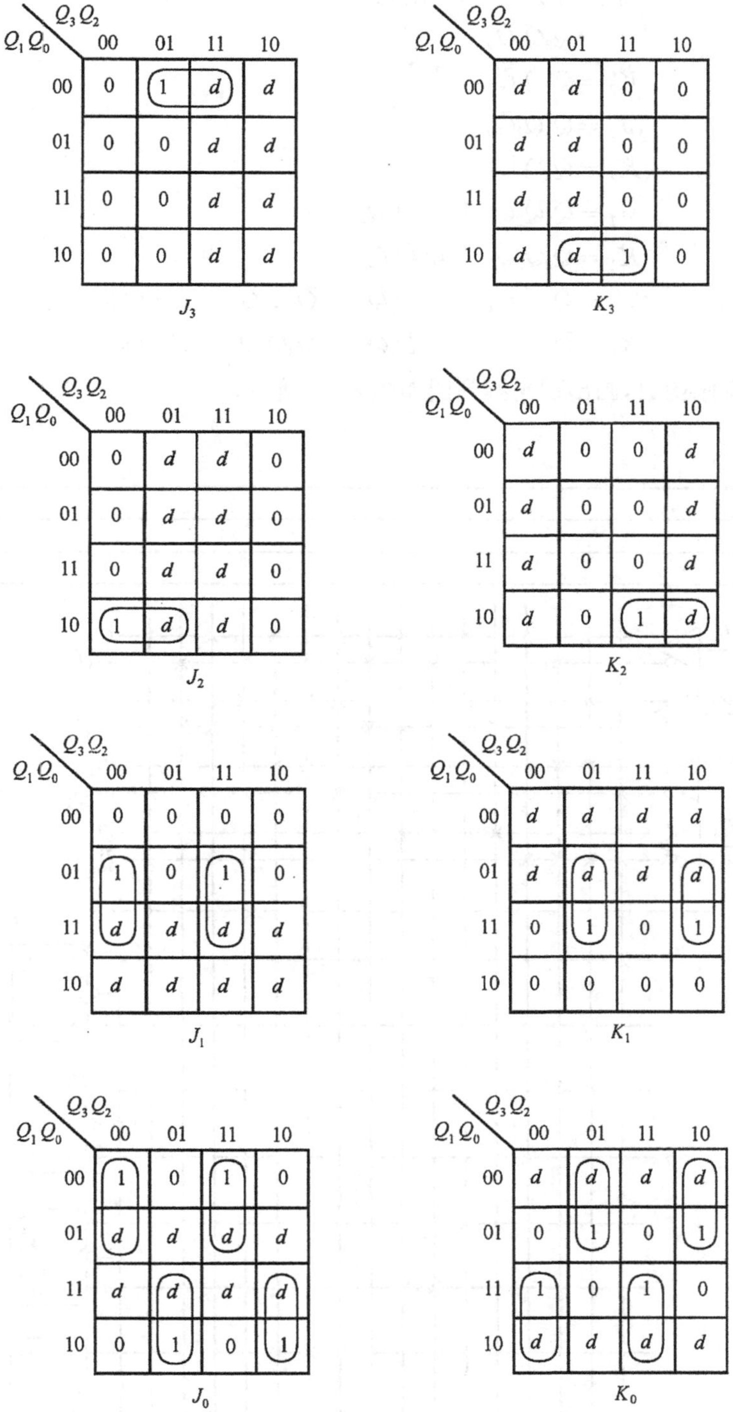

图 8.13　例 8.3 中的激励卡诺图

按照卡诺图对激励函数进行简化，得到如下的激励函数表达式：

$$J_3 = Q_2\overline{Q}_1\overline{Q}_0$$

$$K_3 = Q_2Q_1\overline{Q}_0$$

$$J_2 = \overline{Q}_3Q_1\overline{Q}_0$$

$$K_2 = Q_3Q_1\overline{Q}_0$$

$$J_1 = \overline{Q}_3\overline{Q}_2Q_0 + Q_3Q_2Q_0$$

$$K_1 = \overline{Q}_3Q_2Q_0 + Q_3\overline{Q}_2Q_0$$

$$J_0 = \overline{Q}_3\overline{Q}_2\overline{Q}_1 + Q_3Q_2\overline{Q}_1 + \overline{Q}_3Q_2Q_1 + Q_3\overline{Q}_2Q_1$$

$$K_0 = \overline{Q}_3Q_2\overline{Q}_1 + Q_3\overline{Q}_2\overline{Q}_1 + \overline{Q}_3\overline{Q}_2Q_1 + Q_3Q_2Q_1$$

根据以上激励函数，画出逻辑阵列图如图 8.14 所示。

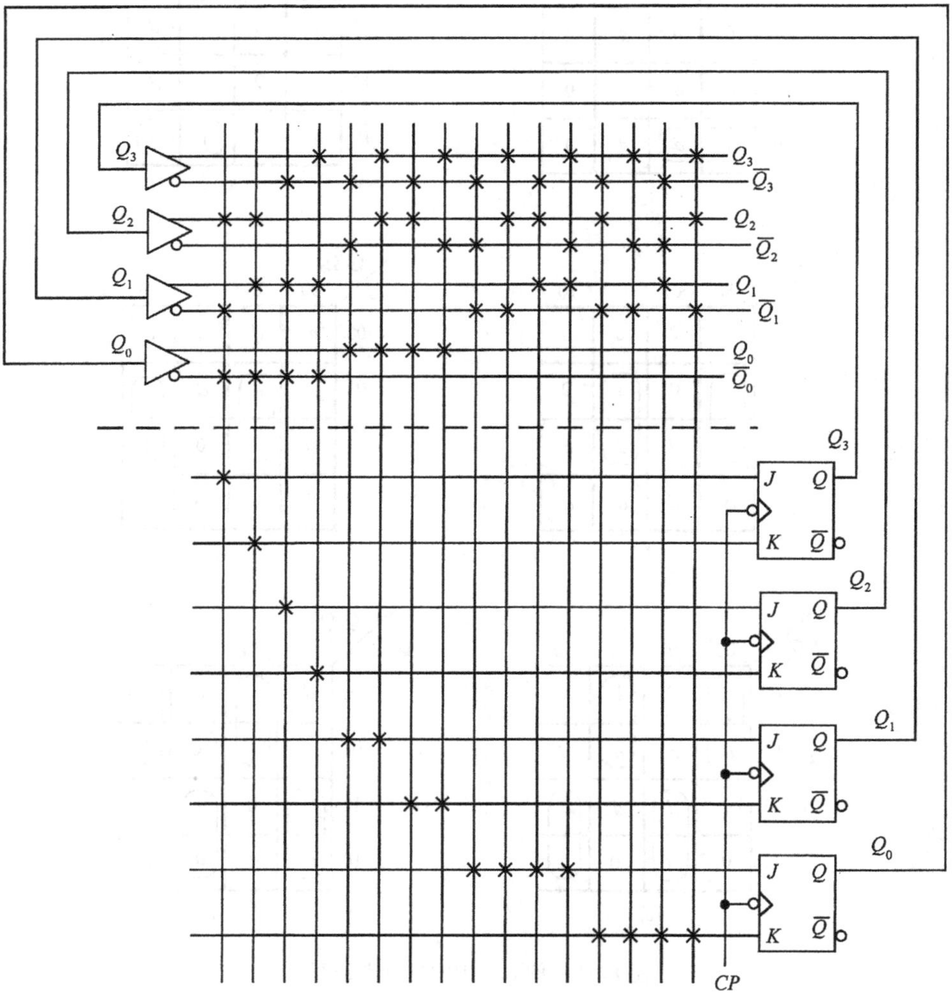

图 8.14　例 8.3 中的 PLA 逻辑阵列图

8.5 通用阵列逻辑(GAL)

通用阵列逻辑(general array logic,简称 GAL),是 Lattice 公司 20 世纪 80 年代推出的一种可编程逻辑器件。通用阵列逻辑器件有这样一些特点:

1) 具有可编程的与阵列和不可编程的或阵列(GAL39V18 除外)。尽管均可编程的与阵列、或阵列看似更具灵活性,但实际应用中需要进行逻辑或的与项往往不会太多,因此采用不可编程的或阵列可以节省芯片面积,提高芯片利用率,降低成本。

2) 其输出采用宏单元结构,可由用户在对 GAL 编程时根据需要将其设置为组合输出或时序输出,也可以指定某些引脚作为输入端或者输出端使用。

3) 采用了先进的 E^2CMOS 工艺,使得 GAL 器件的功耗低、速度快;使用悬浮栅工艺编程,可以反复擦除、改写,适用于数字设备的开发调试。

总之,通用阵列逻辑是一种比较成功的 PLD 器件,直到今天仍然有着许多重要的应用。

8.5.1 通用阵列逻辑器件的结构

通用阵列逻辑器件的种类较多,这里以常见的 GAL16V8 为例,说明 GAL 的结构和原理。GAL16V8 的封装方式有 DIP(dual in-line package,双列直插式封装)和 PLCC(plastic leaded chip carrier,塑料有引线芯片载体),如图 8.15 所示。这两种封装共有 20 个引脚,其中包括:第 20 脚、第 10 脚分别为电源和地;第 2 脚到第 9 脚这 8 个引脚固定用于输入;第 1 脚和第 11 脚可以用来输入信号,也可以

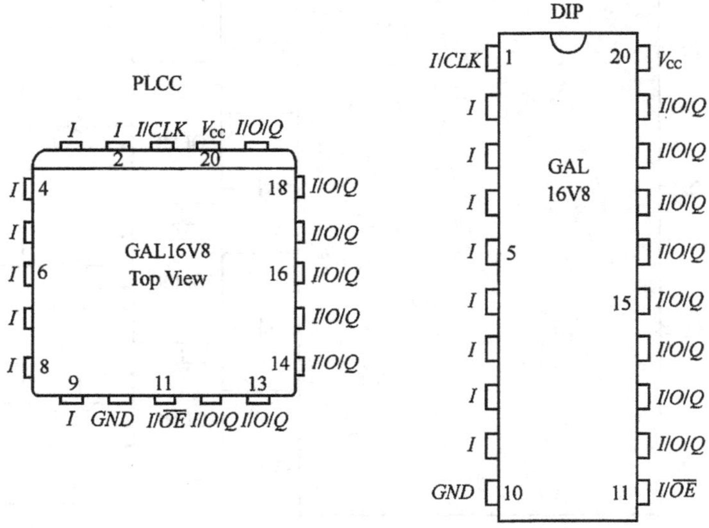

图 8.15 GAL16V8 引脚图

设置为时钟输入端(*CLK*)和输出允许端(*OE*);第 12 脚到第 19 脚则可以设置为输入、组合输出以及时序输出端。引脚的分配具有相当的灵活性。

GAL16V8 的结构如图 8.16 所示,主要包括可编程与阵列以及能够根据需要灵活配置的输出结构——输出逻辑宏单元。GAL16V8 的可编程与阵列共有 64 个与门,每个与门可同 32 条输入线进行编程连接,因此也称其与阵列的规模为 64×32(行×列)。其与阵列又分为 8 组,每组包含 8 个与门,并且每组的 8 个与项输出

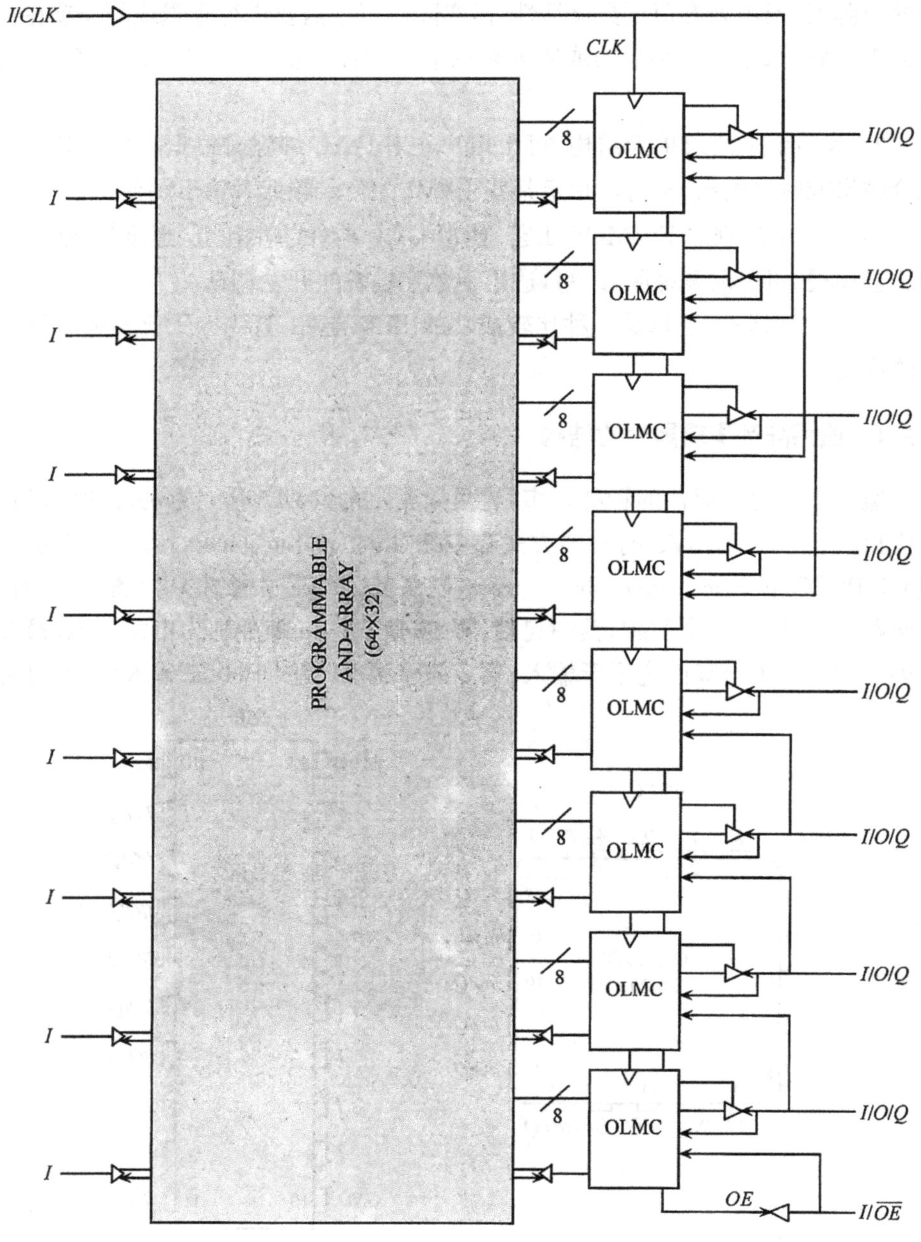

图 8.16　GAL16V8 的结构示意图

连接到一个输出宏单元 OLMC 上。

在图 8.17 中展示的是与第 19 脚的宏单元相连接的一组与门。从图 8.17 中可以看到，第 2 脚经过输入缓冲器产生两个互为反相的输入信号并送至列线 0 和列线 1，而列线 2 和列线 3 的信号是由与第 19 脚相连的宏单元反馈回来的信号经由缓冲器生成的，其余列线上的信号也可依次类推，由其他输入端及宏单元产生。

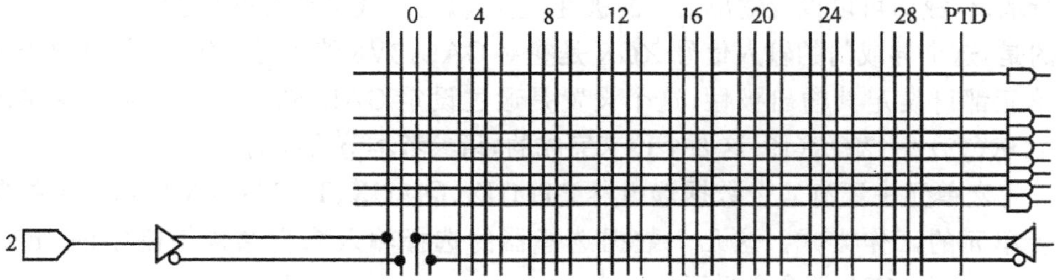

图 8.17　GAL16V8 中与第 19 脚的宏单元相连的一组与门

在 GAL16V8 中共有 8 个输出逻辑宏单元(output logic macro cell，简称 OLMC)，其结构示意图如图 8.18 所示。有时为了明确指定宏单元，就把与宏单元

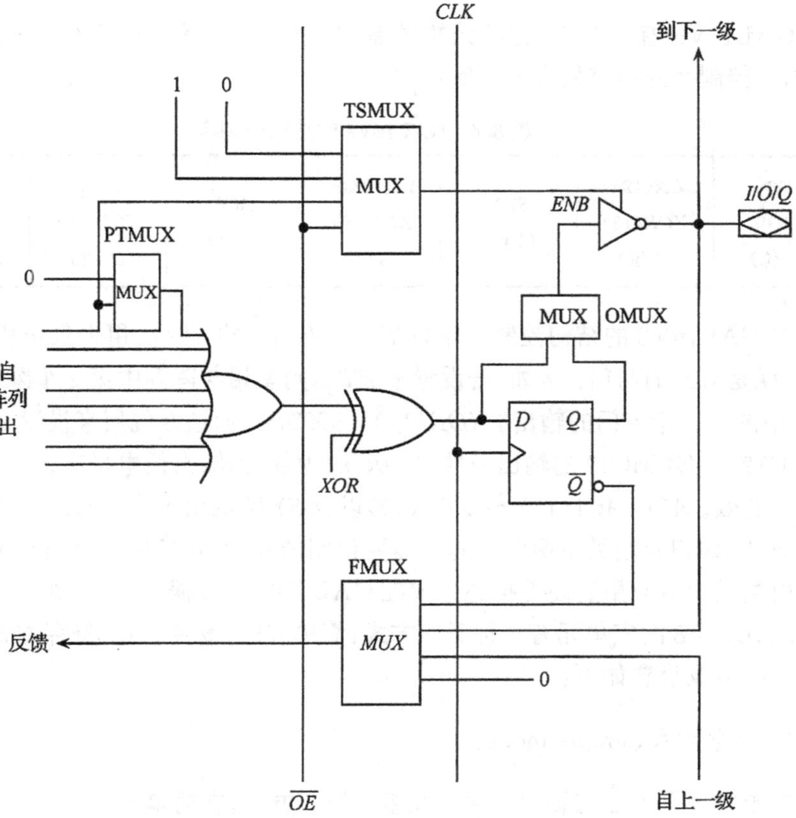

图 8.18　输出宏单元 OLMC 的结构

连接的引脚序号作为宏单元的序号，如与第 19 脚相连的宏单元称为宏单元 19 (OLMC19)，与第 12 脚相连的宏单元称为宏单元 12(OLMC12)。每个宏单元中有一个 8 输入或门，对与阵列形成的乘积项进行逻辑加，大多数 GAL 中的或阵列是不可编程的。

宏单元中包含一个异或门，其输入端 *XOR* 的状态可决定是否对或门输出进行取反，故而可以设置输出信号的极性，也即输出有效电平或有效边沿。需要注意的是，这个异或门的输入信号 *XOR* 是在对 GAL16V8 编程时设定的，并且每个宏单元都可设定其输出极性，这个设置是通过设定 GAL16V8 的结构控制字中的 $XOR(12) \sim XOR(19)$这 8 个位来完成的，请参考本节后面的内容。

宏单元中还有 4 个数据选择器 PTMUX、OMUX、TMUX、FMUX，用于控制宏单元的工作方式。这几个数据选择器的选择输入来自结构控制字的 $AC0$、$AC1(n)$及 SYN，请参考后面的内容。

宏单元中还有一个 D 触发器，通过适当设置可使其状态输出 Q 与输出引脚相连，从而输出时序信号。

8.5.2 通用阵列逻辑器件的配置与工作方式

GAL16V8 有一个 82 位的结构控制字，用于设定芯片的工作方式和一些细节，结构控制字的内容如表 8.4 所示。

表 8.4 GAL16V8 的结构控制字

$PT63\sim$ $PT32$ (32 位)	$XOR(12)\sim$ $XOR(15)$ (4 位)	SYN (1 位)	$AC1(12)\sim$ $AC1(19)$ (8 位)	$AC0$ (1 位)	$XOR(16)\sim$ $XOR(19)$ (4 位)	$PT31\sim$ $PT0$ (32 位)

在 GAL16V8 的结构控制字中，$PT0 \sim PT63$ 共 64 位，用来禁止相应的乘积项，也就是对应的与门。例如，若设置了 $PT1$，则禁用与阵列中第 2 个乘积项，即图 8.17 中的第 2 个与门的输出。$XOR(12) \sim XOR(19)$这 8 位用来设置 8 个宏单元 OLMC12 ～ OLMC19 的输出极性，$XOR(n)$为 0 时，输出低电平有效，为 1 时输出高电平有效。$AC0$，$AC1(12) \sim AC1(19)$以及 SYN 则用来控制 GAL16V8 的输入输出方式，详细介绍见下面的内容。需要说明的是，结构控制字通常由 GAL 开发软件根据用户对应用的硬件描述生成在 GAL 熔丝图数据中，请参见下一节。

GAL16V8 的宏单元有 3 种工作方式：简单方式，复杂方式，寄存方式。这 3 种方式的细节及设置如下：

1. 简单方式(simple mode)

简单方式是无三态缓冲的输入及组合输出方式。在简单方式中，宏单元可配置为专用的输入或输出状态，并且无需控制信号，输入、输出持续有效。简单方式的设置为：输入：$SYN = 1, AC0 = 0, AC1(n) = 1$；输出：$SYN = 1, AC0 = 0, AC1(n) = 0$。

简单方式下的输入、输出所对应的宏单元等效逻辑图如图 8.19(a)，(b)所示。需要注意的是，在简单方式下，OLMC15、OLMC16 仅能作为不带反馈的输出单元，不能配置为输入单元，其等效逻辑图如图 8.19(c)所示。

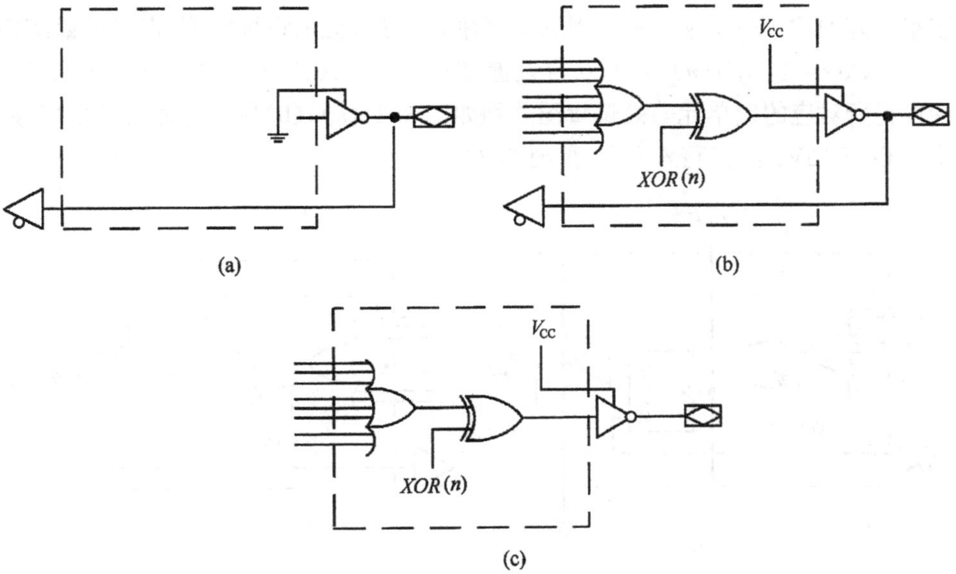

图 8.19 简单方式下的宏单元等效图

2. 复杂方式(complex mode)

复杂方式是宏单元工作在双向输入/输出的方式，此时每组与阵列的第一个乘积项用来控制三态缓冲器，从而控制宏单元进行输入还是输出。复杂方式下结构控制字中的相关设置为：$SYN = 1, AC0 = 1, AC1(n) = 1$。

复杂方式中的宏单元等效逻辑图如图 8.20(a)所示。需要注意的是，OLMC12 和 OLMC19 仅能执行三态输出，而不能输入信号，其等效逻辑图如图 8.20(b)所示。

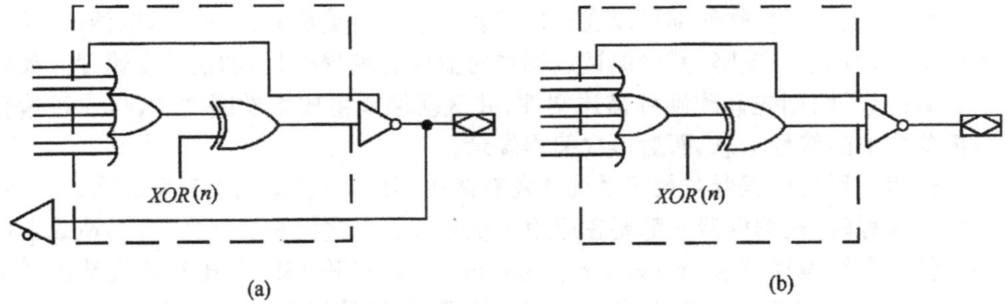

图 8.20 复杂方式下的宏单元等效图

3. 寄存方式(registered mode)

寄存方式就是设置 GAL16V8 为时序电路。在寄存方式下,可以选择让 D 触发器参与工作,使宏单元输出时序信号;也可以选择不使用该宏单元的 D 触发器,使该宏单元作为输入/输出单元使用。在寄存方式下,第 1 脚和第 11 脚固定用于提供时钟信号和输出允许信号给宏单元使用,而作为输入/输出单元的宏单元则使用该组与阵列的第一个乘积项控制三态缓冲器。宏单元的设置如下:寄存设置:$SYN = 0, AC0 = 1, AC1(n) = 0$;组合设置:$SYN = 0, AC0 = 1, AC1(n) = 1$。这两种设置所对应的宏单元等效逻辑图分别如图 8.21(a),(b)所示。最后给出寄存方式下 GAL16V8 的完整阵列图,见图 8.22。

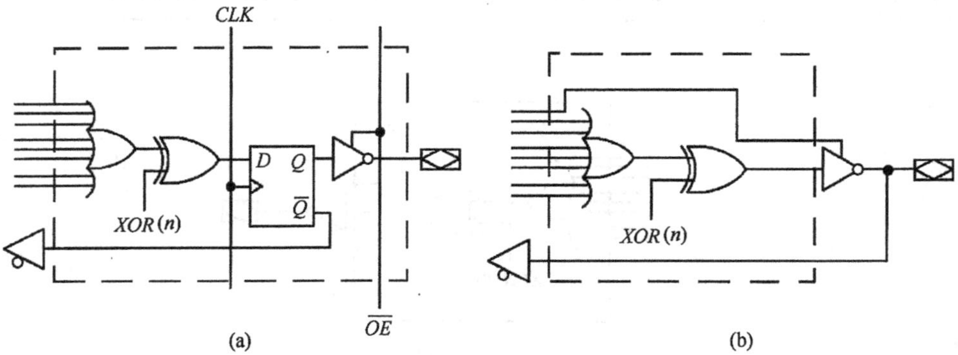

图 8.21 寄存方式下的宏单元等效逻辑图

8.5.3 GAL 的开发以及在线编程技术

通用逻辑阵列的开发首先需要编写描述数字器件或系统的描述文件,可以用 VHDL、ABEL 之类的硬件描述语言来编写,然后用 GAL 开发软件对硬件描述文件进行编译,生成针对某种具体 GAL 器件的熔丝图文件。熔丝图文件是描述 GAL 器件阵列逻辑图的文件,它直接反应器件内哪些编程单元接通,哪些断开。接下来,把 GAL 编程器与用户计算机相连,再把 GAL 器件插入编程器,编程器将根据熔丝图文件来对 GAL 器件进行编程,编程完成后就得到了用户最初设计的 GAL 芯片。此外,很多开发软件都可以在硬件编程之前对可编程器件进行模拟调试,从而可以预先发现设计缺陷,减少调试过程中对器件的编程次数,加快开发速度。如果需要修改设计,则先修改硬件描述文件,并重新编译生成熔丝图文件,再通过编程器擦除先前的编程信息,而后再次编程烧录。

使用专用的编程器对数字系统开发有诸多不便,不仅增加了开发成本,而且每次修改编程时,被编程器件都要在应用系统和编程器之间来回插拔,容易造成器件的损伤。在线编程技术(in-system programmable,简称 ISP)的出现极大地改变了这种局面,在线编程技术有时也称为在系统编程,它是指在可编程器件芯片中加入

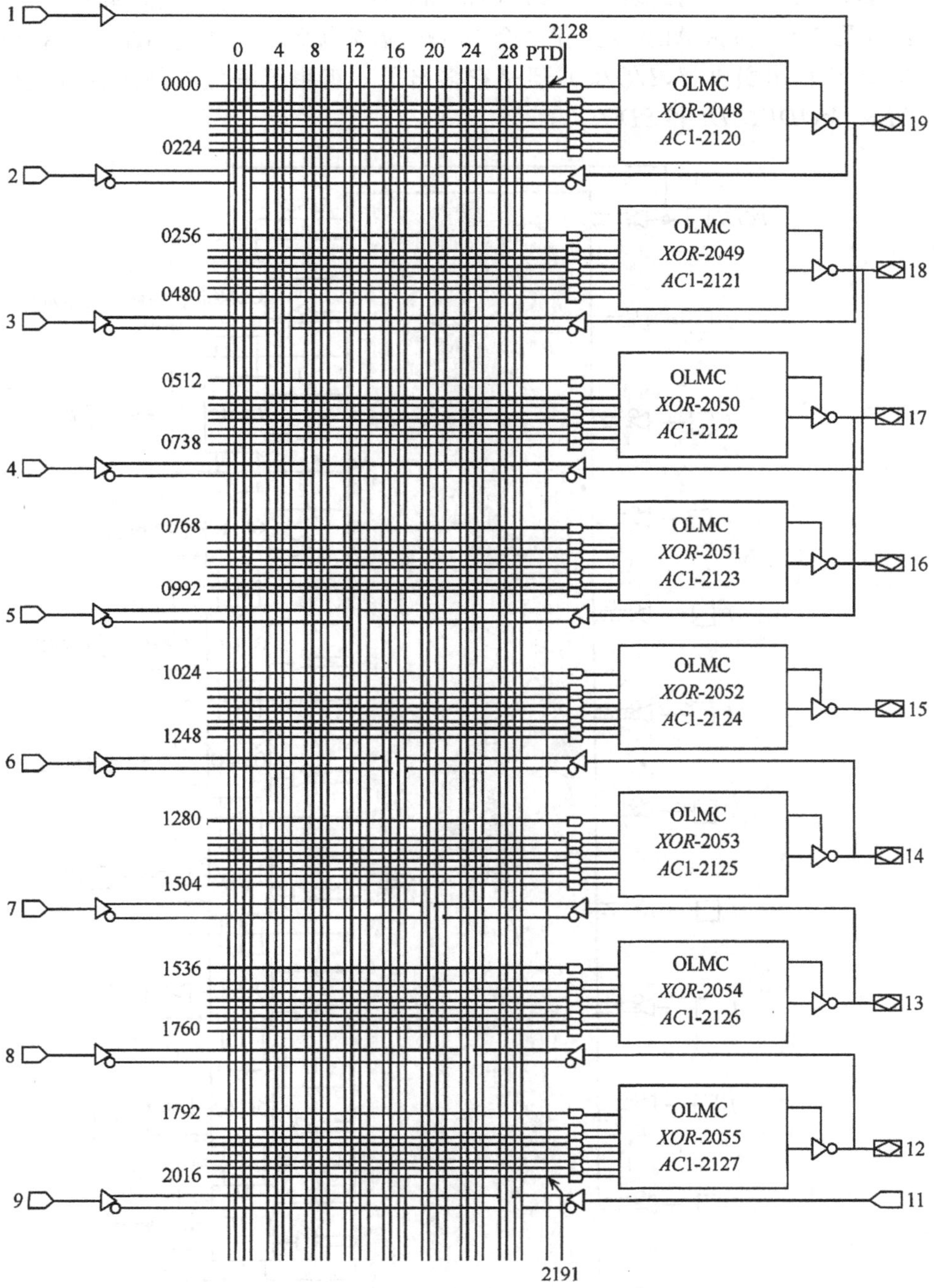

图 8.22　寄存方式下的 GAL16V8 的阵列逻辑图

了编程电路，从而可以不依赖于编程器，直接在应用设备中进行编程。现在有多种类型的在线编程 PLD 器件，这里介绍基于通用阵列逻辑的一种常见的在线编程器件——ispGAL22V10。

ispGAL22V10 的封装包括 SSOP(shrink small-outline package,缩小外形封装)以及 PLCC。ispGAL22V10 是一个 28 脚的集成电路,它有着与 GAL16V8 类似的输入和输出引脚($I,I/O/Q$),但是它多出了一组用于编程控制的引脚,包括 $SCLK$、$MODE$、SDI 和 SDO。

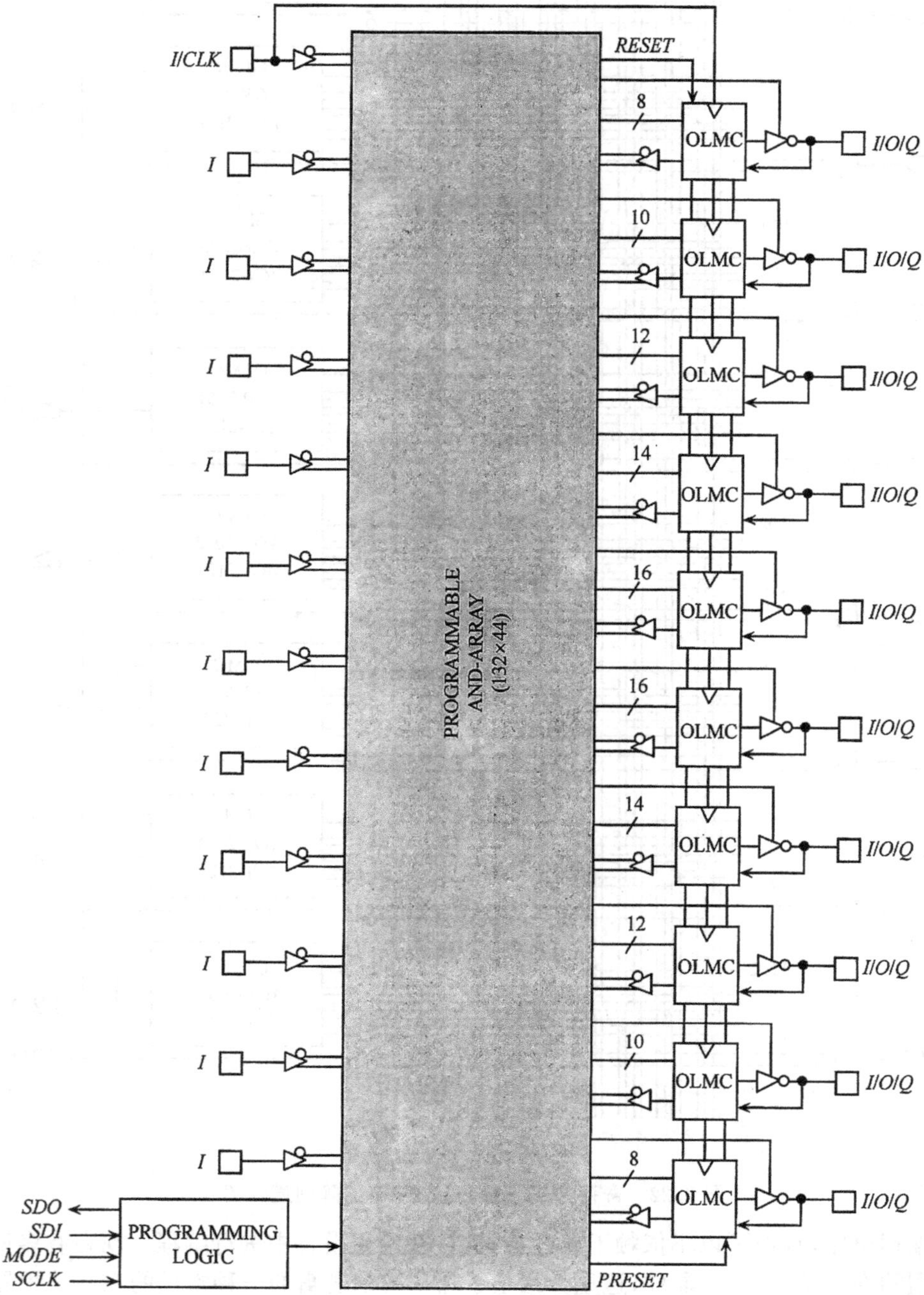

图 8.23 ispGAL22V10 的结构框图

ispGAL22V10 的结构框图如图 8.23 所示，它的可编程与阵列为 132×44，并且有 10 个输出宏单元 OLMC。与阵列分成 10 组，各组包含的与门数目从 8 个到 16 个不等；各组与阵列与对应的宏单元相连接，在宏单元内进行逻辑加；宏单元可根据应用需要设置为组合输入/输出方式或寄存方式，并且有效电平也是可以设置的。

在进行编程烧录时，ispGAL22V10 可以在应用系统的电路中进行编程。此时，通过 *MODE* 端控制编程方式，*SCLK* 端送入编程使用的时钟信号，需要编程烧录的数据则通过 *SDI* 引脚串行输入，输入的数据即为熔丝图数据。

习 题 八

8.1 用 PROM 实现以下的一组多输出逻辑函数，要求作出真值表和阵列逻辑图。

$$\begin{cases} F_1(A,B,C) = \overline{A}\overline{B}C + A\overline{B}\overline{C} + ABC \\ F_2(A,B,C) = \overline{A}C + AB + \overline{B}\overline{C} \\ F_3(A,B,C) = \overline{A} + B + C \end{cases}$$

8.2 用 PROM 构成一个二进制全加器/全减器。该电路有一个控制端 M，三个数据输入端 $A_iB_iC_{i-1}$和两个输出端 C_iS_i。当控制端 $M = 0$ 时，该电路执行加法运算，此时 $A_iB_iC_{i-1}$分别表示被加数、加数和进位输入，C_iS_i 分别为进位输出以及和数；当控制端 $M = 1$ 时，该电路执行减法运算，此时 $A_iB_iC_{i-1}$分别表示被减数、减数和借位输入，C_iS_i 分别为借位输出以及差数。要求作出真值表和 PROM 阵列图。

8.3 用 PLA 实现一个七段数码显示译码器。该译码器接受 4 位的 8421BCD 码，然后转换成 7 位的显示码，并且可以驱动一个共阴极七段数码管，显示此 BCD 码表示的十进制数。要求作出真值表和 PLA 阵列图。

8.4 用 PLA 构成一个两位二进制加法器。加法器的输入端包括被加数 A_1A_0，加数 B_1B_0 以及来自低位的进位 C_0；输出端则为和数 S_1S_0 及进位输出 C_2。要求该加法器中的进位方式为超前进位。

8.5 设计一个"101110"序列检测器，每当输入端发现有"101110"序列时，检测器便输出逻辑 1。该序列检测器用时序 PLA 实现，设时序 PLA 中的触发器为 D 触发器。

8.6 用时序 PLA 构成一个十进制计数器，此计数器采用 8421BCD 码，具有一个进位输出。设时序 PLA 中的触发器为 D 触发器。

第九章　数字系统及其设计

本章首先介绍了数字系统的一些基本概念、结构和描述方法，然后通过一些例题讲述了用算法状态机图(ASM 图)进行数字系统设计的方法，最后结合一个典型的数字系统——简易计算机的设计过程叙述了寄存器传输语言在数字系统设计中的应用以及数字设计的一些基本思路。

9.1　数字系统概述

数字系统是指按离散形式表示信息并处理信息的设备或装置。所谓离散形式，也就是不连续的形式，如灯泡的点亮/熄灭、开关的闭合/断开、电压的高/低、磁化的正向/反向等都可以用来表示信息。在数字系统的发展历程中，出现过各种不同的硬件实现。17 世纪到 19 世纪，出现了用齿轮等机械元件实现的加法器和差分器，可以认为是现代数字系统的始祖。20 世纪以来，随着电子技术的兴起和进步，数字系统进入了快速发展时期：首先是在 20 世纪 30 年代，出现了用继电器构成的计算装置；随后在 1945 年组装完成了第一台电子管数字计算机 ENIAC；1947 年晶体管诞生，数字系统进入晶体管时代，晶体管的出现使得数字系统的体积和功耗显著减小，而可靠性大为提高。20 世纪 60 年代出现了集成电路，随着集成电路工艺的不断改进、集成度的不断提高，数字系统也发生了巨大的变化。如今，由超大规模集成电路构成的数字系统已经广泛应用于我们的生活当中：办公处理、工业控制、通信、导航以及各种家用电器，都采用了各种形式的数字系统，数字系统的应用对人类社会有着深远的影响。

与数字系统截然相反的是模拟系统，即采用连续形式表示信息并处理信息的设备或装置。举例来说，声音可以用连续的电压信号或电流信号表示，即所谓的音频信号；而音频放大及音响功放常采用模拟电路，属于模拟系统。

在数字系统得到有效发展之前，曾经使用过诸如模拟计算机等模拟系统，但由于其固有的弱点，如今模拟系统只用于某些特定领域(如音响设备)或作为数字系统的一个组成部分来使用。与模拟系统相比较，数字系统具有这样一些特点：

1) 功耗低。当前，数字系统采用数字电路实现，其元器件工作于开关方式，即晶体管在导通/截止两个状态之间切换，器件本身的热耗散低。

2) 可靠性高。数字电路中的电信号为高电平/低电平，二者之间的差别显著，使信息的存取可靠，并能够承受较大的干扰。

3）信息处理能力强。通过采用适当的编码，数字系统可以表示各种类型的信息，如声音、图像等等，表示的精度也易于控制；处理的方式则体现在各种算法设计中，并且可通过修改算法来改进处理效果。

4）通用性好。数字计算机可以通过编写不同的程序以适应不同的应用需求；采用可编程逻辑器件的各种专用数字系统也可通过硬件编程来实现各种功能。

正是由于具有上述优点，数字系统才得到了广泛的应用。

9.2 数字系统的描述及设计

数字系统可以采用层次化的模型来描述和设计，即按照从抽象到具体把数字系统划分成若干个层次，每个层次在不同的抽象级别上描述其功能和结构。

这里所涉及的内容，主要考虑数字系统的系统级、寄存器级和逻辑门级的层次模型，如表 9.1 所示。各个层次包含以下的内容：

表 9.1 数字系统的分层描述与设计

层次	类型	内容
系统级	行为	抽象描述系统的运行方式
寄存器级	功能	按寄存器传送的观点说明信息处理过程
逻辑门级	硬件构成	逻辑电路构成

（1）系统级

在系统级层次，可把数字系统按其运行方式划分为若干相互连接的模块，并对各个模块的行为作出说明。例如，数字计算机在系统级可划分为处理器、存储器、输入输出等几个模块，其中，处理器控制整个系统的运行并执行各种数据运算，存储器用来存放数据和代码，输入输出模块用于计算机与人或其他设备的交互。

系统级模型最为抽象，仅考虑模型的行为方式，不考虑其实现细节，模块的实现细节在更低的层次中进行设计。

（2）寄存器级

在寄存器级中，数字系统及其模块可看成是由若干寄存器及功能部件构成的，这些寄存器和功能部件通过信号传输线互相连接。其中，寄存器可存放信息，而各个功能部件用于执行特定的运算处理。当信息沿传输线在各个寄存器及功能部件之间传送时，数字系统实现了对信息的加工处理。例如，计算机中的处理器由程序计数器、地址寄存器、指令寄存器、指令译码器、累加器、数据寄存器、算术逻辑单元等部件构成，各个部件之间通过总线连接。处理器工作的时候，各种信号在各个部件间不断传送；代码或数据地址由地址总线在寄存器和存储器之间传送；数据和代码通过数据总线在各寄存器及部件之间传送，以完成译码及数据运算；译码产生的控制信号经控制信号线送往处理器各部件以及存储器和输入输出模块。

(3) 逻辑门级

按照逻辑门级的层次，可把数字系统看成一个逻辑电路，就是由逻辑门连接成的网络。该层模型的内容就是逻辑电路的分析、设计，这也是本课程前几章的主要内容。逻辑门级主要描述的是数字系统的硬件构成，而不能直接得到系统的行为或功能的描述，需要再作分析、判断。对于某些需定制集成电路的情况，还要进一步作更低层次的描述、设计，包括晶体管线路级和器件物理级的设计，这些层次中几乎完全是关于硬件实现的描述。在本课程中，将以逻辑门级作为逻辑设计的底层，而不会涉及更低层次。

在实际设计中，常采用自顶向下的设计方法，这种方法的思路就是：从抽象到具体，从整体到局部。设计步骤如下：

(1) 确定设计目标

任何数字系统都是为满足一定的需求而设计制造的，在设计之初首先要了解这种需求，并以此指定设计目标，此后的设计过程应围绕设计目标进行。

(2) 进行模块划分

对于功能复杂的数字系统，直接进行逻辑设计是困难的，可将其划分为若干模块或子系统，每个模块或子系统具有明确的功能，再对各部分分别设计。有时模块或子系统过于复杂，还需要进一步划分成更小的单位来设计。

(3) 进行算法和结构设计

对于一个具体的设计单位，如一个简单的数字系统或复杂数字系统的一个模块或子系统，可将其分解为控制单元和运算处理单元两个部分，如图 9.1 所示：控制单元读取运算处理单元的状态信息，并向其发出控制命令；而运算处理单元接收控制单元的命令并执行相应的运算处理操作，向控制单元反馈其状态；控制单元和运算处理单元按照特定的算法进行信息处理。设计过程中，需选择适当的算法，并确定控制单元和运算处理单元的构成。

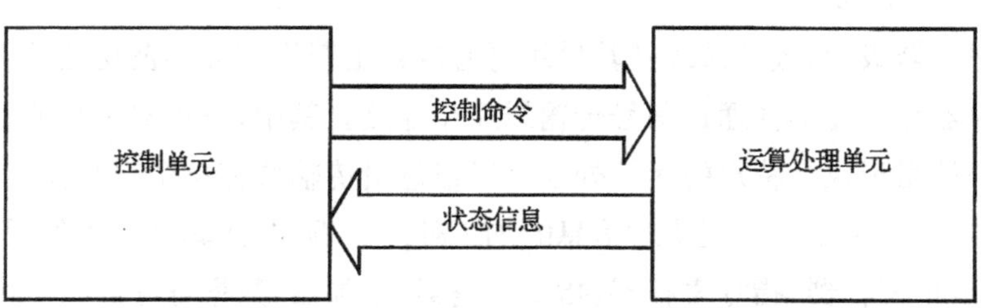

图 9.1　数字系统结构

(4) 测试评估

对设计的数字系统进行测试,寻找可能存在的缺陷和错误,作出相应的修改。目前,许多计算机辅助设计软件都支持对数字系统的模拟测试,从而降低了设计成本并缩短了设计周期。

上面的叙述仅给出了数字系统设计的概念和指导原则,实际的设计过程需要设计者不断积累经验,反复摸索尝试。下面将介绍一些数字系统的描述、设计工具。

9.3 算法状态机图

算法状态机图(algorithmic state machine diagram,简称 ASM 图)是一种描述数字系统中硬件电路实现算法的流程图,有些类似于软件设计中的算法状态图。ASM 图中包含三种符号,如图 9.2 所示。

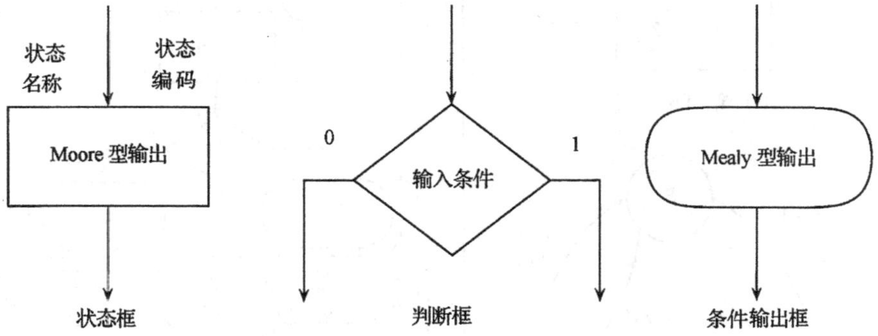

图 9.2 算法状态机图的基本符号

1. 状态框

状态框代表系统或电路的一个状态。状态名称可置于状态框的左上角或填写在框内;若已分配了编码,可将编码表示在状态框的右上角;对于 Moore 型状态机;在框内写出输出状态,还可以在框内用文字叙述抽象操作;一个状态框只能有一个入口和一个出口。

2. 判断框

判断框表示状态的转移。状态转移的方向基于输入信号的状态,该输入信号标于判断框内;判断框有一个入口和两个出口,这两个出口分别对应于输入状态为 0、1 时的转移,在图上分别用数字 0、1 标出,有时也可用字母 F、T 来表示。

3. 条件输出框

条件输出框用于表示 Mealy 型状态机在状态转移过程中根据输入条件给出的输出状态，该输出就写在框内。条件输出框有一个入口和一个出口，其入口来自于判断框，出口去往状态框，这也反映了状态转移是由输入序列决定的。

图 9.3 是一个算法状态机图的例子。某假想数字系统有一个输入端 X 和两个输出端 Z_1、Z_2，如图 9.3(a)所示。图 9.3(b)是该数字系统的算法状态机图。算法状态机图能反映数字系统在进行信息处理时所采用的算法，并且可以反映出硬件的状态。图 9.3(b)中的虚线框并不是 ASM 图的符号，仅表示框内部分属于一个状态。

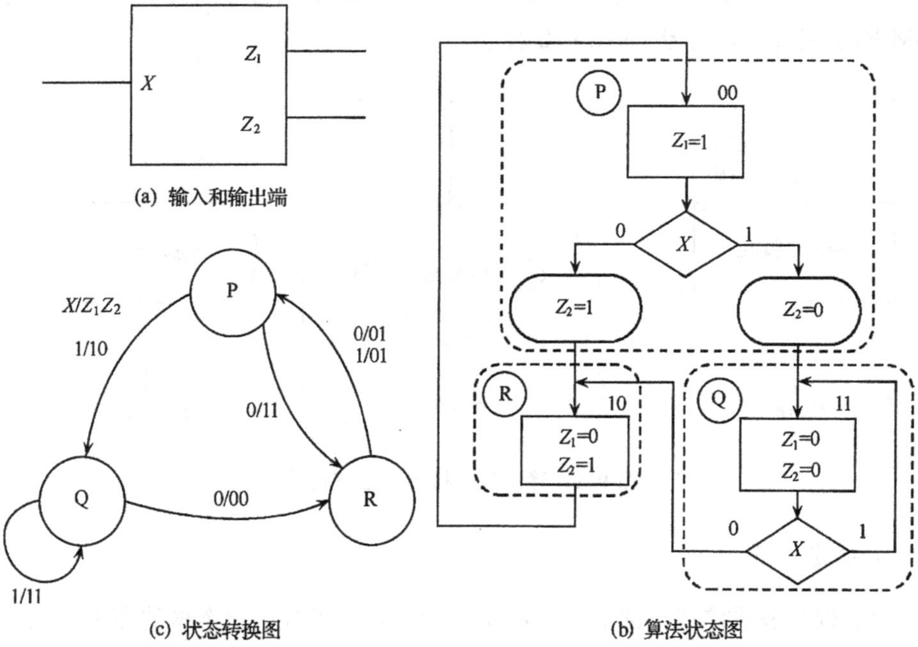

(a) 输入和输出端　(c) 状态转换图　(b) 算法状态图

图 9.3　算法状态图举例

图 9.3(b)中显示该系统有 3 个状态 P、Q、R，它们的编码已分配为 00、11、10。对于状态 P，输出 $Z_1=1$，而 Z_2 的输出则依赖于输入 X：若 $X=1$，则 $Z_2=0$，且当时钟信号到来时转入状态 Q；若输入 $X=0$，则输出 $Z_2=1$，且次态为 R。关于状态 R、Q 中执行的操作，从图中也不难看出：处于状态 R 时，输出 $Z_1Z_2=01$，次态为 P；处于状态 Q 时，输出 $Z_1Z_2=00$，次态根据输入 X 的状态可分别转入 Q、R。

算法状态图能够转化为状态转换图，图 9.3(c)就是图 9.3(b)的等效状态转换图。但 ASM 图可以表示出所采取的算法，因而常常用来进行算法设计。实际设计过程中，ASM 图可用于系统级或寄存器级的逻辑设计。ASM 图完成后，可转换成状态转换图，进行逻辑门一级的设计，最终得到逻辑电路图。下面举一个例子来说明如何用 ASM 图进行算法设计。

【例 9.1】 设计一个自动售报机的控制器。

解：为简化设计，规定该售报机只售一种报纸，价格 1.5 元/份；有一个投币口，只接受 1 元和 5 角的硬币；售报机设有取消键，按下该键可退出投入硬币，放弃购买；有一个出币口，用于退币及找零。这里唯一需要找零的情形就是：投入两个 1 元硬币，送出报纸并找回一个 5 角硬币。

由于这里考虑的是控制单元的设计，因此对于控制单元之外的部分(即运算处理单元)作如下的说明：

1) 投币口有传感器，对于投入的 5 角、1 元硬币，分别产生有效信号 I_5、I_{10}并送至控制器。

2) 按下取消键后将通过相关电路产生信号 R，使控制器回到初始状态，但退出本次所投硬币则由控制器之外的电路进行控制，这样可以简化控制器的设计。

3) 售报机送出报纸及找零分别由控制器的输出信号 S、C 来控制。

根据这些情况，控制器有 R、I_5、I_{10}三个输入端，S、C 两个输出端，如图 9.4(a)所示。用文字叙述该售报机采用的算法步骤：

1) 处于初始状态：若投入 5 角则转入步骤 2)；若投入 1 元则转入步骤 3)；否则停留在初始状态。

2) 已投入 5 角的状态：若又投入 5 角则转入步骤 3)；若投入 1 元就售出一份报纸并转入步骤 1)，同时回到初始状态；否则停留在当前状态。

3) 已投入 1 元的状态：若投入 5 角，送出一份报纸并回到步骤 1)；若投入 1 元则售出报纸并找零，然后回到步骤 1)；否则停留在当前状态。

除此之外，任何状态下若按下取消键则退出本次投入的硬币并转入步骤 1)、恢复初始状态。按这个思路，可以作出图 9.4(b)中的 ASM 图。图中 Q_0 为初始状态，Q_5、Q_{10}分别为投入 5 角和 1 元时的状态。图中只列出了 S、C 有效时的输出。按下取消键时退币动作由另外的电路来控制，图中没有相应的描述。

控制器的 ASM 图可以转化为状态转移图，如图 9.4(c)所示。对于本例而言，有经验的设计者可直接作出状态转移图，使用算法状态机图反而使设计过程复杂。然而算法状态机图的优势在于能够反映信息处理的方法步骤，这是状态转移图难以表现出来的。

在得到状态转移图后，需做进一步的逻辑设计，包括行代码分配、选择触发器、求出激励函数和输出函数，最后作出逻辑电路图。这些内容在前几章有详细的讨论说明，此处从略。

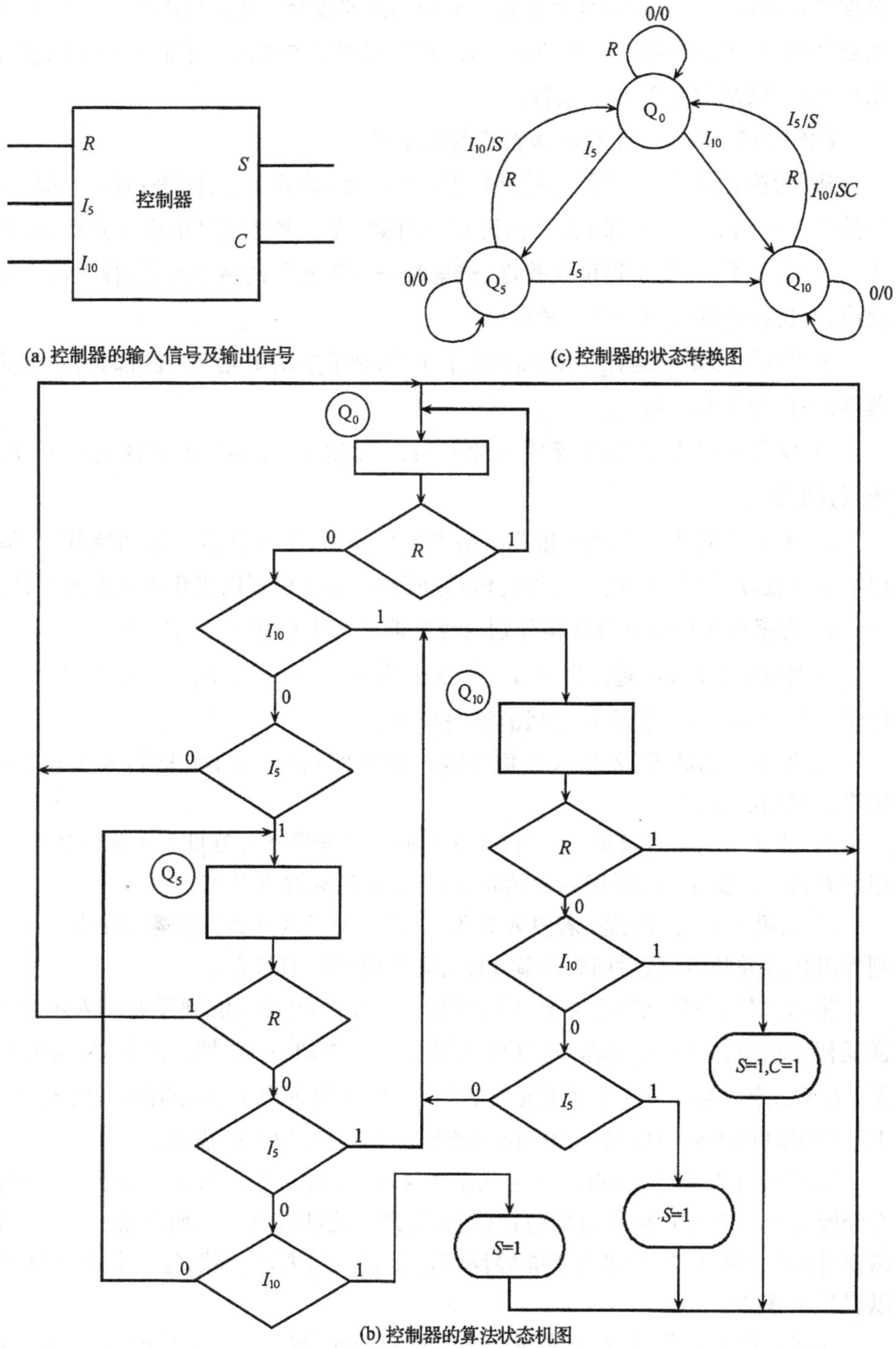

(a) 控制器的输入信号及输出信号

(c) 控制器的状态转换图

(b) 控制器的算法状态机图

图 9.4　自动售报机控制器的 ASM 图及状态转换图

9.4 寄存器传送语言

前面在介绍数字系统的层次化模型时曾经提到，在寄存器级中可把数字系统看成是由若干寄存器和各种功能部件互相联接构成的，这些联接包括各种数据信号线和控制信号线。当信息在寄存器和各功能部件之间传送、流动时，数字系统便完成了对信息的运算处理。

对于寄存器级数字系统的描述，无法使用状态表、状态图等逻辑门级的描述工具，因为在组成系统的模块或子系统中，可能包含成百上千个状态，而且在这一级中，不应以状态的变化来描述系统，而是应按信息在各部件间的传送、对信息进行的各种运算处理来描述系统。为了描述寄存器和功能部件的操作，人们提出了类似于高级编程语言的描述工具——寄存器传送语言(register-transfer language)，由于这种语言可以用来设计数字计算机，因此也称为计算机硬件描述语言(computer hardware description language)。

一些学者和组织提出了各种不同的寄存器传送语言，这里介绍的是CONLAN，它是由一个国际工作小组制定并于1983年公布的。下面结合前面提到的自动售报机控制器的例子来说明如何用CONLAN来进行数字系统设计。

首先，售报机的控制器作为一个模块单元，其名称及输入输出的CONLAN描述为

```
DESCRIPTION vender_control(IN r,i5,i10:btm;OUT s,c:btm)BODY
```

其中，保留字DESCRIPTION用来表示其后内容为一个数字系统或模块的描述，任何对象的定义都要以DESCRIPTION来开始；而vender_control是被定义的模块的名称，使用小写是因为所有的CONLAN保留字都使用大写，用户定义的标识使用小写；IN说明r、i5、i10是输入端，OUT说明s、c是输出端；btm是布尔型端子描述符，表示该模块中r、i5、i10、s、c都是传送二进制状态的信号线，注意，它不是保留字而是预先定义好的描述符。

接下来说明控制器中的状态：

```
DECLARE q0,q5,q10:state ENDDECLARE
```

保留字DECLARE用于声明被定义对象内部使用的信号线、寄存器或状态的名称，而state也是一个预定义描述符，用来说明q0,q5,q10是状态名称。

控制器进入状态q0后的操作可用下面的CONLAN语言来说明：

```
q0:    IF r THEN s.=0,c.=0,-> q0
       ELIF i5 THEN s.=0,c.=0,-> q5
       ELIF i10 THEN s.=0,c.=0,-> q10
       ELSE s.=0,c.=0,-> q0
```

```
ENDIF
```

其中,“q0:”表示其后内容是在状态 q0 中进行的操作。这里使用了嵌套的 IF 语句。CONLAN 也使用条件语句,格式为

```
IF condition1 THEN operation1
ELIF condition2 THEN operation2
… …
ELSE operation
ENDIF
```

其含义为:若条件 condition1 满足,执行 operation1;否则若 condition2 满足,执行 operation2;… …;若所有条件皆不满足,执行 operation。在状态 q0 中,依次对输入端 r、i5、i10 的状态进行测试,若为逻辑 1,则把输出端 s、c 置成逻辑 0,并分别转入次态 q0、q5、q10。这里需要注意的是,用逗号分隔的各个操作是同时发生的,并没有次序上的先后;“.=”表示信号的联接和传输,“->”表示状态的转移。

控制器处于 q5、q10 状态时的操作,也不难用 CONLAN 语言写出。下面给出完整的描述:

```
DESCRIPTION vender_contro1(IN r,i5,i10:btm;
                                    OUT s,c:btm)BODY
DECLARE q0,q5,q10:state ENDDECLARE
q0:    IF r THEN s.=0,c.=0,->q0
       ELIF i5 THEN s.=0,c.=0,->q5
       ELIF i10 THEN s.=0,c.=0,->q10
       ELSE s.=0,c.=0,->q0
       ENDIF
q5:    IF r THEN s.=0,c.=0,->q0
       ELIF i5 THEN s.=0,c.=0,->q10
       ELIF i10 THEN s.=1,c.=0,->q0
       ELSE s.=0,c.=0,->q5
       ENDIF
q10:   IF r THEN s.=0,c.=0,->q0
       ELIF i5 THEN s.=1,c.=0,->q0
       ELIF i10 THEN s.=1,c.=1,->q0
       ELSE s.=0,c.=0,->q10
       ENDIF
ENDvender_contro1
```

以上 CONLAN 语言描述的并没有涉及售报机控制器内部的硬件结构，而仅仅是算法描述。若要得到控制器的逻辑电路结构，还需要对状态分配代码，求出触发器的激励及输出等等，这可人工进行或用计算机辅助设计系统完成。目前许多数字系统 CAD 软件都能够读入硬件描述语言，产生相应的逻辑电路图、绘制印刷电路布局图，还能进行仿真测试。下面介绍一个复杂一些的例子，来说明 CONLAN 对数字系统的描述功能及其应用。

【例 9.2】 结合 CONLAN 语言介绍简易计算机的设计。

解：数字计算机的设计是一项非常复杂的任务。使用在什么环境中？如何划分体系机构？如何确定指令系统？使用何种器件来实现？配有什么样的软件系统和外围设备？由于涉及的问题广泛而又复杂，这里仅就一个简化的模型计算机来说明数字计算机的逻辑设计过程。

(1) 简易计算机的硬件结构和指令系统

数字计算机是一种采用程序逻辑的数字系统，具有很强的灵活性和通用性。通常，数字计算机可以分成控制单元、运算单元、存储单元、输入输出单元几个部分，如图 9.5 所示。其中，控制单元根据指令及各模块的状态信息发出控制信号，从而控制计算机的运行；运算单元可进行各种算术运算和逻辑运算；控制单元和运算单元可制成一个单一的器件，称为中央处理器(CPU)。存储单元用来存放数据和代码，控制单元从存储单元中读取指令，运算单元中参加运算的数据也是从存储器中取出，结果再写回存储器。输入输出单元可使计算机和其他数字系统交换数据或进行人机交互。

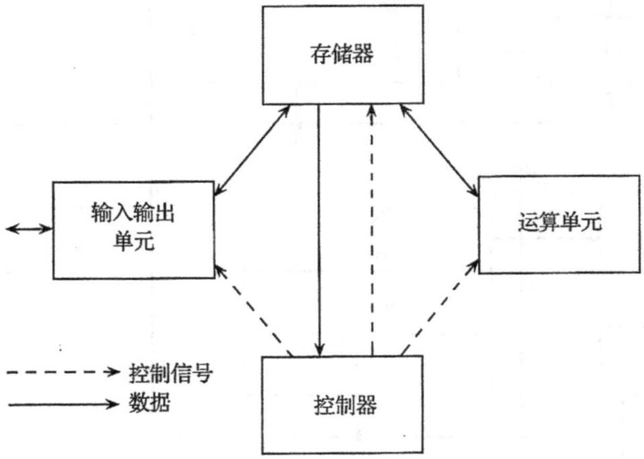

图 9.5　数字计算机的组织

为简化设计，本例中简易计算机的字长定为 16 位，地址码定为 12 位，这样可寻址 4096 个字。机器数采用 16 位补码表示。指令取高 4 位为操作码 op，其余 12

位为地址码。可用作数据和指令格式，参见图 9.6。

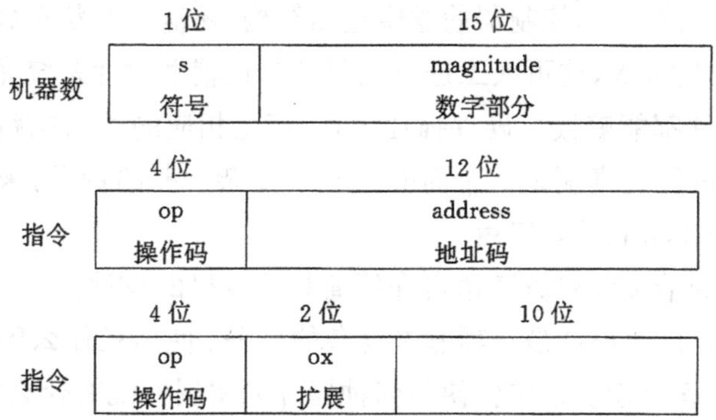

图 9.6　数据及指令格式

对于简易计算机，一般不用划分成处理器、存储器、输入输出等模块分别设计，而是将它看成一个整体，在寄存器级直接设计。简易计算机包含的部件及数据线如图 9.7 所示。

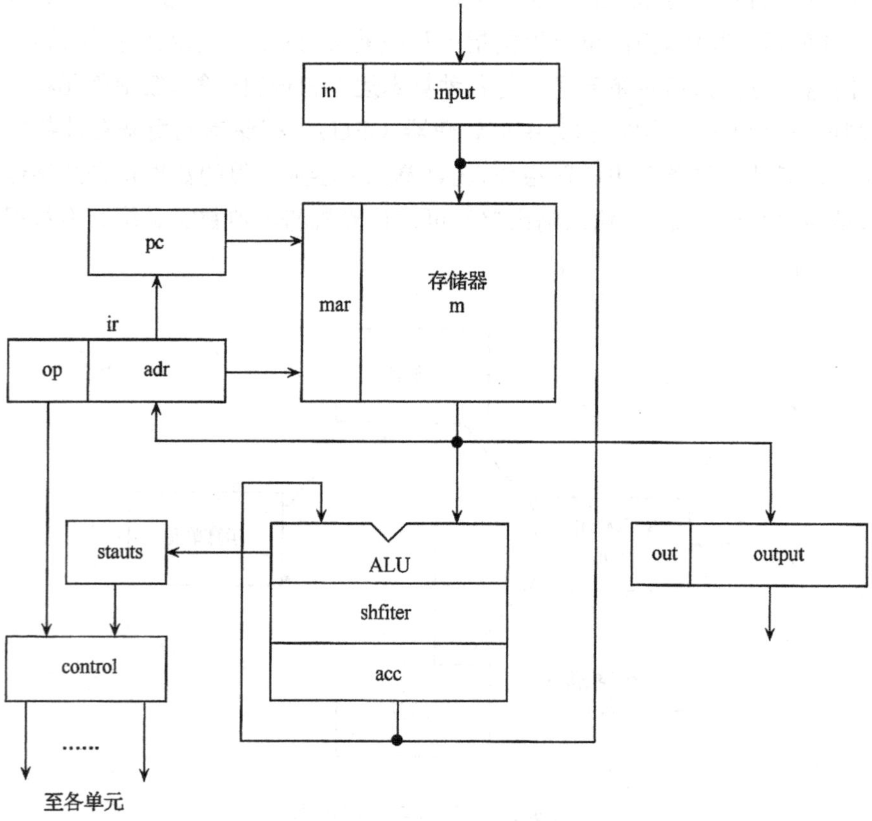

图 9.7　简易计算机的部件和数据通路

图 9.7 中的各个部件的说明如下：

pc 为程序计数器，存放的是指令的地址。程序计数器可以加 1 计数以指向下一条地址。

存储器 m 是一个 16 位字长、4096 字的随机存储器(RAM)，每个字通过一个 12 位地址来寻址。存储器操作时先将地址放入存储器地址寄存器 mar，在下一个时钟对地址译码并寻址存储器 m，完成读写操作。

简易计算机中的运算部件包括：一个算术逻辑单元 ALU，用于执行算术运算和逻辑运算；一个移位寄存器 shifter，可以对数据执行移位操作；一个累加器 acc，用于存放运算数及运算结果。对于有两个数参加的运算，如加法、减法运算，第一个运算数先进入 acc，第二个直接从存储器中读入。

每当执行一条指令时，先由存储器读取并送入指令寄存器 ir。指令分为 4 位操作码 op 和 12 位地址码 adr 两部分。其中，操作码 op 送至控制器 control 译码，地址码 adr 送至地址寄存器 mar 进行存储器读写。

input 和 output 是输入输出寄存器，均为 16 位；in、out 分别为输入和输出状态标志寄存器，都是 1 位。

状态寄存器 status 用来表示 ALU 运算结果的状态，有 4 个标志位，分别表示进位、溢出、符号及结果为零，这 4 个标志位可用于条件转移。

控制器 control 根据指令操作码 op 以及运算状态 status 产生控制信号，控制系统中各个部件的工作。控制器中包括译码器和控制信号发生电路。

为了简化设计，这里选取的指令集中只有 10 条指令，如表 9.2 所示。这 10 条指令对于实际应用的系统来说显然是不够的，但可以使读者理解设计过程。表中的 EDC 状态(简易计算机状态)是指当执行该指令时所处状态的名称，这个状态名称将在后面的 CONLAN 描述中用到，而控制器发出的控制信号也使用相同的名称。

(2) 简易计算机的 CONLAN 语言描述

首先，这里采用 edc 作为简易计算机的 CONLAN 标识，意即 elementary digital computer。EDC 还有一个时钟输入 ck。用 CONLAN 语言可表示成

```
DECRIPTION edc(CLOCK ck:btm)BODY
```

为了表明 ck 是时钟信号，使用了保留字 CLOCK 来说明；然后是 EDC 中的寄存器和存储器，如果用触发器来实现，可以这样来描述：

```
DECLARE
  in,out,pc[1:12],mar[1:12],acc[1:16],
  input[1:12],output[1:16],m[0:4095;1:16]:flip_flop;
  ir[1:16]:flip_flop=op[0:3]#adr[1:12];
  status[1:4]:flip_flop=carry#ovf#sign#zero;
```

其中出现了一个预定义标识 flip_flop，用来说明这些寄存器使用触发器实现。而寄存器中除输入、输出状态寄存器 In、out 仅有 1 位以外，其余都是多位的，pc 和 mar 都是 12 位的，用数组 pc[1:12]和 mar[1:12]表示，16 位的累加器用 acc [1:16] 表

表 9.2 简易计算机的指令集

指令	助记符	编码		执行的操作	EDC 状态
		op	adr		
输入	INP	0000	adr	把输入寄存器 input 中的数据按地址 adr 存入存储器	exinp
输出	OUT	0001	adr	把存储器中地址为 adr 的内容传送到输出寄存器 output	exout
累加器装入	LDA	0100	adr	把存储器中地址为 adr 的内容传输到累加器 acc	exlda
加法运算	ADD	0101	adr	把累加器 acc 的数据和地址为 adr 的数据相加,结果送回 acc	exadd
减法运算	SUB	0110	adr	把累加器 acc 的数据和地址为 adr 的数据相减,结果送回 acc	exsub
与运算	AND	0111	adr	把累加器 acc 的数据和地址为 adr 的数据逐位逻辑与,结果送回 acc	exand
累加器存入存储器	STO	1000	adr	把累回器 acc 中的数据按地址 adr 存入存储器	exsto
转移	TRA	1001	adr	把 adr 所指存储器内容作为下一条指令,执行转移	extra
条件转移(累加器为零)	TRZ	1010	adr	若累加器 acc 为零按地址 adr 执行转移	extrz
条件转移(累加器为负)	TRN	1011	adr	若累加器 acc 为负数按地址 adr 执行转移	extrn

示。存储器 m 是一个 16 位字长、4096 字的阵列,用二维数组表示成 m[0:4095; 1:16];指令寄存器 ir 也是 16 位长,但可以分解为 4 位的操作码 op[0:3]和 12 位的地址码 addr[1:12],两者之间的符号#表示连接。状态寄存器 status 是个 4 位的寄存器,由 4 个标志寄存器连接而成,这 4 个标志分别是进位标志 carry,溢出标志 ovf,符号位标志 sign,零标志 zero。

简易计算机运行时要先从存储器中读取指令,指令的读取需要两个时钟来完成:第 1 个时钟里,把程序计数器 pc 中的指令地址送入地址寄存器 mar 中,并且 pc 加 1 计数,指向下一条地址;第 2 个时钟里,按地址从存储器中取出指令,送入指令寄存器 ir。将这两个时钟里 EDC 所处的状态分别命名为 if1 和 if2,这样取指令的过程可以描述为

if1:mar<—pc,pc<—pc+1,—>if2;

if2:ir<—m[mar],—>id;

请注意这里使用了寄存器传送符号"<—",它与状态转移符"—>"是不同的。

状态 if2 结束后,进入状态 id,在此状态中进行译码。译码时,根据操作码 op 的编码决定 id 结束后的次态,即执行具体操作的状态。译码的过程如下:

```
id:mar<-adr,
  CASE op IS
    0:->exinp;1:->exout;4:->ex1da;
    5:->exadd;6:->exsub;7:->exand;
    8:->exsto;9:->extra;10:->extrz;
    11:->extrn
  ENDCASE;
```

上面使用了 CASE 语句,它可根据操作码 op 的值转入不同的分支,每个分支都是转向某个代码执行的状态,状态名称见表 9.2。在 id 结束后,EDC 会根据当前指令转入某个执行状态,并根据状态寄存器 status 产生控制信号送至各部件,从而控制各部件的操作。此过程需要的时钟数随指令的不同而不同,例如,对于输入指令 INP,它的执行过程是这样的:如果输入状态寄存器 in 为逻辑 1,这表明输入设备已经把数据字置入输入寄存器 input 当中,则 EDC 从 input 中将数据读入到存储器中,并把状态寄存器 in 置成 0,表示外设可以继续输入数据;如果 in 为逻辑 0,说明寄存器 input 无效,则次态转入 exinp,直至外设将新的数据字置入 input,并将 in 置 1 为止。这个过程会由于输入设备的速度不同而需要 1 到多个时钟不等。对于加、减运算,只需一个时钟。

```
exinp:IF in THEN m[mar]<-input,in<-0,->if1
    ELSE->exinp ENDIF;
```

下面给出简易计算机完整的 CONLAN 描述,其中,状态 exand 中出现了与运算符 &,用于两个数据字按位进行逻辑与。

```
DECRIPTION edc(CLOCK ck:btm)BODY
DECLARE
   in,out,pc[1:12],mar[1:12],acc[1:16],
   input[1:12],output[1:16],m[0:4095;1:16]:flip_flop;
   ir[1:16]:flip_flop=op[0:3]#adr[1:12];
   status[1:4]:flip_flop=carry#ovf#sign#zero;
   if1,if2,id,exinp,exout,ex1da,exadd,
   exsub,exand,exsto,extra,extrz,extrn:state
ENDDELARE
   if1:mar<-pc,pc<-pc+1,->if2;
   if2:ir<-m[mar],->id;
   id:mar<-adr,
     CASE op IS
       0:->exinp;1:->exout;4:->ex1da;
       5:->exadd;6:->exsub;7:->exand;
```

```
        8:->exsto;9:->extra;10:->extrz;
        11:->extrn
      ENDCASE;
    exinp:IF in THEN m[mar]<-input,in<-0,->if1
        ELSE->exinp ENDIF;
    exout:IF out THEN->exout ELSE
        output<-m[mar],out<-1,->if1 ENDIF;
    exlda:acc<-m[mar],->if1;
    exadd:acc<-acc+m[mar],->if1;
    exsub:acc<-acc-m[mar],->if1;
    exand:acc<-acc & m[mar],->if1;
    exsto:m[mar]<-acc,->if1;
    extra:pc<-adr,->if1;
    extrz:IF zero THEN pc<-adr ENDIF,->if1;
    extrn:IF sign THEN PC<-adr ENDIF,->if1
ENDedc
```

(3) 简易计算机的寄存器设计和控制器设计

简易计算机的寄存器设计包括各寄存器、运算器等部件的设计以及部件之间的连接设计。各种寄存器和运算部件在本书其他章节中有所介绍,这里仅就各部件间的连接进行讨论。

首先,根据前一节的寄存器传输描述,可以总结出简易计算机中的寄存器传输操作,如表 9.3 所示,表中列出了各寄存器传输的条件及具体操作。需要注意的是,表中的条件指的是控制器发出的控制信号与控制器的状态同名。~out 表示输出状态无效,即输出寄存器 output 为空,可向其输出数据;~ 是非运算符。

表 9.3　简易计算机的寄存器传输操作

寄存器	条件	传输
mar	if1	mar<−pc
	id	mar<−adr
pc	if1	pc<−pc+1
	extra	pc<−adr
	extrz & zero	pc<−adr
	extrn & sign	pc<−adr
ir	if2	ir<−m[mar]
acc	ex1da	acc<−m[mar]
	exadd	acc<−acc+m[mar]
	exsub	acc<−acc−m[mar]
	exand	acc<−acc & m[mar]
m	exsto	m[mar]<−acc
input	exinp & in	m[mar]<−input
output	exout &~ out	out put<−m[mar]

根据 mar 的传输操作，可以设计出 mar 的数据输入和使能控制，如图 9.8 所示。图中只画出了 1 根数据线，并假定 mar 的使能端为低电平有效。由于数据输入是在 pc 和 adr 之间选出一路，因而也可以用数据选择器替代逻辑门网络。

对于程序计数器 pc，也可以总结出它的传输操作。另外，pc 还是一个计数器，可以进行加法计数、保持和预置数等操作，因而在图 9.9 中出现了计数器的计数控制和置数控制信号。另外，计数器的预置输入来自于地址码 adr，图中为了简化，只画出了 12 根数据线中的 1 根。存储器、累加器以及输入输出寄存器的连接也可以根据表 9.3 来设计，此处从略。

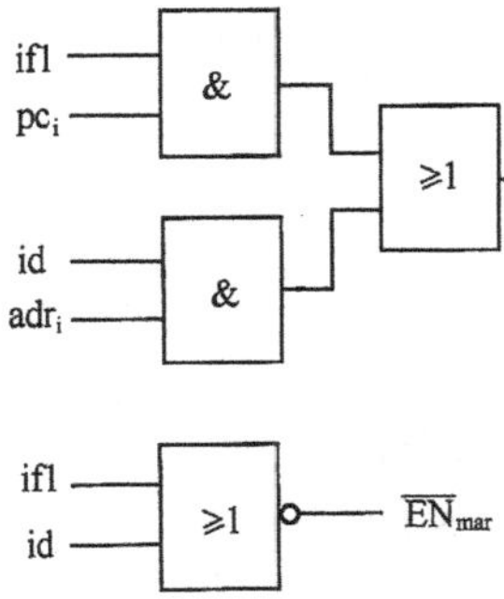

图 9.8 mar 的数据输入和使能控制

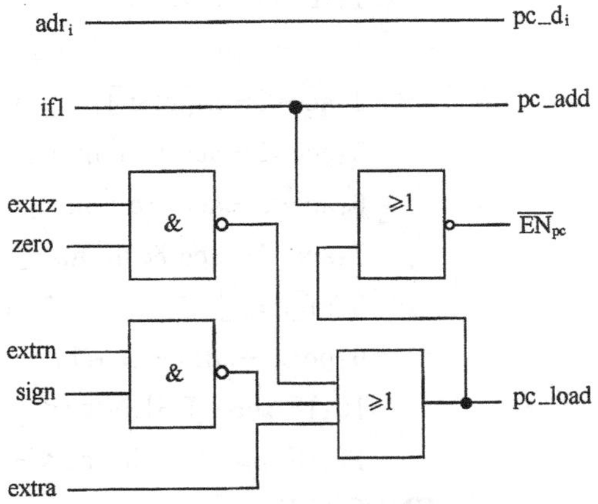

图 9.9 pc 的预置输入和功能控制

控制器是整个简易计算机的核心部分，它管理着整个系统的运行。原理上，数字系统的控制器可以看成是一个时序逻辑电路，但在实现方式上有多种方法。这里仅将简易计算机的控制器看成一个普通的同步时序电路进行设计。

简易计算机中，指令读取需要 if1 和 if2 两个状态，而后又经历了译码 id 及各个指令不同的执行状态，共计有 13 个状态，因此控制器需要 4 个触发器。除时钟信号外，控制器有 8 个输入端，这其中有 4 位的指令输入 op、4 位的状态输入 status；此外控制器还有 13 个输出端，这些输出的控制信号连接到各个寄存器和功能部件上，控制信号的名称与各自的状态名称相同。可以想像该控制器还是相当复杂的。

为了简化控制器的构造，把简易计算机的操作时序加以改进：考虑到译码过程并不需要一个单独的时钟，把译码和执行合并为一个状态 ex，如下所示：

```
DECRIPTION edc(CLOCK ck:btm)BODY
DECLARE
    in,out,pc[1:12],mar[1:12],acc[1:16],
    input[1:12],output[1:16],m[0:4095;1:16]:flip_flop;
    ir[1:16]:flip_flop=op[0:3]#adr[1:12];
    status[1:4]:flip_flop=carry#ovf#sign#zero;
```

```
        if1,if2,ex:state
    ENDDELARE
        if1:mar<-pc,pc<-pc+1,->if2;
        if2:ir<-m[mar],->ex;
        ex:mar<-adr,
          CASE op IS
            0:IF in THEN m[mar]<-input,in<-0,->if1
                ELSE->ex ENDIF;
            1:IF out THEN->ex ELSE
                output<-m[mar],out<- 1,->if1 ENDIF;
            4:acc<-m[mar],->if1;
            5:acc<-acc+m[mar],->if1;
            6:acc<-acc-m[mar],->if1;
            7:acc<-acc & m[mar],->if1;
            8:m[mar]<-acc,->if1;
            9:pc<-adr,->if1;
            10:IF zero THEN pc<-adr ENDIF;->if1;
            11:IF sign THEN pc<-adr ENDIF;->if1
        ENDCASE
    ENDedc
```

通过这样的改进，控制器的状态只有 3 个，大大简化了设计和实现复杂性。但是输入信号较多，用状态图、状态表进行设计是有困难的。为了进一步简化设计，采用 3 个触发器来表示控制器的 3 个状态，即每个触发器对应一个状态，其编码如下所示：

状态	ss[1]	ss[2]	ss[3]
if1	0	0	1
if2	0	1	0
ex	1	0	0

其中，ss[1]、ss[2]、ss[3]是 3 个触发器。不妨以 D 触发器为例，当控制器从 if2 进入状态 ex 时，触发器 ss[1]置 1；或者执行输入、输出时，若要等待外设控制器，则需维持在状态 ex 上，把这几个条件表示成 CONLAN 语言：

D1.=if2|(exinp & ~in)|(exout & out)

对于触发器 ss[2]，是从状态 if1 进入 if2 时置 1，所以

D2.=if1

至于触发器 ss[3]，只要在 ex 态执行完一条指令，回到取指状态 if1 时便置 1，所以

D3.=(exinp & in)|(exout & ~out)

|exlda|exsto|exadd|exsub

|exand|extra|extrz|extrn

各路控制信号可由对操作码 op 译码得到。此外，应考虑复位、通电时，需通过复位电路使简易计算机进入取指状态 if1；而程序如何装入也是一个需要解决的问题。

至此，通过对简易计算机设计细节的一些介绍，相信能使读者对数字计算机的设计有一个初步的认识。

习 题 九

9.1 作出“10110”序列检测器的 ASM 图。

9.2 用 ASM 图设计一个串行补码产生电路，该电路有一个串行输入端 X，任意二进制数随时钟信号串行地进入输入端 X，输入过程中先输入最低位 X_0，然后逐位输入 X_1，X_2，…。输出端 Y 也在时钟信号控制下从低位到高位输出串行的补码。要求仅作出 ASM 图即可。

9.3 根据习题 9.1 中的 ASM 图写出序列检测器的 CONLAN 语言描述。

9.4 本章最后一节中的简易计算机设计没有包括算术逻辑单元 ALU 的设计，请按照表 9.2 中制订的指令系统归纳 ALU 所应包含的运算，并完成算术逻辑单元的设计。

第十章　VHDL 语言简介

硬件描述语言(hardware description language,简称 HDL)是一种对数字系统的硬件构成和行为功能进行描述的语言,使用中常常与计算机辅助设计(CAD)系统相结合,是分析设计数字系统的有力工具。硬件描述语言的种类较多,前面介绍的寄存器传输语言 RTL 也属于 HDL。在实际数字系统设计中广泛使用的硬件描述语言有 ABEL、VHDL 和 Verilog 等等。本章以 VHDL 为例,说明用硬件描述语言进行数字系统设计的方法。

10.1　概　　述

VHDL 语言起源于 20 世纪 80 年代的 VHSIC(very high speed integrated circuit)计划,该计划的目的是设计制造超高速集成电路。参与 VHSIC 的研究人员逐渐意识到,若要达到该计划的目标,就需要一种灵活、通用的硬件描述语言,这最终导致了 VHDL 的诞生。VHDL 就是 VHSIC hardware description language。随着 VHDL 的逐渐推广,电气电子工程师协会(institute of electrical and electronic engineers,简称 IEEE)将其标准化,于 1987 年制订了第一个版本 VHDL-87,也就是标准 IEEE1076-1983;1993 年推出了改进的新版本 VHDL-93,即标准 IEEE1076-1993。

虽然制订了完整的标准,但是基于 VHDL 语言的 CAD 系统开发商在推出各自的 VHDL 工具软件时仍然加入了互不兼容的数据类型,这使得 VHDL 语言面临分裂的局面。为了保证 VHDL 的可移植性,IEEE 委员会制订了关于数据类型的标准 IEEE1164,这个标准与 IEEE1076-1983 被当前的 VHDL 设计者以及各种 VHDL 开发工具所广泛采纳。

VHDL 语言具有以下特点:

1) 可以描述、设计各种类型的逻辑电路,包括组合逻辑电路、同步时序逻辑电路以及异步时序逻辑电路。

2) 能够按照层次化的模型,在不同的层次对数字系统进行设计,并且允许把不同单元的不同层次的描述混合在一个设计中。

3) 与硬件工艺相独立,可根据需要说明所依赖的工艺特性,得到按特定工艺设计的数字系统。

4) 具有很好的可移植性,可在不同的 CAD 系统中使用同一个 VHDL 语言程序。

5）目前使用 VHDL 语言的 CAD 系统有很强的模拟测试功能，可在没有做样品的情况下对设计进行验证，最大限度地保证设计的可靠无误。

这些特点使得 VHDL 语言在数字系统设计中得到了广泛的应用，范围包括从由逻辑门构成的简单组合电路到采用超大规模集成电路工艺的微处理器等等。

10.2 数据类型及数据对象

10.2.1 预定义类型以及自定义类型

VHDL 语言本身的预定义数据类型如表 10.1 所示。其中的整数、实数、布尔型、字符、字符串是常见的数据类型，比较特殊的有 bit 和 bit_vector，这两个类型用来表示硬件的状态；bit 型数据只有 0 和 1 两个值，分别对应于逻辑 0、逻辑 1，而 bit_vector 则是由 bit 型构成的数组类型，可以表示一组器件或导线的状态。time 类型也是用来描述硬件特性的，例如，可以用该类型的数据说明器件的延迟特性。

表 10.1 VHDL 的预定义数据类型

数据类型	数据举例
bit	'0','1'
bit_vector	"01010010"
boolean	true,false
integer	0,−55,65536
real	3.14159265,−2.5E18
character	'6','i','o','u'
string	"logic design"
time	24hr,5ms,15ps

除了这几种预定义类型外，用户还可以定义新的数据类型。一种常见的自定义类型就是枚举类型，即列出该类型的所有数据，格式如下：

type *type-name* is (*value-list*);

类型定义由保留字 type 开始，*type-name* 是类型的名称，是一个由用户确定的标识符；*value-list* 是该类型的数据列表，数据之间用逗号分隔。

在 IEEE1164 标准中，定义了一个重要的类型 std_logic，这个类型的定义如下：

```
type std_ulogic is ('U', --Uninitialized
                    'X', --Forcing Unknown
                    '0', --Forcing0
```

```
              '1', --Forcing1
              'Z', --High Impedance
              'W', --Weak Unknown
              'L', --Weak 0
              'H', --Weak 1
              '-'), --Don't care
    subtype std_logic is resolved std_ulogic;
```

上述定义中每行的最后是用符号"--"表示的 VHDL 注释。在 std_logic 类型中，逻辑 0、逻辑 1 除了可以用 0、1 来表示以外，也可以用 L、H 来表示；另外，还可以表示高阻态、无关状态等等；std_logic 类型非常适于表示硬件的状态。

除了枚举定义外，还可以定义已有类型的子类型，格式如下：

subtype *subtype-name* is *type-name start* to *end*;

subtype *subtype-name* is *type-name start* downto *end*;

subtype 是定义子类型的关键字；*subtype-name* 是子类型名，由用户确定；*type-name* 是已有类型的名称，*start* 和 *end* 确定了子类型的范围。子类型定义举例如下：

```
subtype age_type is integer 1 to 150;
subtype miniscule is character 'a' to 'z';
```

数组类型的定义也是由关键字 type 开始的，下面是最基本的两种定义形式：

type *arraytype-name* is array(*start* to *end*)of *element-type*;

type *arraytype-name* is array(*start* downto *end*)of *element-type*;

例如，可以定义字节为一个数组类型：

```
type byte is array(7 downto 0)of std_logic;
```

bit_vector 和 std_logic_vector 分别是由 bit 型、std_logic 类型定义的数组类型，特殊之处在于它们是没有说明下标范围的数组类型，只有在声明数据对象时才指定数组范围。

10.2.2 数据对象及其声明与赋值

VHDL 语言中有三种数据对象：常数(constants)、变量(variables)和信号(signals)。其中，常数和变量在其他编程语言中同样存在，都用来表示数据；而信号则是 VHDL 语言作为硬件描述语言所特有的，用于描述硬件状态的数据对象，如输入、输出端的状态。

数据对象在使用之前要先声明。常数的声明如下：

constant *constant-name*:*type-name*:=*value*;

常数声明举例如下：

```
constant max_age:integer:=150;
```

变量的声明可以分为无初始化的和有初始化的两种，如下所示：

variable *varibale-names*:*type-name*;

variable *varibale-name*:*type-name*:=*initial-value*;

变量声明举例如下：

```
variable char1,char2:character;
variable int_var:integer:=1000;
```

变量的赋值用运算符“:=”，举例如下：

```
char1:='a';char2:='z';
int_var:=50;
```

信号的声明与变量声明相似，但信号声明中的初始化值通常被 VHDL 开发工具所忽略，通常采取下面的声明方式：

signal *signal-names*:*type-name*;

信号声明举例如下：

```
signal sig1,sig2:std_logic;
signal status_word:std_logic_vector(15 downto 0);
```

该例中的第二个声明了 std_logic_vector 类型的数组，有 16 位。信号的赋值用符号“<=”，如下面的例子所示：

```
sig1<='0';sig2<='H';
status_word<="0010100100000100";
```

10.2.3 属性

VHDL 语言的标识符，如变量名、信号名、数据类型名等，具有称为属性的相关信息，可以在 VHDL 程序中使用。属性的读取形式为

identifier'attribute-name

例如，属性 high 和 low 是类型的上界和下界。前面曾经定义的类型 age_type，其 high 和 low 属性为

```
subtype age_type is integer 1 to 150;
age_type'high              -- 150
age_type'low               -- 1
```

VHDL 语言中有个信号属性 event，表示信号是否发生了改变(高电平变为低电平或低电平变为高电平)，若发生改变，则其值为 true，否则为 false。这个属性可用来在 VHDL 程序中检测时钟信号或其他信号的跳变，例如，下面的布尔表达式可用于检测时钟信号 clk 的上升沿：

clk'event and clk = '1'

若时钟信号上升沿到来，则该表达式结果为 true，否则为 false。

10.3 运算符、语句和函数

10.3.1 VHDL 中的预定义算符

VHDL 语言中使用的运算符可分为逻辑运算符、关系运算符、算术运算符、移位运算符等类别，可参考表 10.2。

表 10.2 VHDL 中的常见运算符

逻辑运算符	功能	算术运算符	功能
and	与	+	加法
nand	与非	−	减法
or	或	*	乘法
nor	或非	/	除法
xor	异或	mod	取模
not	非	rem	取余
		**	乘方
移位运算符	**功能**	**关系运算符**	**功能**
sll	逻辑左移	=	相等
srl	逻辑右移	/=	不相等
sla	算术左移	<	小于
sra	算术右移	<=	小于或等于
rol	循环左移	>	大于
ror	循环右移	>=	大于或等于

算符的优先级如下：

```
** abs not
* / mod rem
+ - &
sll srl sla sra rol ror
= /= < <= > >=
and or xor nand nor xnor
```

其中，第一行的优先级最高，其他各行的算符优先级依次递减。

10.3.2 VHDL 的基本控制语句

VHDL 中的语句可分为并发执行和顺序执行两类，下面先介绍并发执行的控制语句。

1. 条件赋值语句

条件赋值语句是根据一定的条件来对信号进行赋值，格式如下：

```
signal-name<=expression1 when condition1 else;
             expression2 when condition2 else;
             ……
             expressionX when conditionX else;
             expression;
```

条件赋值语句的含义是：从第一个条件 *condition*1 开始判断，若满足则把 *expression*1 赋予名为 *signal-name* 的信号，若不满足，则转入下一条件进行判断，依此类推；若所有的条件都不满足，则把最后的一个表达式 *expression* 的结果赋予 *signal-name*。下面例举一个条件赋值语句：

```
signal a,b,c,d:std_logic;
signal s:std_logic_vector(1 downto 0);
s<="01" when a ='1' else;
    "10" when b='0' else;
    "11" when(c='1')and(d='1')else;
    "00";
```

2. select 语句

select 语句是根据一个表达式的结果对一个信号进行赋值。格式如下：

```
with expresion select
  signal-name <= signal-value1 when choices1;
                 signal-value2 when choices2;
                 ……
                 signal-value when others;
```

在上面的 select 语句中，若表达式 *expresion* 的结果为第 i 个 *choices*，则相应的第 i 个 *signal-value* 被赋予名为 *signal-name* 的信号；若没有相符的，则把最后的 *signal-value* 赋予名为 *signal-name* 的信号，这种情况使用了关键字 others，最后一行是可选的。

select 语句应用举例如下所示，其中用符号“|”表示当 mycondition 是 0011 或 0100 或 0101 时，把信号 c 赋给 f。

```
signal a,b,c,d,f:std_logic;
signal mycondition:std_logic_vector(3 downto 0);
with mycondition select
    f<=a when "0001";
```

```
    b when "0010";
    c when "0011"|"0100"|"0101";
    d when others;
```

下面介绍几个顺序执行语句。

3. if 语句

if 语句根据所包含的布尔表达式的结果执行相应的操作，格式如下：

if *boolean-expression* then *sequential-statements*
elsif *boolean-expression* then *sequential-statements*
……
else *sequential-statements*
end if;

if 语句中的 else 和 elsif 都是可选的。if 语句举例如下：

```
variable a,b,c:std_logic;
signal u,v,w,x,y,z:std_logic;
if u='1' and v='0' then
    a:=z xor y;
    b:=not w;
    c:=x and z
    if a='0' then
      x<=w nand z;
    elsif c='0' then
        y<=w or x or z;
    else
        z<='|';
    end if;
end if;
```

4. case 语句

case 语句是将一个表达式作为条件，然后根据该表达式的结果选出一组操作来执行。case 语句的格式为

case *expression* is
    when *choices*=>*sequential-statements*
    ……
    when *choices*=> *sequential-statements*
end case;

case 语句举例如下：

```
variable index:integer;
variable a,b,c:std_logic;
signal x,y,z:std_logic;
case index is
    when 0=>
        a:='H';
        b:=x and y;
    when 1|2|3=>
        c:=a or b;
        z<=x nor y;
    when 4 to 128=>
        z<='L';
    when others =>
        z<='H';
end case;
```

5. for loop 循环和 while loop 循环

这两种循环语句的格式分别为

```
for identifier in range loop
    sequential-statements
    ......
    sequential-statements
end loop;
```

```
while boolean-expression loop
    sequential-statements
    ......
    sequential-statements
end loop;
```

这两种循环在其他编程语言中也有类似的形式。下面是一个 for loop 的例子：

```
signal v1,v2,v3:std_logic_vector(15 downto 0);
for idx in 15 downto 0 loop
    v3(idx)<=v1(idx) xor v2(idx);
end loop;
```

这个例子是把两个 16 位的信号 v1、v2 逐位异或，结果送入 v3。注意，其中的标识符 idx 不需要声明。

10.3.3 VHDL 中的函数

VHDL 中的函数是一组可以重复执行的顺序语句。在使用函数前先要对函数进行定义，函数定义的格式如下：

```
function function-name(
    parameter-declarations...
```

```
)return return-type is
    declarations...
begin
    sequential-statements...
end function-name;
```

函数的定义中包括函数名 *function-name*、形式参数声明 *parameter-declarations*、函数的返回类型 *return-type* 以及函数的局部声明 *declarations*，函数所包含的语句在 begin 和 end 之间。函数必须以 return 语句返回一个结果。

下面定义一个函数，用来把一个 std_logic_vector 类型的信号转换为整数。

```
function to_int(a:std_logic_vector)return integer is
variable val:integer:=0;
variable b:integer:=1;
begin
    for i in a'high downto a'low loop
      if (a(i)='1'or a(i)='H')then
        val :=val+b;
      end if;
      b:=b * 2;--shift left 1 bit
    end loop;
    return val;
end to_uint;
```

10.4 VHDL 程序构成

VHDL 程序由各种声明、定义和语句按一定的结构组成。如图 10.1 所示，VHDL 程序分为实体(entity)和结构(architecture)两个部分。其中，实体包括数字系统或单元的名称及其输入输出端口的声明，即从外部看的设计对象；结构是数字系统的行为或硬件构成的描述，是内部的实现细节。

10.4.1 实体声明

实体声明的形式如下所示：

```
entity entity-name is
    prot  (signal-names:mode signal-type;
           signal-names:mode signal-type;
           ......
           signal-names:mode signal-type);
end entity-name;
```

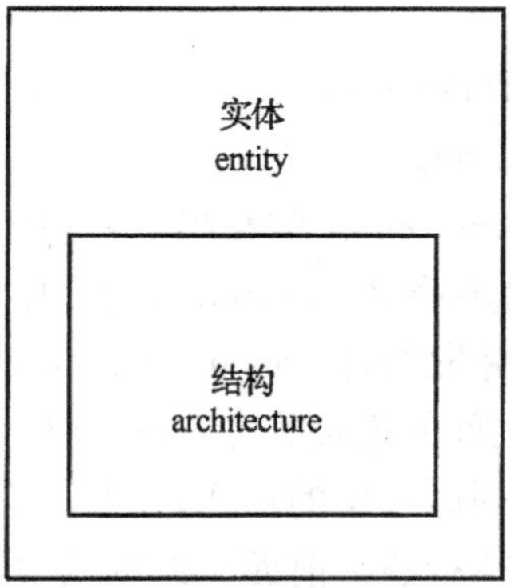

图 10.1　VHDL 程序结构

关键字 entity 用来表示一个实体声明的开始，*entity-name* 则是所定义的实体名称，这个名称是在 VHDL 程序中使用的一个标识符，由设计者确定；关键字 port 用来声明输入输出端口，其后括弧中的 *signal-names* 对应于每个输入输出端口信号的名称，*signal-names* 也是由设计者确定的标识符；*mode* 是信号的模式说明，常用的模式有输入 in 和输出 out；*signal-type* 是信号的类型说明，最后用关键字 end 和实体名来结束实体声明。

图 10.2 所示的全加器电路可用以下实体声明来表示：

```
entity full_adder is
    port(a,b,cin:in bit;s,cout:out bit);
end full_adder;
```

其中，full_adder 是实体名称，a、b、cin 是输入信号，s 和 cout 是输出信号，信号类型 bit 用来说明信号只能取 0 或 1 两个状态。

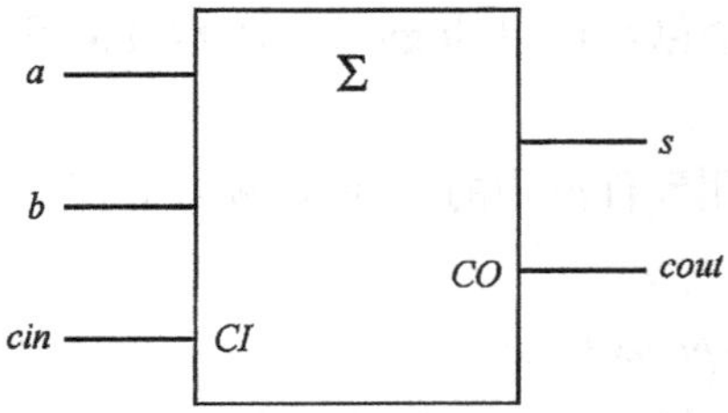

图 10.2　全加器电路

10.4.2　结构定义的硬件构造描述

VHDL 程序中的结构定义是数字系统或器件单元的实现细节，可以有几种不同的描述形式。这里首先介绍硬件构造描述的结构定义。结构定义的格式如下：

architecture *architecture-name* of *entity-name* is

　　declarations...

```
begin
    concurrent-statments...
end architecture-name;
```

所定义的名为 *architecture-name* 的结构必须属于所在的名为 *entity-name* 的实体，并且可以包含局部的声明 *declarations*；结构体中的语句在 begin 和 end 之间，而且所有的语句必须是并发语句(concurrent statement)。

由于数字系统中器件之间的连接是并发的，在硬件描述语言中为了体现这种特性，使用并发语句来表示同时发生的操作；并发语句之间不存在次序上的先后，所有的并发语句都是同时执行的。前面介绍的信号的赋值语句条件赋值语句、select 语句以及下面将会出现的实例语句和 process 语句都是并发语句。与并发语句相对的是顺序语句(sequential statement)，也就是按出现的先后次序执行的语句，包括变量的赋值语句、if 语句、case 语句以及循环语句等等。

结构定义的硬件构成描述，简单地说，就是按照数字系统所使用的元器件及元器件之间的连接来定义数字系统。由于在 VHDL 程序中出现了具体的元器件，而元器件的描述并不包括在 VHDL 语言中，所以需要单独的 VHDL 程序先说明、定义元器件的名称、输入输出及其功能。通常，这些关于元器件的说明、定义是按照库的形式存在的，随 VHDL 开发工具发行。在 VHDL 程序中为了使用库中的定义，需在程序的开始增加有关的声明，如下所示：

```
library ieee;
use ieee.std_logic_1164.all;
```

其中，第一行用一个 library 从句表示使用的库的名称为 IEEE，这是一个按照 IEEE 标准编写的库。第二行中的 use 从句用来说明引用了文件名为 std_logic_1164 的包(package)，包是库中的一个文件，库中的所有定义都分门别类地存在不同的包中，库中可有多个包，而 std_logic_1164 是最常用的包，后缀 .all 表示使用包中的所有定义。

要在结构定义中应用元件库中的元件，必须首先声明使用哪些元件。元件声明的格式为

```
component component-name is
    port (signal-names:mode signal-type;
          signal-names:mode signal-type;
          ......
          signal-names:mode signal-type);
end component;
```

从上述格式中可以看到，元件声明与实体声明有些相似，包括元件名 *componet-name*，端口的信号名称 *signal-names*，模式 *mode* 以及信号类型 *signal-type*。结构定义中的元件声明应与元件库中的声明、定义相符合。

在完成了元件声明之后，结构定义中使用实例语句来生成元件的实例(instance)。实例语句的语法格式如下：

label:*component-name* port map(*signal*1,*signal*2,... ,*signaln*);

label:*component-name* port map(*port*1 =>*signal*1,*port*2 =>*signal*2 ,... ,*portn* =>
signaln);

每个元件实例对应于逻辑电路图中的一个元件符号，用一个标号 *label* 来命名。关键字 port map 用来说明元件实例的各个端口所连接的信号，有两种格式：第一种是把各个端口的信号按照元件声明中的顺序排列好，放在 port map 之后的括弧中；第二种是各个端口用表示连接信号的符号“＝＞”指向所连接的信号，这种方式可以按照任何次序来排列信号。

下面用一个具体的例子来说明硬件构成形式的机构定义。图 10.3 中的组合逻辑电路是一个三变量表决电路，当有两个或两个以上的输入端输入逻辑 1 时，输出为逻辑 1，其他情况输出为逻辑 0。

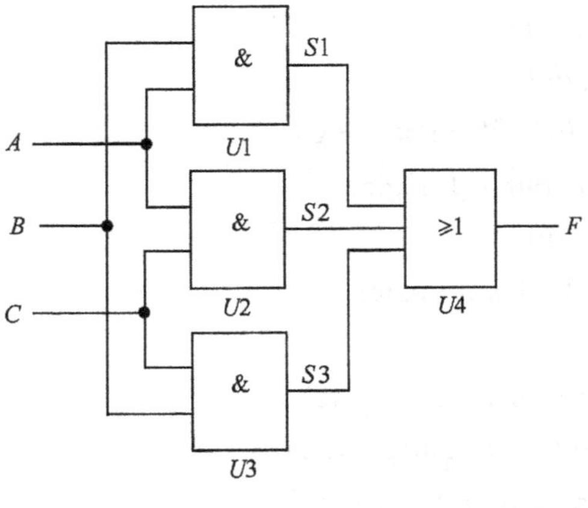

图 10.3　三变量表决电路

该电路的 VHDL 硬件构成描述如程序列表 10.1 所示，从该程序中可以看到，结构定义是以关键字 architecture 开始的。在其后首先是结构名 voting_machine_arch；接着用关键字 of 说明此处定义的结构体属于前面定义的实体 voting_machine；然后进行元件声明，这里声明了 2 输入端与门 and2 和 3 输入端或门 or3，它们的具体定义在库文件 std_logic_1164 中。在元件声明之后，是一组信号声明，用关键字 signal 开始，声明的格式与端口声明 port 类似，但与端口不同的是，这些信号只能在结构内部使用，即在内部传递逻辑信号，而不用于输入输出。这里声明了 3 个信号 *S*1、*S*2 和 *S*3，它们是逻辑门 *U*1、*U*2 及 *U*3 的输出信号，其类型也是 std_logic。接着以关键字 begin 开始了一组元件语句，每个元件语句的标号也对应于图 10.3 中的逻辑门标号。需要注意的是，这一组元件语句没有次序上的先后，它们所描述的信号的产生和传递是同时发生的，即这组实例语句均属并发语句。最后，以关键字 end 和结构名结束结构定义，这就构成了一个完整的数字电路的硬件描述。

```
library ieee;
use ieee.std_logic_1164.all;

entity voting_machine is
    port (a,b,c:in std_logic;
          f:out std_logic);
end voting_machine;

architecture voting_machine_arch of voting_machine is
    component and2 port(i0,i1:in std_logic;
                        o:out std_logic);


end component;
component or3
    port (i0,i1,i2:in std_logic;
          o:out std_logic);
end component;
signal s1,s2,s3:std_logic;
begin
    u1:and2 port map(a,b,s1);
    u2:and2 port map(a,c,s2);
    u3:and2 port map(b,c,s3);
    u4:or3 port map(s1,s2,s3,f);
end voting_machine_arch;
```

程序列表 10.1　三变量表决器的 VHDL 硬件构成描述

10.4.3　结构定义的数据流描述和行为描述

数字系统的结构定义也可以在数据流的传送和处理层面上进行描述。此时，无需声明、引用元件，但需用运算表达式给信号分配状态，可重新定义三变量表决电路的结构体，如下所示：

```
architecture voting_machine_arch2 of voting_machine is
signal s1,s2,s3:std_logic;
begin
    s1<=a and b;
```

```
        s2<=a and c;
        s3<=b and c;
        f<=s1 or s2 or s3;
    end voting_machine_arch2;
```

另一种信号分配是根据不同的条件来决定如何分配信号,即使用信号的条件赋值语句,上面的三变量表决器结构可以重写为

```
    architecture voting_machine_arch3 of voting_machine is
    begin
        f<='1'when a='0' and b='1' and c='1'else
            '1'when a='1' and b='0' and c='1'else
            '1'when a='1' and b='1' and c='0'else
            '1'when a='1' and b='1' and c='1'else
            '0';
    end voting_machine_arch3;
```

VHDL 语言中还有一种表示并发操作的方法,就是用 process 语句。process 语句本身是并发语句,但它所执行的内容却是一组顺序执行的语句。process 语句的语法为

process(*Sensitivity-list*)
    declarations...
begin
    sequential-statements...
end process;

process 语句中的 *Sensitivity-list* 是一组变量,称为敏感信号列表,表中的信号可以决定 process 语句中所含顺序语句的执行。process 语句具有运行、暂停两个状态:当系统处于稳定状态、敏感信号列表中的变量没有变化时,process 语句处于暂停状态;而当敏感信号列表中的信号发生变化时,process 语句开始运行,把它所包含的顺序语句逐一执行,当敏感信号全部稳定下来之后,process 语句再进入暂停状态。例如,对于边沿触发的 D 触发器就可以用 process 语句描写为

```
    process(clk)
    begin
        if clk'event and(clk='1' or clk='H')
            then q <=d;
        end if;
    end process;
```

结构定义的行为描述,是以一种抽象的、接近于普通编程语言或数学语言的方式来对数字系统进行描述、设计。为了说明行为描述,这里仍然以前面的表决器为

例。首先重新声明实体，请参考程序列表10.2，把表决器的输入端当作一个3个元素的数组v。接下来，把结构定义部分加入process语句，如列表所示：先用一个for loop循环算出投赞成票的人数，接着判断人数若在两个或两个以上，则输出置为逻辑1，否则置成逻辑0。这个process语句以输入作为敏感信号列表，每当输入信号发生变化，就重新判断表决结果。

```
library ieee;
use ieee.std_logic.all;

entity voting_machine is
     port (v:in std_logic_vector(2 downto 0);
           f:out std_logic);
end voting_machine;

architecture voting_machine_arch of voting_machine is
begin
     process(v)
          variable counting:integer;
     begin
          counting :=0;
          for idx in 0 to 2 loop
               if v(idx)='1' then
                    counting :=counting+1;
               end if;
          end loop;
          if counting >=2 then f <='1';
               else f<='0';
          end if;
       end process;
    end voting_machine_arch;
```

程序列表10.2　按照行为描述的表决器

10.5　VHDL描述及设计举例

【例10.1】　实现对图10.4所示的8位双向移位寄存器的VHDL描述。

解：输入和输出端：

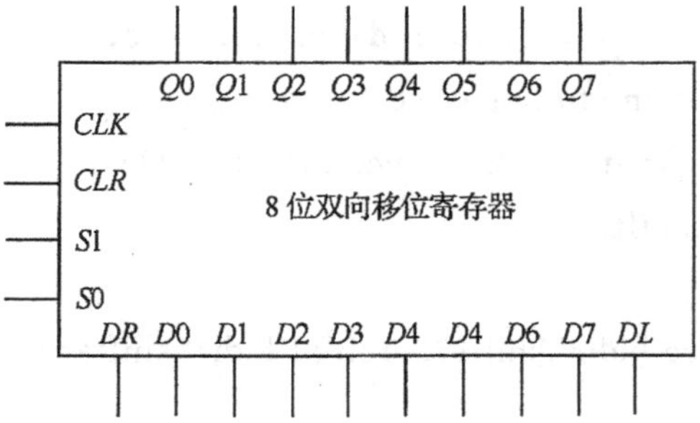

图 10.4　例 10.1 的逻辑框图

CLK　　时钟信号输入,上升沿触发

CLR　　异步清零控制输入,低电平有效

*S*1,*S*0　　工作方式选择输入

*D*0 *D*1…*D*7　　并行数据输入

DL,*DR*　　左移串行输入和右移串行输入

*Q*0 *Q*1…*Q*7　　移位寄存器状态输出

本例中的 8 位双向移位寄存器的清零功能由 *CLR* 信号控制,其他的功能由 *S*1,*S*0 的组合控制,参见表 10.3。

表 10.3　例 10.1 的 8 位双向移位寄存器功能

功能	*S*1 *S*0	$Q0^{n+1}$	$Q1^{n+1}$	$Q2^{n+1}$	$Q3^{n+1}$	$Q4^{n+1}$	$Q5^{n+1}$	$Q6^{n+1}$	$Q7^{n+1}$
保持	0 0	*Q*0	*Q*1	*Q*2	*Q*3	*Q*4	*Q*5	*Q*6	*Q*7
左移	1 0	*Q*1	*Q*2	*Q*3	*Q*4	*Q*5	*Q*6	*Q*7	*DL*
右移	0 1	*DR*	*Q*0	*Q*1	*Q*2	*Q*3	*Q*4	*Q*5	*Q*6
置数	1 1	*D*0	*D*1	*D*2	*D*3	*D*4	*D*5	*D*6	*D*7

把上述功能用 VHDL 语言书写成如程序列表 10.3 所示的实体和结构。这段程序中,在结构体中使用了 process 语句,并把清零信号 clr 和时钟 clk 作为敏感信号。结构体中用关键字 alias 声明了一个别名 mode,这是一个包含两个元素的 std_logic_vector 类型,它的内容由控制输入 s1、s0 组合而成,声明时用了连接符 &。process 语句中还声明了一个变量 qnext,这是一个 8 个元素的 std_logic_vector 类型的变量,与并行输入 d、状态输出 q 有相同的类型;变量 qnext 用来计算状态 q 的次态。移位寄存器工作时,先判断清零信号 clr,若清零有效则把 qnext 赋零;若清零无效而时钟有效,则根据 s1、s0 组合得到 mode 来求出次态 qnext,然后把 qnext 赋给状态 q,完成一次翻转。

```
library ieee;
use ieee.std_logic_1164.all;
```

```
entity bidir_shifter is
    port(clk,clr,s1,s0,dr,d1:in std_logic;
         d:in std_logic_vector(0 to 7);
         q:out std_logic_vector(0 to 7));
end bidir_shifter;

architecture bidir_shifter_arch of bidir_shifter is
begin
    process(clr,clk)
        variable qnext:std_logic_vector(0 to 7);
        alias mode:std_logic_vector(1 downto 0)is s1 & s0;
    begin
        if clr='0' then
            qnext :="00000000";
        elsif clk'event and clk='1' then
            case mode is
                when "00"=> qnext :=q;
                when "01"=> qnext :=dr & q(0 to 6);
                when "10"=> qnext :=q(1 to 7)& dl;
                when "11"=> qnext :=d;
            end case;
        end if;
        q<=qnext;
    end process;
end bidir_shifter_arch;
```

程序列表 10.38 位双向移位寄存器的 VHDL 描述

【例 10.2】 用 VHDL 描述 CRC 校验和发生器。

解:CRC 是循环冗余校验(cyclic redundancy check)的简称,CRC 校验和常用于通讯和存储器中对数据块的检错。CRC 校验和的产生可用图 10.5 来说明。

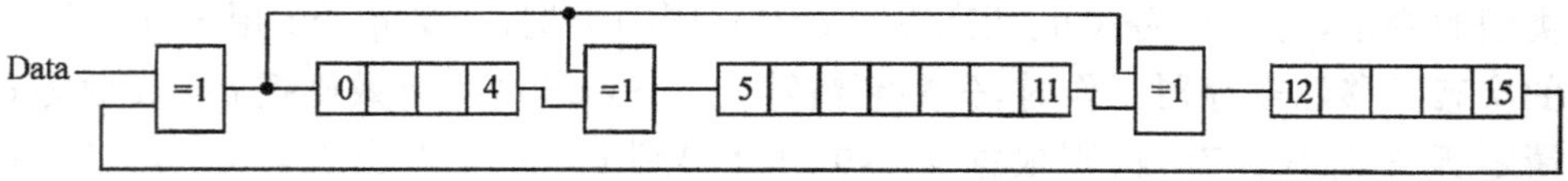

图 10.5 16 位 CRC 校验和的产生示意图

图 10.5 表示的是一个 16 位的 CRC 校验和产生装置。其中有个 16 位的移位寄存器,分成三段,工作时这三段均执行右移;另有 3 个异或门,用来向移位寄存器

提供串行输入；对需要计算 CRC 校验和的数据，从串行输入端 Data 逐位地送入 CRC 校验和发生器中；当全部数据都送入发生器后，在寄存器中产生的数据就是 CRC 校验和。需要说明的是，实际电路中，在输入数据之前往往要将移位寄存器预置为逻辑 1。下面用 VHDL 语言来描述这个电路。

如程序列表 10.4 所示，该 CRC 校验和发生器的输入端有时钟信号输入 clk，串行数据输入 data，使能控制 en 和一个预置位控制 pre，en 和 pre 均为低电平有效；输出为 16 位的校验和 crc_sum。在结构体中声明了一个 16 位信号 x，用来表示寄存器状态。在 process 语句中声明了一个 16 位变量 newx，表示寄存器在时钟信号到来之后所进入的新状态。在 process 语句中，把时钟信号 clk 和预置位控制 pre 作为敏感信号，当预置位 pre 有效时，将寄存器每一位均置成状态 1，这里使用了一个指向所有数组下标的关键字 others，而表达式(others => '1')在这里对应于一个 16 个元素全为'1'的数组。若预置无效而时钟有效，则将根据使能信号的状态求出新状态 newx，然后设置新状态。在 process 语句结束之后还有一个并发信号赋值语句：crc_sum <= x；这条语句表示状态 x 连接到输出端，作为校验和输出。

```
library ieee;
use ieee.std_logic_1164.all;

entity crc_generator is
  port (clk,pre,data,en:in std_logic;
        crc_sum:out std_logic_vector(0 to 15));
end crc_generator;

architecture crc_generator_arch of crc_generator is
  signal x: std_logic_vector(0 to 15);
  begin
  process(clk,pre)
    variable newx:std_logic_vector(0 to 15);
    variable t:std_logic;
  begin
    if pre='0' then
      x<=(others=>'1');
    elsif clk'event and clk='1' then
      if en='0' then
          t:=data xor x(15);
          newx:=t & x(0 to 3)&(x(4)xor t)
              & x(5 to 10)&(x(11)&t)
```

```
                & x(12 to 14);
          else
              newx :=x;
          end if;
        end if;
        x <=newx;
      end process;
      crc_sum <=x;
    end crc_generator_arch;
```

程序列表 10.4　一个用 VHDL 语言描述的 CRC 校验和发生器

习 题 十

10.1　用 VHDL 语言描述一个全加器的构造,请使用构造描述方式。

10.2　用 VHDL 语言描述一个四选一选择器,请使用数据流描述方式。

10.3　用 VHDL 语言描述一个四位比较器,请使用行为描述方式。

10.4　用 VHDL 语言分别描述 D 触发器和 J-K 触发器。D 触发器在时钟上升沿触发,J-K 触发器在时钟下降沿触发,要求使用行为描述方式。

10.5　用 VHDL 语言描述四位二进制计数器,要求使用行为描述方式。

参 考 文 献

白中英 . 2002. 数字逻辑与数字系统 . 第三版 . 北京:科学出版社

蒋璇,臧春华 . 2001. 数字系统设计与 PLD 应用技术 . 北京:电子工业出版社

康华光 . 2000. 电子技术基础 . 第四版 . 北京:高等教育出版社

刘浩斌等 . 2003. 数字电路与逻辑设计 . 北京:电子工业出版社

刘明亮,饶敏 . 2000. 数字逻辑基础 . 北京:北京航空航天大学出版社

毛法尧 . 2000. 数字逻辑 . 北京:高等教育出版社

王永军,李景华 . 2002. 数字逻辑与数字系统 . 第二版 . 北京:电子工业出版社

阎石 . 1998. 数字电子技术基础 . 第四版 . 北京:高等教育出版社

岳怡 . 2001. 数字电路与数字电子技术 . 西安:西北工业大学出版社

赵立民 . 2003. 可编程逻辑器件与数字系统设计 . 北京:机械工业出版社

Donald L Dietmeyer. 1988. Logic Design of Digital Systems. 3rd. London:Allyn and Bacon

Victor P Nelson. 1997. 数字逻辑电路分析与设计 . 北京:清华大学出版社